普通高等学校网络工程专业教材

网络服务配置与管理

——Red Hat Linux 7

刘邦桂 刘嘉伟 主 编
周嘉玲 曾楚莹 副主编

清华大学出版社
北京

内容简介

本书围绕网络管理员、网络工程师等岗位对Linux服务管理核心能力的要求，以目前广泛应用的Red Hat Enterprise Linux 7.4版本为平台，从实际应用的角度全面介绍Linux网络服务器的基础和实际应用，结合“理论够用、实用，强化应用”的特点，突出实践应用能力的培养。全书以具体项目为主线，用与项目相关的知识作为铺垫，给出每个项目的分析和详细的实施及测试过程，并配备项目的经验总结，最后提供配套的实训项目和习题，以帮助读者巩固相关知识。

本书分为基础配置、基础服务、文件共享服务、网页服务、安全服务五大部分，共14个项目。

本书适合作为高等学校网络工程等专业相关课程的教材，也可作为全国职业技能大赛“网络系统管理”赛项以及在职人员的社会培训用书，还可作为工程技术人员和自学者的参考书，是一本非常适合Linux技术人员的教材。

本书封面贴有清华大学出版社防伪标签，无标签者不得销售。
版权所有，侵权必究。举报：010-62782989，beiqinquan@tup.tsinghua.edu.cn。

图书在版编目（CIP）数据

网络服务配置与管理：Red Hat Linux 7/刘邦桂，刘嘉伟主编. —北京：清华大学出版社，2021.8
普通高等学校网络工程专业教材
ISBN 978-7-302-58198-7

Ⅰ. ①网… Ⅱ. ①刘… ②刘… Ⅲ. ①Linux操作系统－高等学校－教材 Ⅳ. ①TP316.85

中国版本图书馆CIP数据核字(2021)第099086号

责任编辑：郭　赛
封面设计：常雪影
责任校对：焦丽丽
责任印制：沈　露

出版发行：清华大学出版社
　网　　址：http://www.tup.com.cn，http://www.wqbook.com
　地　　址：北京清华大学学研大厦A座　　**邮　　编**：100084
　社 总 机：010-62770175　　**邮　　购**：010-83470235
　投稿与读者服务：010-62776969，c-service@tup.tsinghua.edu.cn
　质量反馈：010-62772015，zhiliang@tup.tsinghua.edu.cn
　课件下载：http://www.tup.com.cn，010-83470236
印 装 者：三河市铭诚印务有限公司
经　　销：全国新华书店
开　　本：185mm×260mm　　**印　　张**：22.25　　**字　　数**：539千字
版　　次：2021年9月第1版　　**印　　次**：2021年9月第1次印刷
定　　价：64.00元

产品编号：091020-01

前　言

随着虚拟化、云计算、大数据和人工智能技术的发展，网络服务器在各种应用中占据着越来越重要的地位，很多企业和组织机构都组建了自己的服务器以运行各种网络应用业务。Linux操作系统从诞生至今给IT行业做出了巨大的贡献。近些年，Linux更是不断发展和完善，在具体应用中表现出安全、稳定和高可用的特点。

本书以Red Hat Enterprise Linux 7.4为平台，通过真实的企业网络项目构建和组织内容，将任务以学时为单位进行碎片化，每个任务都以任务驱动的方式组织理论知识和实践技能，旨在培养读者对于网络操作系统的管理能力。

本书对应的课程是院级精品在线开放课程，也是计算机网络技术专业的核心课程，是培养网络系统管理能力的必修课程，也是"政务数据科技研究工作室"政务运维和服务的总结成果。为了突出对职业能力的培养，本书采用基于工作任务的组织形式，以学时为单位，同时配套了PPT、微视频等丰富的多媒体课程资源，适合开展"教学做一体化"教学，在内容的选取、组织和编排上，本书强调先进性、技术性和实用性，淡化理论，突出实践，强调应用。

本书建议80学时，内容分为基础配置、基础服务、文件共享服务、网页服务、安全服务五大部分，具体包括14个项目：环境搭建、远程控制服务、DHCP服务器、DNS服务器、NFS服务器、Samba服务器、FTP服务器、Web服务器、数据库服务器、E-mail服务器、流媒体服务器、VPN服务器、证书服务器、防火墙服务。

本书凝聚了编者多年教学、科研和项目开发的经验和体会，由广东理工职业学院刘邦桂、刘嘉伟担任主编，广东云政数据科技有限公司周嘉玲、曾楚莹担任副主编。全体编者在近一年的编写过程中付出了辛勤的努力，并参考了相关的资料和文献，得到了广东云政数据科技有限公司、深圳神州动力数码有限公司、广州腾科网络技术有限公司的指导和帮助，在此向一起奋斗的小伙伴、企业界的良师益友以及资料和文献的原作者表示衷心感谢。

本书提供教学课件、教学大纲、教学视频等配套资源，读者可以从清华大学出版社官方网站下载。

由于 Linux 技术发展迅猛，加之编者水平有限，书中疏漏之处在所难免，敬请有关专家和广大读者批评指正。

编　者

2021 年 5 月

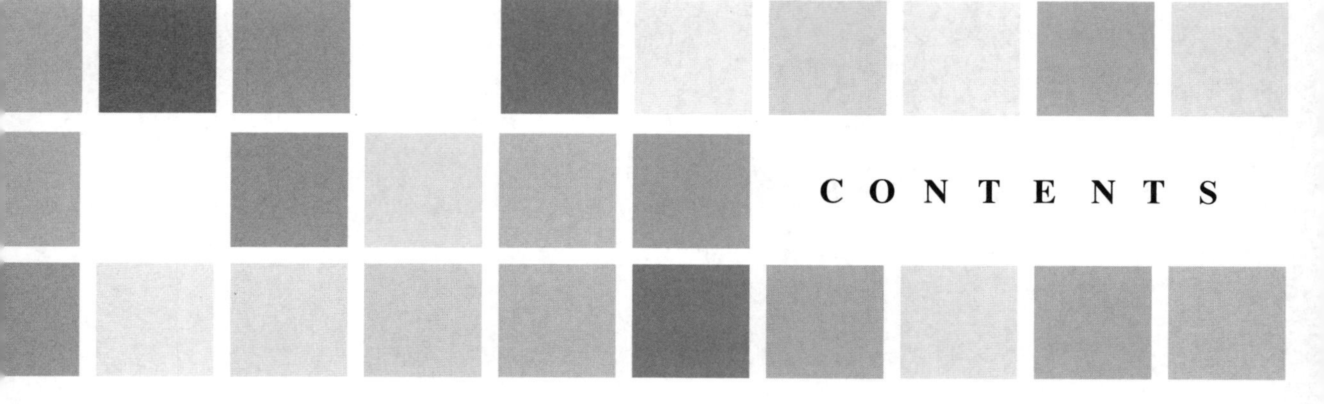

目　录

第一部分　基础配置篇

CONTENTS

CONTENTS

C O N T E N T S

CONTENTS

第四部分 网页服务篇

CONTENTS

CONTENTS

CONTENTS

第五部分　安全服务篇

CONTENTS

第一部分　基础配置篇

项目1　环境搭建

【学习目标】

本项目将系统介绍网络操作系统的类型，介绍 Red Hat Enterprise Linux 7.4 与 VMware Workstation(简称 VM)的特点，并通过实例在 VMware Workstation 15 虚拟机环境下搭建 Red Hat Enterprise Linux 7.4。

通过本章的学习，读者应该完成以下学习目标：

- 认识并了解网络操作系统的类型；
- 认识并了解 Red Hat Enterprise Linux 的特点；
- 认识并了解 VM 15 的功能特点；
- 熟练掌握 VM 15 的安装和配置；
- 熟练掌握在 VM 15 环境下安装 Red Hat Enterprise Linux 7.4；
- 熟练掌握 Red Hat Enterprise Linux 7.4 系统下网络的基础配置。

1.1　项目背景

五桂山公司组建了企业网，为方便全体员工实现工作资源共享，提高工作效率，现需要架设一台具有 DNS、DHCP、NFS、Samba、Apache、VSFTP、E-mail、数据库、防火墙等功能的服务器为企业网的员工提供服务，该公司选择部署一台具有安全性并易于操作和维护的网络操作系统搭建服务器并实施测试。

1.2　知识引入

1.2.1　网络操作系统

网络操作系统(Network Operation System，NOS)是一种能代替操作系统的软件程序，是网络的“心脏”和“灵魂”，是用户与网络资源之间的接口，是向网络计算机提供服务的特殊的操作系统。它在计算机操作系统下工作，使计算机操作系统增加了网络操作所需能力，借助网络互相传递数据与各种消息，分为服务器(Server)及客户端(Client)。服务器的主要功能是管理服务器和网络上的各种资源及网络设备的共享，加以综合并管控流量，避免出现系统瘫痪；而客户端可以接收服务器传递的数据并运用数据，从而可以清楚地搜索所需的资源。

NOS 与运行在工作站上的单用户操作系统(如 Windows 系列)或多用户操作系统(如 UNIX、Linux)因所提供的服务类型不同而有所差别。一般情况下，NOS 是以使网络相关特性达到最佳为目的的，如共享数据文件、软件应用以及共享硬盘、打印机、调制解调器、扫描仪等。一般计算机的操作系统，如 DOS 和 OS/2 等，其目的是让用户与系统及在此操作系统上运行的各种应用之间的交互作用达到最佳。

由于网络计算的出现和发展，现代操作系统的主要特征之一就是具有联网功能，因此，除了在 20 世纪 90 年代初期 Novell 公司的 NetWare 等系统被称为网络操作系统之外，人们一般不再特指某个操作系统为网络操作系统。

1.2.2 网络操作系统工作模式

1. 集中模式

这种模式是由分时操作系统加上网络功能演变出来的。系统的基本单元由一台主机和若干台与主机相连的终端构成，信息的处理和控制是集中进行的。UNIX 就是这类系统的代表。

2. 客户/服务器模式

这种模式是最流行的网络工作模式。服务器是网络的控制中心，负责向客户提供服务；客户是用于本地处理和访问服务器的站点。

3. 对等模式

采用这种模式的站点都是对等的，既可以作为客户访问其他站点，又可以作为服务器向其他站点提供服务。这种模式具有分布处理和分布控制的功能。

1.2.3 网络操作系统种类

1. Windows 操作系统

对于 Windows 类操作系统来说，大家应该都不陌生，它由 Microsoft 公司开发，而我们平时用的个人操作系统，如 Windows 7、Windows 8、Windows 10 等，都是由 Microsoft 公司开发的。这类网络操作系统也是五脏俱全，在搭建大多数的局域网资源共享平台时都能看到这类网络操作系统的影子，如现在常用的版本有 Windows Server 2016、Windows Server 2019。这类操作系统的优点在于继承了人们常用的个人操作系统的界面和操作习惯，使管理人员在学习配置和搭建服务器时会更加方便、容易；但其缺点是对服务器的硬件性能要求较高，对安全性和稳定性的要求不能特别高。

2. NetWare 操作系统

NetWare 操作系统的市场占有率远不如几年前，虽然它在局域网中早已失去了当年雄霸一方的气势，但是 NetWare 操作系统仍由于对网络硬件的要求较低(工作站可以是 286 机)而受到一些设备比较落后的中小型企业，特别是学校的青睐。人们一时还忘不了 NetWare 系统在无盘工作站组建方面的优势，也忘不了它那毫无过分需求的大度，这是因为它兼容 DOS 命令，其应用环境与 DOS 相似，经过长时间的发展，它具有相当丰富的应用软件支持，技术完善、可靠。NetWare 系统目前的常用版本有 3.11、3.12 和 V5.0 等中英文版本，NetWare 服务器对无盘工作站和游戏的支持较好，常用于教学网和游戏厅。目前，这种操作系统的市场占有率呈现下降趋势，这部分市场主要被 Linux 系统瓜分。

3. Linux 操作系统

Linux 是一种新型的网络操作系统，它的最大特点就是源代码开放，用户可以免费得到许多应用程序。目前已有中文版本的 Linux 系统，如 Red Hat(红帽)、红旗 Linux 等，在国内得到了用户的充分肯定，主要体现在它的安全性和稳定性方面。Linux 与 UNIX 有许多类似之处，目前这类操作系统主要应用于中高档服务器。

对特定计算机环境的支持使得每个操作系统都有适合于自己的工作场合，这就是系统对特定计算机环境的支持。例如，Windows 2000 Professional 适用于桌面计算机，Linux 目前较适用于小型网络，而 Windows Server 2012 和 UNIX 则适用于大型服务器。因此，对于不同的网络应用需要选择适合的网络操作系统。

4. UNIX 操作系统

UNIX 由 AT&T 和 SCO 公司联合推出，支持网络文件系统服务，提供数据等应用，功能强大。这种网络操作系统的稳定性和安全性非常高，但由于它多数是以命令方式进行操作的，因此不容易掌握，特别是对初级用户不友好。正因如此，小型局域网基本不使用 UNIX 作为网络操作系统，UNIX 一般用于大型网站或大型企事业局域网中。UNIX 网络操作系统历史悠久，其良好的网络管理功能已为广大网络用户所接受，并拥有丰富的应用软件。目前，UNIX 网络操作系统的版本有 AT&T 和 SCO 公司的 UNIX SVR 3.2、SVR 4.0 和 SVR 4.2 等。UNIX 本是针对小型机主机环境开发的操作系统，采用集中式分时多用户体系结构，但因其体系结构不够合理，UNIX 的市场占有率呈现出下降趋势。

1.2.4 Linux 简介

Linux 网络操作系统是类 UNIX 的操作系统，是一种开源、免费，以达到网络资源共享为核心思想，以性能稳定为前提的网络操作系统。Linux 的标志是一只企鹅，它的英文名为 Tux。

林纳斯·托瓦斯(Linus Torvals)被誉为 Linux 之父，他是著名的计算机程序员。1969 年出生于芬兰赫尔辛基市的托瓦斯在年少时就对计算机产生了浓厚的兴趣。就读于赫尔辛基大学的托瓦斯在受到 Minix 系统的启发后，开始编写一个开放并能兼容 Minix 系统的操作系统。1991 年，托瓦斯公布了第一个 Linux 的内核版本 0.02 版，这也标志着 Linux 的诞生。因 Linux 具有免费、开源、安全、稳定、兼容性好等优点，在 Internet 高速发展的大环境下，许多程序员也纷纷加入编写 Linux 内核的队伍中。直至今天，以 Linux 网络操作系统为背景搭建的服务器已成为全球的主流。

1.2.5 Linux 版本类型

Linux 主要有以下几个版本。

1. Debian

Debian 运行起来极其稳定，除系统升级、电源故障或硬件升级以外，基本上不需要重启系统，非常适用于服务器。

2. Gentoo

Gentoo 与 Debian 有相似之处，但 Gentoo 更加多元化，有较多软件包，系统安装和软件安装时需要联网以获取最新的 Portage 树。

3. Ubuntu

Ubuntu 可称为简易的 Linux，原因在于 Ubuntu 为用户提供了一个较为友好、功能丰富的计算机工作环境，主打以桌面为主的 Linux 操作系统，集成了打印机驱动、蓝牙驱动、办公软件等功能。

4. Kali Linux

随着网络安全越来越受到人们的重视，Kali Linux也随之流行。Kali Linux很少被作为服务器网络操作系统，而主要用于渗透测试，网络安全管理人员是其主要的使用人群。

5. Red Hat Enterprise Linux

Red Hat Enterprise Linux是一个历史悠久、经典的企业级Linux发行版本，其主要面向对象是商业市场，很多企业也利用它搭建服务器。

1.2.6 Red Hat Enterprise Linux 7.4的新特性

Red Hat Enterprise Linux 7.4(简称RHEL 7.4)当前仅支持64位CPU：64-bit AMD、64-bit Intel、IBM POWER7和POWER8、IBM System z；可以将32位操作系统作为虚拟机运行，包括之前的RHEL版本；包含Kernel 3.10版本，支持swap内存压缩，可保证显著减少I/O并提高性能，采用NUMA(统一内存访问)的调度和内存分配，支持APIC(高级程序中断控制器)虚拟化，全面支持DynTick，将内核模块列入黑名单，kpatch动态内核补丁等。在存储和文件系统方面，RHEL 7.4使用LIO内核目标子系统，支持快速设备为较慢的块设备提供缓存，引入了LVM缓存，将XFS作为默认的文件系统。

引入网络分组技术作为链路聚集的捆绑备用方法，对NetworkManager进行了大量改进，提供动态防火墙守护进程firewalld，加入DNSSEC域名系统安全扩展，附带OpenLMI，用来管理Linux系统并提供常用的基础设施，引进了可信网络连接功能等。

对KVM(基于内核的虚拟化)进行了大量改进，诸如使用virtio-blk-data-plane提高I/O性能，支持PCI桥接、QEMU沙箱、多队列NIC、USB 3.0等。

具体特性如下：

- 引入Linux容器Docker；
- 在编译工具链方面，RHEL 7.4包含GCC 4.8.x、glibc 2.17、GDB 7.6.1；
- 包含Ruby 2.0.0、Python 2.7.5、Java 7等编程语言；
- 包含Apache 2.4、MariaDB 5.5、PostgreSQL 9.2等；
- 在系统和服务方面，RHEL 7.4使用systemd替换了SysV；
- 引入Pacemaker集群管理器，同时使用keepalived和HAProxy替换了负载均衡程序Piranha；
- 对安装程序Anaconda进行了重新设计和增强，并使用引导装载程序GRUB 2。

1.2.7 虚拟软件

虚拟机(Virtual Machine，VM)可以通过软件的方式把完整的硬件系统模拟成软件系统，当然这也离不开实体机的支持。虚拟机的建立需要实体机将一部分硬盘、CPU、内存等作为虚拟机的硬盘、CPU、内存，只要实体机有足够强大的硬件系统，就可以在实体机的操作系统上搭建虚拟机，并在虚拟机上利用虚拟出来的硬件系统通过加载系统镜像文件等方法建立不同类型的操作系统。

虚拟机的种类如下。

（1）Hyper-V。Hyper-V 是搭载在 Microsoft 的服务器操作系统上的虚拟化产品，与 Windows Server 2008 同时发布，是 Microsoft 第一个采用类似 VMware ESXi 和 Citrix Xen 的基于 hypervisor 的技术，是一种系统管理程序虚拟化技术，能够实现桌面虚拟化。其优点在于比一般的虚拟化产品更稳定，但在虚拟系统的维护方面还存在不足。

（2）VirtualBox。VirtualBox 是一款开源的虚拟化产品，由德国的 Innotek 公司开发，由 SUN Microsystems 公司出品，使用 Qt 语言编写，在 SUN 公司被 Oracle 公司收购后正式更名为 Oracle VM VirtualBox。Innotek 以 GNU General Public License（GPL）释出 VirtualBox，并提供二进制版本及 OSE 版本的代码。使用者可以在 VirtualBox 上安装并执行 Solaris、Windows、DOS、Linux、OS/2 Warp、BSD 等系统作为客户端操作系统。VirtualBox 号称是最强大的免费虚拟机软件，它不仅具有丰富的特色，而且性能也很优异。VirtualBox 简单易用，可虚拟的系统包括 Windows（从 Windows 3.1 到 Windows 10、Windows Server 2012，所有 Windows 系统都支持）、Mac OS X、Linux、OpenBSD、Solaris、IBM OS2、Android 等。

（3）Parallels Desktop。Parallels Desktop 是一款收费的、主要运行在 Mac OS 平台上的较为优秀的虚拟化产品，它能够很方便地在实体机与虚拟机之间流畅切换。

（4）VMware Workstation。VMware Workstation 是一款功能强大的虚拟化产品，其操作也简单明了，稳定性高，能通过 VMware Tools 工具提高虚拟机和实体机之间的文件共享、鼠标交互等性能，是现今测试和部署服务器的最佳选择。

1.2.8　VMware Workstation

从国际市场来看，VMware、Citrix 和 Microsoft 是目前在 x86 平台上的主流虚拟化厂商，共占据了 96%的市场份额。其中 VMware 公司在服务器虚拟化上占有主导地位，在 Microsoft 进入虚拟化领域之前，市场基本被 VMware 占据，据 IDC 公司统计，VMware 公司在虚拟化市场的占有率在 85%以上。在应用虚拟化方面，Citrix 公司是绝对的领导者，其在远程桌面的访问效率和对外设的广泛支持上占有绝对的领先优势。相对于前两家公司，Microsoft 这家软件巨头稍显弱势，但是其有强大的技术实力作为后盾，在虚拟化市场中逐渐确立了市场地位，并迅速占有了市场的一部分份额，由于 Microsoft 的固有优势，其在虚拟化方面具有很大的发展空间。

VMware 公司是一家专门研究虚拟化软件的公司，也是全世界第三大软件公司，成立于 1998 年，由 Diance Greene、Mendel Rosenblum、Scott Devine 和 Edward Wang 等人创办，总部位于美国加利福尼亚州，控股股东是存储器行业的巨头 EMC 公司。

VMware 公司的发展历程如下：

- VMware 公司于 1999 年发布了第一款产品 VMware Workstation，经过不断发展，目前的最新版本是 Workstation 16.1.0 Pro，最新版本支持 Windows 10 1909，并适用于 Windows Server 2019；
- 2001 年通过发布 VMware GSX Server（托管）和 VMware ESX Server（不托管）宣布进入服务器市场；
- 2003 年推出了 VMware Visul Centert；

- 2004 年推出了 64 位虚拟化支持版本，同年被 EMC 公司收购；
- 2005 年推出了 VMware Workstation 5；
- 2009 年开启了虚拟化的新时代——桌面虚拟化时代；VMware Virtual Desktop 交付的桌面和应用不仅面向笔记本电脑和 PC，还面向智能手机和其他移动设备；从云环境直接部署到设备，可简化 IT，降低公司成本，提高安全性并为用户提供出色的灵活性和移动性；
- 2010 年 VMware vSphere 5.0 发布；
- 2015 年推出了 VMware Workstation 12.1 Pro；
- 2018 年推出了 VMware Workstation 15.0 Pro；
- 2020 年，VMware 公司已经从一个在小公寓里办公的 5 人技术团队成长为企业级软件领域的创新领导者，目前，VMware 公司的计算、云、移动化、网络连接以及安全产品已为全球超过 50 万家客户提供动态、高效的数字化基础。

1.3 项目过程

根据五桂山公司的需求，需要在一台实体机上安装虚拟机软件 VM 15，并在 VM 15 虚拟机上安装红帽企业级 Linux 7.4，搭建开发和测试环境。

实体机硬件要求如下。

- CPU：需要 Core 双核或 AMD Athlon 以上处理器。
- 内存：需要至少 2GB 内存(推荐 4GB 或以上)。
- 硬盘：需要至少 60GB(推荐 120GB 或以上)。
- 显卡：需要 VGA 兼容显卡。

1.3.1 任务 1 安装 VMware Workstation 15 虚拟机

1. 任务分析

为方便项目的前期测试，保证在服务器完成安装后有较好的可维护性，计划在 Windows 10 系统上安装 VM 15，并在 VM 15 中安装红帽企业级 Linux 7.4 虚拟机以搭建服务器。

2. 任务实施过程

(1) 安装 Windows 10 系统，并准备好 VMware Workstation 15.5.0 Pro 的软件安装包，如图 1-1 所示。VMware Workstation 目前的最新版本为 VMware Workstation Pro 16.1.0，发布时间为 2020 年 11 月 19 日。

本项目使用的是 VMware Workstation 15.5.0 Pro，下载地址为 https://my.vmware.com/cn/web/vmware/downloads/details?downloadGroup=WKST-1555-WIN&productId=783。

(2) 如在安装过程中提示如图 1-2 所示的安装故障，请安装相应版本的 Microsoft Visual C++，如图 1-3 所示。

(3) 安装 VMware Workstation 15 Pro 的具体过程如图 1-4 至图 1-9 所示。

图 1-1 VM 15 安装包

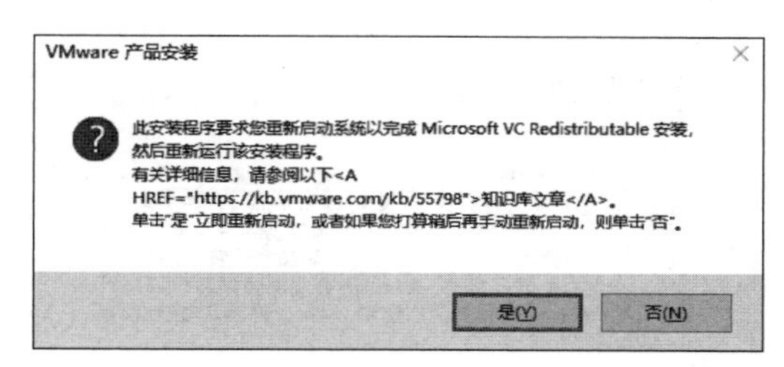

图 1-2 提示安装故障

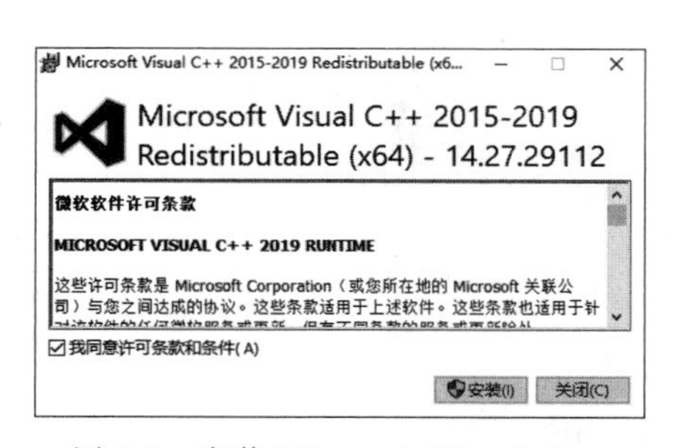

图 1-3 安装 Microsoft Visual C++

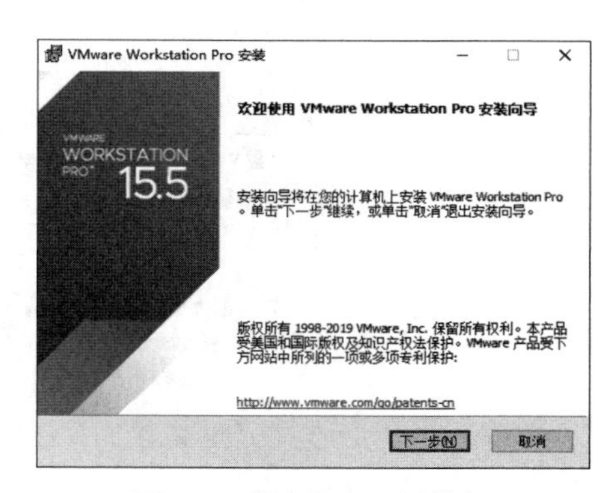

图 1-4 单击"下一步"按钮

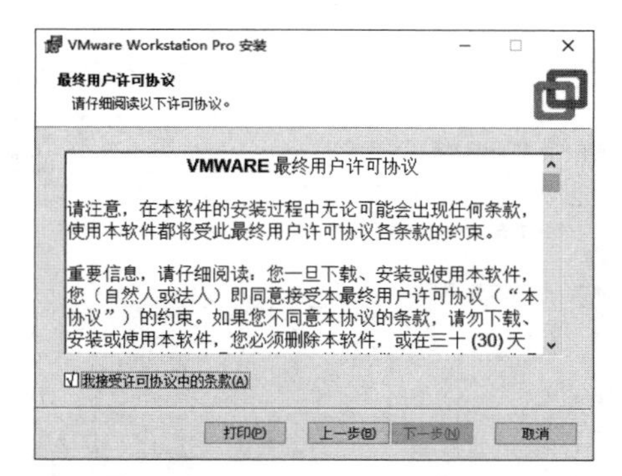

图 1-5 勾选"我接受许可协议中的条款"复选框，再单击"下一步"按钮

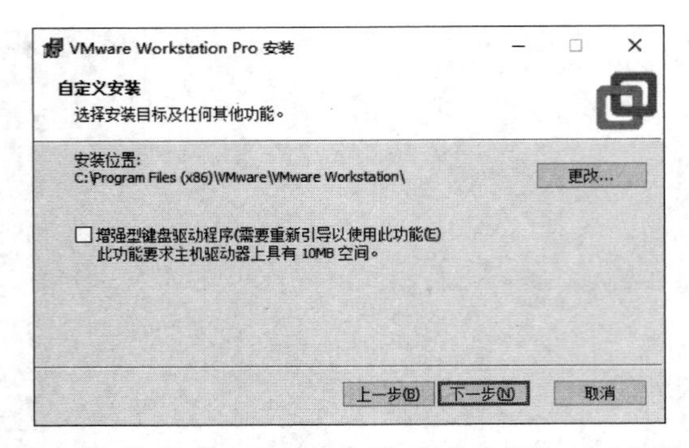

图 1-6　按需求选择存储位置,再单击“下一步”按钮

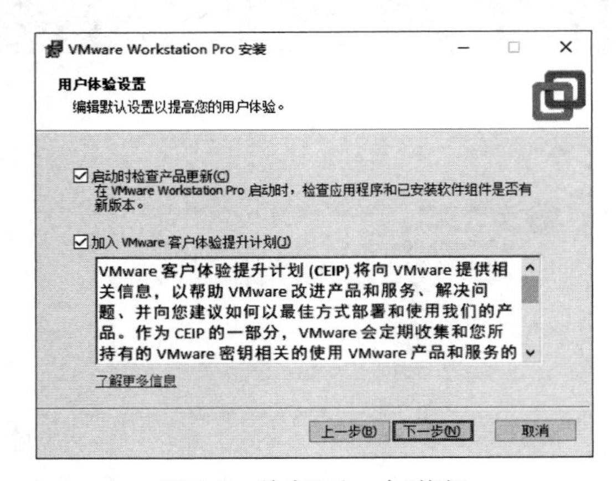

图 1-7　单击“下一步”按钮

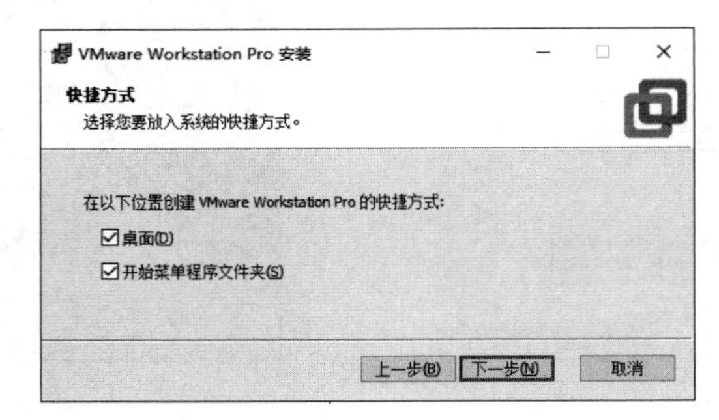

图 1-8　单击“下一步”按钮

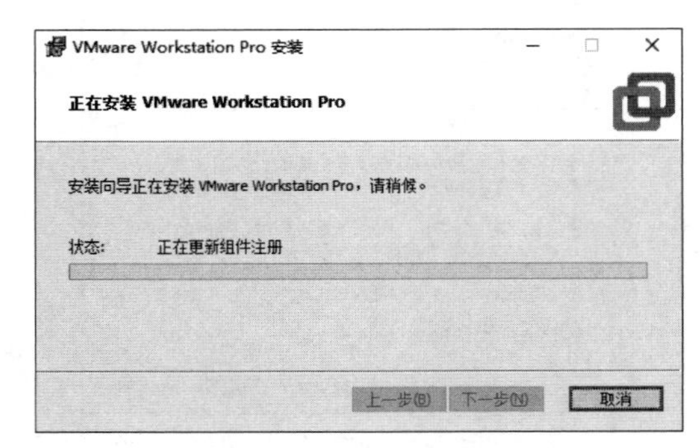

图 1-9　等待安装完成

1.3.2　任务 2　在 VMware Workstation 15 中安装红帽企业级 Linux 7.4

1. 任务分析

通过在 VM 15 中安装红帽企业级 Linux 7.4 大致了解 VM 15 的各功能选项及其配置参数，熟悉安装红帽企业级 Linux 7.4 系统的过程并配置安装过程中的相关参数。

2. 任务实施过程

（1）熟悉 VM 15 的常用功能选项卡，如图 1-10 至图 1-13 所示。

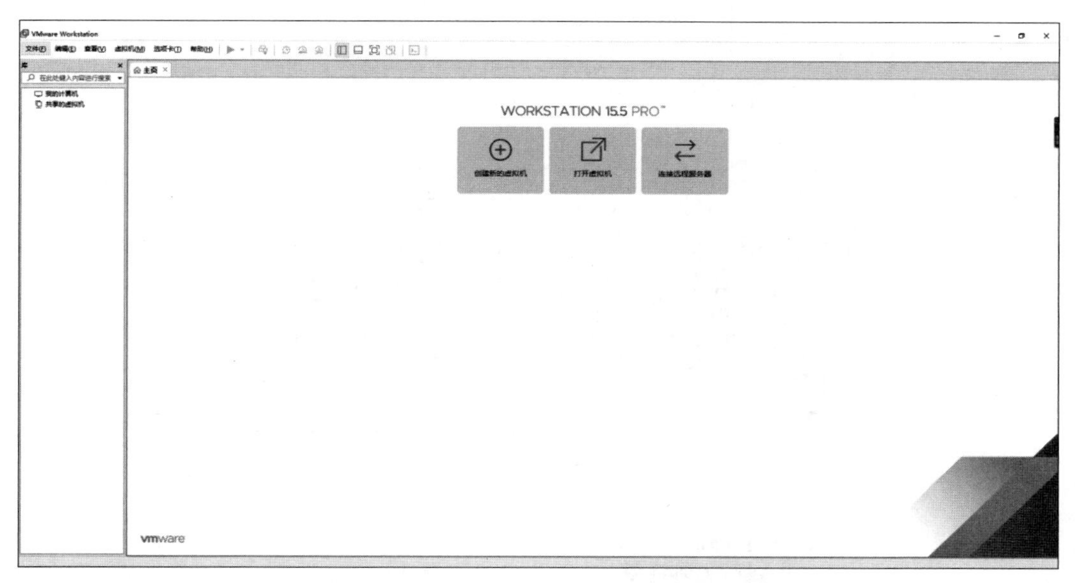

图 1-10　虚拟机软件的管理界面

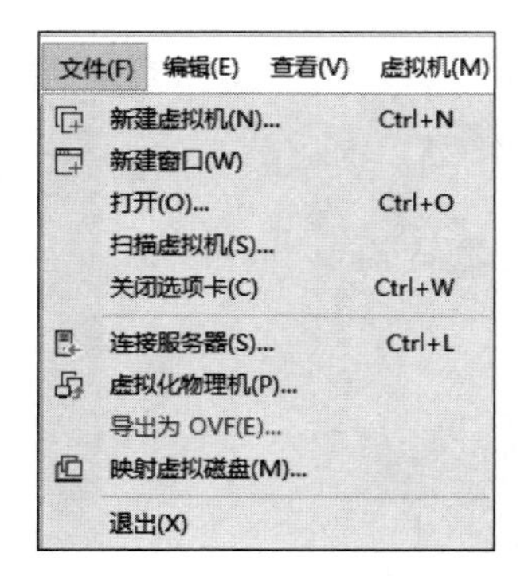

图 1-11　“文件”选项卡

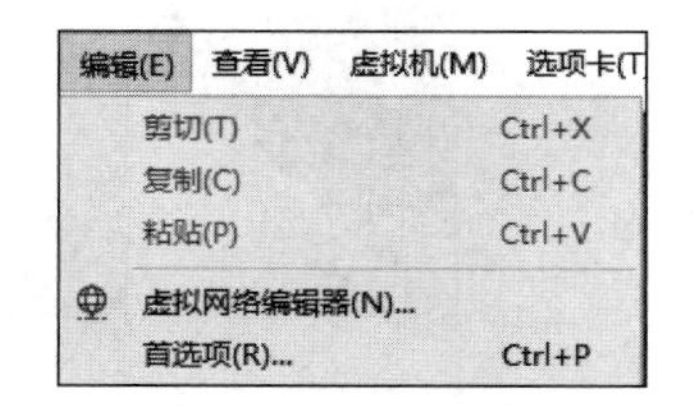

图 1-12　“编辑”选项卡，常用来编辑虚拟网卡的相关设置

（2）在虚拟机软件的管理界面上选择“创建新的虚拟机”选项，如图 1-14 所示。

（3）建议初学者选择“典型（推荐）”选项，较为熟悉的读者可以使用“自定义（高级）”选项安装虚拟机，在“自定义（高级）”选项中可以选择更多的安装选项。然后单击“下一步”按钮，如图 1-15 所示。

（4）选择“稍后安装操作系统”选项，然后单击“下一步”按钮，如图 1-16 所示。

图 1-13 “虚拟机”选项卡,常用功能为安装 VMware Tools 和创建系统快照

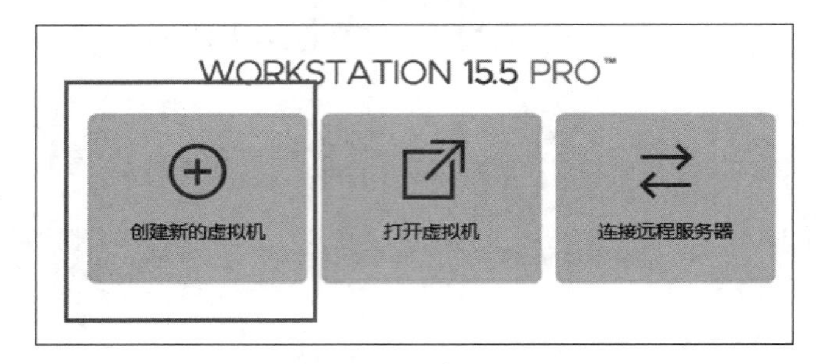

图 1-14 创建虚拟机

图 1-15 创建新的虚拟机向导

(5) 选择安装系统的类型,“客户机操作系统”选择“Linux(L)”,“版本”选择“Red Hat Enterprise Linux 7 64 位”,然后单击“下一步”按钮,如图 1-17 所示。

(6) 可通过“虚拟机名称”文本框修改虚拟机的名字,单击“浏览”按钮可以改变虚拟机的存放位置,修改相关参数后单击“下一步”按钮,如图 1-18 所示。

(7) 指定硬盘容量,在“最大磁盘大小(GB)”中修改数值为“40”,单击“下一步”按钮,如图 1-19 所示。

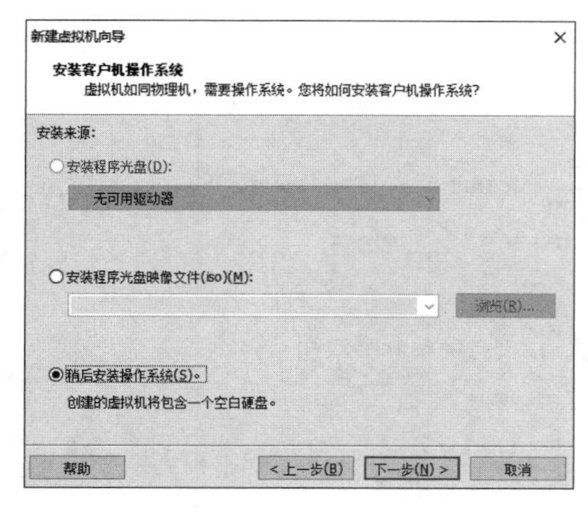

图 1-16　单击“下一步”按钮

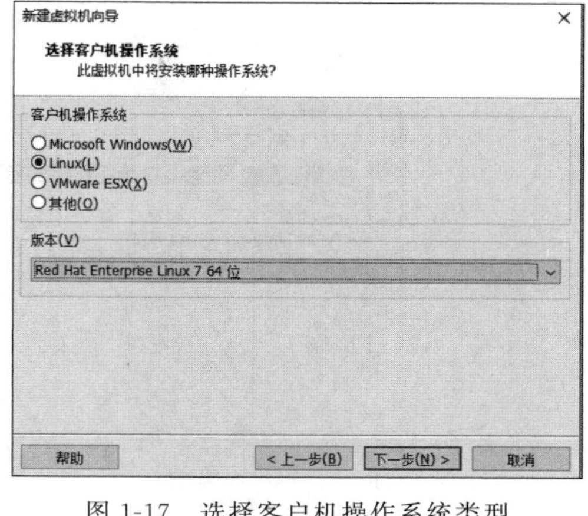

图 1-17　选择客户机操作系统类型

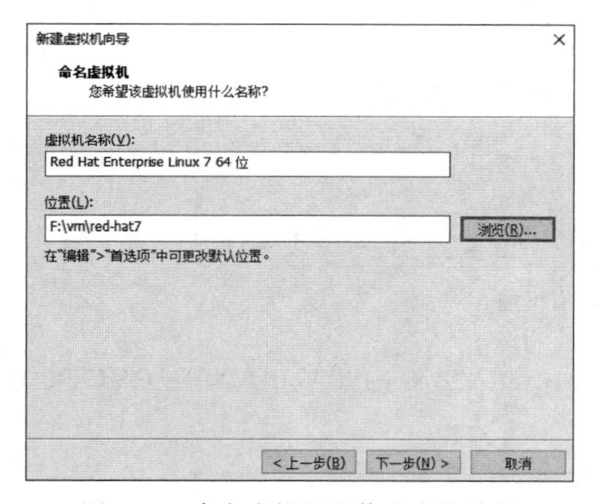

图 1-18　命名虚拟机和修改安装路径

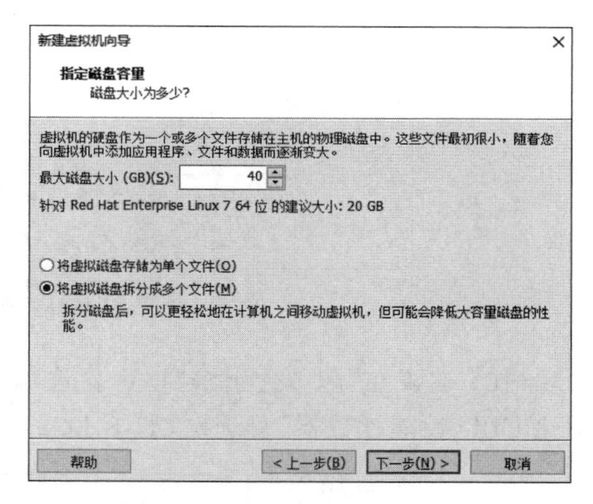

图 1-19　设置虚拟机硬盘容量

(8) 可通过单击“自定义硬件”选项对已准备好的虚拟机再次进行硬件配置上的微调，如图 1-20 所示。

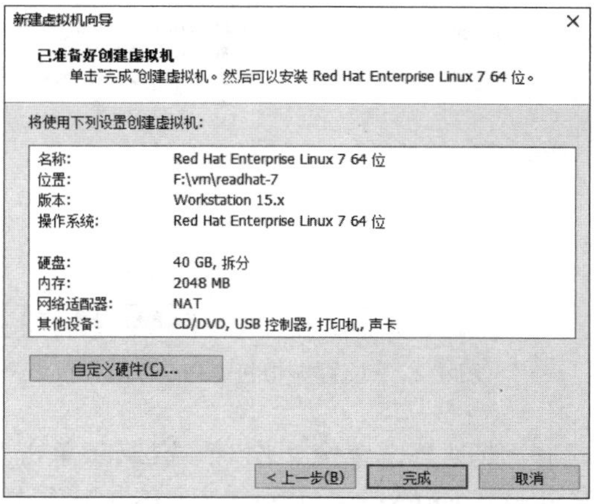

图 1-20　已准备好创建虚拟机的硬件配置信息

(9) 建议设置内存为 2GB,如图 1-21 所示。

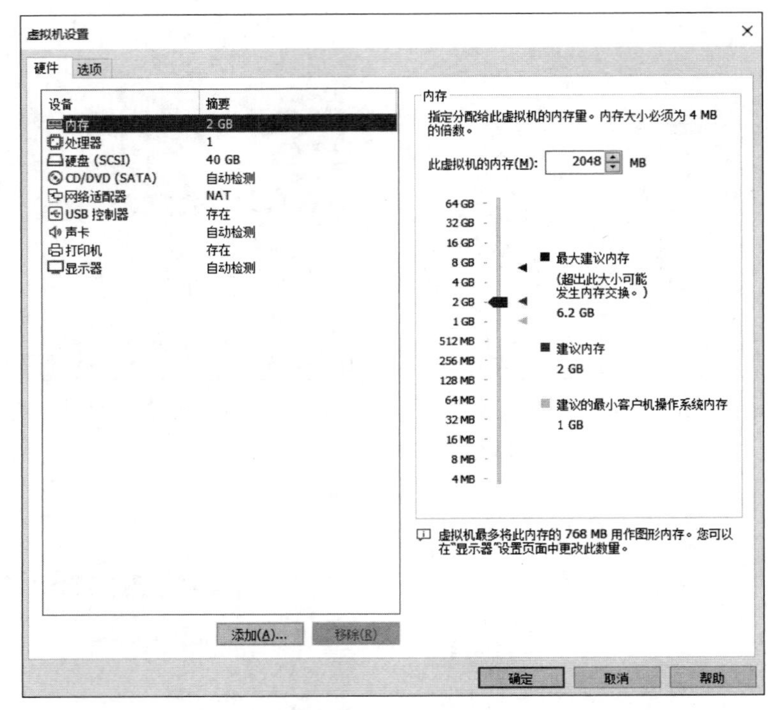

图 1-21　设置虚拟机内存

(10) 建议在"虚拟化引擎"框中勾选"虚拟化 Inter VT-x/EPT 或 AMD-V/RVI"和"虚拟化 CPU 性能计数器"复选框,如图 1-22 所示。

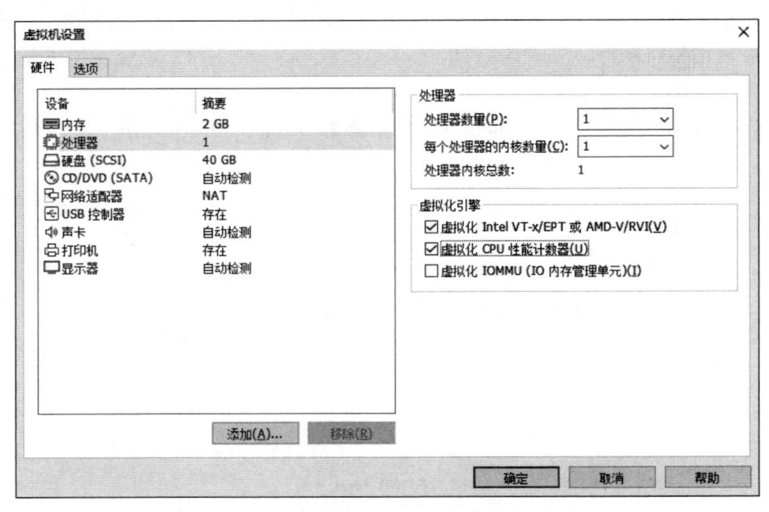

图 1-22　设置虚拟机 CPU 参数

(11) 在"连接"框中选择"使用 ISO 镜像文件"单选按钮,单击"浏览"按钮,在实体机硬盘中选择已经下载好的 Red Hat Enterprise Linux 7.4 ISO 镜像文件,如图 1-23 所示。

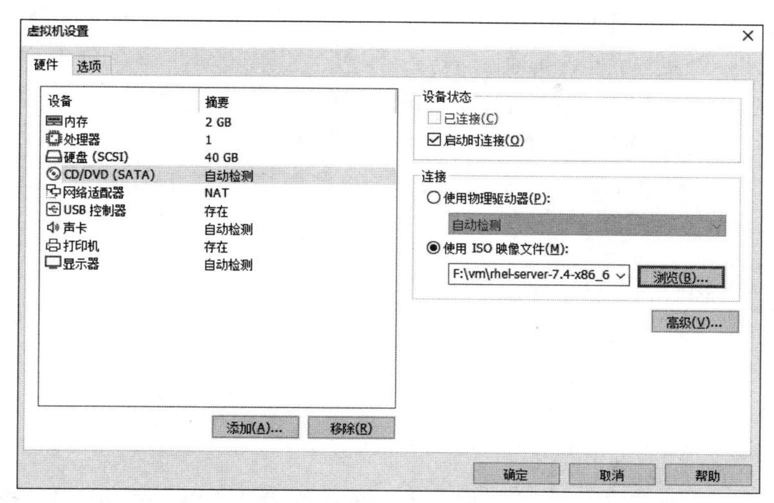

图 1-23　设置 ISO 镜像文件

（12）在“网络适配器”选项中可以看到 3 种主要的“网络连接”选项，分别为“桥接模式”“NAT 模式”“仅主机模式”，这里因项目环境的需要，公司员工需要直接访问虚拟机服务器业务，所以这里选择“桥接模式”，如图 1-24 所示。

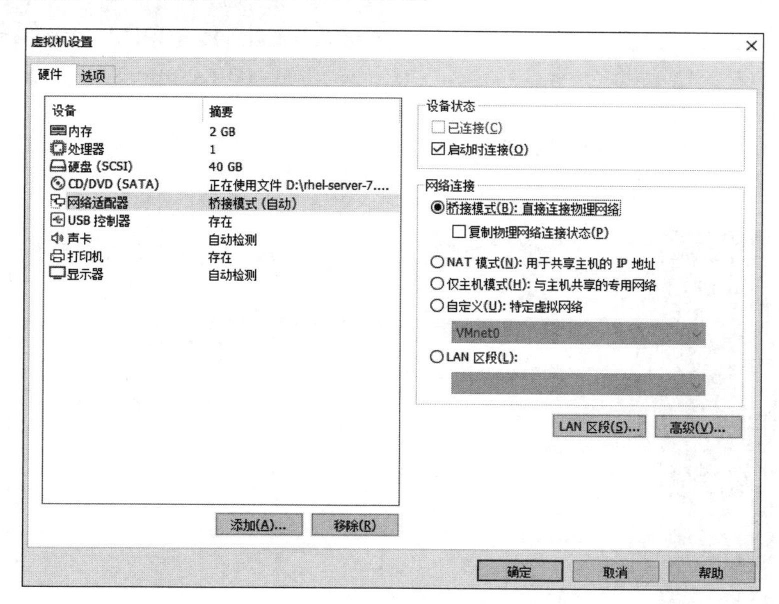

图 1-24　设置虚拟机的网络适配器

- 桥接模式：直接连接物理网络，即直接在物理网卡与虚拟机网卡之间搭建一座桥梁以实现通过网络数据包，从而使虚拟机可以通过物理网卡访问外网，外网也可以通过实体机的物理网卡访问虚拟机的虚拟网卡。
- NAT 模式：用于共享主机的 IP 地址，即虚拟机的网络通过类似路由 NAT 的功能使虚拟机所使用的网络都通过实体机的主机 IP 地址访问外网，而外网并不知道虚拟机具体的 IP 地址。

- 仅主机模式：与主机共享的专用网络，该功能下，虚拟机只能与实体机进行网络访问，与外网不能进行网络互通。

(13) 单击图 1-24 中的“确定”按钮即可返回软件的主配置界面，单击“开启此虚拟机”按钮即可进行红帽企业级 Linux 7.4 系统的安装，如图 1-25 所示。

(14) 在红帽企业级 Linux 7.4 系统的安装界面中选择 Install Red Hat Enterprise Linux 7.4 选项，如图 1-26 所示。

图 1-25　开启虚拟机

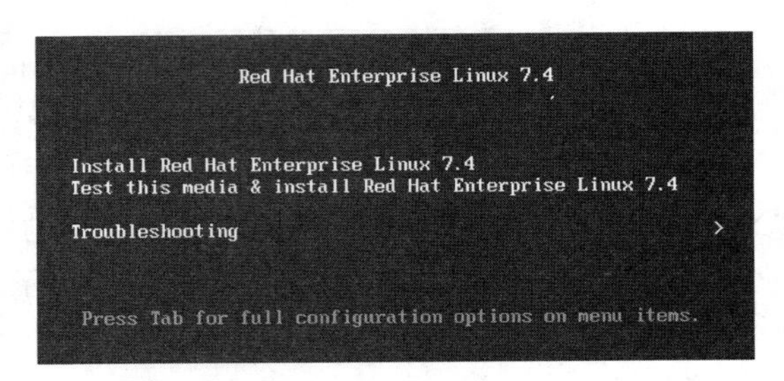

图 1-26　Red Hat Enterprise Linux 7.4 系统安装界面

(15) 选择系统的安装语言为“简体中文(中国)”，然后单击“继续”按钮，如图 1-27 所示。

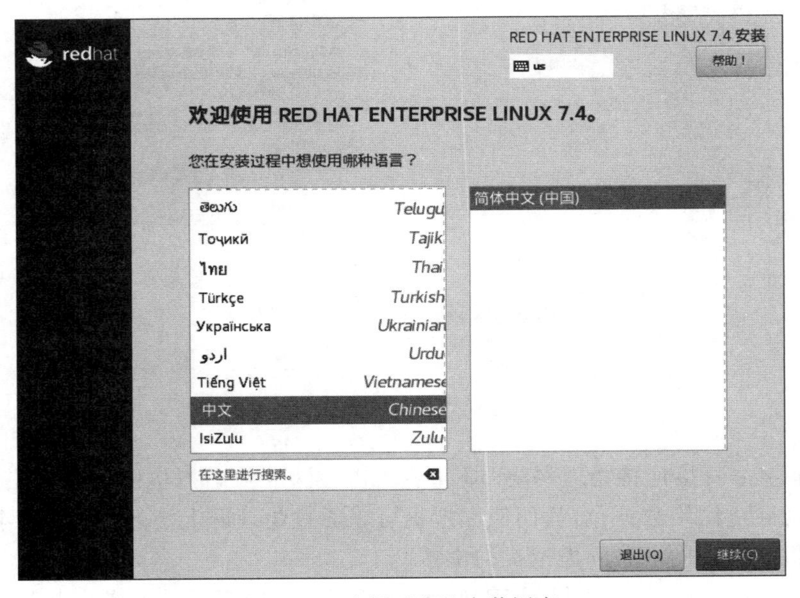

图 1-27　选择系统的安装语言

(16) 在“软件选择”选项中单击“带 GUI 的服务器”单选按钮，该选项会为用户提供图形界面，方便用户调整系统的基本环境。选择软件类型后，单击“完成”按钮，如图 1-28 和图 1-29 所示。

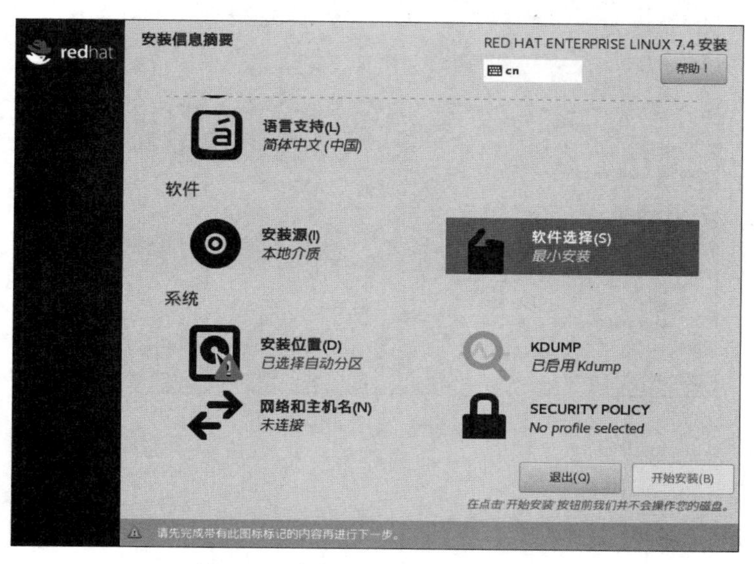

图 1-28　安装系统的信息摘要界面

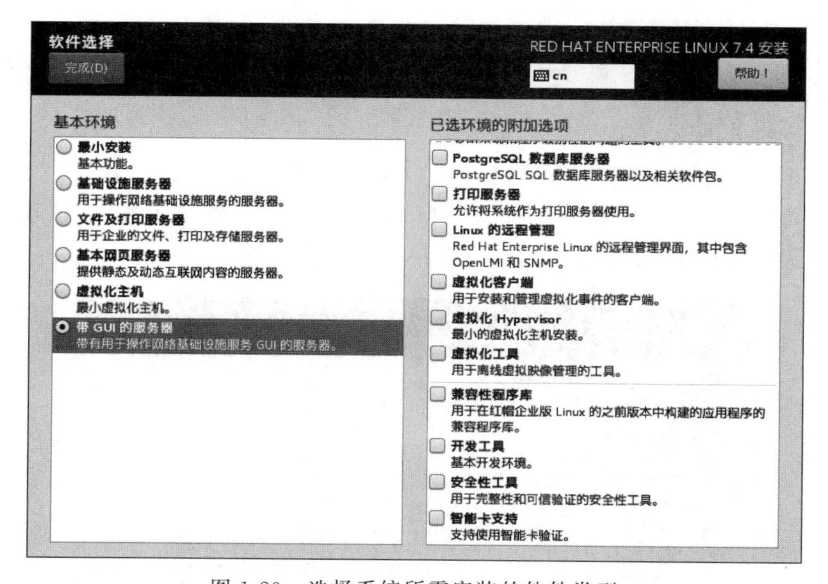

图 1-29　选择系统所需安装的软件类型

(17) 在安装系统的信息摘要界面选择“安装位置”选项，可以对系统安装的分区进行修改。首先单击“我要配置分区”单选按钮，然后单击“完成”按钮，如图 1-30 所示。

(18) 开始配置分区，以默认的 40GB 为例子，将分区分为 7 块，具体分区大小如下。

数据分区：

- /home 分区大小为 8GB；

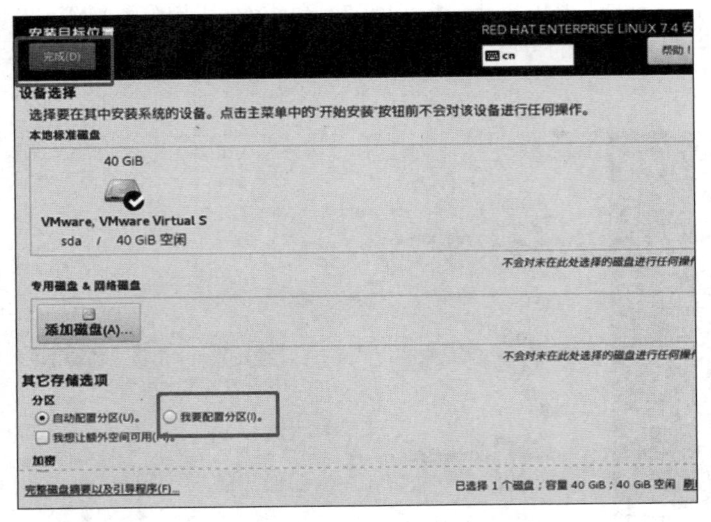

图 1-30　选择分区方式

系统分区：

- /boot 分区大小为 1GB；
- /usr 分区大小为 8GB；
- /var 分区大小为 8GB；
- /tmp 分区大小为 8GB；
- / 分区大小为 10GB；
- swap 分区大小为 4GB。

步骤一：首先选择"标准分区"选项，再单击"+"号按钮添加挂载点，"挂载点"选择"/boot"，"期望容量"填写"1GiB"或者"1024MiB"，然后选择"添加挂载点"选项即可，"文件系统"选择默认的"xfs"即可，如图 1-31 至图 1-33 所示。

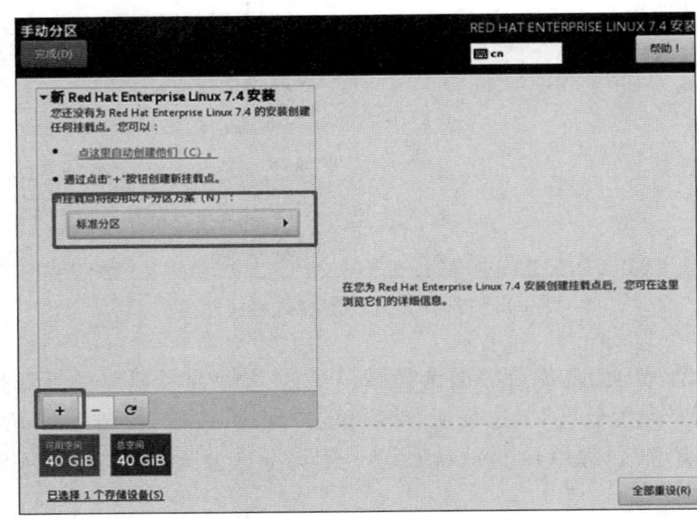

图 1-31　选择分区方案

图 1-32　添加挂载点

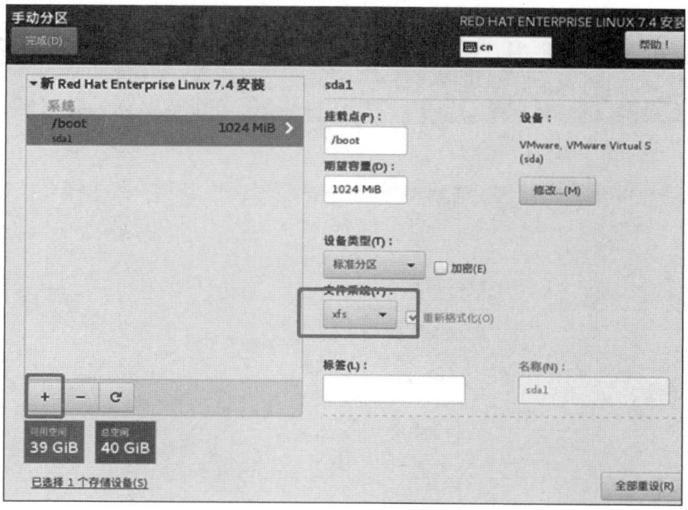

图 1-33　挂载点文件系统修改界面

步骤二：按照要求，单击图 1-33 中的"＋"号按钮添加各分区挂载点，如图 1-34 和图 1-35 所示。

步骤三：单击图 1-35 左上角的"完成"按钮，在"更改摘要"界面中单击"接受更改"按钮完成手动分区，如图 1-36 所示。

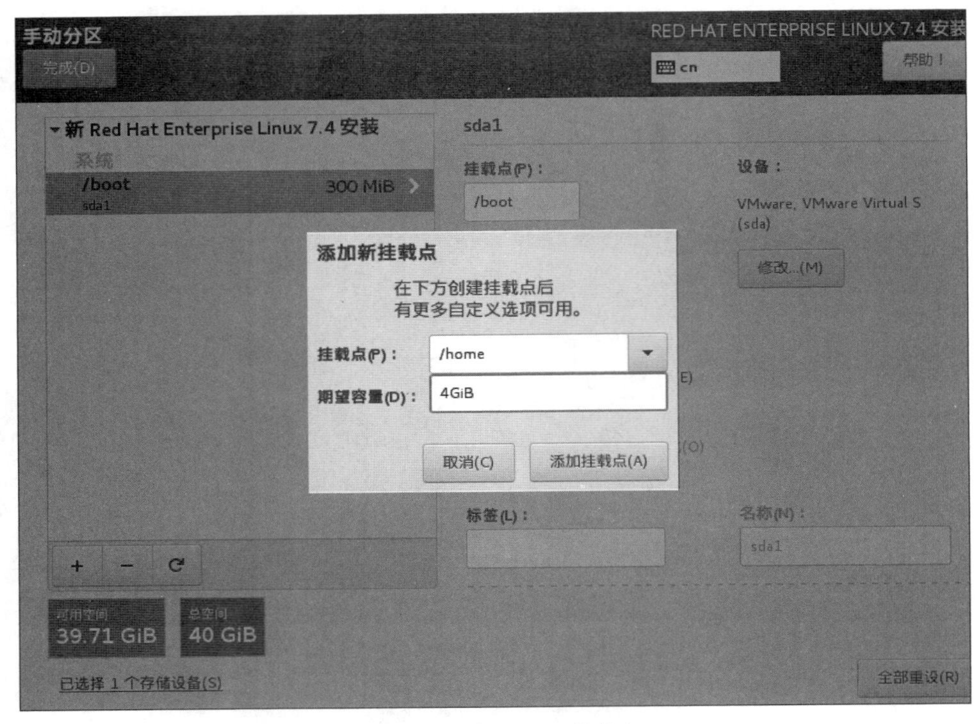

图 1-34　添加/home 挂载点

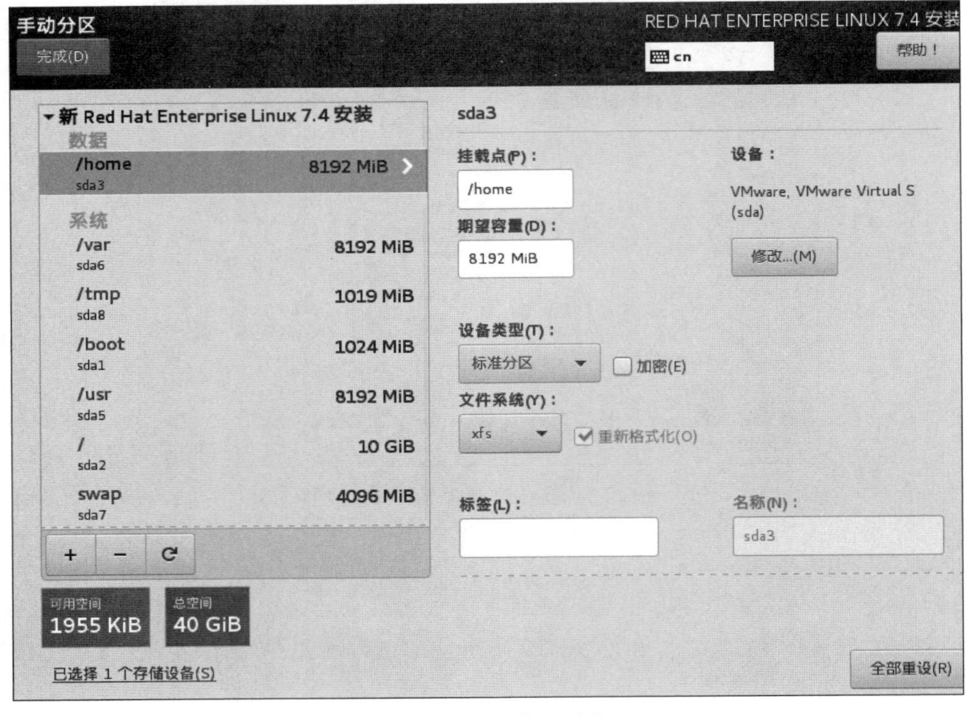

图 1-35　手动分区列表

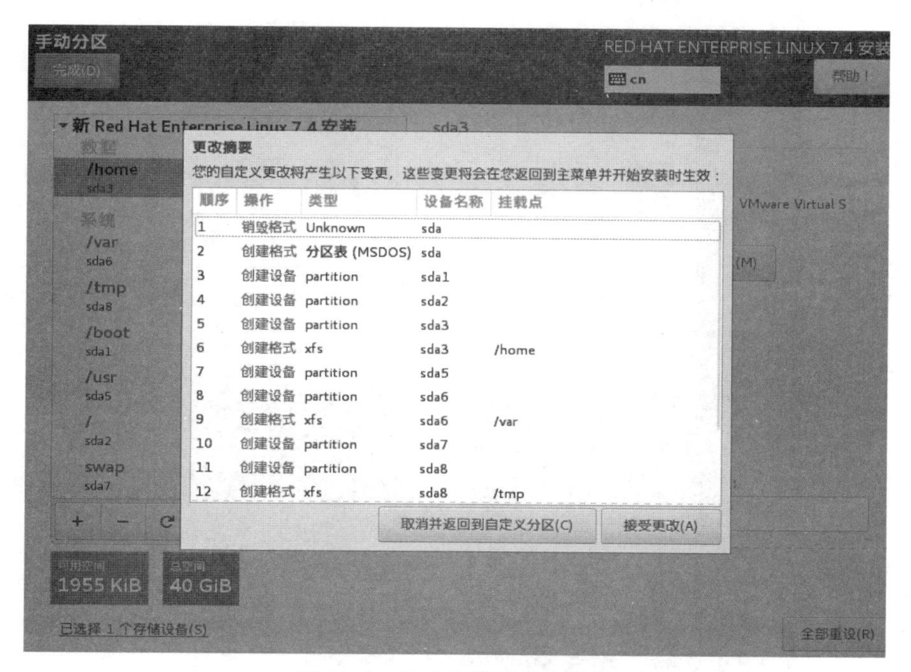

图 1-36　最后的分区确认操作

(19) 分区结束后，在“安装信息摘要”界面中单击“开始安装”按钮，即可开始安装红帽企业级 Linux 7.4 系统，同时可以查看安装进度，如图 1-37 所示。

图 1-37　安装系统的信息摘要界面

(20) 在系统安装的等待过程中，我们可以修改 root 用户密码，在设置密码时，如果密码过于简单，不符合安全规定，则需要连续两次单击左上角的“完成”按钮，如图 1-38 和图 1-39 所示。

(21) 安装过程大概持续 40min，安装完成后单击“重启”按钮，如图 1-40 所示。

图 1-38　安装等待界面

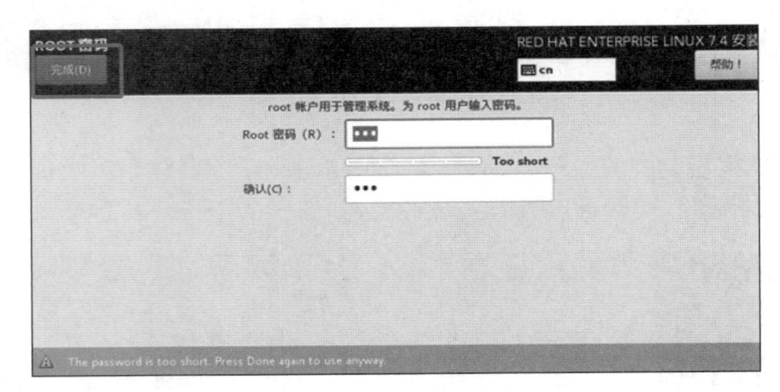

图 1-39　设置 root 密码

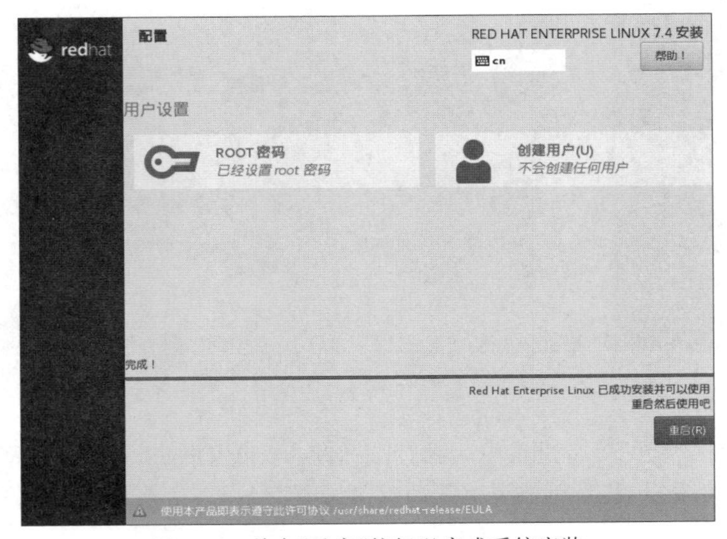

图 1-40　单击“重启”按钮以完成系统安装

（22）重启后会进入系统的初始设置界面，选择 LICENSE INFORMATION 选项，勾选“我同意许可协议”复选框，然后单击左上角的“完成”按钮，在返回界面上单击右下角的“完成配置”按钮进入下一步设置，如图 1-41 至图 1-43 所示。

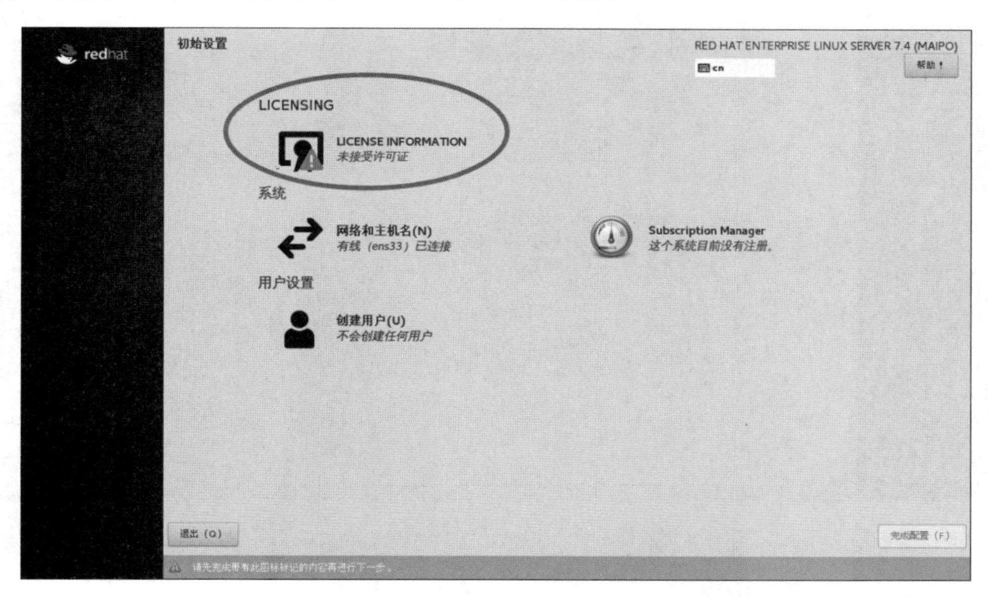

图 1-41　选择 LICENSE INFORMATION 选项

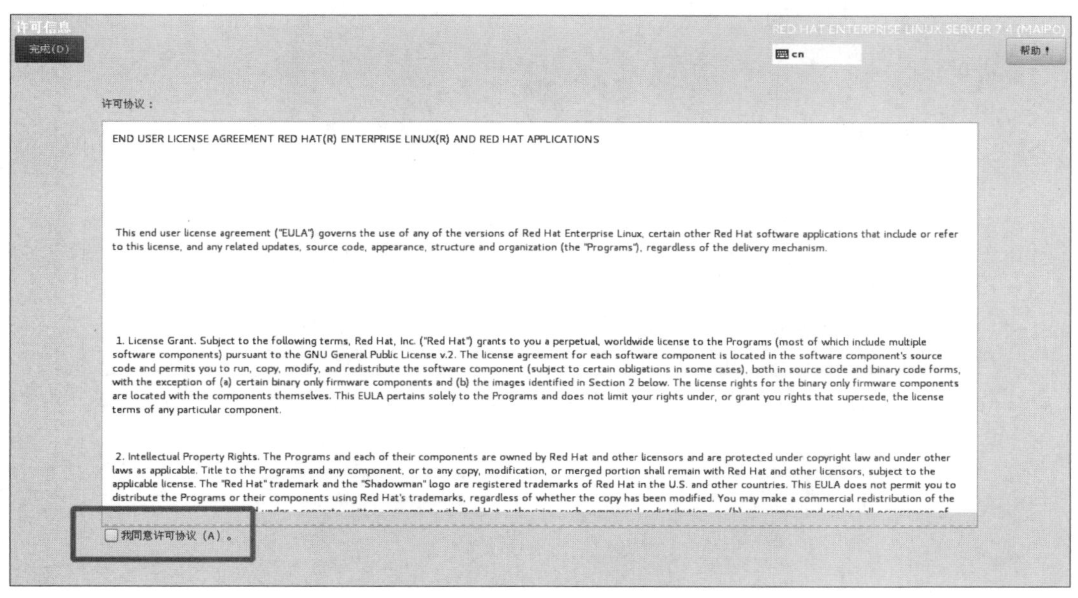

图 1-42　阅读并勾选同意协议

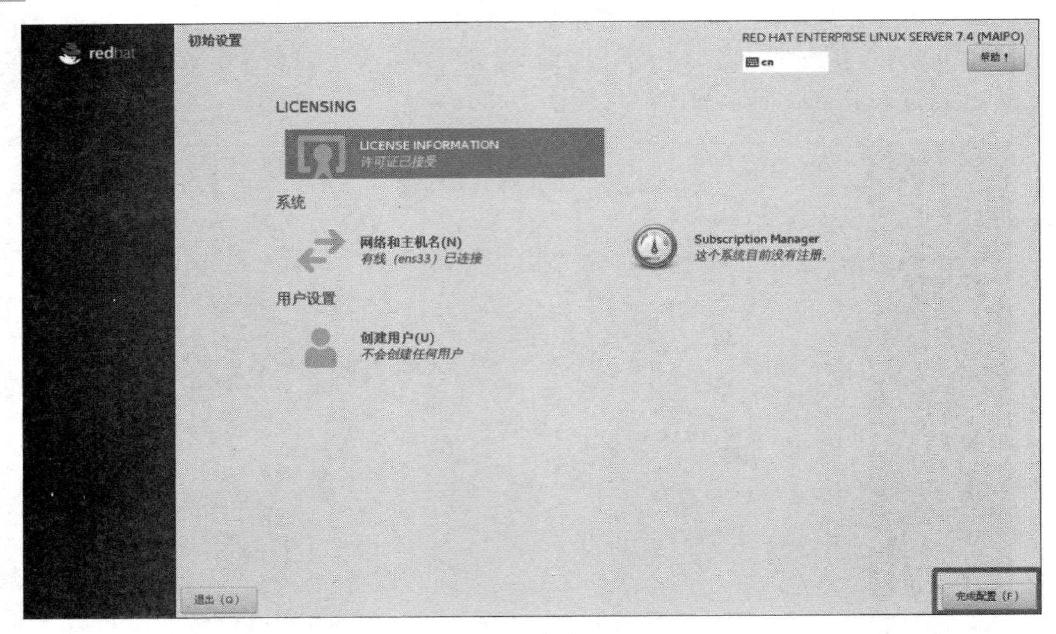

图 1-43　完成配置

（23）选择系统语言和系统输入法，如图 1-44 和图 1-45 所示。

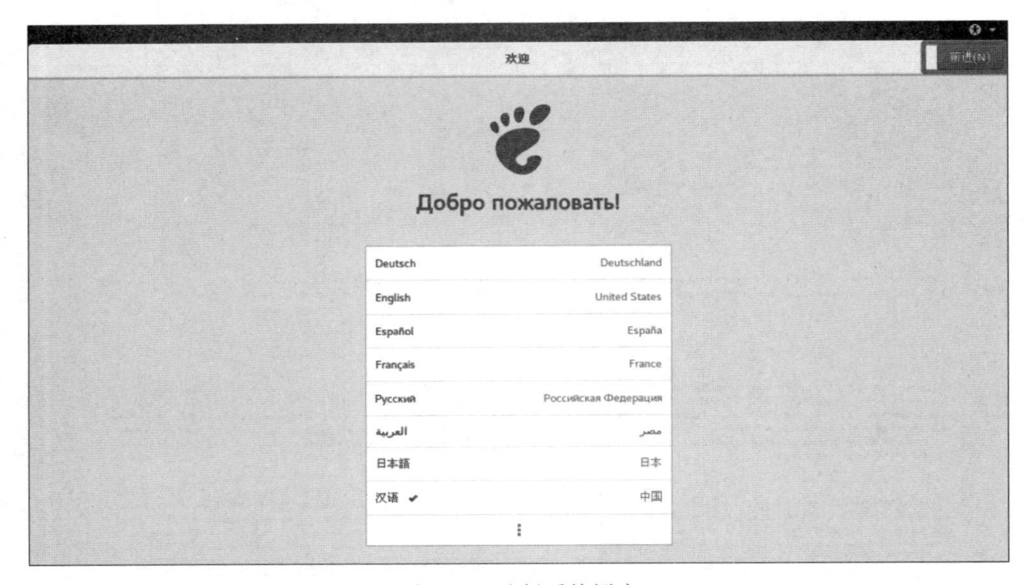

图 1-44　选择系统语言

（24）选择“上海，上海，中国”时区并跳过连接在线账号界面，如图 1-46 和图 1-47 所示。

（25）创建个人用户名并设置密码，如图 1-48 和图 1-49 所示。

（26）创建完用户后，再单击“开始使用 Red Hat Enterprise Linux Server”按钮即可完成所有的系统安装，我们就可以看到系统的欢迎界面，如图 1-50 和图 1-51 所示。

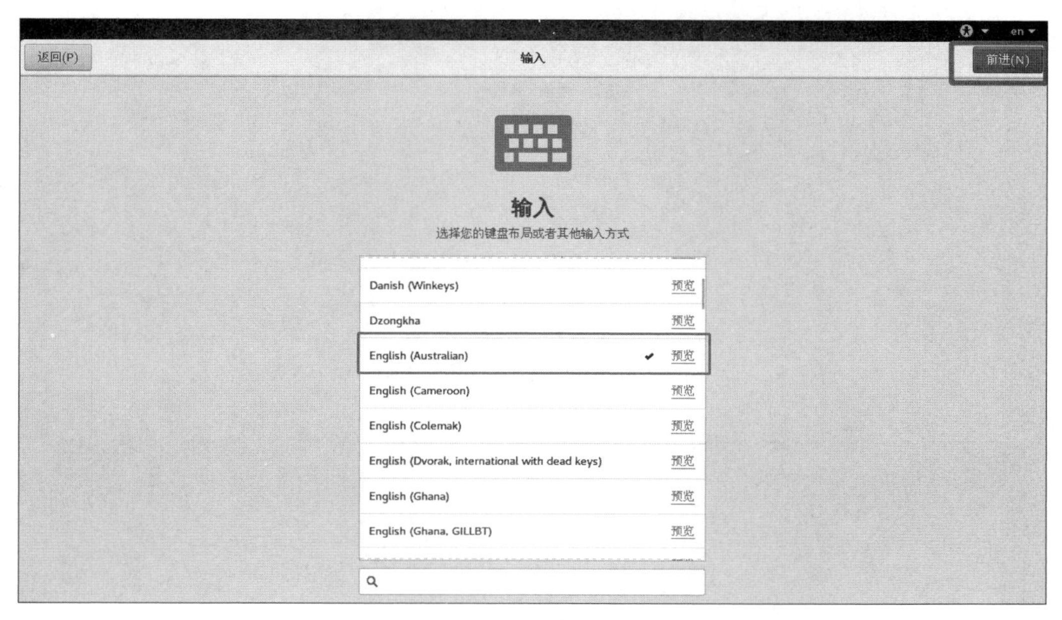

图 1-45　选择输入法

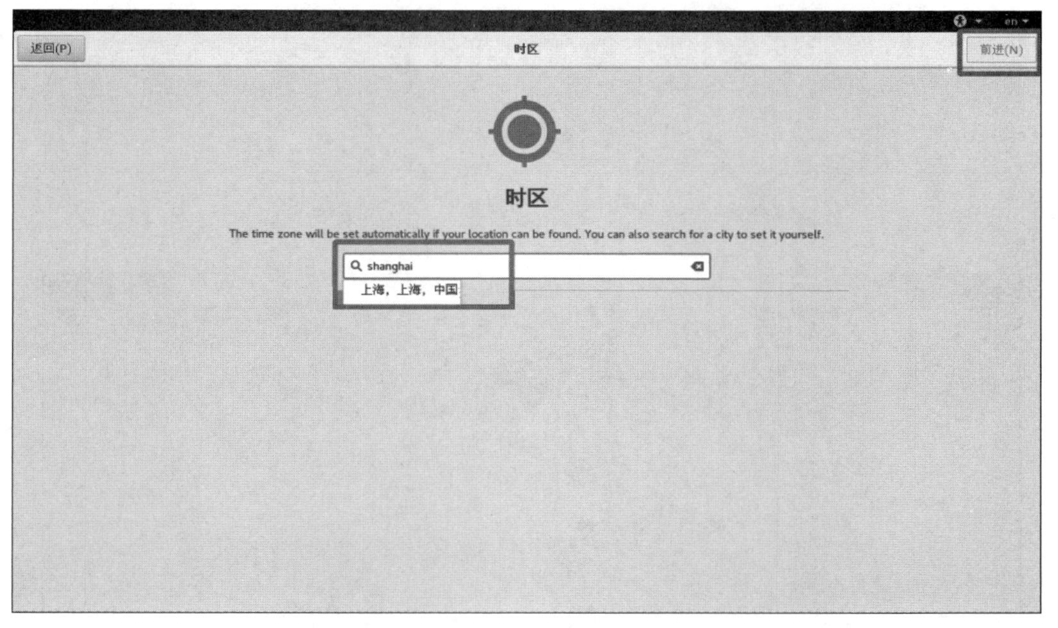

图 1-46　选择时区

图 1-47　跳过连接在线用户界面

图 1-48　创建用户

图 1-49　设置用户密码

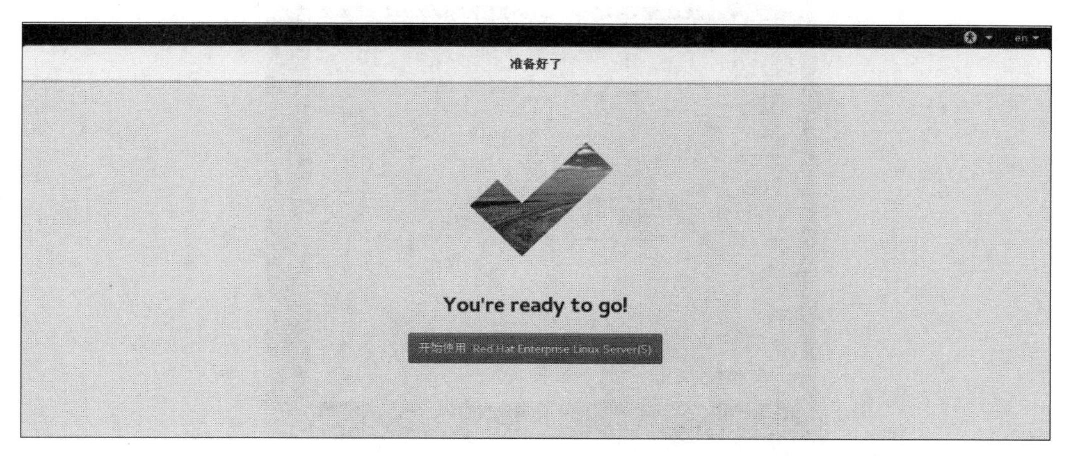

图 1-50 系统初始化完成界面

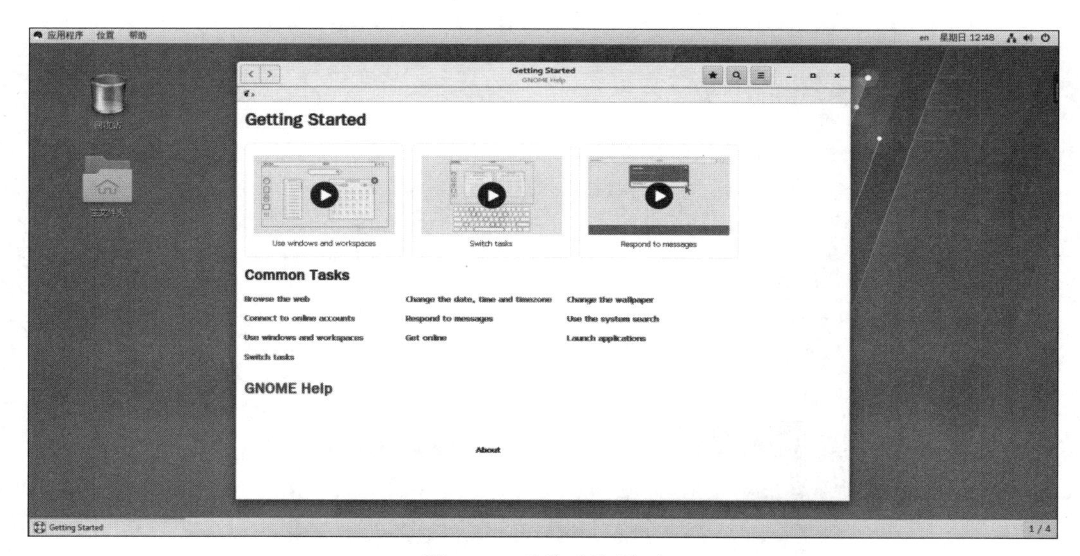

图 1-51 系统欢迎界面

1.3.3 任务 3 Red Hat Enterprise Linux 7.4 系统的基本应用

1. 任务分析

作为管理者,需要全面熟悉 Red Hat Enterprise Linux 7.4,使用常用的功能模块,设置网卡 IP 地址,重启系统等。

2. 任务实施过程

(1) 打开终端,这个工具就像 Windows 系统中的“运行”,在后面的项目中会经常用到,具体操作如图 1-52 和图 1-53 所示。

(2) 管理文件,可以通过“文件”→“其他位置”→“计算机”查看系统中的文件系统,如图 1-54 至图 1-56 所示。

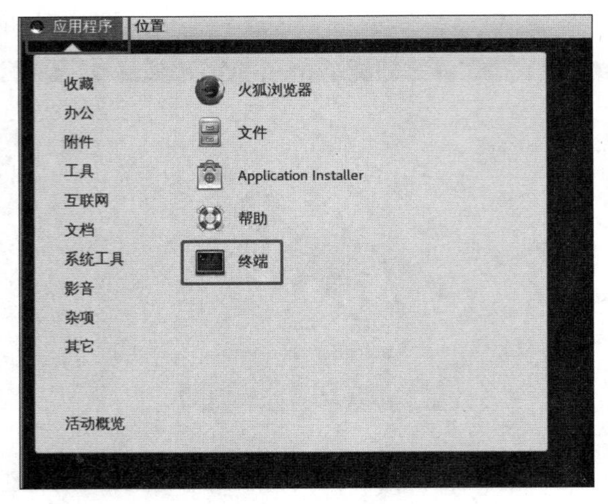

图 1-52　打开终端连接

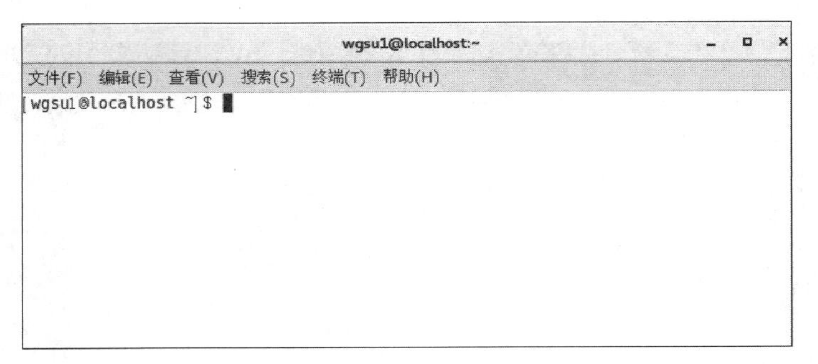

图 1-53　终端界面

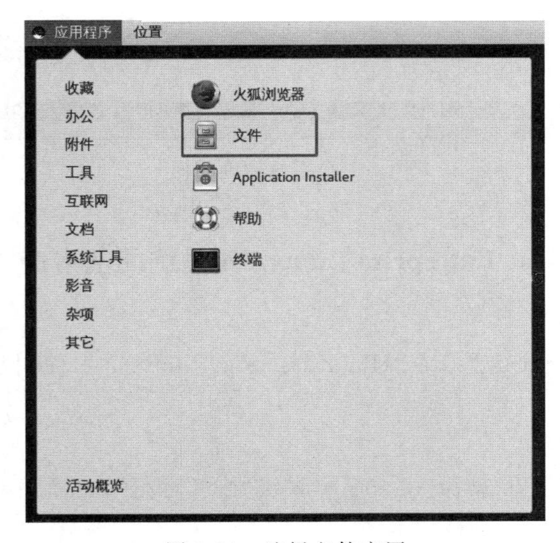

图 1-54　选择文件应用

图 1-55　选择要打开的文件路径

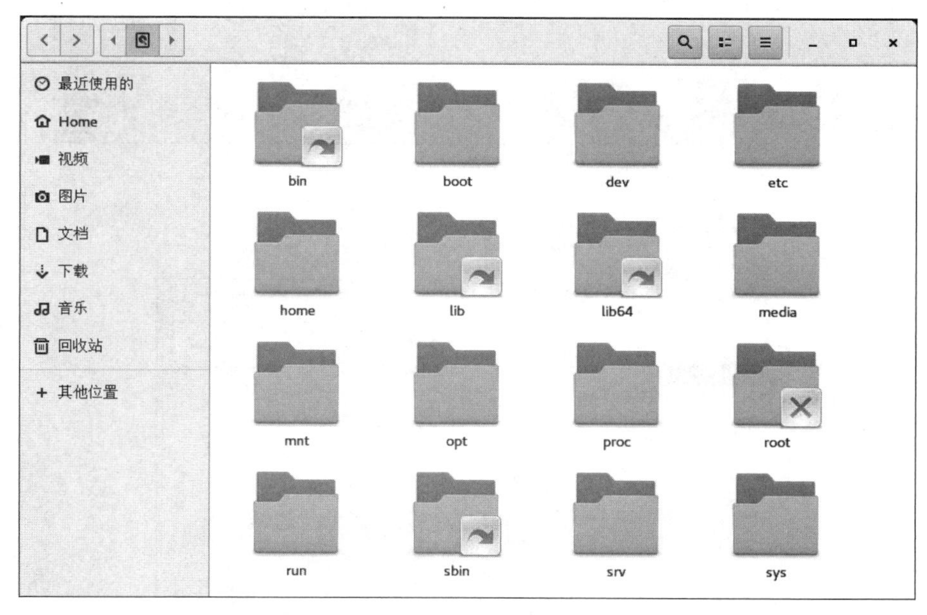

图 1-56　Linux 的文件系统

(3) 关闭系统，如图 1-57 所示。

(4) 设置静态 IP 地址并重启网卡，如图 1-58 至图 1-61 所示。

图 1-57　关闭系统

图 1-58　选择有线设置

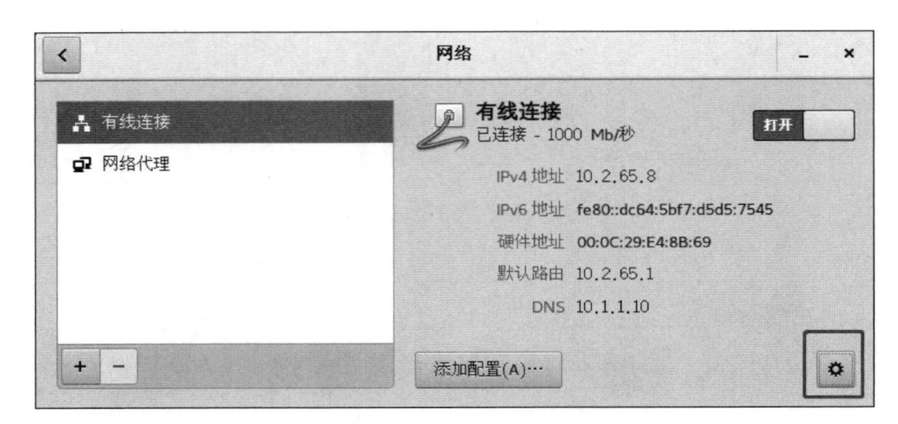

图 1-59　有线连接的相关信息

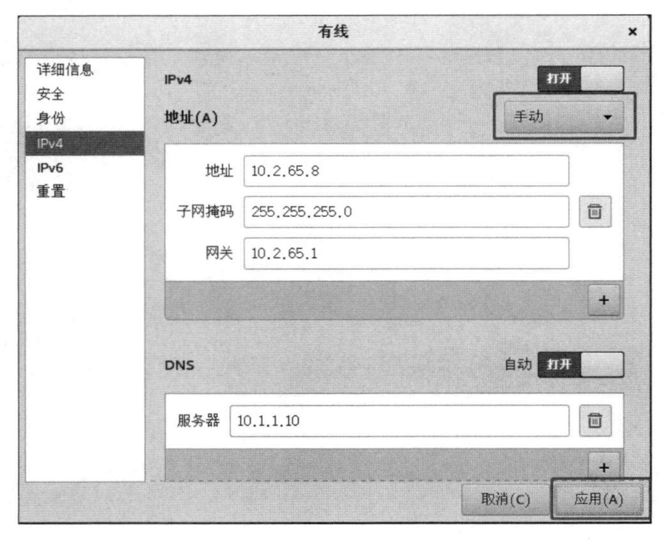

图 1-60　设置静态 IPv4 地址

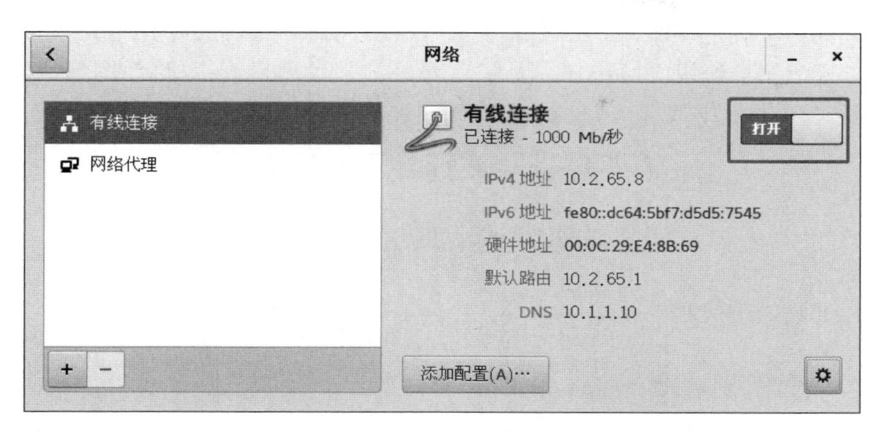

图 1-61　重启网卡

1.3.4　任务 4　网络环境测试

1. 任务分析

为保证项目服务器环境测试顺利进行，首先需要确保网络环境的正常，现准备分别通过 Linux 客户端和 Windows 客户端进行基本的网络环境测试。

2. 任务实施过程

（1）Linux 客户端测试。首先配置 IP 地址，然后通过终端使用 ping 命令测试网络环境。同样，客户端也使用 VMware Workstation 15 平台创建虚拟机，在网络适配器上同样选择桥接模式。设置 IP 测试的界面如图 1-62 所示。

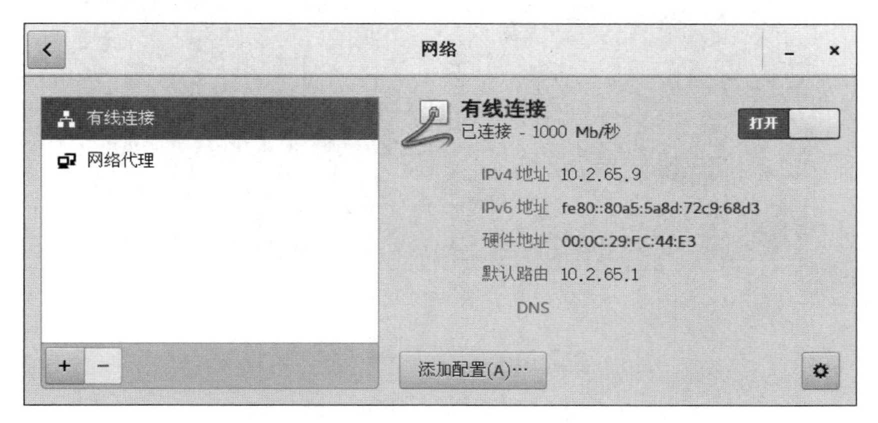

图 1-62　Linux 客户端 IP 地址的设置

```
[root@wgsu1 ~ ]$ ping 10.2.65.8
PING 10.2.65.8 (10.2.65.8) 56(84) bytes of data.
64 bytes from 10.2.65.8: icmp_seq=1 ttl=64 time=0.694 ms
64 bytes from 10.2.65.8: icmp_seq=2 ttl=64 time=0.697 ms
64 bytes from 10.2.65.8: icmp_seq=3 ttl=64 time=0.792 ms
64 bytes from 10.2.65.8: icmp_seq=4 ttl=64 time=0.621 ms
64 bytes from 10.2.65.8: icmp_seq=5 ttl=64 time=0.806 ms
64 bytes from 10.2.65.8: icmp_seq=6 ttl=64 time=0.459 ms
```

(2) Windows 客户端测试。首先配置 IP 地址，然后通过运行使用 ping 命令测试网络环境，同样，客户端也使用 VMware Workstation 15 平台创建虚拟机，在网络适配器上同样选择桥接模式。设置 IP 地址并进行测试，如图 1-63 和图 1-64 所示。

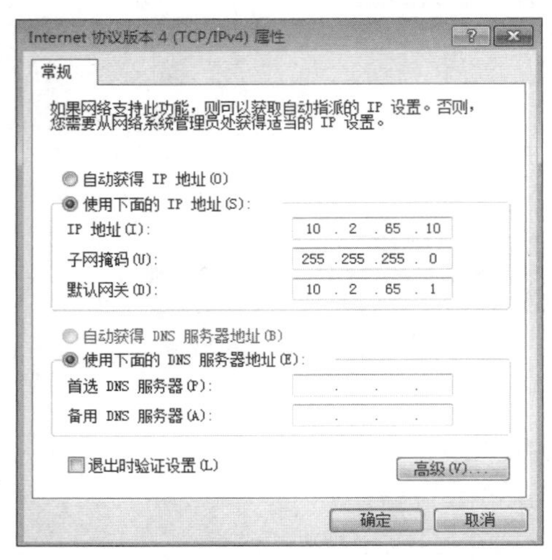

图 1-63　Windows 客户端 IP 地址的设置

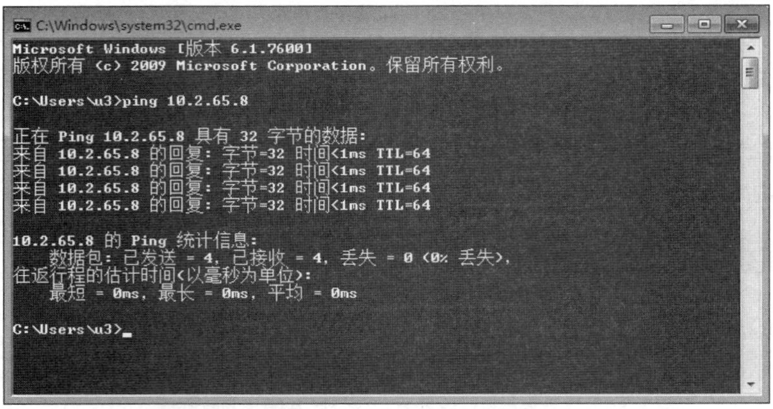

```
C:\Windows\system32\cmd.exe
Microsoft Windows [版本 6.1.7600]
版权所有 (c) 2009 Microsoft Corporation。保留所有权利。

C:\Users\u3>ping 10.2.65.8

正在 Ping 10.2.65.8 具有 32 字节的数据:
来自 10.2.65.8 的回复: 字节=32 时间<1ms TTL=64
来自 10.2.65.8 的回复: 字节=32 时间<1ms TTL=64
来自 10.2.65.8 的回复: 字节=32 时间<1ms TTL=64
来自 10.2.65.8 的回复: 字节=32 时间<1ms TTL=64

10.2.65.8 的 Ping 统计信息:
    数据包: 已发送 = 4，已接收 = 4，丢失 = 0 (0% 丢失)，
往返行程的估计时间(以毫秒为单位):
    最短 = 0ms，最长 = 0ms，平均 = 0ms

C:\Users\u3>_
```

图 1-64　通过 ping 命令测试与服务器的连通性

1.4　项 目 总 结

通过本章的学习，我们基本认识了当今常用的服务器操作系统的版本，还了解了 Linux 系统的发展历史及其系统特点，同时介绍了一些不同操作系统平台上的虚拟机版本。

通过本章的任务实施，我们掌握了如何在 VM 15 上安装 Linux 7.4 操作系统，在创建 Linux 7.4 系统的环境过程中，我们对在 VM 15 上创建虚拟机所需要的基本设置有了更深入的了解，其中包括设置分配虚拟硬件的参数，如 CPU、内存、硬盘、网卡、光驱等。经过学习和实践，我们需要对虚拟网卡中的桥接模式、NAT 模式和 Host 模式(仅主机模式)进行

灵活运用，部署不同的测试环境，以加深对网络知识的了解。在正式安装 Linux 7.4 操作系统的过程中，对其安装过程中的部分设置做了尝试，例如对硬盘分区做了简单的了解和分区，Linux 7.4 操作系统中基本系统应用的了解，网络环境的连通性测试等。

1.5 课后习题

一、选择题

1. 下列选项中被称作“Linux 之父”的人是(　　)。

A. Linux Torvalds　　B. Bill Gates

C. Linus Torvalds　　D. Tim Cook

2. VM 虚拟网卡配置中，下列网络适配器模式中直接连接实体机的物理网络的是(　　)。

A. 桥接模式　　B. NAT 模式

C. 仅主机模式　　D. 虚拟物理网络模式

3. Linux 7.4 镜像文件的扩展名是(　　)。

A. ios　　B. iso　　C. rar　　D. exe

二、填空题

1. 安装 Linux 系统时，默认情况下至少需要建立两个分区，分别是________和________。

2. 写出任意两种虚拟机平台：________、________。

3. Linux 的超级管理员账号名是________。

4. 如果需要安装图形界面的 Linux 7.4，则安装过程中的系统软件类型应选择________。

三、实训题

题目一：为扩充网络服务业务，五桂山公司现需增加一台配有 Linux 7.4 的网络操作系统，并在 VM 15 软件平台下安装 Linux 7.4 操作系统。

具体配置要求如下，请按照相关要求进行安装。

(1) CPU 处理数为 2，内核数为 2。

(2) 内存大小为 4GB。

(3) 硬盘总大小为 120GB，/boot 和/home 至少分配 30GB。

(4) 虚拟网络适配器的连接模式为桥接模式。

项目 2　远程控制服务

【学习目标】

在真实的环境中，网络管理人员会对服务器进行日常检查以及服务器的资料备份等，而网络管理人员一般都是通过远程服务对 Linux 服务器主机进行配置和维护的。本项目将系统介绍 SSH 协议和 Telnet 协议的理论知识，还将讲解如何使用 SSH 和 Telnet 远程管理 Linux 系统。

通过本章的学习，读者应该完成以下目标：

- 理解 SSH、Telnet 的理论知识；
- 掌握 SSH 远程服务；
- 掌握 Telnet 远程服务。

2.1　项目背景

随着五桂山公司的内部服务搭建越来越多，公司的网络管理人员需要经常对服务器上的业务进行配置和备份。网络管理人员每次对服务器进行配置时都需要进入公司的机房，直接在实体机上进行配置，大幅降低了工作效率。即使远程登录到实体机上对虚拟机进行管理，也存在一定的安全隐患。现公司内部的一台实体主机上搭载了多台虚拟 Linux 系统的服务器，其他部门的工作人员有时需要获取某个服务器的系统管理权，如果直接把实体机的远程权限提供给工作人员使用，则服务器的安全性无法得到保障。因此，五桂山公司计划对部分服务器系统开通远程配置服务，提供给网络管理人员和内部员工远程使用。

2.2　知识引入

2.2.1　远程连接

在配置远程服务之前，需要首先了解远程连接。一般来说，远程连接是指一台简单的计算机通过相关的协议对一台通过以太网或 Internet 与本地主机互联的远程主机进行远程配置的过程。

在本地主机的硬件要求方面，可以简单地配置显示屏、鼠标、键盘等外部设备，主机可以配置简单的主板、内存、CPU、网络接口等，硬件性能不需要太高即可与远程主机进行远程连接。

本地主机可以通过文字或图形界面方式与远程主机建立连接，在本地主机和远程主机网络互通的情况下，通过建立远程连接会话，输入相关的 IP 地址或主机 host，并输入允许远程登录的用户名和匹配的密码，即可远程登录到远程主机上。成功登录到远程主机后，对远

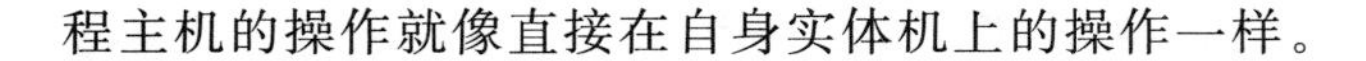

程主机的操作就像直接在自身实体机上的操作一样。

2.2.2　远程连接协议

1. RDP 协议

(1) RDP(Remote Desktop Protocol)协议是一个多通道(Multichannel)的远程桌面协议,主要用于对 Windows 类系统建立远程连接,其使用的端口默认为 3389。

(2) 通过 RDP 协议,本地终端连接远程主机上后就能获取远程主机上的 Windows 系统的图形操作界面,能与远程主机上的系统进行键盘、鼠标的交互操作,获取远程主机上的声音,也能对远程主机上的文件系统进行修改、复制、删除等,还能将远程主机上的文件复制到本地终端上。

2. Telnet 协议

Telnet 协议指远程终端协议,这是一种面向连接的、可靠的传输层通信协议,主要为使用者提供在本地计算机或支持 Telnet 通信协议的设备上完成远程主机工作的能力。Telnet 的工作过程如下。

(1) 使用者需先建立一个 Telnet 会话,然后利用本地计算机的 Telnet 应用程序即可连接已开通 Telnet 服务的主机,通过 Telnet 终端输入命令,这些命令就会传输到服务器上并执行本地计算机远程传输的相关命令。

(2) 通过建立 TCP 连接,使用的默认端口为 23,本地 Telnet 软件的控制终端通过输入远程主机的 IP 地址或域名以及匹配的用户名和密码即可登录远程主机。

(3) 本地终端所输入的用户和密码,以及成功登录后所输入的命令集及字符集都将会封装成 NVT(Net Virtual Terminal)格式并通过 IP 数据包传送到远程主机上。

(4) 远程主机的控制台接收到来自本地终端控制台的命令后,会在远程主机上进行相关操作,操作后返回的信息及操作的执行结果将会转换为 NVT 格式返回到本地终端上,远程主机解封装来自远程主机的 IP 数据包,最终本地终端控制台会显示输入命令的回显及输入命令后执行的结果信息。

(5) 如果本地终端不再需要远程配置远程主机,则本地终端会关闭 Telnet 控制台,最后会终止连接的会话,本地终端会对远程主机撤销一个 TCP 连接,从而释放这个远程会话。

3. SSH 协议

SSH(Secure Shell Protocol)即安全外壳协议。在远程连接 Linux 服务器的协议中,常用的以字符方式进行远程服务的协议有 Telnet、RSH 和 SSH。Telnet 和 RSH 这两个协议都是以明文方式进行传递的,如果在建立连接后有人刻意将数据拦截,则会存在不安全因素,而 SSH 协议则会对传输进行加密处理,在安全性方面已经超越 Telnet 和 RSH。

SSH 协议通过对数据包进行加密再进行数据传输,从一定程度上可以有效防止在使用远程配置服务的过程中泄露信息数据。目前,SSH 协议有 Version 1 与 Version 2 两个版本,Version 2 中增加了连接检测机制,增强了 SSH 协议的安全性。本地主机与远程主机建立连接的过程,如图 2-1 所示。

4. 远程连接软件

利用不同的软件可以使不同的终端类型都能够远程到不同的主机系统类型上,下面介绍几种主流的远程控制软件。

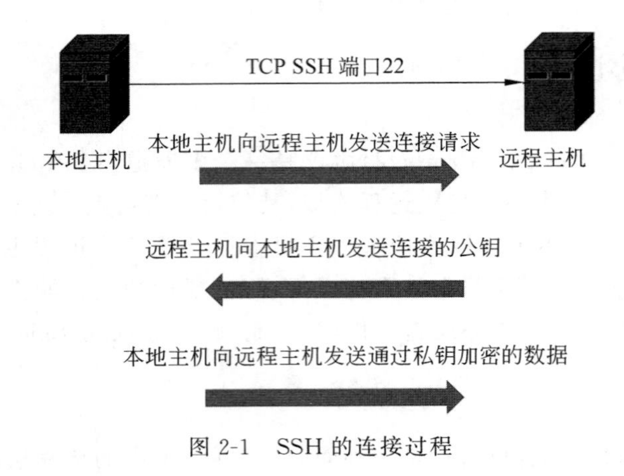

图 2-1　SSH 的连接过程

（1）VNC(Virtual Network Console)。VNC 即虚拟网络控制台，主要用于图形远程连接，它是一款优秀的远程控制工具软件，由著名的 AT&T 欧洲研究实验室开发。VNC 是基于 UNIX 和 Linux 操作系统的免费开源软件，远程控制能力强大，高效实用，其性能可以和 Windows 和 Mac OS 中的任何远程控制软件相媲美，主要运用于 Windows 系统之间的远程桌面交互、Linux 系统之间的远程桌面交互、Linux 系统与 Windows 系统的远程桌面交互。

（2）TeamViewer。这是一款网络管理员较为喜欢的远程工具，主要用于图形远程连接，因为该工具可以通过远程主机和本地终端同时安装 TeamViewer，从而通过穿透防火墙和在网络代理的网络环境下进行远程，该工具通过双方安装好的 TeamViewer 所生成的固定 ID 和随机密码进行远程连接，可在 Windows、Mac OS、Linux、iOS、Android、Chrome OS、Raspberry Pi、Windows 10 等系统下运行。

（3）向日葵远程桌面控制软件。向日葵是由 Oray 自主研发的一款远程控制软件，主要面向企业和专业人员进行远程 PC 管理和控制。只要你在可连入互联网的地点，就可以轻松访问和控制安装了远程控制客户端的远程主机，并进行文件传输、远程桌面、远程监控、远程管理等。该软件的优点在于打破了平台障碍，支持 Windows、Linux、Mac OS、iOS、Android 等主流操作系统，可实时查看和控制远程主机，享受极速流畅的体验，同时实现多屏查看、传输文件、多终端同时连接一台远程主机等功能；其缺点在于必须连接互联网，且很多较为实用的功能需要收费。

（4）SecureCRT。这是一款常用于 Windows 系统、通过 Telnet、SSH1 或 SSH2 远程登录 Linux 服务器的主机软件，主要通过字符方式远程控制服务器。

2.3　项目过程

根据五桂山公司的需求，公司现在的实体主机上有较多的虚拟机，而不同的虚拟机所管理的人员也不同。为方便管理人员有效、安全地管理服务器系统，现计划在需要管理的服务器系统上安装远程软件，并测试远程管理效果。

2.3.1　任务 1　配置 Telnet 服务

1. 任务分析

五桂山公司将在红帽企业版 Linux 7.4 网络操作系统下安装 Telnet 远程服务器软件，并设置相关配置，并使用 Linux 客户机和 Windows 客户机进行访问。需要准备的服务器主机和客户端主机配置如图 2-2 和表 2-1 所示。

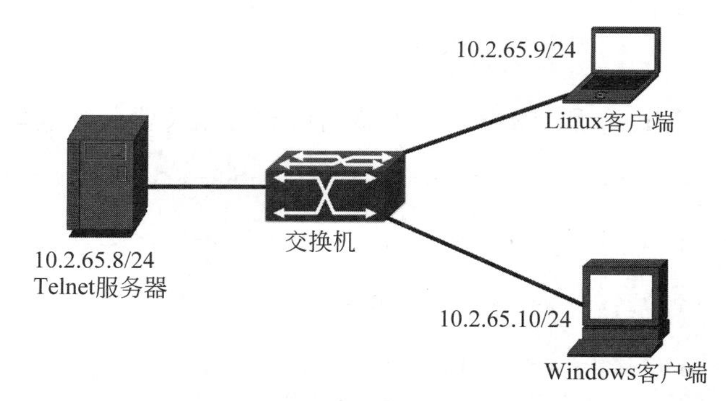

图 2-2　Telnet 配置任务的实施过程拓扑图

表 2-1　Linux 服务器端与 Windows 用户端的相关配置信息

主机名称	功能与服务	IP 地址	操作系统	网卡
Telnet 服务器	Telnet 服务	10.2.65.8/24	Linux	桥接模式
Linux 客户端	远程测试	10.2.65.9/24	Linux	桥接模式
Windows 客户端	远程测试	10.2.65.10/24	Windows 7	桥接模式

在 Linux 服务端的 Telnet 安装配置过程中，需要用到的软件包包括 Telnet 服务器端程序(telnet-server)包、Telnet 客户端程序(telnet-client)和网络守护程序(xinetd)，如 Linux 服务端若要启用 Telnet 服务，则需要先启动 Xinetd 服务，两者之间存在依赖关系。

2. 任务实施过程

(1) 安装 Telnet 远程服务软件。将光盘镜像挂载到根目录下的 wgs 文件夹下。读者可以使用 rpm 方式和 yum 方式安装软件，这里选择 yum 方式进行安装。

需要安装的软件包版本及其作用如下：

- telnet-server-0.17-64.el7.x86_64.rpm。

这是 Telnet 服务端的主程序。

```
[root@localhost wgsu1]#mkdir /wgs
[root@localhost wgsu1]#mount /dev/cdrom /wgs
mount: /dev/sr0 写保护,将以只读方式挂载
[root@localhost wgsu1]#vim /etc/yum.repos.d/wgs.repo
[dvd]
name=dvd
baseurl=file:///wgs                    //3 个“/”代表路径使用本地的源文件
gpgcheck=0
enable=1
```

```
[root@localhost wgsu1]#yum clean all
[root@localhost wgsu1]#yum install telnet-server -y
```

(2) 安装 Telnet 的守护程序。

需要安装的软件包版本及其作用如下：

- xinetd-2.3.15-13.el7.x86_64。

这是网络守护程序，也是 Telnet 服务的守护程序。

```
[root@localhost wgsu1]#yum clean all
[root@localhost wgsu1]#yum install xinetd -y
```

(3) 启动 Telnet、Xinetd 服务，设置防火墙端口放行相关业务和端口。

```
[root@localhost wgsu1]#firewall-cmd --permanent --add-service=telnet
success
[root@localhost wgsu1]#firewall-cmd --permanent --add-port=23/tcp
success
[root@localhost wgsu1]#firewall-cmd --reload
Success
[root@localhost wgsu1]#systemctl start telnet.socket
[root@localhost wgsu1]#systemctl start xinetd.service
[root@localhost wgsu1]#systemctl enable telnet.socket
[root@localhost wgsu1]#systemctl enable xinetd.service
```

(4) 配置 Linux 客户端的 IP 地址及测试网络连通性，如图 2-3 和图 2-4 所示。

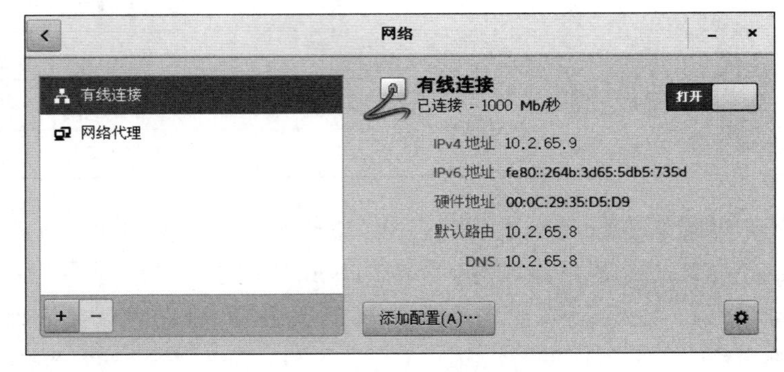

图 2-3 Linux 客户机的 IP 地址配置信息

```
[root@localhost wgsu2]# ping 10.2.65.8
PING 10.2.65.8 (10.2.65.8) 56(84) bytes of data.
64 bytes from 10.2.65.8: icmp_seq=1 ttl=64 time=0.520 ms
64 bytes from 10.2.65.8: icmp_seq=2 ttl=64 time=0.625 ms
64 bytes from 10.2.65.8: icmp_seq=3 ttl=64 time=0.829 ms
64 bytes from 10.2.65.8: icmp_seq=4 ttl=64 time=0.707 ms
64 bytes from 10.2.65.8: icmp_seq=5 ttl=64 time=0.895 ms
64 bytes from 10.2.65.8: icmp_seq=6 ttl=64 time=0.706 ms
64 bytes from 10.2.65.8: icmp_seq=7 ttl=64 time=0.726 ms
64 bytes from 10.2.65.8: icmp_seq=8 ttl=64 time=0.794 ms
^X^C
--- 10.2.65.8 ping statistics ---
8 packets transmitted, 8 received, 0% packet loss, time 7007ms
rtt min/avg/max/mdev = 0.520/0.725/0.895/0.111 ms
[root@localhost wgsu2]#
```

图 2-4 测试与服务器的网络连通性

(5) Linux 客户端测试。首先安装 Telnet 客户端工具，操作方法和服务器相同。

需要安装的软件包版本及其作用如下：

- telnet-0.17-64.el7.x86_64.rpm。

这是 Telnet 客户端主程序软件包。

```
[root@localhost wgsu2]#mkdir /wgs
[root@localhost wgsu2]#mount /dev/cdrom /wgs
mount: /dev/sr0 写保护,将以只读方式挂载
[root@localhost wgsu2]#vim /etc/yum.repos.d/wgs.repo
[dvd]
name=dvd
baseurl=file:///wgs                      //3个"/"代表路径使用本地源文件
gpgcheck=0
enable=1
[root@localhost wgsu2]#yum clean all
[root@localhost wgsu2]#yum install telnet -y
```

(6) 远程登录 Telnet 服务器进行测试。

```
[root@localhost wgsu2]#telnet 10.2.65.8
Trying 10.2.65.8...
Connected to 10.2.65.8.
Escape character is '^]'.
Kernel 3.10.0-693.el7.x86_64 on an x86_64
localhost login: wgsu1
Password:
Last login: Fri Dec 25 17:43:55 from ::ffff:10.2.65.10
[wgsu1@localhost ~]$
```

(7) 配置 Windows 客户端的 IP 地址及测试网络连通性,如图 2-5 和图 2-6 所示。

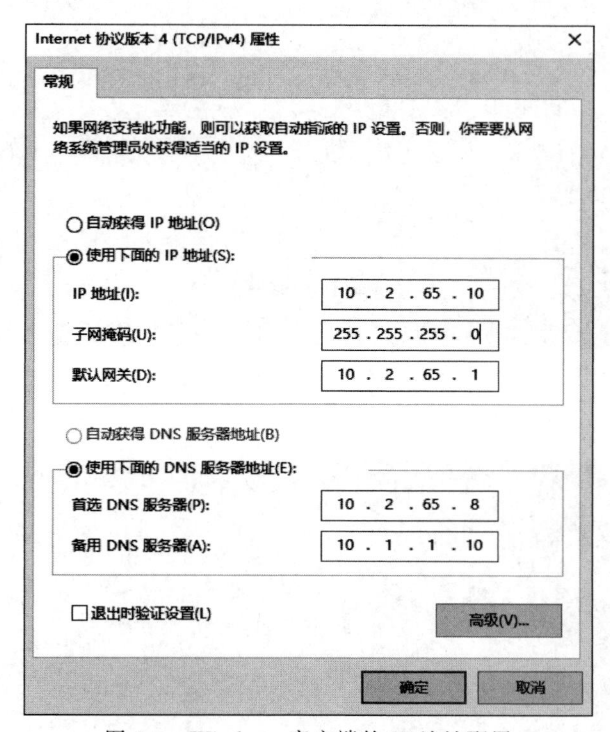

图 2-5　Windows 客户端的 IP 地址配置

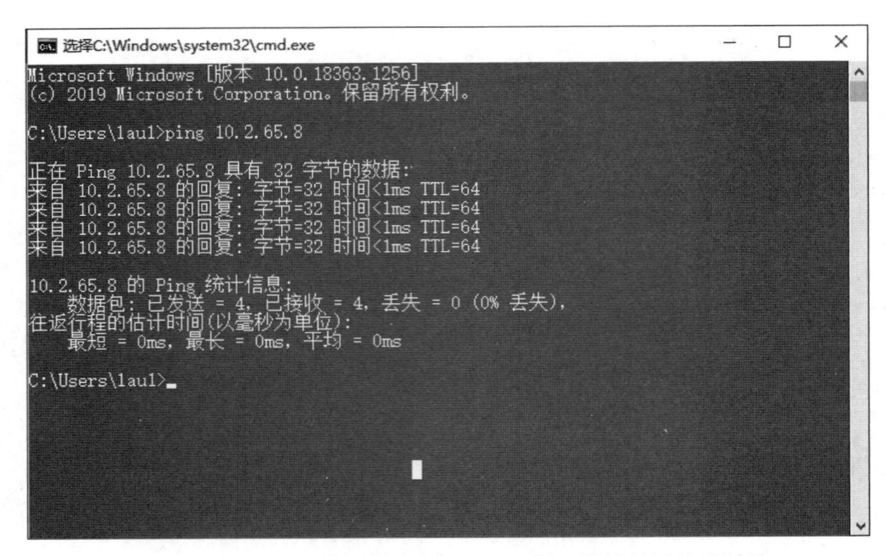

图 2-6　Windows 客户端测试与 Telnet 服务器端的网络连通性

（8）通过 Windows 客户端远程登录 Linux 服务器，如图 2-7 和图 2-8 所示。

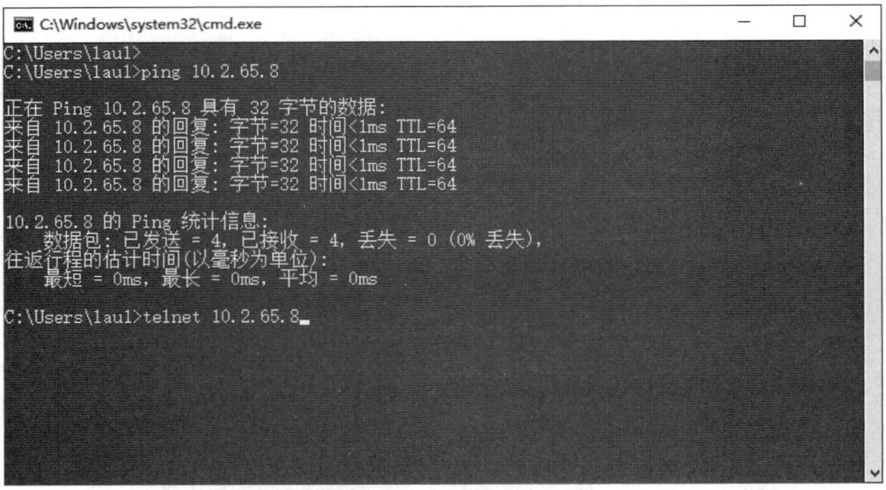

```
C:\Windows\system32\cmd.exe
C:\Users\laul>
C:\Users\laul>ping 10.2.65.8

正在 Ping 10.2.65.8 具有 32 字节的数据:
来自 10.2.65.8 的回复: 字节=32 时间<1ms TTL=64
来自 10.2.65.8 的回复: 字节=32 时间<1ms TTL=64
来自 10.2.65.8 的回复: 字节=32 时间<1ms TTL=64
来自 10.2.65.8 的回复: 字节=32 时间<1ms TTL=64

10.2.65.8 的 Ping 统计信息:
    数据包: 已发送 = 4，已接收 = 4，丢失 = 0 (0% 丢失)，
往返行程的估计时间(以毫秒为单位):
    最短 = 0ms，最长 = 0ms，平均 = 0ms

C:\Users\laul>telnet 10.2.65.8
```

图 2-7　在命令行输入“telnet 10.2.65.8”

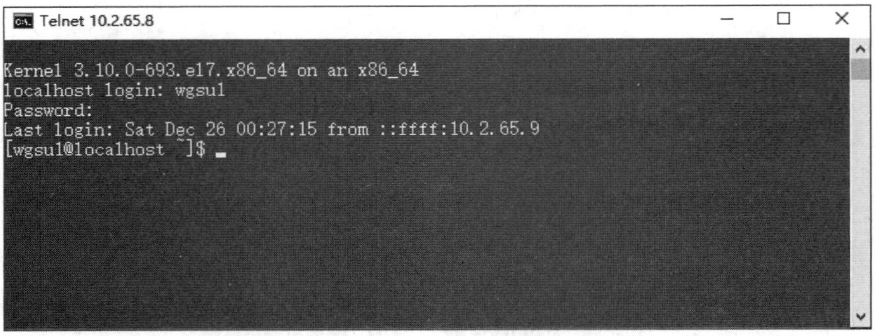

```
Telnet 10.2.65.8

Kernel 3.10.0-693.el7.x86_64 on an x86_64
localhost login: wgsul
Password:
Last login: Sat Dec 26 00:27:15 from ::ffff:10.2.65.9
[wgsul@localhost ~]$
```

图 2-8　Windows 端进行 Telnet 远程登录

2.3.2　任务 2　配置 OpenSSH 服务

1. 任务分析

五桂山公司将在红帽企业版 Linux 7.4 网络操作系统中安装 OpenSSH 远程服务器软件，并设置相关配置，以使用 Linux 客户机和 Windows 客户机进行远程访问。需要准备的服务器主机和客户端主机配置如图 2-9 和表 2-2 所示。

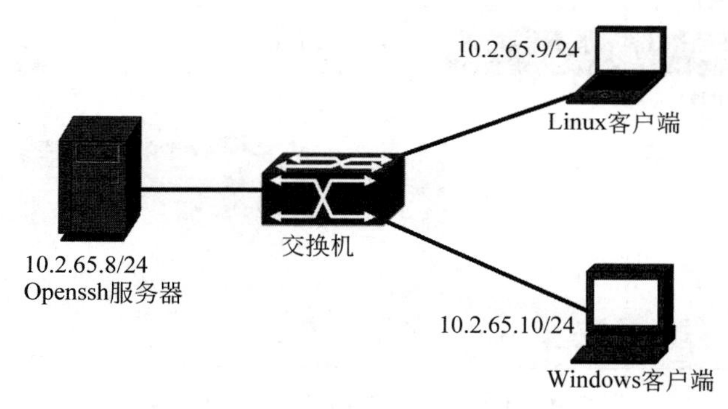

图 2-9　OpenSSH 配置任务的实施过程拓扑图

表 2-2　Linux 服务器端与 Windows 用户端的相关配置信息

主机名称	功能与服务	IP 地址	操作系统	网卡
OpenSSH 服务器	SSH	10.2.65.8/24	Linux	桥接模式
Linux 客户端	远程测试	10.2.65.9/24	Linux	桥接模式
Windows 客户端	远程测试	10.2.65.10/24	Windows 7	桥接模式

2. 任务实施过程

(1) 安装 OpenSSH 远程服务软件。

需要安装的软件包版本及其作用如下：

openssh-7.4p1-11.el7.x86_64.rpm；这是 OpenSSH 服务端主程序软件包。

```
[root@localhost wgsu1]#mkdir /wgs
[root@localhost wgsu1]#mount /dev/cdrom /wgs
mount: /dev/sr0 写保护,将以只读方式挂载
[root@localhost wgsu1]#vim /etc/yum.repos.d/wgs.repo
[dvd]
name=dvd
baseurl=file:///wgs                    //3 个"/"代表路径使用本地源文件
gpgcheck=0
enable=1
[root@localhost wgsu1]#yum clean all
[root@localhost wgsu1]#yum install openssh -y
```

(2) 设置防火墙放通相关业务和端口。

```
[root@localhost wgsu1]#firewall-cmd --permanent --add-service=ssh
success
```

```
[root@localhost wgsu1]#firewall-cmd --permanent --add-port=22/tcp
success
[root@localhost wgsu1]#firewall-cmd --reload
Success
```

(3) 配置 Linux 客户端的 IP 地址及测试网络连通性，如图 2-10 和图 2-11 所示。

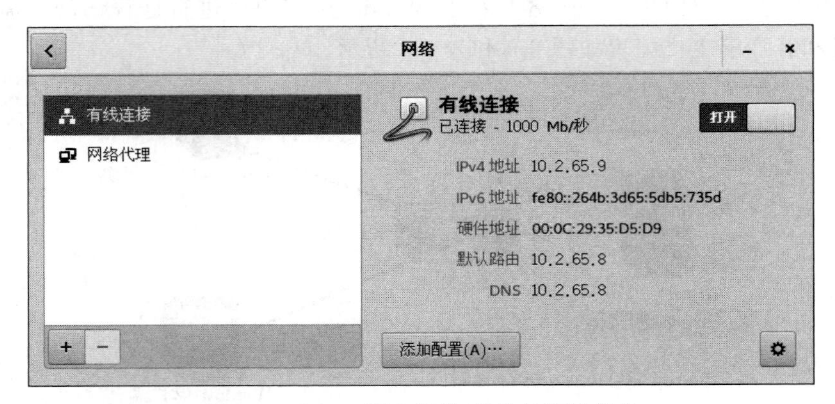

图 2-10　Linux 客户机的 IP 地址配置信息

```
[root@localhost wgsu2]# ping 10.2.65.8
PING 10.2.65.8 (10.2.65.8) 56(84) bytes of data.
64 bytes from 10.2.65.8: icmp_seq=1 ttl=64 time=0.520 ms
64 bytes from 10.2.65.8: icmp_seq=2 ttl=64 time=0.625 ms
64 bytes from 10.2.65.8: icmp_seq=3 ttl=64 time=0.829 ms
64 bytes from 10.2.65.8: icmp_seq=4 ttl=64 time=0.707 ms
64 bytes from 10.2.65.8: icmp_seq=5 ttl=64 time=0.895 ms
64 bytes from 10.2.65.8: icmp_seq=6 ttl=64 time=0.706 ms
64 bytes from 10.2.65.8: icmp_seq=7 ttl=64 time=0.726 ms
64 bytes from 10.2.65.8: icmp_seq=8 ttl=64 time=0.794 ms
^X^C
--- 10.2.65.8 ping statistics ---
8 packets transmitted, 8 received, 0% packet loss, time 7007ms
rtt min/avg/max/mdev = 0.520/0.725/0.895/0.111 ms
[root@localhost wgsu2]#
```

图 2-11　测试与服务器的网络连通性

(4) Linux 客户端连接 SSH 服务器。

```
[root@localhost wgsu2]#ssh 10.2.65.8
The authenticity of host '10.2.65.8 (10.2.65.8)' can't be established.
ECDSA key fingerprint is SHA256:yj/ta53umeXj/4PICfJElLko2JFG0tT836aqQft5eB8.
ECDSA key fingerprint is MD5:dc:23:d1:0d:e0:7a:ae:90:e0:27:58:da:46:5a:b5:1f.
Are you sure you want to continue connecting (yes/no)? yes
Please type 'yes' or 'no': yes
Warning: Permanently added '10.2.65.8' (ECDSA) to the list of known hosts.
root@10.2.65.8's password:
Last login: Mon Dec 28 19:30:25 2020 from 10.2.65.10
[root@localhost ~]#
```

(5) 配置 Windows 客户端的 IP 地址及测试网络连通性，如图 2-12 和图 2-13 所示。

(6) 通过 Windows 客户端上的 SecureCRT 远程软件登录 Linux 服务器，可通过官方网站 https://www.vandyke.com/cgi-bin/releases.php?product=securecrt 下载最新版本的 SecureCRT 软件包。

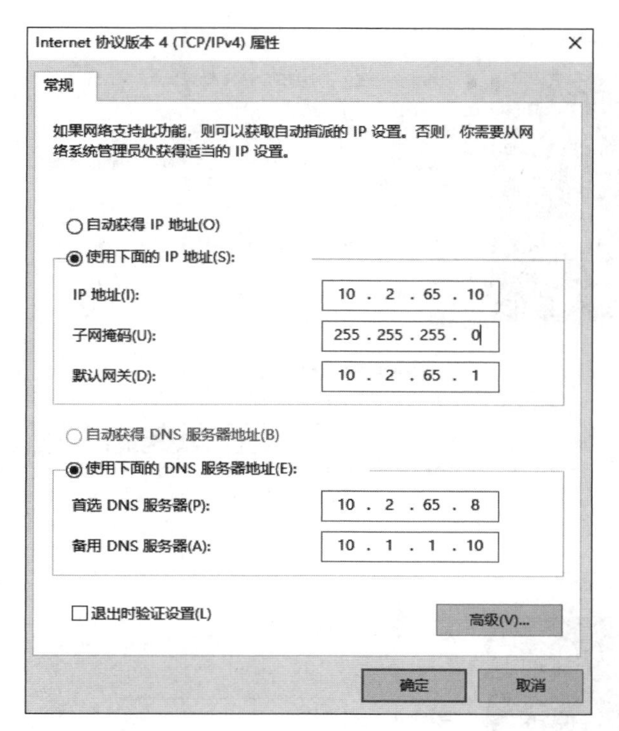

图 2-12　Windows 客户端的 IP 地址配置

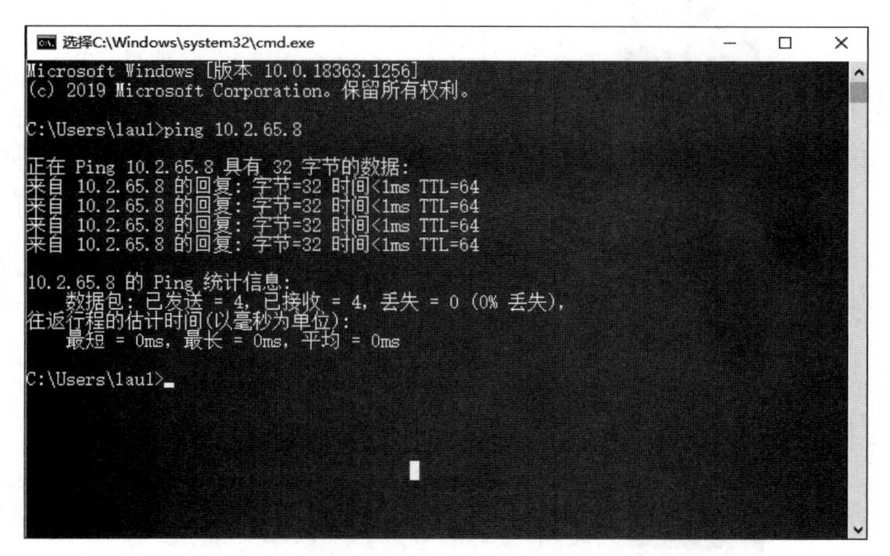

图 2-13　Windows 客户端测试与 Telnet 服务器端的网络连通性

① 新建会话，选择 SSH2 选项，如图 2-14 所示。

② 填写远程连接的主机名（服务器的 IP 地址或域名地址）和用户名，如图 2-15 所示。

③ 选择文件传输协议并确认建立会话，如图 2-16 和图 2-17 所示。

④ 双击连接的主机，并输入连接的账号和密码，如图 2-18 和图 2-19 所示。

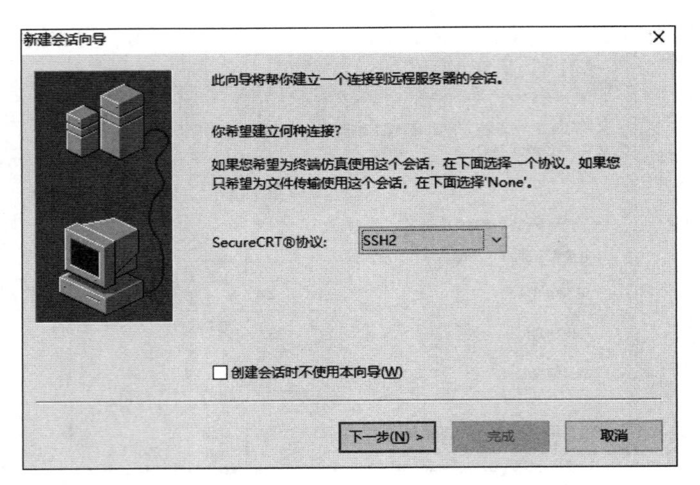

图 2-14 选择远程协议类型

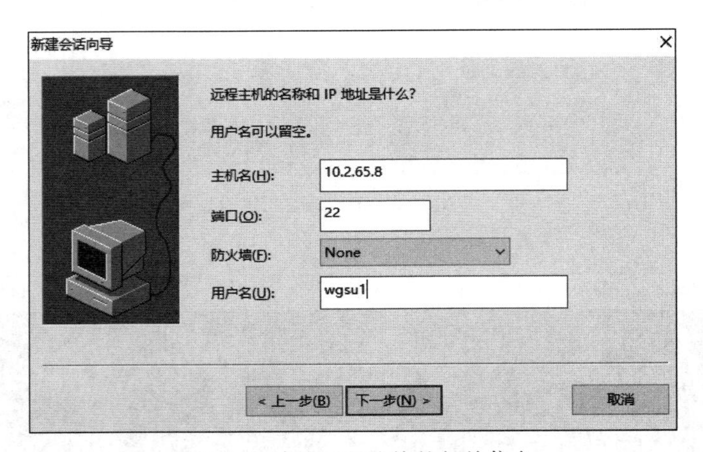

图 2-15 填写远程连接的相关信息

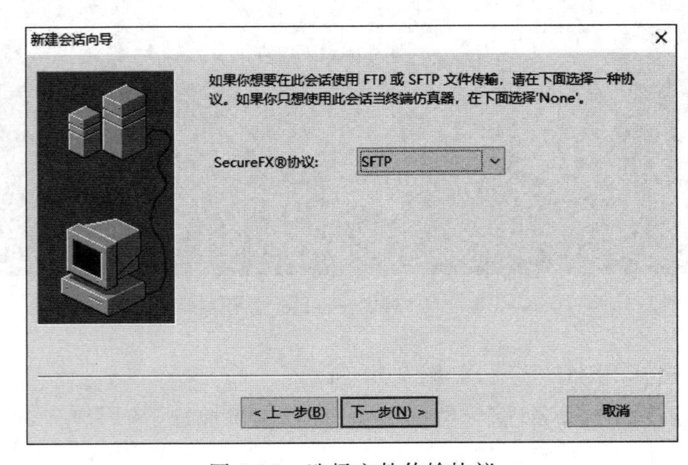

图 2-16 选择文件传输协议

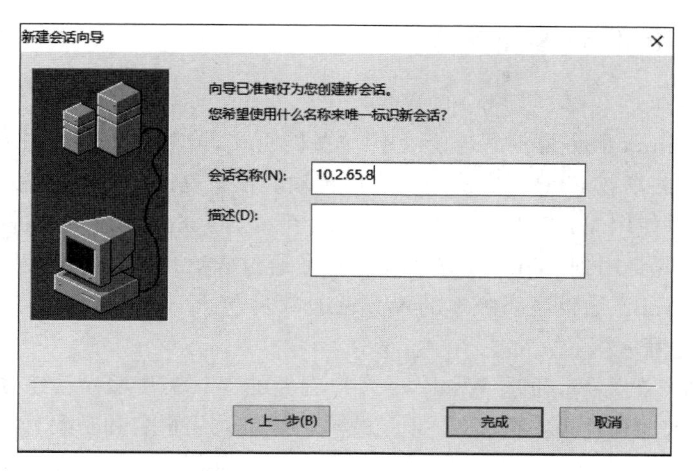

图 2-17　确认会话连接名称

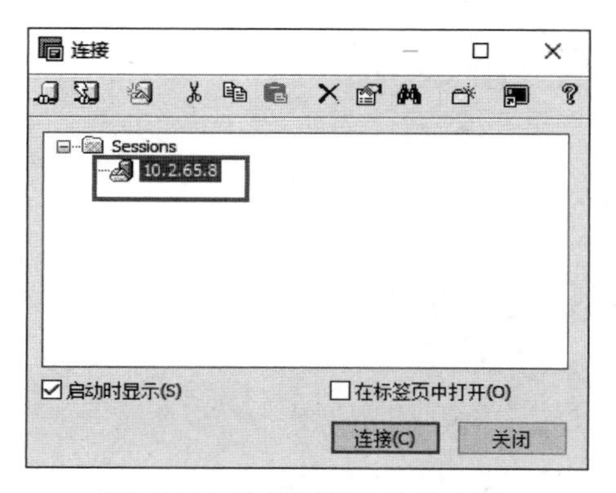

图 2-18　选择需要连接的主机

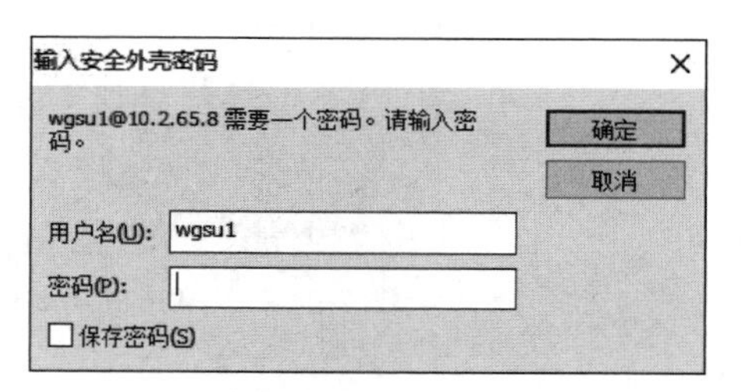

图 2-19　输入远程连接的账号和密码

⑤ 登录成功界面如图 2-20 所示。

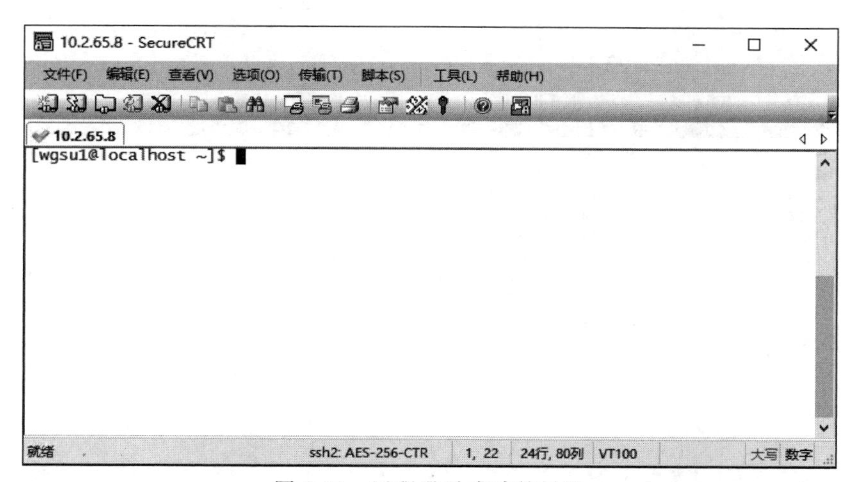

图 2-20　远程登录成功的界面

2.3.3 任务3 使用WinSCP远程工具

1. 任务分析

在远程使用Linux服务器时经常会上传一些网页文件、软件安装文件和系统文件等，一般我们会使用网络共享或FTP等方式进行文件传输。在只是进行临时传输，不需要使用FTP服务的情况下，可以使用WinSCP工具在Windows系统与Linux系统之间进行文件传输。

实施过程中，需要用到WinSCP软件，读者可通过WinSCP官方网站 https://winscp.net/eng/download.php 下载最新版本的WinSCP软件包。

2. 任务实施过程

(1) 基于任务2的环境，通过Windows客户端上的WinSCP远程软件登录Linux服务器进行文件传输，输入远程登录主机名(IP地址或域名地址)、用户名和密码，如图2-21所示。

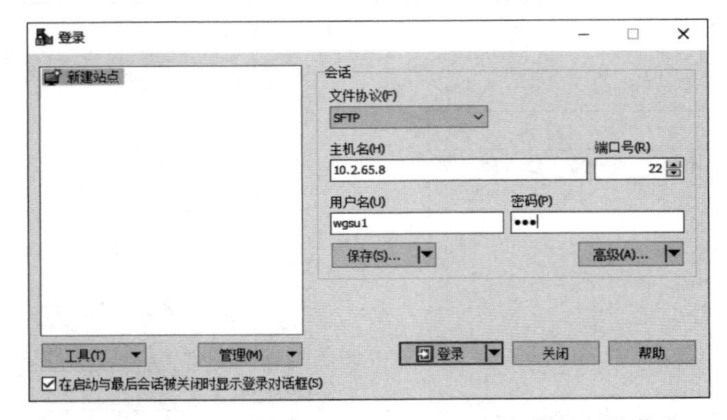

图2-21 在WinSCP上设置登录SSH服务器的相关信息

(2) 确定登录后会看到软件界面的右侧出现了SSH服务器的文件系统，如图2-22所示。

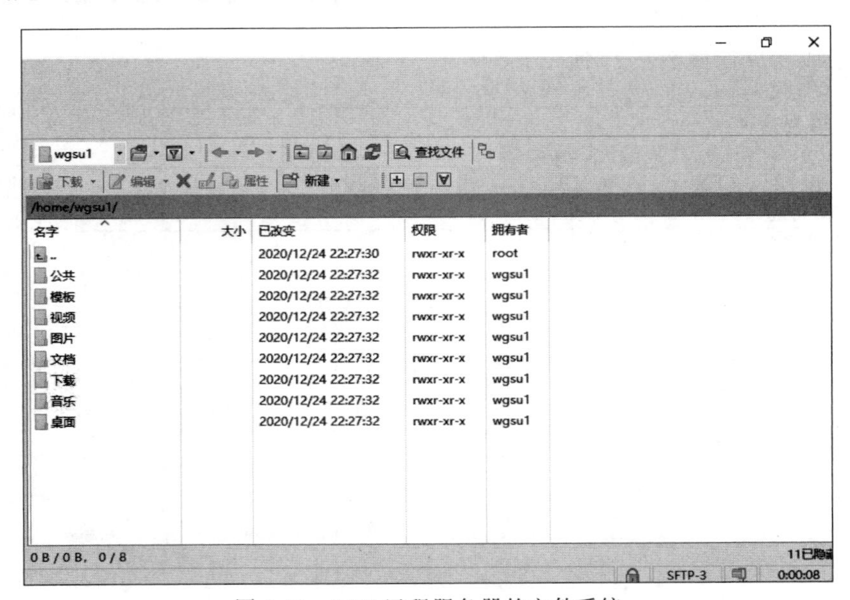

图2-22 SSH远程服务器的文件系统

（3）右击本地 Windows 计算机上的“文件”图标，选择“上传”→“上传”命令，即可将文件上传到服务器的文件系统，如图 2-23 至图 2-25 所示。

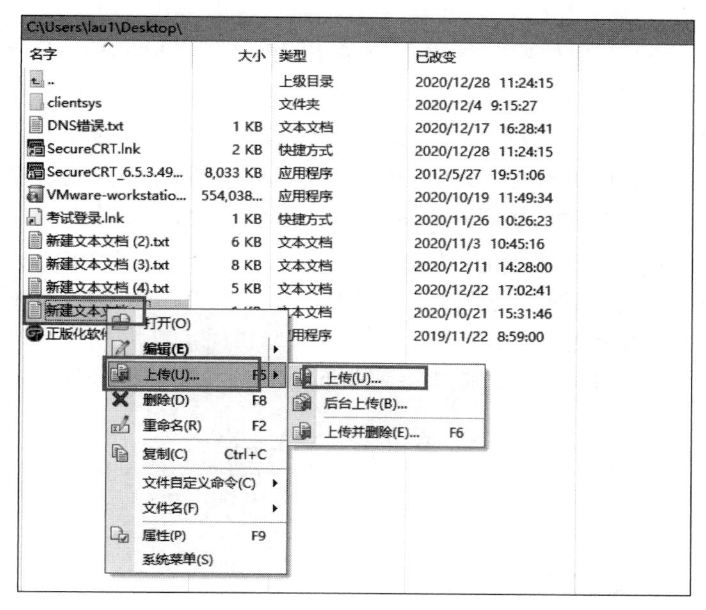

图 2-23　选择需要上传的本地文件

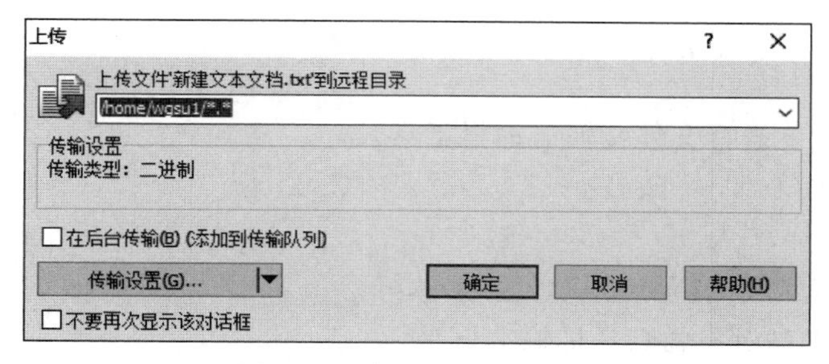

图 2-24　确认上传的服务器

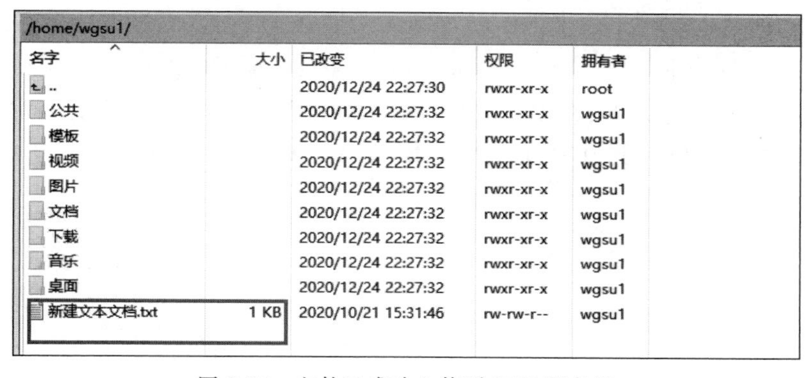

图 2-25　文件已成功上传到 SSH 服务器

2.4 项目总结

Linux下的远程工具软件种类非常多，既有系统内置的，也有第三方的。数据传输分为明文传输和加密传输，用户可根据服务器的安全等级选择更有效率的远程工具。一些对安全性要求较低的服务器，可以选择明文方式的远程工具，如Telnet；对于一些对安全性要求较高的服务器，可以选择Openssh远程工具。通过远程工具可以方便地控制机房中的服务器，减少人员出入机房的次数，从而减少对实体机进行直接接触的次数。

远程工具的安装过程相对简单，只要保证防火墙上的策略进行相应的端口放通，服务器和客户端之间的网络连通，即可进行远程工具的测试。值得注意的是，在配置一些第三方远程软件时会遇到中文显示乱码的情况，可以将第三方软件字符集配置为"UTF-8"。在安全性方面，可使用iptable对可远程访问服务器的源地址进行配置，以保证服务器端的安全。

2.5 课后习题

一、选择题

1. 下列选项中不属于远程的工具是(　　)。

A. http　　B. Telnet　　C. SecureCRT　　D. WinSCP

2. 下列选项中采用明文传输的远程工具是(　　)。

A. FTP　　B. Telnet

C. OpenSSH　　D. Secure Shell Client

3. 下列选项中能进行文件传输的远程工具是(　　)。

A. tracert　　B. Telnet　　C. https　　D. WinSCP

二、填空题

1. Telnet远程工具对应的默认传输端口是________。

2. SSH远程工具对应的默认传输端口是________。

三、实训题

为加强对服务器操作系统的管理，五桂山公司现为一台IP地址为10.2.65.8/24的Linux操作系统的服务器安装远程软件，需要完成的内容如下：

(1) 能通过IP地址为10.2.65.9/24的Linux操作系统主机进行远程操作；

(2) 能通过IP地址为10.2.65.10/24的Windows操作系统主机进行远程操作；

(3) 能通过Windows操作系统主机上传文件到IP地址为10.2.65.8/24的服务器主机上。

第二部分　基础服务篇

项目 3　DHCP 服务器

【学习目标】

本章将系统介绍 DHCP 服务器的理论知识、DHCP 服务器的安装和基础配置、DHCP 客户端的配置和 DHCP 中继的配置。

通过本章的学习，读者应完成以下目标：

- 了解 DHCP 服务器的理论知识；
- 了解 DHCP 服务器的基础配置；
- 了解 DHCP 客户端的配置和测试；
- 了解 DHCP 中继代理的配置；
- 了解 DHCP 服务器的备份和还原。

3.1　项 目 背 景

五桂山公司新建了两个工作室，现进行 IP 地址规划，如果采用手工配置，则工作量大且不方便管理；如果用户擅自修改网络参数，则还有可能造成 IP 地址冲突等问题。使用动态主机配置协议 DHCP 分配 IP 地址可解决以上问题，通过动态地址的分配向这两个工作室所在的员工提供自动接入的配置，其中董事长计算机分配的 IP 地址是固定的。为了节约成本和提高管理效率，该公司只提供一个 DHCP 服务器（IP 地址为 10.2.65.8/24）。DHCP 的基础模型如图 3-1 所示，网络拓扑描述如表 3-1 所示。

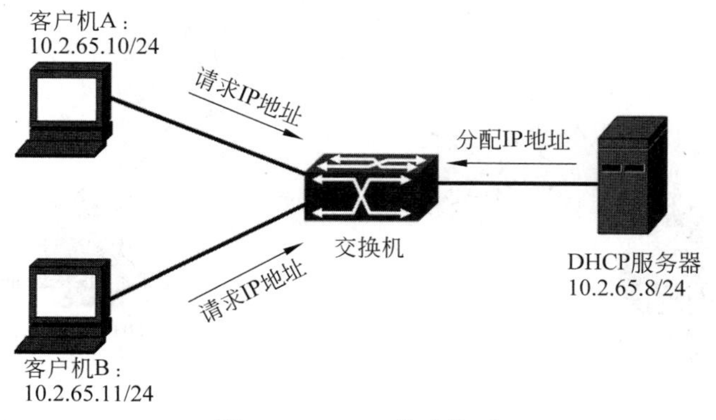

图 3-1　DHCP 基础模型

表 3-1　网络拓扑描述

序号	服务名称	IP 地址	操作系统
1	DHCP 服务器	10.2.65.8/24	Linux 7.4
2	客户机 A	10.2.65.10/24	Windows
3	客户机 B	10.2.65.11/24	Windows

3.2 知识引入

3.2.1 DHCP的概念与作用

DHCP(Dynamic Host Configuration Protocol,动态主机配置协议)是一个局域网的网络协议,它使用UDP协议工作,端口号为服务端67、客户端68,通常应用在大型局域网络环境,主要作用是集中管理及分配IP地址,使网络环境中的主机动态获得IP地址、网关(gateway)地址、DNS服务器地址等信息,能够提高地址的使用率。

当使用DHCP服务器动态分配IP地址时,一旦有客户端接入网络,客户端就会发出IP地址请求(request),DHCP服务器会从地址池中临时分配一个IP地址给客户端。当客户端断开与服务器的连接时,DHCP服务器会把该IP地址收回,并把它分配给其他需要地址的客户端,从而有效节约了IP地址的资源。

3.2.2 DHCP的工作原理

DHCP服务器负责监听客户端的请求,并向客户端发送预定的网络参数,管理员在DHCP服务器上必须配置要提供给客户端的相关网络参数、自动分配地址的范围、地址租约时间等参数,客户端只需要把IP参数设置为自动获取即可。DHCP的工作原理如图3-2所示,其中(1)~(4)步为第一次获取地址的必要步骤。

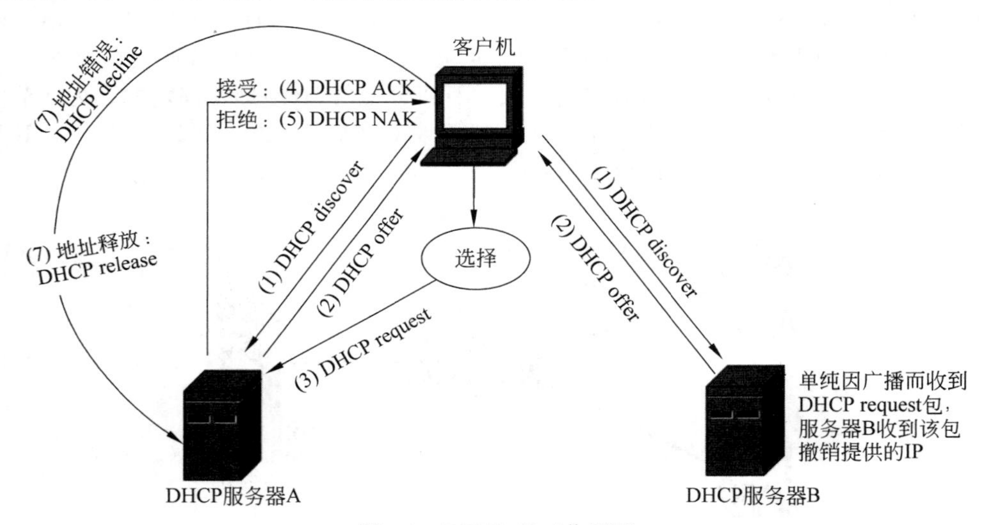

图3-2 DHCP的工作原理

DHCP客户端获取IP地址的工作过程如下。

(1) DHCP发现(discover)。当客户端第一次登录网络时,客户端以广播的形式(源地址为0.0.0.0,目的地址为255.255.255.255)发送一个DHCP discover请求,并附加DHCP发现信息的广播数据包。

(2) DHCP提供(offer)。当DHCP服务器接收到DHCP discover后,服务器自动检查动态地址范围,选取一个空闲地址,(以华为单播、cisco广播的方式)发送一个DHCP offer

响应，其中包含即将要给客户端下发的地址信息（包含主要信息＋次要信息），主要信息为前缀＋掩码＋网关；次要信息为租期＋已用的地址信息＋特殊保留的地址信息＋DNS 信息等。

（3）DHCP 请求（request）。当客户端收到 DHCP offer 封包后（若同时收到若干个 DHCP offer 包，则客户端默认选择收到的第一个服务器所提供的 IP 地址），会发出一个 DHCP request 广播封包，表示它接收服务器所提供的 IP 地址，同时发出一个 ARP 请求，确认该地址未被其他客户端使用。

（4）DHCP 应答（ack）。当服务器收到 DHCP request 包后，发送一个 DHCP ack 回应（以华为单播、cisco 广播的方式），表示地址租约生效，客户端开始对此地址和网络配置进行工作，DHCP 工作完成。其他 DHCP 服务器在收到 DHCP request 包（广播）后撤销提供的 IP 地址。

（5）DHCP 拒绝（nak）。服务器对客户端的 DHCP request 报文的拒绝响应报文（广播），如服务器对客户端分配的 IP 地址已超过使用租借期限或客户端移到了另一个新的网络。

（6）DHCP 地址错误（decline）。当客户端发现服务器分配给它的 IP 地址发生冲突时，会通过发送此报文通知服务器，并会重新向服务器申请地址。服务器下发地址前，先将下发的地址 ping 2 次，若 ping 不通，则代表没人用；客户端收到服务器给出的 DHCP ack，查看这些地址信息并将其设置为实验地址，先发送免费 ARP，如果有应答，则显示地址冲突，客户端给服务器发送 decline，告知地址冲突并回收地址信息。

（7）DHCP 释放（release）。客户端可通过发送此报文主动释放服务器分配给它的 IP 地址，当服务器收到此报文后，可将这个 IP 地址分配给其他客户端。

（8）如果客户端重新登录，则不需要发送 discover 包，只需要从 request 请求开始即可。如果客户端不是第一次登录该网络，而是地址租约到期，则客户端就要重新进行一次如上过程，否则客户端就会用上次获得的地址配置进行工作。当客户端不能联系到 DHCP 服务器或租用失败时，将会使用自动私有 IP 地址（168.254.0.1～169.254.255.254 地址段）进行配置，这个机制可以使 DHCP 服务在不可使用时客户端仍能进行通信，同时管理员也可以从客户端的 IP 地址判断 DHCP 是否成功。

3.2.3　DHCP 服务的相关概念

（1）作用域（scope）。通过 DHCP 服务租用或指派给 DHCP 客户端的 IP 地址范围。一个范围可以包括单独子网中的所有 IP 地址（有时也将一个子网再划分成多个作用域）。例如 10.2.65.1～10.2.65.254，DHCP 服务器只能将作用域中定义的 IP 地址分配给 DHCP 客户端，因此必须创建作用域才能让 DHCP 服务器给客户端分配地址。此外，DHCP 服务器会根据接收到的 DHCP 客户端租约请求的网络接口决定哪个 DHCP 的作用域为 DHCP 客户端分配 IP 地址。

（2）排除范围（exclusion range）。在 DHCP 作用域中，从 DHCP 服务中排除小范围内的一个或多个 IP 地址。使用排除范围的作用是保留这些地址永远不会被 DHCP 服务器提供给客户端。

（3）地址池（address pool）。DHCP 作用域中可用的 IP 地址范围。

(4) 租约期限(lease)。DHCP 客户端使用动态分配 IP 地址的时间。在租用时间过期后,客户端必须续订租用或使用 DHCP 获取新的租用。租约期限是 DHCP 中最重要的概念,DHCP 服务器并不给客户端提供永久的 IP 地址(正常情况下),而是只允许客户端在某个指定时间范围内(租约期限内)使用某个 IP 地址。租约期限可以是几分钟、几天、几个月甚至是永久(不推荐使用),用户可以根据不同的情况使用不同的租约期限。

(5) 保留(reservation)。为特定 DHCP 用户租用而永久保留在一定范围内的特定 IP 地址。例如局域网中的 DNS 服务器和 FTP 服务器、董事长的 IP 地址等。

(6) 选项类型(option types)。DHCP 服务器在配置 DHCP 客户端时可以进行配置的参数类型。常见的参数类型有子网掩码、默认网关和 DNS 服务器等。每个作用域可以具有不同的选项类型。当服务器选项与作用域选项都配置时,应用的是作用域选项的配置。

3.3 项目过程

3.3.1 任务1 DHCP 服务器的安装与配置文件

1. 任务分析

五桂山公司需要给内网分配 IP 地址,如果采用手工配置,则工作量大且不方便管理,因此使用 DHCP 分配 IP 地址,配置一台 DHCP 服务器(10.2.65.8/24),在此服务器上安装 DHCP 服务器功能以满足需求。

2. 任务实施过程

(1) 连接光盘(虚拟机右下角右击连接),如图 3-3 所示。

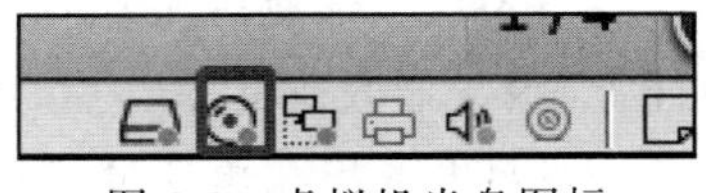

图 3-3 虚拟机光盘图标

(2) 创建文件夹(挂载路径),挂载后进入挂载的文件夹查看相关的安装包。

```
[root@localhost /]#mkdir wgs
[root@localhost /]#mount /dev/cdrom /wgs     //挂载
mount: /dev/sr0 is write-protected, mounting read-only
[root@localhost /]#mount                     //查看挂载,此处只显示最后几行
(ro,nosuid,nodev,relatime,uid=1000,gid=1000,iocharset=utf8,mode=0400,dmode=0500,
uhelper=udisks2)
/dev/sr0 on /wgs type iso9660                //挂载的位置
(ro,relatime,uid=1000,gid=1000,iocharset=utf8,mode=0400,dmode=0500)
[root@localhost wgs]#cd /wgs
[root@localhost wgs]#ll                      //查看详细信息
total 812
…
dr-xr-xr-x.  2 wgs wgs 774144 May  7  2014 Packages
…
[root@localhost wgs]#cd Packages/            //进入 Packages
[root@localhost Packages]#find dhcp*         //查看 DHCP 相关文件
dhcp-4.2.5-27.el7.x86_64.rpm
dhcp-common-4.2.5-27.el7.x86_64.rpm
dhcp-libs-4.2.5-27.el7.i686.rpm
```

```
dhcp-libs-4.2.5-27.el7.x86_64.rpm
[root@localhost Packages]#rpm -qa | grep dhcp          //查看已安装的全部 DHCP 文件
dhcp-libs-4.2.5-27.el7.x86_64
dhcp-common-4.2.5-27.el7.x86_64
dhcp-4.2.5-27.el7.x86_64
```

(3) 以上软件包的用途如下。

- dhcp-libs-4.2.5-27.el7.x86_64：包含 ISC dhcp client 和 dhcp server 使用的共享库服务器。
- dhcp-common-4.2.5-27.el7.x86_64：DHCP 依赖库，即用于安装 DHCP 服务的基础包，包括服务端和客户端进行沟通时需要用到的一些文件。
- dhcp-4.2.5-27.el7.x86_64：DHCP 主程序包，包括 DHCP 服务和中继代理程序，安装该软件包进行相应配置，即可为客户机动态分配 IP 地址及其他 TCP/IP 信息。

(4) 安装 DHCP。安装 DHCP 服务器可以使用 rpm 方式和 yum 方式，读者可以根据习惯任选一种进行。

方法一：rpm 安装。

```
[root@localhost Packages]#rpm -ivh dhcp-4.2.5-27.el7.x86_64.rpm
//安装 DHCP 文件,-ivh 为显示安装进度
```

方法二：yum 安装。

配置本地 yum 源文件，首先将/etc/yum.repos.d/下的文件移走，然后创建 local.repo 文件。

```
[root@localhost network-scripts]#mv /etc/yum.repos.d/* /media
[root@localhost network-scripts]#cd /etc/yum.repos.d/
[root@localhost yum.repos.d]#ll
总用量 0
[root@localhost yum.repos.d]#vi local.repo
[wgs]                   //代表库的名称,必须是唯一的
name=wgs                //是这个库的说明,无太大意义
baseurl=file:///wgs     //说明采用什么方式进行传输,具体路径在哪里,有 file:///、ftp://、http://等
gpgcheck=0              //表示使用 gpg 文件检查软件包的标签名
enabled=1               //说明启用这个更新库,0 表示不启用
[root@localhost yum.repos.d]#yum -y install dhcp        //-y 表示确定安装
已加载插件: langpacks, product-id, search-disabled-repos, subscription-manager
This system is not registered with an entitlement server. You can use subscription-manager to
register.
正在解决依赖关系
--> 正在检查事务
---> 软件包 dhcp.x86_64.12.4.2.5-58.el7 将被安装
--> 解决依赖关系完成
依赖关系解决
==================================================================================
Package           架构            版本                源          大小
==================================================================================
正在安装:
dhcp             x86_64          12:4.2.5-58.el7      wgs         513 k
事务概要
==================================================================================
安装  1 软件包
```

```
总下载量: 513 k
安装大小: 1.4 M
...
正在安装     : 12:dhcp-4.2.5-58.el7.x86_64
                          1/1
wgs/productid
        | 1.6 kB  00:00:00
  验证中       : 12:dhcp-4.2.5-58.el7.x86_64
                          1/1
已安装:
  dhcp.x86_64 12:4.2.5-58.el7
完毕!
```

(5) 安装完成后,默认的配置文件为/etc/dhcp/dhcpd.conf。这个文件中没有任何内容,有两种方式,一种是自行编写,另一种需要将/usr/share/doc/dhcpd-*/dhcpd.conf.sample 复制到/etc/dhcp/dhcpd.conf 中。复制 dhcpd.conf.sample 到/etc/dhcp/dhcpd.conf。

```
[root@localhost /]#cd /usr/share/doc/dhcp-*
[root@localhost dhcp-4.2.5]#ll
-rw-r--r--. 1 root root 3306 Jan 24  2014 dhcpd6.conf.sample
-rw-r--r--. 1 root root 3262 Nov 19  2012 dhcpd.conf.sample
drwxr-xr-x. 2 root root   67 Sep 28 11:10 ldap
[root@localhost dhcp-4.2.5]#cp dhcpd.conf.sample /etc/dhcp/dhcpd.conf  //复制
cp: overwrite '/etc/dhcp/dhcpd.conf'? y                              //是否覆盖,输入 y
```

3.3.2 任务 2 创建作用域

1. 任务分析

现需要将一台 Linux 系统的计算机充当服务器(10.2.65.8/24),两台充当客户端,一台自动获取动态地址 10.2.65.31～10.2.65.200,一台获取 DHCP 服务器分配的保留地址 10.2.65.127。

(1) dhcpd.conf 介绍。dhcpd.conf 包含全局配置和局部配置,全局配置包含参数或选项,该部分对整个 DHCP 服务器生效;局部配置通常由声明部分表示,该部分仅对局部生效,如只对一个 IP 作用域生效。dhcpd.conf 文件的格式如下。

```
#全局配置              //"#"号表示注释
参数或选项;            //全局生效,";"号结束
#局部配置
声明{
    参数或选项;        //局部生效
}                      //注意大括号是成对的
```

(2) 参数介绍如表 3-2 所示。

(3) IP 地址绑定。在 DHCP 中需要分配一个固定的 IP 地址给指定用户,例如董事长的 IP 地址。

- host 主机名{…},给保留主机配置的名称。
- hardware 类型硬件地址,要保留的主机的 MAC 地址。
- fixed-address IP 地址,要保留给主机的 IP 地址。

表 3-2　参数介绍

参　　数	作　　用
ddns-update-style [类型]	定义 DNS 服务器动态更新的类型，类型有 none(不支持动态更新)、interim(互动更新模式)、ad-hoc(特殊更新模式)
[allow | ignore] client-updates	允许/忽略客户端更新 DNS 记录
default-lease-time [时间]	默认超时时间，单位为秒
max-lease-time [时间]	最大超时时间，单位为秒
option domain-name-servers [IP 地址]	定义 DNS 服务器地址
option domain-name "域名"	定义 DNS 服务器域名
range [开始 IP 地址] [结束 IP 地址]	定义用于分配的 IP 地址池(注意中间的空格)
option subnet-mask [掩码]	定义客户端的子网掩码
option routers [网关 IP]	定义客户端的网关地址
broadcast-address [广播地址]	定义客户端的广播地址
ntp-server [ntp 地址]	定义客户端的网络时间服务器[ntp]地址
nis-servers [nis 地址]	定义客户端的 NIS 域服务器地址
Hardware xx:xx:xx:xx:xx:xx	指定网卡接口类型与 MAC 地址
server-name mydhcp.smile.com	向客户端通知 DHCP 的主机名
Fixed-address [固定的 IP 地址]	将某个固定的 IP 地址分配给指定的主机(由 MAC 地址确定该主机)
time-offset [偏移误差]	指定客户端与格林尼治时间的偏移差

2. 任务实施过程

(1) 在名称框中右击"设置"按钮，选择网络类型(服务器和客户机都一样)，如图 3-4 所示。

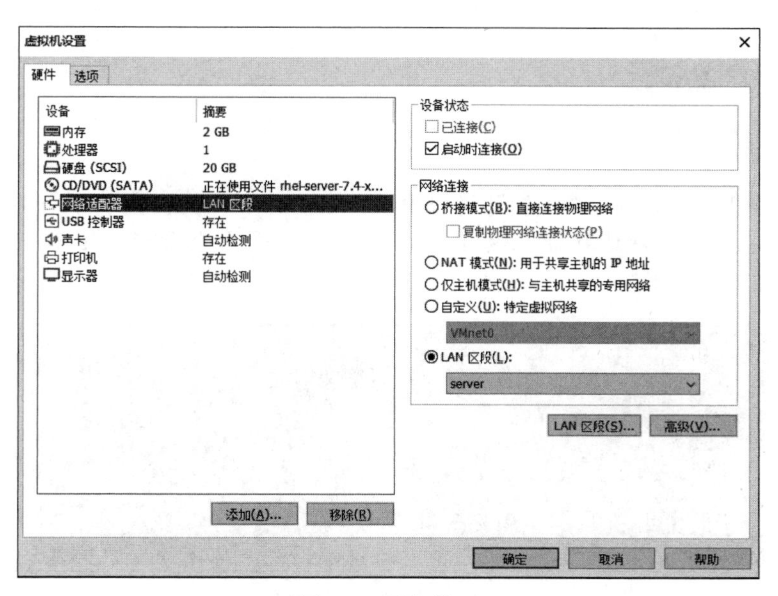

图 3-4　网络类型

（2）设置 DHCP 服务器的 IP 地址。

```
[root@localhost dhcp]#vi /etc/sysconfig/network-script/ifcfg-ens33
//ens33 不同版本的名称不同,可先 cd /etc/sysconfig/network-script 后再 ls 查看以 ifcfg 开头的文件
BOOTPROTO=static                                  //配置静态地址
NAME=ens33                                        //名称
UUID=8d6971e3-030e-4d28-8b39-e5b53be40d52         //由 MAC 地址产生的唯一标识符
DEVICE=ens33
ONBOOT=yes                                        //系统启动时是否激活
IPADDR=10.2.65.8                                  //IP 地址
PREFIX=24                                         //掩码
```

（3）为了方便，这里采用 dhcpd.conf 自行配置方式。其中，hardware ethernet 项可在保留对象主机上的 cmd 窗口下通过执行 ipconfig /all 命令获取。

```
[root@localhost dhcp]#vi dhcpd.conf               //注意路径,这里已经在/etc/dhcp 的目录下
ddns-update-style none;                           //全局配置
subnet 10.2.65.0 netmask 255.255.255.0 {
    range 10.2.65.31 10.2.65.200;                 //分配给客户端的 IP 网段
    option routers 10.2.65.1;                     //网关
    option domain-name-servers 10.2.65.1;         //DNS 服务器的 IP 地址
    option domain-name "dns.wgs.com";             //DNS 服务器的域名
    default-lease-time 600;                       //默认超时时间
    max-lease-time 7200;                          //最大超时时间
host client2 {
    hardware ethernet 00:0c:29:f2:ff:5d;          //客户端的 MAC 地址
    fixed-address 10.2.65.127;                    //给客户端保留的地址
    }
}                                                 //注意括号是成对的
```

（4）重启 dhcpd 服务，有两种方式，任选一种即可。

```
[root@localhost dhcp]#systemctl start dhcpd       //修改配置文件需重启 dhcpd,默认不启动
```

（5）关闭防火墙，默认开启。

```
[root@localhost dhcp]#systemctl stop firewalld
```

（6）查看端口状态。

```
[root@localhost dhcp]#netstat -anp | grep :67     //查看端口 67 的状态
udp        0      0 0.0.0.0:67              0.0.0.0:*          35704/dhcpd
```

（7）客户端测试。测试前可通过执行 ipconfig /release 命令释放缓存地址，然后执行 ipconfig /renew 命令以获取地址。执行 ipconfig /all 命令可查看 DHCP 客户端获取的主要和次要信息，如图 3-5 所示。

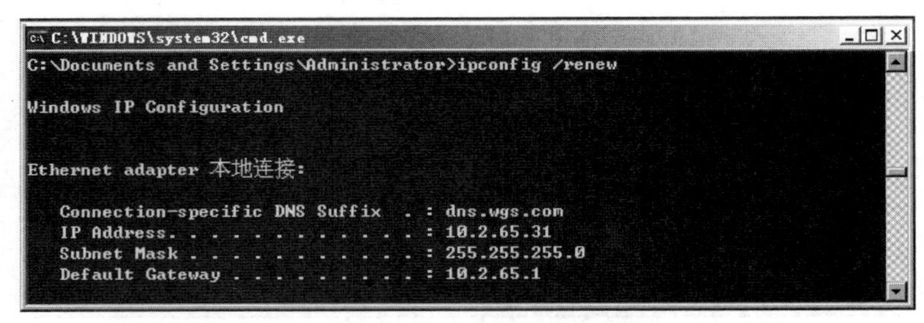

图 3-5　客户端获取地址

（8）查看 client2 发现获取到保留的地址，如图 3-6 所示；dhcpd.conf 的 hardware 参数为 client2 的 MXC 地址，如图 3-7 所示。

```
C:\WINDOWS\system32\cmd.exe
C:\Documents and Settings\Administrator>ipconfig /renew

Windows IP Configuration


Ethernet adapter 本地连接:

   Connection-specific DNS Suffix  . : dns.wgs.com
   IP Address. . . . . . . . . . . . : 10.2.65.127
   Subnet Mask . . . . . . . . . . . : 255.255.255.0
   Default Gateway . . . . . . . . . : 10.2.65.1
```

图 3-6　客户端详细地址

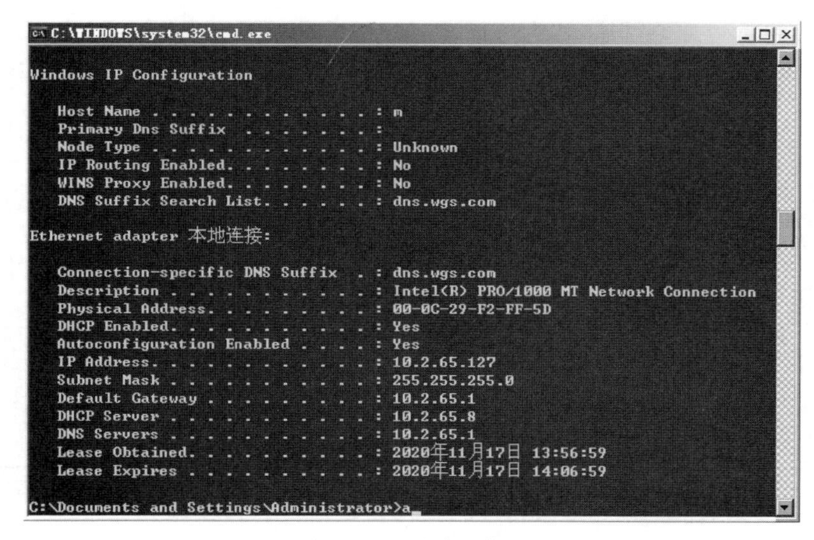

图 3-7　查看详细信息

（9）查看服务器租约数据库文件(DHCP 的分配信息)。

```
[root@localhost dhcp]#cat /var/lib/dhcpd/dhcpd.leases
#The format of this file is documented in the dhcpd.leases(5) manual page.
#This lease file was written by isc-dhcp-4.2.5
lease 10.2.65.31 {
  starts 5 2020/10/09 10:57:03;
  ends 5 2020/10/09 11:07:03;
  cltt 5 2020/10/09 10:57:03;
  binding state active;
  next binding state free;
  rewind binding state free;
  hardware ethernet 00:0c:29:37:68:e5;
  uid "\001\000\014)7h\345";
  client-hostname "zhou";
}
```

（10）在配置过程中，如果有报错，则可查看日志文件。

```
[root@localhost dhcp]#cat /var/log/messages
```

3.3.3 任务3 DHCP多网卡多作用域

1. 任务分析

现有有限网络IP地址，需要向网络中添加更多的IP地址，并使用新的IP地址进行扩充，小型网络可以对设备进行重新分配，而大型网络的重新分配操作烦琐，如果操作不当，则可能会造成通信中断，通过多网卡多作用域可实现IP地址扩充的目的。DHCP多网卡多作用域的模型如图3-8所示，网络拓扑描述如表3-3所示。

五桂山公司原先规划了10.2.65.0/24网段，在任务2的基础上又新增了200台计算机，现需要用多作用域创建一个10.2.66.0/24网段的IP地址，给新增的200台计算机分配IP地址。

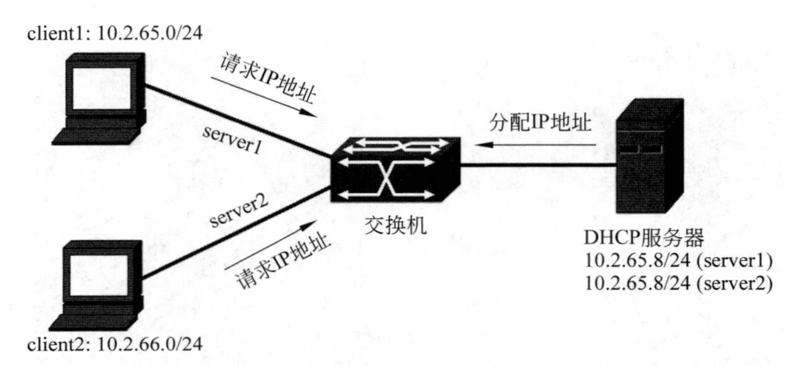

图3-8 DHCP多网卡多作用域模型

表3-3 网络拓扑描述

序号	服务名称	IP地址	网络区段	操作系统
1	DHCP服务器	10.2.65.8/24	server1	Linux
		10.2.66.8/24	server2	
2	client1	10.2.65.0/24	server1	Windows
3	client2	10.2.66.0/24	server2	Windows

2. 任务实施过程

(1) 右击DHCP服务器虚拟机的标题栏，在弹出的对话框中，在“硬件”列表中选择“网络适配器”(网卡2)选项，单击“添加”按钮，新增一块网卡。

(2) 在“网络连接”框中选择“LAN区段”单选项，再单击“LAN区段”按钮，添加server1、server2网络区段，其中网卡1与client1为server1网络类型，网卡2与client2为server2网络类型，如图3-9所示，最后单击“确定”按钮。

(3) 配置网卡2的IP地址，执行ifconfig命令将其配置为临时配置，注意重启后会失效。

```
[root@localhost etc]#ifconfig ens38 10.2.66.8 netmask 255.255.255.0
[root@localhost etc]#ifconfig          //查看 IP
ens33: flags=4163< UP,BROADCAST,RUNNING,MULTICAST>   mtu 1500
```

```
        inet 10.2.65.8  netmask 255.255.255.0  broadcast 10.2.65.255
        inet6 fe80::20c:29ff:fe3c:3989  prefixlen 64  scopeid 0x20< link>
        ether 00:0c:29:3c:39:89  txqueuelen 1000  (Ethernet)
        RX packets 3568  bytes 384033 (375.0 KiB)
        RX errors 0  dropped 0  overruns 0  frame 0
        TX packets 2112  bytes 294748 (287.8 KiB)
        TX errors 0  dropped 0 overruns 0  carrier 0  collisions 0
ens38: flags=4163< UP,BROADCAST,RUNNING,MULTICAST>  mtu 1500
        inet 10.2.66.8  netmask 255.255.255.0  broadcast 10.2.66.255
        ether 00:0c:29:3c:39:93  txqueuelen 1000  (Ethernet)
        RX packets 67  bytes 11363 (11.0 KiB)
        RX errors 0  dropped 0  overruns 0  frame 0
        TX packets 14  bytes 2240 (2.1 KiB)
        TX errors 0  dropped 0 overruns 0  carrier 0  collisions 0
```

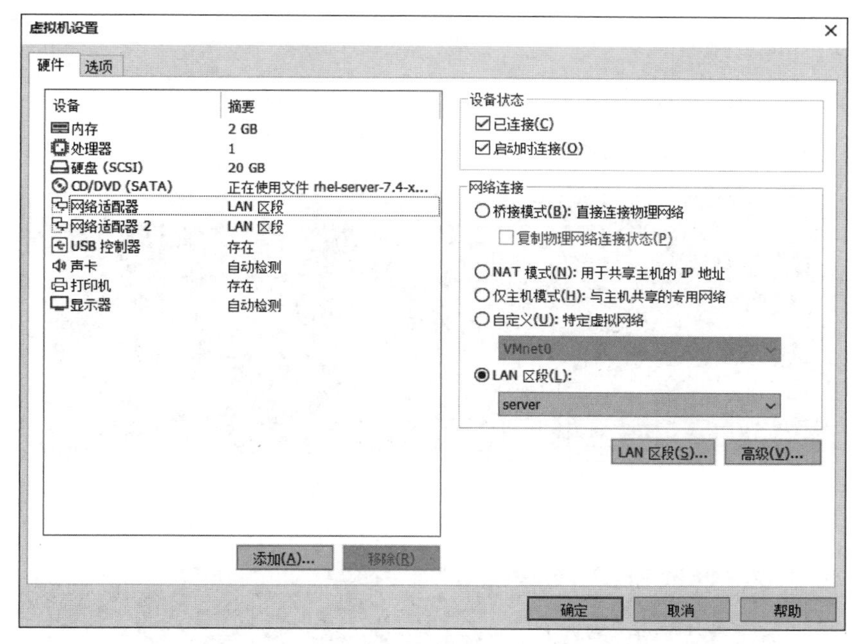

图 3-9　网络类型设置

(4) 配置 dhcpd.conf 文件，这里可以使用复制快捷键。

- 复制一行：进入命令模式，在要复制的句子开头输入 yy，在要粘贴的位置输入 p。
- 复制多行：进入命令模式，在要复制的句子开头输入 y，再输入要复制的行数，在要粘贴的位置输入 p。
- 删除整行：进入命令模式，在要删除的句子开头输入 dd。
- 恢复删除的操作：输入 u。

```
ddns-update-style none;
subnet 10.2.65.0 netmask 255.255.255.0 {            //网卡 1 的作用域
    range 10.2.65.31 10.2.65.200;
    option routers 10.2.65.1;
    option domain-name-servers 10.2.65.1;
```

```
    option domain-name "dns.wgs.com";
    option time-offset  -18000;
    default-lease-time 600;
    max-lease-time 7200;
}
//因为此时 client 模拟 66 网段的主机,不能被作为保留的主机 MAC 地址,所以删除 host
subnet 10.2.66.0 netmask 255.255.255.0 {                //网卡 2 的作用域
    range 10.2.66.1 10.2.66.200;
    option routers 10.2.66.1;
    option domain-name-servers 10.2.66.1;
    option domain-name "dns.wgs2.com";
    option time-offset  -18000;
    default-lease-time 600;
    max-lease-time 7200;
}
```

(5) 重启 dhcpd 服务。

```
[root@localhost Desktop]# systemctlrestart dhcpd     //重启 dhcpd 服务
```

(6) 测试客户端,如图 3-10 和图 3-11 所示。

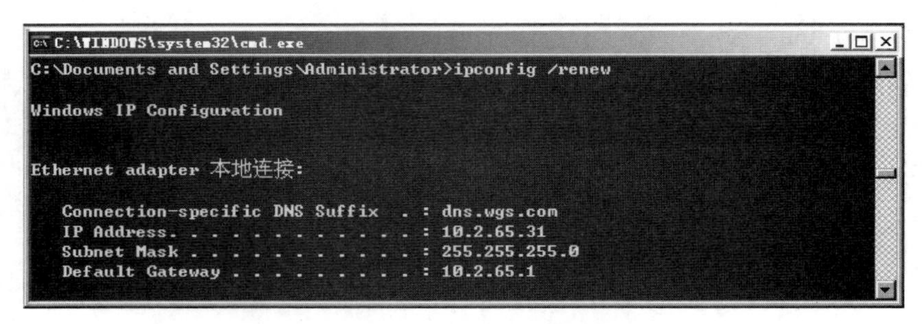

图 3-10　客户端获取地址

图 3-11　客户端获取地址

3.3.4　任务 4　DHCP 超级作用域

1. 任务分析

五桂山公司建立了 DHCP 服务器,规划了 10.2.65.0/24 网段的单作用域结构。随着规模的扩大,现有 IP 地址的不足。现需要使用超级作用域增加 IP 地址,在 DHCP 服务器上添加新的作用域，使用 10.2.66.0 扩张网络 IP 地址的范围。

超级作用域是 DHCP 服务器的一种管理功能，使用超级作用域可以将多个作用域组合为一个管理实体，进行统一管理。DHCP 超级作用域的模型如图 3-12 所示，网络拓扑描述如表 3-4 所示。

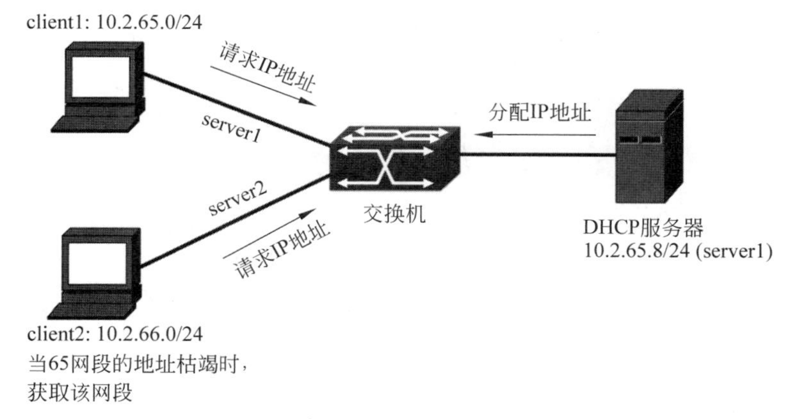

图 3-12　DHCP 超级作用域模型

表 3-4　网络拓扑描述

序号	服务名称	IP 地址	操作系统
1	DHCP 服务器	10.2.65.8/24	Linux
2	client1	10.2.65.0/24	Windows
3	client2	10.2.66.0/24	Windows

(1) 超级作用域的功能如下：

- 为客户端提供多个作用域的 IP 配置；
- 当地址有限，需要更多的 IP 地址，最初的作用域无法满足需求时，使用新的作用域 IP 地址扩展范围；
- 客户端需要从原有的作用域迁移到新的作用域。

(2) 超级作用域的格式如下。

```
ddns-update-style none;
shared-network wgs {                    //wgs 为超级作用域的名称
    subnet 10.2.65.0 netmask 255.255.255.0 {
  }
    subnet 10.2.66.0 netmask 255.255.255.0 {
  }
}
```

2. 任务实施过程

(1) 要求一台 DHCP 服务器和两台客户机都在同一个 LAN 中。服务器的 dhcpd.conf 配置文件中的一个作用域可设 IP 地址的数量为 1，另一个任意，则使用两台客户端进行测试，一个获取到数量为 1 的作用域，另一个获取另一个作用域即可。

(2) 向 DHCP 服务器配置文件添加以下内容。

```
ddns-update-style none;
shared-network wgs {
      option time-offset   -18000;          //超级作用域中的参数为全局参数
      default-lease-time 600;
      max-lease-time 7200;
       subnet 10.2.65.0 netmask 255.255.255.0 {
          range 10.2.65.10 10.2.65.10;          //模拟一个 IP 地址
          option routers 10.2.65.1;
          option domain-name-servers 10.2.65.1;
          option domain-name "dns.wgs.com";
     }
       subnet 10.2.66.0 netmask 255.255.255.0 {
          range 10.2.66.100 10.2.66.200;
          option routers 10.2.66.1;
          option domain-name-servers 10.2.66.1;
          option domain-name "dns.wgs2.com";
     }
}   //share 的结束符
```

(3) 重启 dhcpd 服务。

```
[root@localhost Desktop]#systemctlrestart dhcpd
```

(4) 第一个客户端测试,如图 3-13 所示。

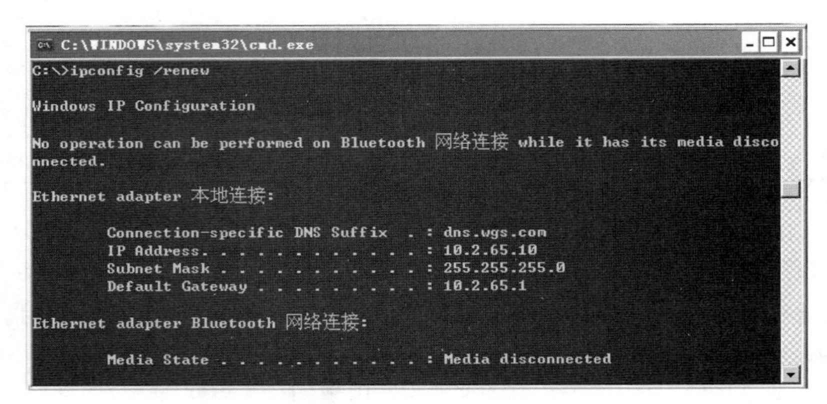
C:\WINDOWS\system32\cmd.exe
C:\>ipconfig /renew

Windows IP Configuration

No operation can be performed on Bluetooth 网络连接 while it has its media disconnected.

Ethernet adapter 本地连接:

Connection-specific DNS Suffix . : dns.wgs.com
IP Address. . . . . : 10.2.65.10
Subnet Mask . . . . : 255.255.255.0
Default Gateway . . . . : 10.2.65.1

Ethernet adapter Bluetooth 网络连接:

Media State . . . . : Media disconnected

图 3-13　客户端获取地址

(5) 第二个客户端测试,因为前面设置 65 网段的作用域只有一个 IP 地址,被获取后则后面的客户端都从新的作用域(66 网段)获取 IP 地址,如图 3-14 所示。

C:\WINDOWS\system32\cmd.exe
C:\Documents and Settings\Administrator>ipconfig /renew

Windows IP Configuration

Ethernet adapter 本地连接:

Connection-specific DNS Suffix . : dns.wgs2.com
IP Address. . . . . : 10.2.66.100
Subnet Mask . . . . : 255.255.255.0
Default Gateway . . . . : 10.2.66.1

C:\Documents and Settings\Administrator>

图 3-14　客户端获取地址

3.3.5　任务 5　DHCP 的中继

1. 任务分析

五桂山公司存在两个子网，分别为 10.2.65.0/24 和 10.2.66.0/24，现在需要通过 DHCP 服务器为这两个子网分配 IP 地址。需要两台 Linux 操作系统的计算，一台作为 DHCP 服务器(10.2.65.8/24)，另一台作为中继(10.2.65.10/24 和 10.2.66.10/24)，客户机可以是一台或两台(若一台，则按情况更改网络类型即可)。

一台服务器要想跨网段给客户端分配 IP 地址，就需要借助中继再转发，ISC DHCP 软件中提供的中继代理程序为 dhcrelay。DHCP 的中继模型如图 3-15 所示，网络拓扑描述如表 3-5 所示。

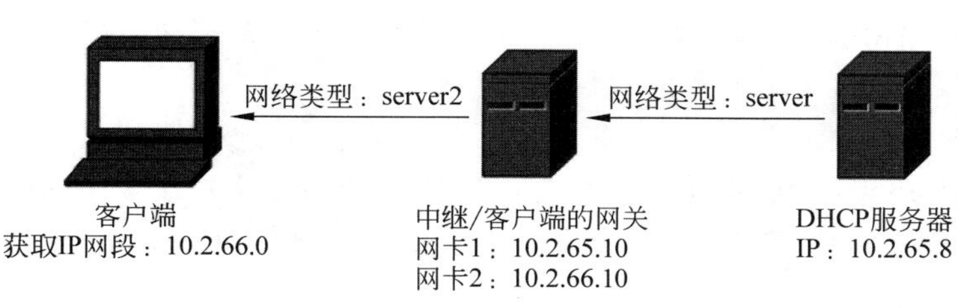

图 3-15　DHCP 中继模型

表 3-5　网络拓扑描述

序号	服务名称	IP 地址	网络区段	操作系统
1	DHCP 服务器	10.2.65.8/24	server	Linux
2	DHCP 中继服务	10.2.65.10/24	server	Linux
		10.2.66.10/24	server2	
3	client	10.2.66.0/24	server2	Windows

注意： 中继器的 IP 地址为下发给客户端的网关，需配置双网卡。

若使用的是 Linux 7.0 版本，网卡名称可以修改。修改网卡名称的方法是编辑网络配置文件。

```
vi /etc/sysconfig/network-script/ifcfg-ens33
NAME=eth0
DEVICE=eth0
[root@localhost network-scripts]mv ifcfg-eno16777736 ifcfg-eth0     //修改配置文件的名称
[root@localhost network-scripts]# sed -i 's/rhgb/net.ifnames=0 biosdevname=0 &/' /etc/
default/grub
[root@localhost network-scripts]#grub2-mkconfig -o /boot/grub2/grub.cfg
```

2. 任务实施过程

(1) 配置 DHCP 服务器的地址为 10.2.65.8/24。

(2) 右击 DHCP 中继器虚拟机的标题栏，在弹出的对话框中，在“硬件”列表中选择“网络适配器”(网卡 2)选项，单击“添加”按钮，新增一块网卡。

(3) 在“网络连接”框中选择“LAN 区段”单选框，再单击“LAN 区段”按钮，添加

server1、server2 网络区段，其中网卡 1 与 DHCP 服务器为 server 网络类型，IP 网段为 10.2.65.0/24。网卡 2 与客户端为 server2 网络类型，IP 网段为 10.2.66.0/24。

(4) 配置 DHCP 中继服务器的 IP 地址。

```
[root@localhost Desktop]#vi /etc/sysconfig/network-scripts/ifcfg-ens33(网卡的名称)
ONBOOT=yes
IPADDR=10.2.65.10
GATEWAY=10.2.65.8        //注意网关是连接对端的服务器 IP 地址
PREFIX=24
[root@localhost Desktop]#ifconfigens38 10.2.66.10 netmask 255.255.255.0
[root@localhost Desktop]#systemctl restart network
```

(5) 配置中继代理服务器转发数据包，有两种方式，其中一种通过配置网关实现互联，另一种通过配置路由实现互联，第一种网关互联类似于添加静态路由协议，第二种类似于添加动态路由协议。

方式一：配置网关。

配置 DHCP 服务器的 IP 地址。特别注意，服务器的网关是连接中继代理服务器的 IP 地址，这时可尝试 ping 中继 LAN2 网卡的 IP 地址，ping 通则可进入下一步。

```
[root@localhost Desktop]#vi /etc/sysconfig/network-scripts/ifcfg-ens33
ONBOOT=yes
IPADDR=10.2.65.8
PREFIX=24
GATEWAY=10.2.65.10
[root@localhost Desktop]#systemctl restart network   //重启网络让其生效
```

方式二：配置路由协议(可选)。

在 DHCP 服务器不添加网关指向中继服务器 10.2.65.10 的情况下，服务器 ping 不通中继的 LAN2 网段，需要服务器添加路由，同时在中继代理器上开启 IPv4 的转发功能，并设置 net.Ipv4.ip_forward 为 1。

```
[root@localhost Desktop]#ip route add 10.2.66.0/24 via 10.2.65.10
[root@localhost system]#vim /etc/sysctl.conf
net.Ipv4.ip_forward=1
```

(6) DHCP 服务器配置 dhcpd.conf 文件，服务器为 LAN1 和 LAN2 的客户机分配 IP 地址，需要声明两个作用网段，也就是两个作用域，其中，作用域中的网关设置为中继的 IP 地址。

```
dns-update-style none;
option time-offset  -18000;                        //全局配置
    default-lease-time 600;
    max-lease-time 7200;
subnet 10.2.65.0 netmask 255.255.255.0 {           //局部配置
    range 10.2.65.31 10.2.65.200;
    option routers 10.2.65.10;
    option domain-name-servers 10.2.65.10;
    option domain-name "dns.wgs.com";
}
subnet 10.2.66.0 netmask 255.255.255.0 {
    range 10.2.66.1 10.2.66.200;
    option routers 10.2.66.10;
```

```
    option domain-name-servers 10.2.66.10;
    option domain-name "dns.wgs2.com";
}
[root@localhost Desktop]#systemctlrestart dhcpd              //重启 dhcp 服务
```

（7）DHCP 中继服务器安装了 DHCP 服务，配置中继代理，中继代理计算机默认不转发 DHCP 客户机的请求，需要使用 dhcrelay 指定 DHCP 的服务器位置。

```
[root@localhost /]#systemctl enable dhcrelay                 //开启 dhcrelay 会提示
Created symlink from
/etc/systemd/system/multi-user.target.wants/dhcrelay.service to
/usr/lib/systemd/system/dhcrelay.service.                    //按照提示复制
[root@localhost system]#cp
/etc/systemd/system/multi-user.target.wants/dhcrelay.service
/etc/systemd/system/
[root@localhost /]#cd /etc/systemd/system
[root@localhost system]#vim dhcrelay.service
[Service]
ExecStart=/usr/sbin/dhcrelay -d --no-pid 10.2.65.8           //指定 DHCP 服务器的位置
[root@localhost system]#systemctl --system daemon-reload     //重载配置信息
[root@localhost system]#systemctl restart dhcrelay           //重启中继服务
[root@localhost system]#systemctl status dhcrelay            //查看 dhcrelay 的状态
dhcrelay.service-DHCP Relay Agent Daemon
   Loaded: loaded (/etc/systemd/system/dhcrelay.service; enabled)
   Active: active (running) since Mon 2020-10-12 03:08:26 EDT; 6s ago
     Docs: man:dhcrelay(8)
Main PID: 3987 (dhcrelay)
   Status: "Dispatching packets..."
   CGroup: /system.slice/dhcrelay.service
           └─3987 /usr/sbin/dhcrelay -d --no-pid 10.2.65.8
```

（8）客户端网络类型为 LAN2，检测客户端获取地址，如图 3-16 所示。

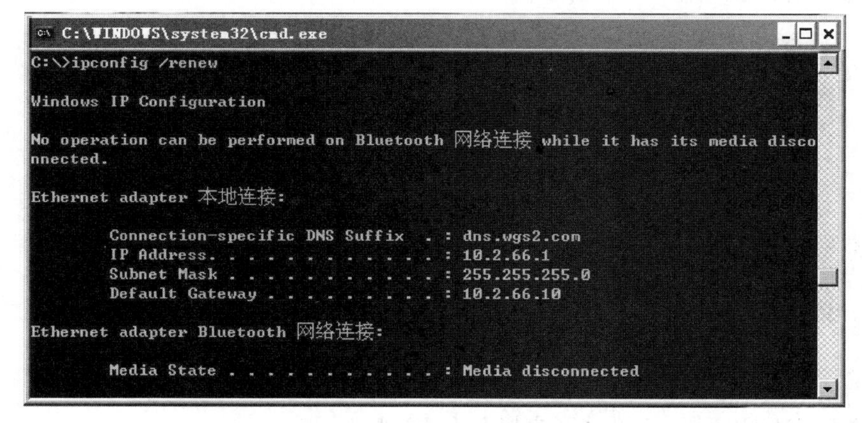

图 3-16　客户端获取地址

3.3.6　任务 6　DHCP 的备份和还原

1. 任务分析

如果在中型网络中管理上百台计算机，一旦 DHCP 服务器出现了问题，则可能导致客户端获取不到正确的 IP 地址。为解决这个问题，应配置两台以上的 DHCP 服务器，如果其中一台出现问题，则另一台服务器会自动承担分配 IP 地址的任务。为避免发生客户端 IP 地址冲突的现象，多台 DHCP 服务器提供的 IP 地址的范围也应不同。

五桂山公司的两个子网中各有一台 DHCP 服务器，一个为 LAN1：10.2.65.0/24 分配 IP 地址，另一个为 LAN2：10.2.66.0/24 分配 IP 地址，互相提供备份的 DHCP 设置。

2. 任务实施过程

(1) DHCP1 的 dhcpd.conf 配置文件。

```
dns-update-style none;
subnet 10.2.65.0 netmask 255.255.255.0 {
    range 10.2.65.1 10.2.65.99;
    option routers 10.2.65.1;
}
subnet 10.2.66.0 netmask 255.255.255.0 {
    range 10.2.66.1 10.2.66.99;
    option routers 10.2.66.1;
}
```

(2) DHCP2 的 dhcpd.conf 配置文件。

```
dns-update-style none;
subnet 10.2.65.0 netmask 255.255.255.0 {
    range 10.2.65.100 10.2.65.200;
    option routers 10.2.65.1;
}
subnet 10.2.66.0 netmask 255.255.255.0 {
    range 10.2.66.100 10.2.66.200;
    option routers 10.2.66.1;
}
```

(3) 客户端验证，如图 3-17 所示。

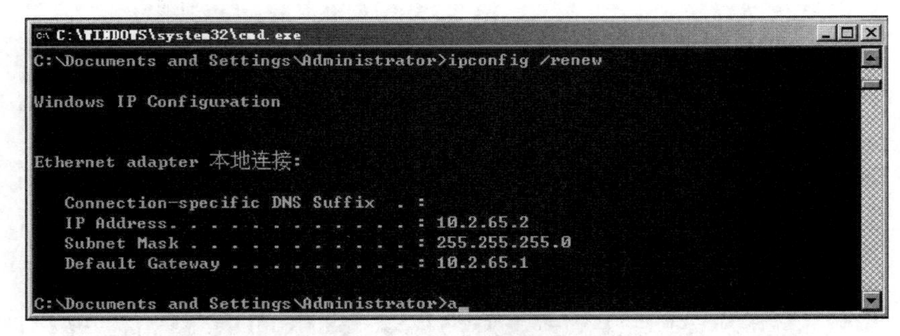

图 3-17 客户端测试获取 IP 地址

(4) 关闭 DHCP1 服务，测试客户机获取 IP 地址正常。

3.3.7 任务 7 DHCP 服务在无线中的应用

1. 任务分析

五桂山公司计划加入无线网络的扩建，现在需要使用外接 DHCP 服务器(10.2.65.8/24)为客户端提供 IP 地址。无线网络是一类利用无线电技术传输数据网络的总称。根据网络覆盖范围、网络应用场合和网络架构的不同等，可以将无线网络划分为不同的类别，根据覆盖范围的不同可以划分为无线广域网(Wireless Wide Area Network，WWAN)、无线局域网(Wireless Local Area Network，WLAN)、无线城域网(Wireless Metropolitan Area Network，WMAN)和无线个人局域网(Wireless Personal Area Network，WPAN)。无线局域网是计算机网络与无线通信技术相结合的产物，其逻辑拓扑如图 3-18 所示，ensp 拓扑如图 3-19 所示，网络拓扑描述如表 3-6 所示。此任务的实验环境需要华为模拟器 ensp 软件，ensp 模拟器中的 AC6005 充当 AC，AP2050 充当 AP(注：若 ensp 版本过低，则没有 AC 和 AP 模拟机)，Linux 7.4 充当外接 DHCP 服务器。该任务需要一定的无线互联和网络互联的知识，具体知识可参考相关书籍。

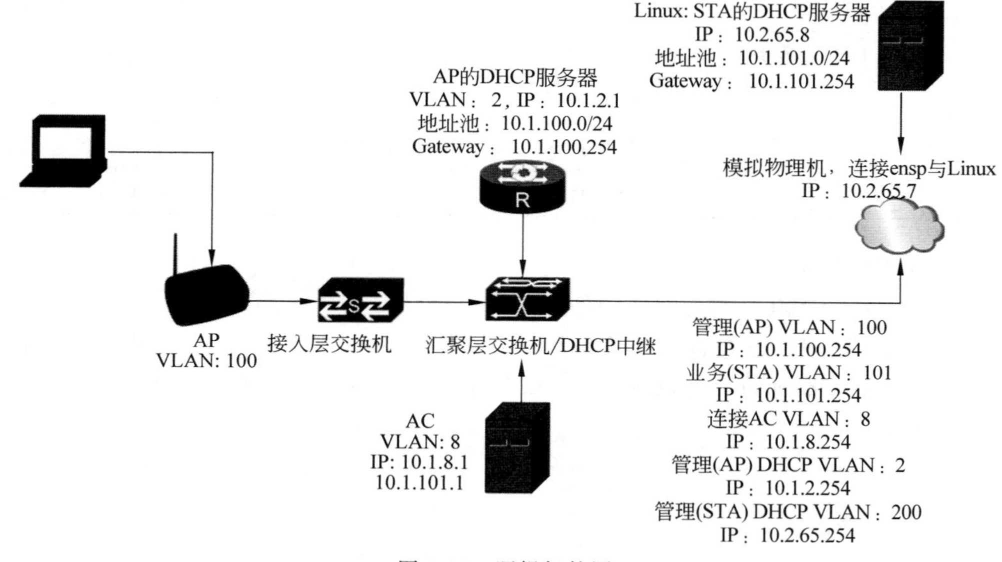

图 3-18　逻辑拓扑图

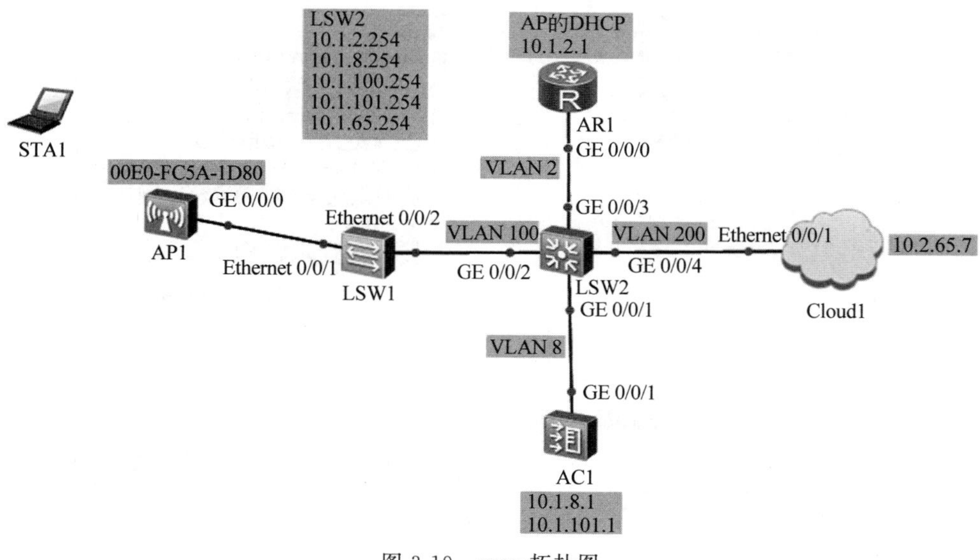

图 3-19　ensp 拓扑图

表 3-6 网络拓扑描述

序号	服务名称	IP 地址	VLAN/网络类型	设备名称	操作系统
1	STA 的 DHCP 服务器	10.2.65.8/24	仅主机模式		Linux 7.4
2	DHCP 中继/汇聚交换机	10.1.2.254/24	VLAN 2	S5700	ensp1.3.00.100
		10.1.8.254/24	VLAN 8		
		10.1.101.254/24	VLAN 101		
		10.1.100.254/24	VLAN 100		
		10.1.65.254/24	VLAN 200		
3	云/物理机网卡	10.2.65.7/24		Cloud	ensp1.3.00.100
4	AP 的 DHCP 服务器	10.1.2.1/24	VLAN 2	AR2240	ensp 1.3.00.100
5	AC	10.1.8.1/24	VLAN 8	AC6005	ensp 1.3.00.100
6	AP	自动获取	VLAN 100	AP2050	ensp 1.3.00.100
7	客户机(STA)	自动获取		PC	ensp 1.3.00.100

2. 任务实施过程

步骤一：实现 DHCP 与无线设备的互联。

（1）在关闭物理机防火墙的情况下实现模拟器 ensp 和与虚拟机中的 DHCP 服务器的互联。因为需要和本机的 ensp 互联，所以服务器的“网络连接”选项应选择“仅主机模式”，如图 3-20 所示。

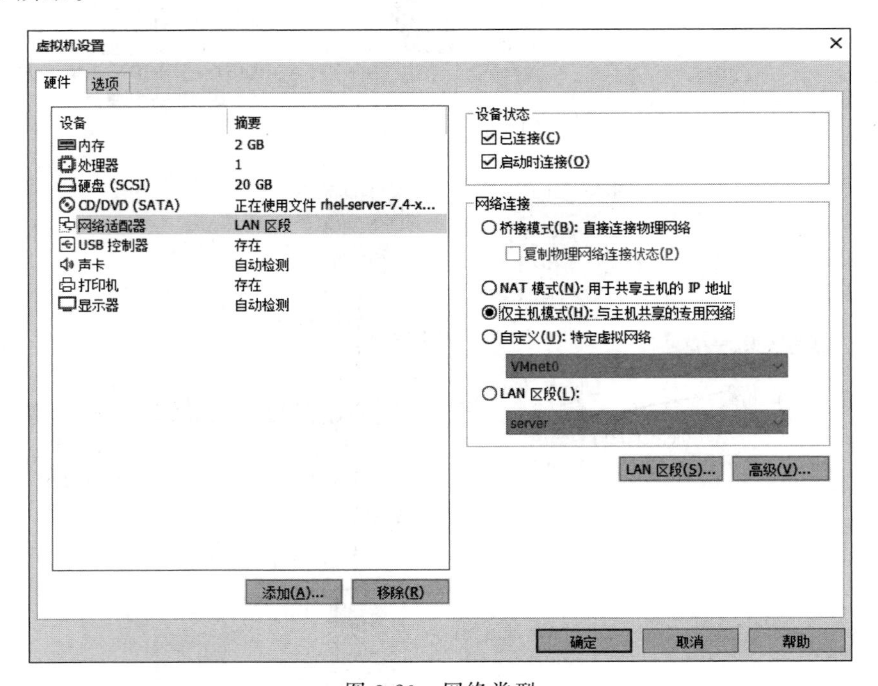

图 3-20 网络类型

(2) 物理机需要修改 VMnet1 的 IP 地址(与 Linux 的 IP 同网段即可)。在控制面板中选择“网络和 Internet 设置选项”,然后双击“更改适配器”按钮,在弹出的对话框中设置 IP 地址为 10.2.65.7/24,如图 3-21 所示。

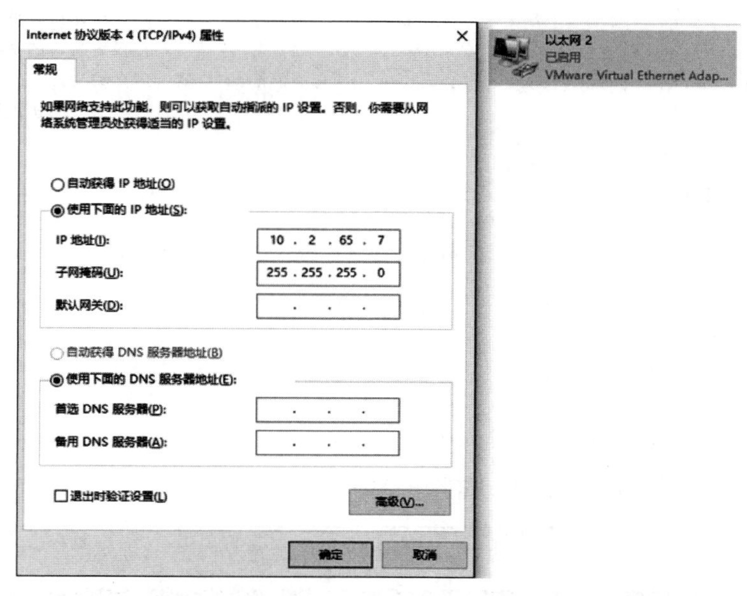

图 3-21　物理机的 IP 地址

(3) ensp 软件使用云模拟中间路由和物理机相连,ensp 通过物理机与虚拟机中的服务器相连。其中,首先设置 UDP,单击“增加”按钮,然后选择网卡(10.2.65.7/24),单击“增加”按钮,最后勾选“双向通道”复选框后单击“增加”按钮即可,如图 3-22 所示。

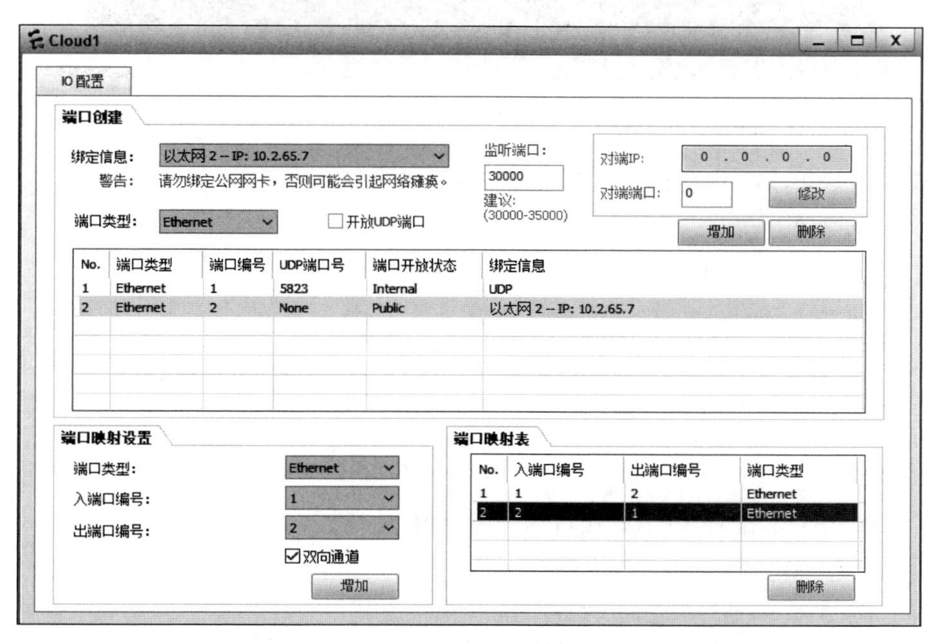

图 3-22　ensp 云

(4) 配置汇聚层交换机,连接模拟云的接口 IP 地址。

```
[LSW2]vlan batch 2 8 100 101 200        //batch 为创建多个 VLAN,连续的可用 to 连接
[LSW2]int GigabitEthernet 0/0/4
[LSW2-GigabitEthernet0/0/4]port link-type trunk                   //允许超过一种 VLAN 通过
[LSW2-GigabitEthernet0/0/4]port trunk pvid vlan 200               //设置接口的 PVID 值
[LSW2-GigabitEthernet0/0/4]port trunk allow-pass vlan 101 200     //允许 101、200 的 VLAN 通过
[LSW2]interface vlanif 200                                        //三层交换机配置虚拟 IP 地址
[LSW2-Vlanif200]ip address 10.2.65.254 24
```

(5) Linux(DHCP 服务器)。

```
[root@localhost wgs]#vi /etc/sysconfig/network-scripts/ifcfg-ens33
BOOTPROTO=static
ONBOOT=yes
IPADDR=10.2.65.8
PREFIX=24
GATEWAY=10.2.65.254
[root@localhost wgs]#systemctl restart network
```

(6) 测试 ensp 和 Linux 的互联,如图 3-23 所示。

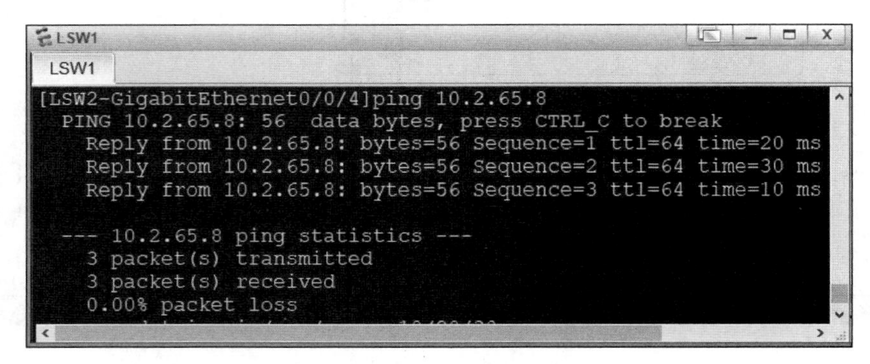

图 3-23　互联成功

步骤二:实现 ensp 内部接口和 VLAN 配置。

(1) 配置 LSW1。

```
[LSW1]int Ethernet 0/0/1
[LSW1-Ethernet0/0/1]port link-type trunk
[LSW1-Ethernet0/0/1]port trunk allow-pass vlan 100 101
[LSW1-Ethernet0/0/1]port trunk pvid vlan 100         //指定 AP 是管理 VLAN100
[LSW1-Ethernet0/0/1]int Ethernet 0/0/2
[LSW1-Ethernet0/0/2]port link-type trunk
[LSW1-Ethernet0/0/2]port trunk allow-pass vlan 100 101
```

(2) 配置 LSW2,配置 VLAN 接口的分配及 IP 地址。

```
[LSW2]int GigabitEthernet 0/0/2
[LSW2-GigabitEthernet0/0/2]port link-type trunk
[LSW2-GigabitEthernet0/0/2]port trunk allow-pass vlan 100 101
[LSW2-GigabitEthernet0/0/2]int GigabitEthernet 0/0/3
```

```
[LSW2-GigabitEthernet0/0/3]port link-type access       //只允许一种 VLAN 通过
[LSW2-GigabitEthernet0/0/3]port default vlan 2         //允许 VLAN2
[LSW2-GigabitEthernet0/0/3]int GigabitEthernet 0/0/1
[LSW2-GigabitEthernet0/0/1]port link-type trunk
[LSW2-GigabitEthernet0/0/1]port trunk allow-pass vlan 8 101
[LSW2-GigabitEthernet0/0/1]int vlanif 2
[LSW2-Vlanif2]ip address 10.1.2.254 24
[LSW2-Vlanif2]int vlanif 8
[LSW2-Vlanif8]ip address 10.1.8.254 24
[LSW2-Vlanif8]int vlanif 100
[LSW2-Vlanif100]ip address 10.1.100.254 24
[LSW2-Vlanif100]int vlanif 101
[LSW2-Vlanif101]ip address 10.1.101.254 24
[LSW2-Vlanif101]display ip interface brief              //查看所有接口的 IP 地址
Interface                        IP Address/Mask     Physical   Protocol
MEth0/0/1                        unassigned          down       down
NULL0                            unassigned          up         up(s)
Vlanif1                          unassigned          up         down
Vlanif2                          10.1.2.254/24       up         up
Vlanif8                          10.1.8.254/24       up         up
Vlanif100                        10.1.100.254/24     up         up
Vlanif101                        10.1.101.254/24     up         up
Vlanif200                        10.2.65.254/24      up         up
[LSW2]display current-configuration    //查看所有配置,按空格键可查看未显示的部分,不查看可按
                                       //Ctrl+C 快捷键退出
```

(3) 配置 AC。

```
[AC6005]vlan batch 8 101
[AC6005]int g0/0/1                                  //简写 GigabitEthernet 为 g
[AC6005-GigabitEthernet0/0/1]p l t                  //简写 port link-type trunk
[AC6005-GigabitEthernet0/0/1]p t a v 8 101          //简写 port trunk allow-pass vlan
[AC6005-GigabitEthernet0/0/1]int vlanif 8
[AC6005-Vlanif8]ip add 10.1.8.1 24                  //简写 address
[AC6005-Vlanif8]int vlanif 101
[AC6005-Vlanif101]ip add 10.1.101.1 24
```

(4) 配置内部 DHCP(分配 IP 地址给 AP)。

```
[AP-DHCP]int g0/0/0
[AP-DHCP-GigabitEthernet0/0/0]ip add 10.1.2.1 24
```

步骤三:实现 ensp 内部路由互通。

(1) 配置 LSW2。

```
[LSW2]ospf 10
[LSW2-ospf-10]area 0                                          //指定区域,单区域默认为 0
[LSW2-ospf-10-area-0.0.0.0]network 10.1.2.0 0.0.0.255         //宣告网络,ospf 邻居会获取此网络
[LSW2-ospf-10-area-0.0.0.0]network 10.1.8.0 0.0.0.255         //0.0.0.255 为 24 位的反掩码
[LSW2-ospf-10-area-0.0.0.0]network 10.1.100.0 0.0.0.255
[LSW2-ospf-10-area-0.0.0.0]network 10.1.101.0 0.0.0.255
[LSW2-ospf-10-area-0.0.0.0]network 10.1.65.0 0.0.0.255
```

(2) 配置 AC。

```
[AC6005]ospf 10
[AC6005-ospf-10]area 0
[AC6005-ospf-10-area-0.0.0.0]network 10.1.8.0 0.0.0.255
[AC6005-ospf-10-area-0.0.0.0]network 10.1.101.0 0.0.0.255
```

(3) 配置内部 DHCP。

```
[AP-DHCP]ospf 10
[AP-DHCP-ospf-10]area 0
[AP-DHCP-ospf-10-area-0.0.0.0]network 10.1.2.0 0.0.0.255
```

(4) 查看 OSPF 邻居。

```
[LSW2]dis ospf peer        //都宣告网段才能成为邻居
OSPF Process 10 with Router ID 10.1.2.254
Neighbors
Area 0.0.0.0 interface 10.1.2.254(Vlanif2)'s neighbors
Router ID: 10.1.2.1          Address: 10.1.2.1
   State: Full  Mode:Nbr is  Slave  Priority: 1
   DR: 10.1.2.254  BDR: 10.1.2.1  MTU: 0
   Dead timer due in 35  sec
   Retrans timer interval: 5
   Neighbor is up for 00:03:18
   Authentication Sequence: [ 0 ]
Neighbors
Area 0.0.0.0 interface 10.1.8.254(Vlanif8)'s neighbors
Router ID: 10.1.8.1          Address: 10.1.8.1
   State: Full  Mode:Nbr is  Master  Priority: 1
   DR: 10.1.8.254  BDR: 10.1.8.1  MTU: 0
Dead timer due in 40  sec
   Retrans timer interval: 6
   Neighbor is up for 00:07:12
   Authentication Sequence: [ 0 ]
Neighbors
Area 0.0.0.0 interface 10.1.101.254(Vlanif101)'s neighbors
Router ID: 10.1.8.1          Address: 10.1.101.1
   State: Full  Mode:Nbr is  Master  Priority: 1
DR: 10.1.101.1  BDR: 10.1.101.254  MTU: 0
   Dead timer due in 37  sec
   Retrans timer interval: 5
   Neighbor is up for 00:55:21
   Authentication Sequence: [ 0 ]
```

(5) 查看路由。这时可以使用 AC ping 内部 DHCP 服务器。

```
[AC6005]display ip route
Route Flags: R-relay, D-download to fib
------------------------------------------------------------------------------
Routing Tables: Public
        Destinations : 12       Routes : 14
Destination/Mask    Proto      Pre  Cost  Flags    NextHop         Interface
      10.1.2.0/24   OSPF       10   2     D        10.1.8.254      Vlanif8
```

```
                 OSPF     10   2    D     10.1.101.254    Vlanif101
      10.1.8.0/24  Direct   0    0    D     10.1.8.1        Vlanif8
      10.1.8.1/32  Direct   0    0    D     127.0.0.1       Vlanif8
    10.1.8.255/32  Direct   0    0    D     127.0.0.1       Vlanif8
    10.1.100.0/24  OSPF     10   2    D     10.1.8.254      Vlanif8
                   OSPF     10   2    D     10.1.101.254    Vlanif101
    10.1.101.0/24  Direct   0    0    D     10.1.101.1      Vlanif101
    10.1.101.1/32  Direct   0    0    D     127.0.0.1       Vlanif101
  10.1.101.255/32  Direct   0    0    D     127.0.0.1       Vlanif101
  ...
```

步骤四：AP 上线。

(1) 内部 DHCP 分配地址池。

```
[AP-DHCP]dhcp enable                                         //开启 DHCP 服务，默认关闭
Info: The operation may take a few seconds. Please wait for a moment.done.
[AP-DHCP]ip pool ap                                          //创建地址池 AP
Info: It's successful to create an IP address pool.
[AP-DHCP-ip-pool-ap]network 10.1.100.0 mask 24               //地址池范围和掩码
[AP-DHCP-ip-pool-ap]gateway-list 10.1.100.254                //网关
[AP-DHCP-ip-pool-ap]option 43 ?                              //忘记命令可在后面输入"?"
  ascii         he DHCP option's type is a ASCII string
  hex           The DHCP option's type is a hex string
  ip-address    The DHCP option's type is IP address
  sub-option    Configure the DHCP sub-options
[AP-DHCP-ip-pool-ap]option 43 sub-option 3 ascii 10.1.8.1    //指定 AP 需要应用配置的 AC 的 IP 地址
[AP-DHCP]int g0/0/0
[AP-DHCP-GigabitEthernet0/0/0]dhcp select global             //应用地址池，全局下发
```

(2) LSW2 充当中继代理，指定 AP 的 DHCP 服务器。

```
[LSW2]dhcp enable
Info: The operation may take a few seconds. Please wait for a moment.done.
[LSW2]int Vlanif 100
[LSW2-Vlanif100]dhcp select relay                            //选择中继服务
[LSW2-Vlanif100]dhcp relay server-ip 10.1.2.1                //关键步骤
```

(3) AC 上无线的配置。

```
[AC6005]wlan                                                 //进入 WLAN 视图
[AC6005-wlan-view]ap-group name ap                           //创建 AP 组
Info: This operation may take a few seconds. Please wait for a moment.done.
[AC6005-wlan-ap-group-ap]quit                                //退出一级
[AC6005-wlan-view]ap-id 1 ap-mac 00E0-FC5A-1D80
//创建 AP 的 id，一台 AP 一台 id，后面为 ap 的物理地址，有 ap-mac、ap-type 和 ap-sn 的区分
注：删除 ap-id 命令：undo ap ap-id
[AC6005-wlan-ap-1]ap-name ap1                                //AP 的名称
[AC6005-wlan-ap-1]ap-group ap                                //加入 AP 组
Warning: This operation may cause AP reset. If the country code changes, it will clear
channel, power and antenna gain configurations of the radio, Whether to continue? [Y/N]:y
Info: This operation may take a few seconds. Please wait for a moment.. done.
[AC6005]capwap source interface Vlanif 8                     //指定 AC 源接口
```

(4) 查看 AP 是否上线成功，Nor 为上线成功，init 为初始状态。

```
[AC6005]dis ap all
Info: This operation may take a few seconds. Please wait for a moment.done.
Total AP information: nor  : normal          [1]
--------------------------------------------------------------------
ID  MAC            Name Group IP          Type          State STA Uptime
--------------------------------------------------------------------
1   00e0-fc5a-1d80 ap1  ap    10.1.100.253 AP2050DN      nor   0   1M:49S
--------------------------------------------------------------------
Total: 1
```

步骤五：AP 上线成功后，配置 DHCP 服务，提供 STA 的无线接入。

(1) 外接 DHCP 配置。

```
[root@localhost wgs]#vi /etc/dhcp/dhcpd.conf
ddns-update-style none;
default-lease-time 600;
max-lease-time 7200;
//必须有一个地址池和 DHCP 服务器的 IP 地址同网段
subnet 10.2.65.0 netmask 255.255.255.0 {
      range 10.2.65.1 10.2.65.100;
      option routers 10.2.65.8;
      option domain-name-servers 10.2.65.8;
      option domain-name "dns.wgs.com";
}
subnet 10.1.101.0 netmask 255.255.255.0 {
      range 10.1.101.1 10.1.101.100;
      option routers 10.1.101.254;
      option domain-name-servers 10.1.101.254;
      option domain-name "dns.wgs2.com";
}
[root@localhost wgs]#systemctl restart dhcpd
```

(2) LSW2 中继代理，指定 STA 的 DHCP 服务器。

```
[LSW2-Vlanif100]int vlanif 101
[LSW2-Vlanif101]dhcp select relay
[LSW2-Vlanif101]dhcp relay server-ip 10.2.65.8
```

(3) AC 业务配置。

```
[AC6005]wlan
[AC6005-wlan-view]security-profile name wgs       //创建安全模板
[AC6005-wlan-sec-prof-wgs]security wpa psk pass-phrase 12345678 aes
//12345678 为 STA 连接无线时需输入的密码
[AC6005-wlan-view]ssid-profile name wgsu1         //创建 ssid 模板
[AC6005-wlan-ssid-prof-wgsu1]ssid wgsu1
[AC6005-wlan-view]vap-profile name wgs            //创建 vap 模板
[AC6005-wlan-vap-prof-wgs]ssid-profile wgsu1
[AC6005-wlan-vap-prof-wgs]security-profile wgs
[AC6005-wlan-vap-prof-wgs]forward-mode tunnel    //隧道转发，业务流量需要经过 AC 才能发送出去
```

```
[AC6005-wlan-vap-prof-wgs]service-vlan vlan-id 101 //指定业务 VLAN
[AC6005-wlan-view]ap-group name ap
[AC6005-wlan-ap-group-ap]vap-profile wgs wlan 1 radio all
//在 AP 组中应用 vap 模板,radio 为无线级别
```

(4) 这时如果配置无误,则可看到无线网络的范围,如图 3-24 所示。

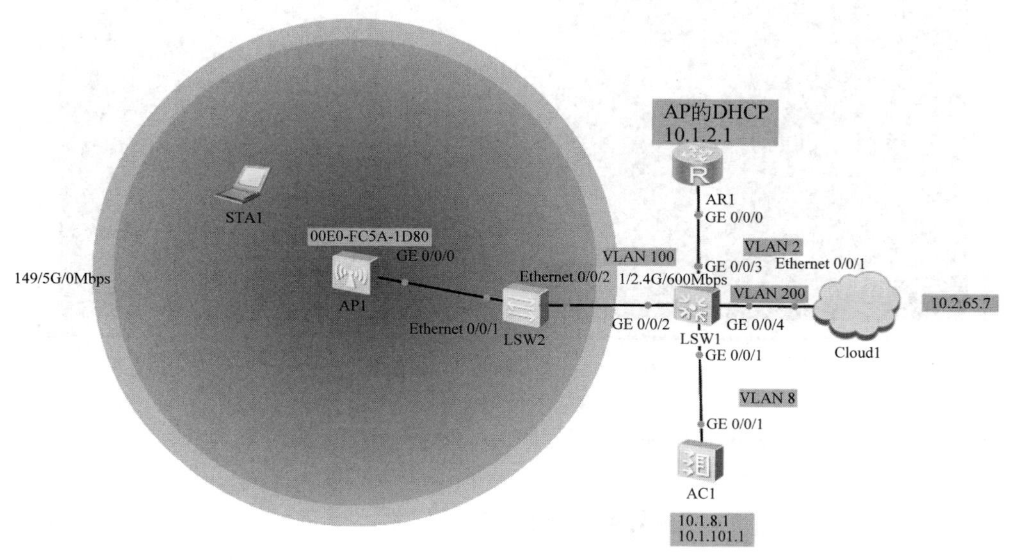

图 3-24　无线范围

步骤六:测试 STA 获取 IP 地址,如图 3-25 和图 3-26 所示。

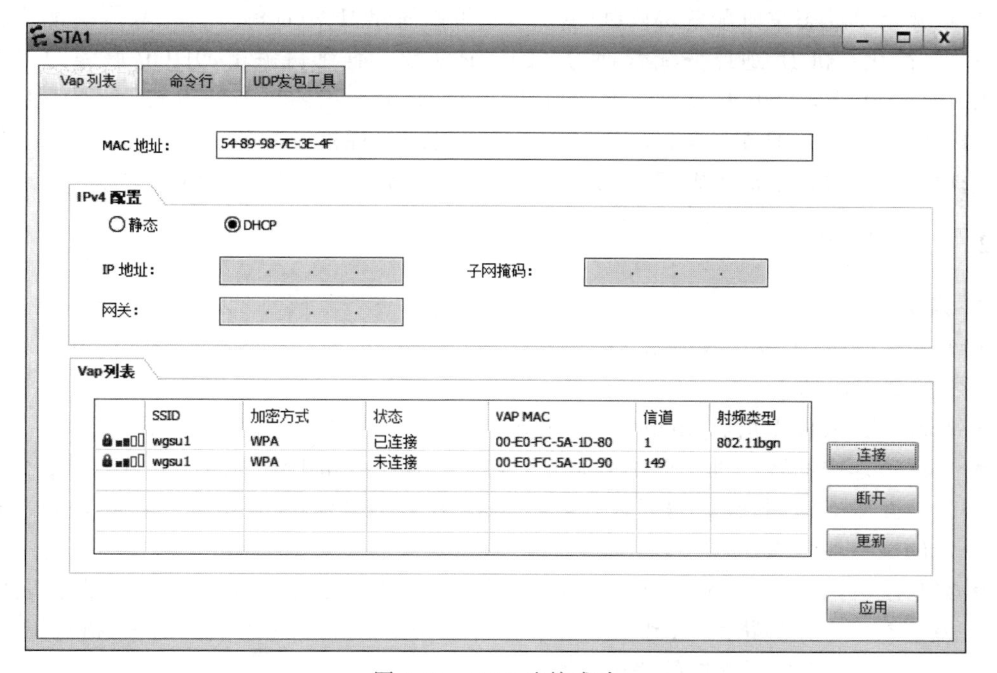

图 3-25　STA 连接成功

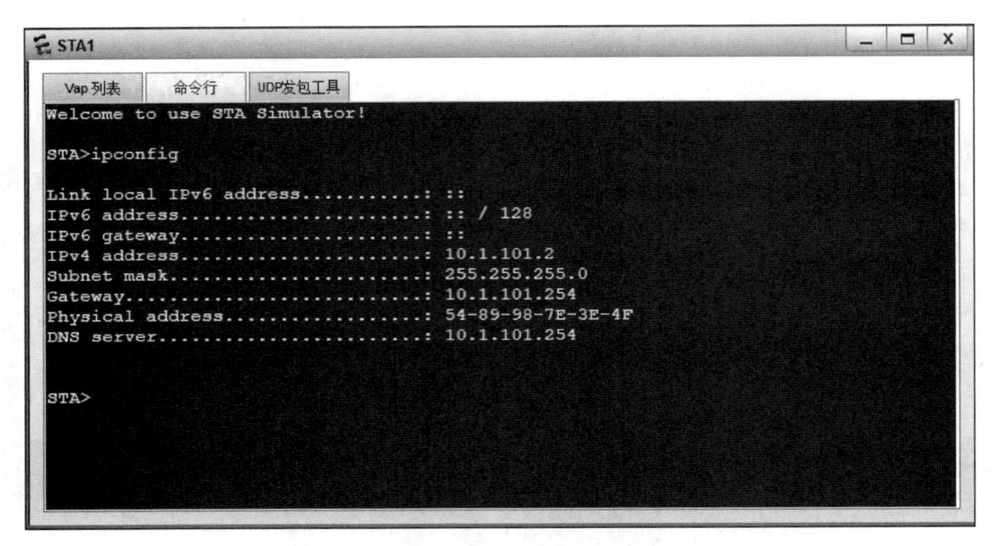

图 3-26 STA 获取的 IP 地址

思考：如果 AP 的 DHCP 服务器也是外接 Linux DHCP，该如何配置？

3.4 项 目 总 结

3.4.1 内容总结

本章介绍了动态主机配置协议（DHCP），它可以简化 IP 地址的分配及其网络配置的管理，是一个简化主机 IP 地址分配管理的 TCP/IP 协议。详细讲解了 DHCP 服务的工作原理、DHCP 客户端向 DHCP 服务器申请 IP 地址及 IP 地址租约更新的方式，介绍了 DHCP 服务器的安装方法和配置命令，以及 DHCP 中继代理的理论及配置，对其配置文件中各个命令选项的含义进行了深入解析。DHCP 的配置过程和运行过程是本章的重点。

3.4.2 实训总结

1. 错误一

(1) 错误描述：服务器基础排错。

(2) 解决方法如下。

- 修改配置文件需重启 dhcpd.conf 服务。
- 中继代理中的客户机获取不到地址，应检查服务器和中继之间的互联，ping 不通则代表互联有问题，ping 得通且服务器状态为 active 则应检查中继代理的 dhcrelay 指定的服务器位置。
- 客户端无法获取 IP 地址，可能之前使用过其他网段的 IP 地址做实验，使路由表中有另一条不存在的路由，导致实验失败，执行 route print 指令查看路由表，执行用 route delete 命令删除不存在的路由即可。

2. 错误二

（1）错误描述：DHCP 服务启动失败。

（2）解决方法如下。

- dhcpd.conf 中的 subnet 参数是一个网络号，而不是一个 IP 地址。
- DHCP 服务器的 IP 地址和 DHCP 主配置文件声明的网段不在同一网段，例如 IP 地址为 10.2.65.8，subnet 声明为 10.2.66.0。
- dhcpd.conf 中的 range 参数的两个 IP 地址之间是空格，不是逗号。
- 防火墙和 SELinux，如果其他没问题，则尝试关闭这两个服务。

3. 错误三

（1）错误描述：网络重启失败。

（2）解决方法如下。

- 首先检查网络配置文件是否错误。

```
HWADDR=00:0C:29:3C:39:89                          //MAC 地址
BOOTPROTO=static                                  //配置静态地址
NAME=ens33                                        //名称
UUID=5d30198f-85bc-40da-ab8d-d869905bace5         //由 MAC 地址产生的唯一标识符
ONBOOT=yes                                        //系统启动时是否激活
IPADDR=10.2.65.10                                 //IP 地址
PREFIX=24                                         //掩码
GATEWAY=10.2.65.8                                 //网关
DNS1=8.8.8.8                                      //DNS 服务器
```

- 检查网络重启命令。

```
systemctl restart network
service network restart                           //以上两条 8.0 版本以下都适用
nmcli connect down/up ens33(网卡名称)              //8.0 版本
```

- 检查网络配置文件的 IP 地址是否冲突。
- 检查与 NetworkManager 是否冲突，首先禁用 NetworkManager，然后重启 Betwork 服务。

```
chkconfig NetworkManager off(6.0 版本)。
systemctl disable NetworkManager(7.0 版本)
```

- 检查 UUID 是否冲突。UUID 是一个唯一识别符，会给系统上的分区和网卡都声称一段 UUID 符号，UUID 是写在网卡配置文件中的。若有，则首先删除网络配置文件中的 MAC 地址；再删除 MAC 地址和 UUID 绑定文件，最后重启。

```
[root@localhost Desktop]#rm -rf /etc/udev/rules/70-persistent-net.rules
```

- 查看网络状态详细信息以了解网络重启失败的原因。

```
[root@localhost Desktop]#systemctl status network.service
```

3.5 课后习题

一、选择题

1. TCP/IP 中用来进行 IP 地址自动分配的协议是(　　)。

A. ARP　　B. NFS　　C. DHCP　　D. DNS

2. DHCP 租约文件默认保存在(　　)目录中。

A. /etc　　B. /var/log/dhcp

C. /etc/dhcp　　D. /var/lib/dhcpd/

3. 配置 DHCP 服务器后，运行(　　)命令可以启动 DHCP 服务。

A. systemctl start dhcpd.service

B. systemctl start dhcpd

C. start dhcpd

D. dhcpd on

4. 为保证在启动服务时自动启动 DHCP 进程，应对(　　)文件进行编辑。

A. /etc/rc.d/rc.inet2　　B. /etc/rc.d/rc.inet1

C. /etc/dhcpd.conf　　D. /etc/rc.d/rc.S

二、填空题

1. DHCP 工作过程包括________、________、________、________ 4 种报文。

2. DHCP 服务的端口号为________、________。

3. 当租期到时 87.5%时，客户端会发送________报文询问是否续约。

4. 如果 DHCP 客户端无法获取 IP 地址，则会自动从________地址段中选择一个作为自己的 IP 地址。

5. DHCP 的中文全称为________，英文全称为________。

6. 在 Windows 系统中使用________命令可以释放地址，________命令可以获取地址。

7. Linux 客户端需要修改网卡配置文件，将 BOOTPROTO 设置为________。

8. 在 Windows 系统中查看完整 IP 地址信息的命令为________。

9. 客户端再次登录会发送________报文。

10. 中继代理的 IP 地址为 DHCP 服务器声明中的________ IP 地址。

三、实训题

1. 建立 DHCP 服务器，为子网内的客户提供 IP 地址。具体参数如下(该题比较基础，做出来的读者可继续做第 2 题)。

- IP 地址范围：10.2.65.30～10.2.65.100。
- 网关地址：10.2.65.10。
- DNS 服务器：10.2.65.10。
- 子网所属域名称：wgs.com。
- 默认租约有效期：1 天。最大租约有效期：3 天。
- 固定地址：

  名称：kh。

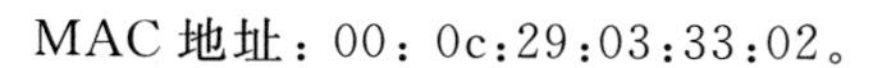

MAC 地址：00：0c:29:03:33:02。

IP 地址：10.2.65.7。

请写出详细解决方案并上机实现。

2. 某学院内部有两个子网，分别为 192.168.1.0/24 和 192.168.3.0/24，现需要使用一台 DHCP 服务器为这两个子网客户机分配 IP 地址。请写出两种解决方案。

请写出详细解决方案并上机实现。

项目4 DNS服务器

【学习目标】

本项目将系统介绍DNS域名系统的作用，以及其域名的组成部分、查询方式、命名规则等。通过实践任务掌握如何搭建一个DNS服务器，并在客户端上测试域名解析效果。

通过本章的学习，读者应该完成以下目标：

- 认识并了解DNS的功能及重要性；
- 认识并了解DNS的结构；
- 熟练掌握DNS的解析过程及查询模式；
- 熟练掌握DNS服务器的基础安装与配置方法；
- 熟练掌握子域和区域委派的配置方法；
- 熟练掌握DNS的客户端与DNS域名服务的测试。

4.1 项目背景

五桂山公司组建了企业内网，为了高效访问企业内网资源与Internet上的资源，现计划在企业内网中架设DNS服务器，主要实现IP地址与域名之间的转换功能。网络拓扑如图4-1所示，IP地址分配如表4-1所示。

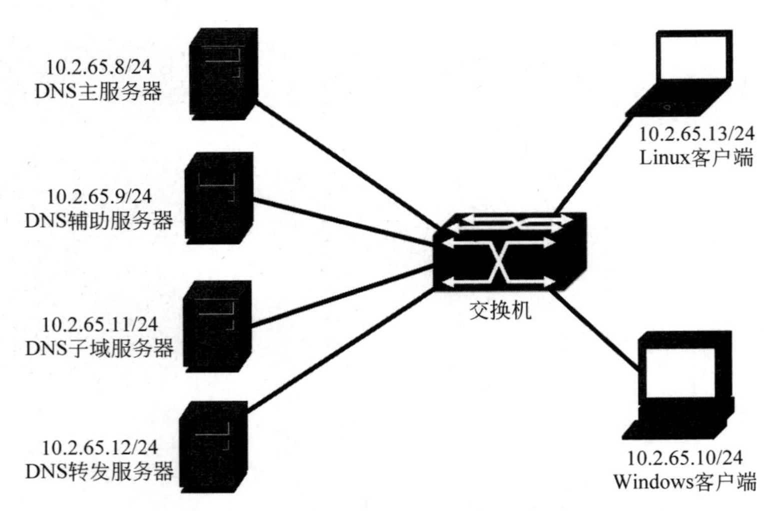

图4-1 DNS服务器搭建测试的网络拓扑图

表 4-1　IP 地址分配

序号	服务名称	IP 地址	操作系统	网卡模式
1	DNS 主服务器	10.2.65.8/24	Linux	桥接模式
2	DNS 辅助服务器	10.2.65.9/24	Linux	桥接模式
3	DNS 子域服务器	10.2.65.11/24	Linux	桥接模式
4	DNS 转发服务器	10.2.65.12/24	Linux	桥接模式
5	客户端	10.2.65.10/24	Windows	桥接模式
6	客户端	10.2.65.13/24	Linux	桥接模式

4.2　知 识 引 入

域名系统（Domain Name System，DNS）是 Internet 中非常重要的服务之一，是 Internet 上域名和 IP 地址相互映射的一个分布式数据库。利用 DNS 可使用户更方便地访问 Internet，而不用记住能够被机器直接读取的 IP 地址数字串。当用户在使用应用程序时，通过填入域名，再通过 DNS 服务器即可解析出对应域名的 IP 地址，从而建立通信连接。

通过主机名，最终得到该主机对应的 IP 地址的过程叫作域名解析(或主机名解析)。DNS 协议运行在 UDP 协议之上，使用的端口号为 53。在 RFC 文档中，RFC2181 对 DNS 有规范的说明，RFC2136 对 DNS 的动态更新进行说明，RFC2308 对 DNS 查询的反向缓存进行说明。

4.2.1　认识域名空间

DNS 服务器是整个 DNS 的核心，它的任务是维护和管理所辖区域中的数据，并处理 DNS 客户端主机名的查询。DNS 服务器建立了一个叫作域名空间的逻辑树结构，如图 4-2 所示，它显示了顶层域及下一级子域之间的树形结构关系。域名空间树的最上面是根域，根域为空标记。在根域之下是顶层域(或叫作顶级域)，再下面就是其他子域。

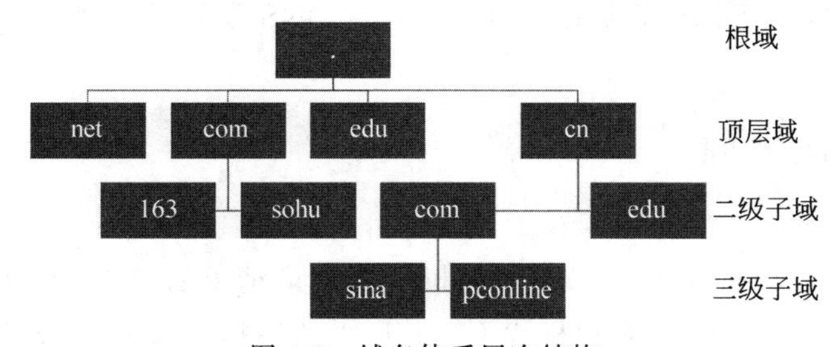

图 4-2　域名体系层次结构

4.2.2　域名系统的组成与分类

1.主要区域 DNS 服务器

主要区域(primary)主要负责管理和维护某个区域的域名服务信息，记录该区域所有相应的DNS命名资源，并能直接对区域中所记录的信息资源进行读取和修改，也是某区域中唯一权威的DNS服务器。配置主要区域DNS服务器时，所需的配置文件包括主配置文件、正向查找区域文件、反向区域查找文件等。

2. 辅助区域DNS服务器

辅助区域(secondary)是主要区域的备份，可以分担主要区域DNS的查询流量。该区域中的DNS资源记录是从主要区域中直接复制而来的，包含和主要区域完全一致的所有资源的记录信息。辅助区域只有读取的功能，并不能对主要区域中的资源信息进行修改和添加。

4.2.3 DNS解析步骤

域名解析是指将用户提出的名字变换成网络地址的方法和过程，从概念上讲，域名解析是一个自上而下的过程。DNS名称查询解析可以分为两个基本步骤：本地解析和DNS服务器解析。

1. 本地解析

Windows系统中有一个host文件，这个文件是根据TCP/IP for Windows的标准工作的，它包含了IP地址和Host name(主机名)的映射关系。根据Windows系统规定，在进行DNS请求之前，Windows系统会先检查自己的host文件中是否有这个地址映射关系，如果有则调用这个IP地址映射；如果没有，则继续在以前的DNS查询应答的响应缓存中进行查找。如果缓存没有再向已知的DNS服务器提出域名解析，则host的请求级别比DNS高。host文件的存放路径为%systemroot%\system32\drivers\etc。

2. DNS服务器解析

DNS服务器是目前广泛采用的一种名称解析方法，全世界有大量的DNS服务器，它们协同工作，构成一个分布式的DNS名称解析网络。例如，network.com的DNS服务器只负责本域内数据的更新，而其他DNS服务器并不知道也无须知道network.com域内有哪些主机，但它们知道network.com域的位置；当需要解析www.network.com时，它们就会向network.com域的DNS服务器发出请求以完成该域名的解析。当采用这种分布式DNS解析结构时，DNS数据的更新只需要在一台或者几台DNS服务器上进行，这样可以使整体的解析效率提高许多。

4.2.4 DNS查询与步骤

1. 查询方式分类

(1) 递归查询(recursive query)。客户机发出查询请求后，DNS服务器必须告诉客户机正确的数据(IP地址)或通知客户机找不到其所需的数据。如果DNS服务器内没有所需的数据，则DNS服务器会代替客户机向其他DNS服务器进行查询。客户机只需要接触一次DNS服务器系统就可以得到所需的节点地址。客户端得到的结果只能是成功或失败。

(2) 迭代查询(iterative query)。客户机发出查询请求后，若该DNS服务器没有找到相应的IP地址，则使客户端自动转向另外一台DNS服务器查询，以此类推，直至查到数据，否则由最后一台DNS服务器通知客户机查询失败。

2. 查询内容分类

(1) 正向查询(forward query)。客户端由域名查找 IP 地址。

(2) 反向查询(reverse query)。客户机利用 IP 地址查询其主机完整的域名,即 FQDN(完全合格域名)。

3. 域名查询

客户端发出 DNS 请求翻译 IP 地址或主机名。DNS 服务器在收到客户机的请求后,域名的查询过程如图 4-3 所示,步骤如下。

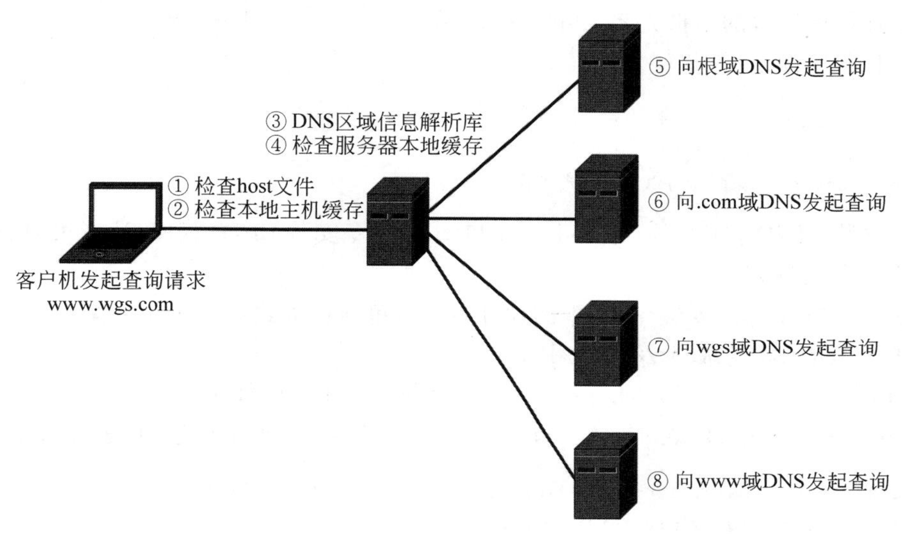

图 4-3　域名查询过程

- 在进行 DNS 请求之前,Windows 系统会先检查自己的 host 文件中是否有这个地址映射关系;如果有,则调用这个 IP 地址映射。
- 若没有查到,则会检查 DNS 服务器的缓存;若查到请求的地址或名字,即向客户机发出应答信息。
- 若 DNS 服务器的缓存没有查到,则在数据库中进行查找;若查找到请求的地址或名字,即向客户机发出应答信息。
- 若以上都没有查到,则将请求发给根域 DNS 服务器,并依序由根域查找顶级域,由顶级域查找二级域,由二级域查找三级域,直至找到要解析的地址或名字,即向客户机所在网络的 DNS 服务器发出应答信息。DNS 服务器收到应答后会先在缓存中存储,然后将解析结果发给客户机。
- 若没有找到,则返回错误信息。

4.3　项目过程

4.3.1　任务 1　DNS 的安装与配置文件

1. 任务分析

根据五桂山公司的要求,近期公司在深圳设立了分公司,深圳当地还有一个办事处,公司在布设 Internet 网络的同时，也租用了企业的网络专线供公司内网资源使用。企业内部架设了 FTP、Web 和邮件服务器，为保证内网资源服务能通过 DNS 准确无误地查询解析，公司先计划部署一台新的红帽企业级 Linux 7.4 服务器(IP：10.2.65.8/24)，并在其中安装 DNS 服务，通过配置为公司内网服务器资源提供查询解析。

通过红帽企业级 Linux 7.4 搭建 DNS 服务器，需先安装 BIND(Berkeley Internet Name Domain)程序。在任务实施的过程中，会通过 rpm 和 yum 两种方式安装 BIND 程序。

2. 任务实施过程

(1) 连接虚拟机的虚拟光驱，如图 4-4 所示。

图 4-4　连接 DVD 光盘

(2) 挂载镜像。

```
[root@localhost wgsu1]#mkdir /wgs
[root@localhost wgsu1]#mount /dev/cdrom /wgs
mount: /dev/sr0 写保护,将以只读方式挂载
```

(3) 安装 BIND 程序。分别使用 rpm 和 yum 命令安装 BIND 程序(读者可只选择其中一种命令进行安装)。

方法一：通过 rpm 安装(安装中的软件版本号可通过加载镜像文件后查询得到)。

需要安装的软件包版本及其作用如下。

- bind-9.9.4-50.el7.x86_64.rpm：为 BIND 服务的主要软件包。
- bind-chroot-9.9.4-50.el7.x86_64.rpm：BIND 服务的 chroot 模式的安装包。

```
[root@localhost wgsu1]#rpm -ivh /wgs/Packages/bind-9.9.4-50.el7.x86_64.rpm
[root@localhost wgsu1]#rpm -ivh /wgs/Packages
/bind-chroot-9.9.4-50.el7.x86_64.rpm
```

方法二：通过 yum 安装，需要先制作用于安装的 yum 源文件。

```
[root@localhost wgsu1]#vim /etc/yum.repos.d/wgs.repo
[dvd]
name=dvd
baseurl=file:///wgs                    //3 个"/"代表路径使用本地源文件
gpgcheck=0
enable=1
[root@localhost wgsu1]#yum clean all   //清除缓存
[root@localhost wgsu1]#yum install bind bind-chroot -y
```

(4) 通过 rpm 命令查看 BIND 软件是否安装完成。

```
[root@localhost wgsu1]#rpm -qa | grep bind
bind-9.9.4-50.el7.x86_64               //BIND 的主程序安装文件
bind-chroot-9.9.4-50.el7.x86_64        //防止破坏 BIND 程序的修改根目录的程序
bind-utils-9.9.4-50.el7.x86_64         //客户端查找主机名的相关命令
bind-libs-9.9.4-50.el7.x86_64          //BIND 命令使用的相关目录库
```

(5) 启动、停止、重启 DNS 服务，开机自启动 DNS 服务。

```
[root@localhost wgsu1]#systemctl start named
[root@localhost wgsu1]#systemctl stop named
[root@localhost wgsu1]#systemctl restart named
```

```
[root@localhost wgsu1]#systemctl enable named
```

4.3.2 任务 2 创建资源记录

1. 任务分析

当客户端访问 DNS 服务器获取相关服务时,服务器在收到请求后会首先查询主配置文件 named.conf,检查 named.conf 是否含有相关区域的配置文件,从中读取对应的 IP 地址信息。所以我们需要通过配置 named.conf 文件管理不同区域所对应的文件名和文件的存放路径,并建立区域文件,在区域文件中建立相关的资源记录,从而为客户端提供完整的 DNS 查询过程。五桂山公司需要架设一台 DNS 服务负责 wgs.com 域的域名解析工作,现需实现以下正反向域名解析服务。

```
dns.wgs.com              10.2.65.8
mail.wgs.com             10.2.65.8
www.wgs.com              10.2.65.8
ftp.wgs.com              10.2.65.8
```

正向域名解析查询用到的数据库文件是 localhost.zone,反向域名解析查询用到的数据库文件是 named.loacl。这两个文件的主要功能是记录主域名服务器的相应域名信息记录,例如:SOA(起始授权记录)、NS(域名服务记录)、A(主机记录)、MX(邮件交换记录)、CNAME(别名记录)、PTR(指针记录)、AAAA(IPv6 主机记录)等。

通过查询正向域名解析数据文件内容,说明各行代码的主要作用。

```
[root@localhost wgsu1]#cat /var/named/named.localhost
$TTL 1D                                                                    (1)
@       IN SOA  @rname.invalid. (                                          (2)
                                        0       ; serial                   (3)
                                        1D      ; refresh                  (4)
                                        1H      ; retry                    (5)
                                        1W      ; expire                   (6)
                                        3H )    ; minimum                  (7)
IN NS       @                                                              (8)
IN A        127.0.0.1                                                      (9)
IN AAAA     ::1                                                            (10)
```

正向域名解析数据文件的代码说明如下。

(1) 代表服务的生命周期,单位为 1D,代表一天的存活期。

(2) 设置区域的起始授权记录。第一个“@”代表是域名,本章指 localhost,第二个“@”代表起始授权机构,即代表 DNS 服务器的 IP 地址。

(3) 代表序列号。如果区域数据库文件的内容发生了改变,则需要将此值加 1。

(4) 代表域名服务器刷新记录的时间,单位为 1D,代表辅助域名服务器每隔一天向主域名服务器发出一次更新请求。

(5) 代表重复向服务器发出更新请求的时间,单位为 1H,代表当辅助服务器在一天后无法联系向主域名服务器获取新的更新请求时,将每隔一小时重复向主域名服务器发出更新请求。

（6）代表辅助服务器无法联系主域名服务器，对应的域名解析将失效，单位为 1W，代表一周内辅助服务器都无法取得主域名服务器下发的更新，相关的域名记录将失效。

（7）代表 TTL 的最小值，单位为 3H，代表 TTL 的最小值为 3 小时。

（8）代表域名服务器记录（NS），对应的主机域名为"@"（localhost）。

（9）代表主机记录（A），将主机域名 localhost 解析为 IP 地址 127.0.0.1。

（10）代表 IPv6 的主机记录（AAAA），将主机域名 localhost 解析为 IPv6 地址::1。

通过查询反向域名解析数据文件的内容，说明各行代码的主要作用。

```
[root@localhost wgsu1]cat/var/named/ named.loopback
$ TTL 1D                                                              (1)
@       IN SOA  @  rname.invalid. (                                   (2)
                                      0       ; serial                (3)
                                      1D      ; refresh               (4)
                                      1H      ; retry                 (5)
                                      1W      ; expire                (6)
                                      3H )    ; minimum               (7)
        IN  NS      localhost.                                        (8)
1       IN          PTRlocalhost.                                     (9)
```

正向域名解析数据文件的代码说明如下。

（1）代表服务的生命周期，单位为 1D，代表一天的存活期。

（2）设置区域的起始授权记录。第一个"@"代表域名，本章指 localhost，第二个"@"代表起始授权机构，即代表 DNS 服务器的 IP 地址。

（3）代表序列号，如果区域数据库文件的内容发生了改变，则需要将此值加 1。

（4）代表域名服务器刷新记录的时间，单位为 1D，代表辅助域名服务器每隔一天向主域名服务器发出一次更新请求。

（5）代表重复向服务器发出更新请求的时间，单位为 1H，代表当辅助服务器在一天后无法联系向主域名服务器获取新的更新请求时，将每隔一小时重复向主域名服务器发出更新请求。

（6）代表辅助服务器无法联系主域名服务器，对应的域名解析将失效，单位为 1W，代表一周内辅助服务器都无法取得主域名服务器下发的更新，相关的域名记录将失效。

（7）代表 TTL 的最小值，单位为 3H，代表 TTL 的最小值为 3 小时。

（8）代表域名服务器记录（NS），对应的主机域名解析为 localhost。

（9）代表指针记录（PTR），将 IP 地址为 127.0.0.1 解析为主机域名 localhost。

2. 任务实施过程

（1）编辑全局配置文件/etc/named.conf。

```
[root@localhost wgsu1]# vim /etc/named.conf
...
options {
        listen-on port 53 { any; };         //侦听地址 127.0.0.1,修改配置为 any
        listen-on-v6 port 53 { ::1; };
        directory       "/var/named";
        dump-file       "/var/named/data/cache_dump.db";
        statistics-file "/var/named/data/named_stats.txt";
```

```
        memstatistics-file "/var/named/data/named_mem_stats.txt";
        allow-query     { any; };         //允许网段将 localhost 修改为 any
...
        recursion yes;
        dnssec-enable no;                 //yes 修改为 no
        dnssec-validation no;             //yes 修改为 no
        dnssec-lookaside auto;
        /* Path to ISC DLV key */
        bindkeys-file "/etc/named.iscdlv.key";
        managed-keys-directory "/var/named/dynamic";
        pid-file "/run/named/named.pid";
        session-keyfile "/run/named/session.key";
};
logging {
        channel default_debug {
                file "data/named.run";
                severity dynamic;
        };
};
zone "." IN {
        type hint;
        file "named.ca";
};
include "/etc/named.wgs.zones";          //修改主配置文件为 named.wgs.zones
include "/etc/named.root.key";
```

(2) 先将样本文件 named.rfc1914.zones 复制为 named.wgs.zones，再配置主配置文件 named.wgs.zones。

```
[root@localhost wgsu1]#cp -p/etc/named.rfc1914.zones /etc/named.wgs.zones
[root@localhost wgsu1]#vim /etc/named.wgs.zones
zone "wgs.com" IN {
    type master;
    file "wgs.com.zone";
    allow-update { none; };
};
zone "65.2.10.in-addr.arpa" IN {
    type master;
    file "8.65.2.10.zone";
    allow-update { none; };
};
```

(3) 修改正反向区域配置文件。

① 先将样本文件/var/named/named.localhost 复制为 wgs.com.zone，再修改正向区域配置文件。

```
[root@localhost wgsu1]#cp -p /var/named/named.localhost /var/named
/wgs.com.zone
[root@localhost wgsu1]#vim /var/named/wgs.com.zone
$TTL 1D
@       IN SOA  @rname.invalid. (
                                        0       ; serial
                                        1D      ; refresh
```

```
                                        1H      ; retry
                                        1W      ; expire
                                        3H )    ; minimum
@       IN      NS          dns.wgs.com.
@       IN      MX      10  mail.wgs.com.
dns     IN      A           10.2.65.8
mail    IN      A           10.2.65.8
www     IN      A           10.2.65.8
ftp     IN      A           10.2.65.8
web     IN      CNAME       www.wgs.com.
```

② 先将样本文件/var/named/named.loopback复制为8.65.2.10.zone,再修改反向区域配置文件。

```
[root@localhost wgsu1]cp -p /var/named/named.loopback /var/named
/8.65.4.10.zone
[root@localhost wgsu1]vim /var/named/8.65.2.10.zone
$TTL 1D
@       IN SOA  @  rname.invalid. (
                                        0       ; serial
                                        1D      ; refresh
                                        1H      ; retry
                                        1W      ; expire
                                        3H )    ; minimum
@       IN      NS      dns.wgs.com.
@       IN      MX   10 mail.wgs.com.
8       IN      PTR     dns.wgs.com.
8       IN      PTR     mail.wgs.com.
8       IN      PTR     www.wgs.com.
8       IN      PTR     ftp.wgs.com.
```

(4) 配置防火墙,并设置主配置文件和区域文件的组属性为named,再重启DNS服务。

```
[root@localhost wgsu1]#firewall-cmd --permanent --add-service=dns
[root@localhost wgsu1]#firewall-cmd -reload
[root@localhost wgsu1]#chgrp named /etc/named.conf
[root@localhost wgsu1]#systemctl restart named
[root@localhost wgsu1]#systemctl enable named
```

4.3.3 任务3 DNS客户端的配置

1. 任务分析

任务2通过配置修改BIND程序中的相关文件在正反向文件中创建了资源记录。通过DNS的客户端测试所搭建的DNS服务器是否生效,Linux客户端的IP地址为10.2.65.13/24,DNS的IP地址应设置为10.2.65.8。

2. 任务实施过程

(1) Linux客户端测试。修改Linux客户端的DNS地址,并在/etc/resolv.conf文件中设置客户机的DNS服务器地址为10.2.65.8,并使用nslookup命令进行测试。

```
[root@localhost wgsu2]#vim/etc/resolv.conf
#Generated by NetworkManager
```

```
nameserver 10.2.65.8
[root@localhost wgsu2]#nslookup
> server
Default server: 10.2.65.8
Address: 10.2.65.8#53
> www.wgs.com
Server:10.2.65.8
Address:10.2.65.8#53
Name:www.wgs.com
Address: 10.2.65.8
> ftp.wgs.com
Server:10.2.65.8
Address:10.2.65.8#53
Name:ftp.wgs.com
Address: 10.2.65.8
```

(2) Windows 系统客户端测试，配置好的 IP 地址如图 4-5 所示，测试结果如图 4-6 所示。

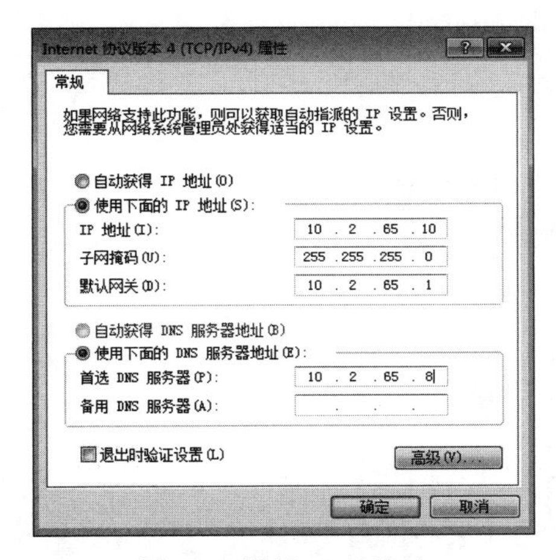

图 4-5　设置 DNS 地址

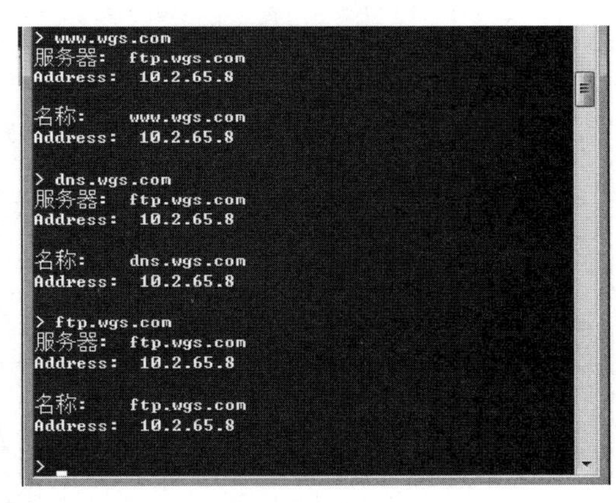

图 4-6　在 Windows 环境下进行测试

4.3.4　任务 4　DNS 辅助服务器的配置

1. 任务分析

如果公司只采用一台 DNS 服务器，则当该服务器因为故障而没有对客户端的请求做出回应时，可以搭建多台 DNS 服务器作为冗余，使整个区域的信息由一台主 DNS 服务器负责管理所有的 DNS 业务，而其他的 DNS 服务器则作为辅助，能够在主 DNS 不响应的情况下为客户端及时接替主 DNS 解析域名的工作，同时也能对客户端 DNS 请求网络的流量进行分流，减轻主 DNS 的负载。

现公司计划安装第二台红帽企业级 Linux 7.4 系统作为辅助 DNS 服务器，使用 IP 地址 10.2.65.9/24 与主 DNS 服务器 10.2.65.8/24 进行互联。

2. 任务实施过程

(1) 配置辅助域名服务器，首先安装 DNS 相关软件包，具体操作请参照本章任务 1。然后配置辅助 DNS 服务器的/etc/named.conf 文件。可以先备份样本文件，以防操作错误。

```
[root@localhost wgsu2]#cp -p /etc/named.conf /etc/namedbk.conf
[root@localhost wgsu2]#vim /etc/named.conf
options {
        listen-on port 53 { any; };        //侦听地址 127.0.0.1,修改配置为 any
        directory "/var/named";
        allow-query     { any; };          //允许网段将 localhost 修改为 any
        recursion yes;
        dnssec-enable no;                  //yes 修改为 no
};
zone "." IN {
        type hint;
        file "named.ca";
};
zone "wgs.com"{                            //区域填写为主 DNS 服务器区域域名
        type slave;                        //区域类型是辅助类型
        file "slaves/wgs.com.zone";        //区域文件存放在/var/named/slaves 下
        masters {10.2.65.8;};              //主 DNS 服务器的 IP 地址
};
zone "65.2.10.in-addr.arpa"{
        type slave;                        //区域类型是辅助类型
        file "slaves/8.65.2.10.zone";      //区域文件存放在/var/named/slaves 下
        masters {10.2.65.8;};              //主 DNS 服务器的 IP 地址
};
```

(2) 配置防火墙，在防火墙上放通相关业务，并重启 named 服务。

```
[root@localhost wgsu2]#firewall-cmd --permanent --add-service=dns
success
[root@localhost wgsu2]#firewall-cmd --reload
success
[root@localhost wgsu2]#systemctl restart named
[root@localhost wgsu2]#systemctl enable named
```

(3) Windows 客户端测试，如图 4-7 和图 4-8 所示。

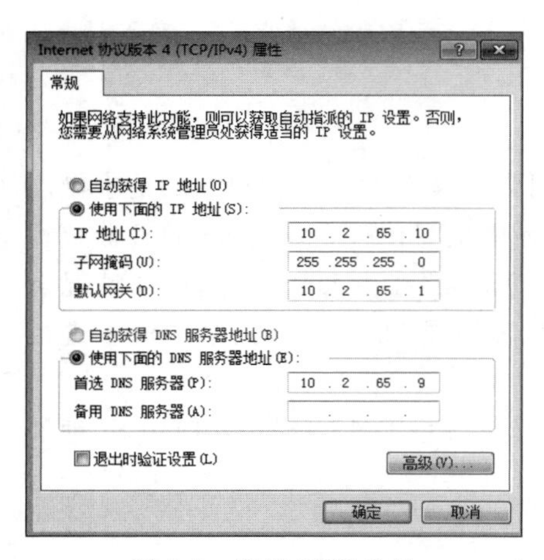

图 4-7 设置 DNS 地址

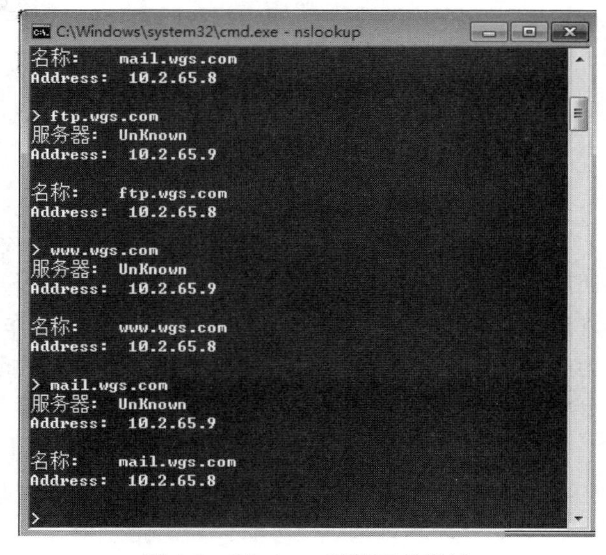

图 4-8 Windows 环境下的测试

4.3.5　任务 5　子域和区域委派

1. 任务分析

随着网络资源业务的拓展，域名空间会通过划分多个域以及匹配相关 IP 地址信息的方式为不同的网络资源业务进行域名解析，也可以通过在域上添加附加域的方式添加子域，从而提高 DNS 的查询速度，还可以通过 nslookup 命令查询子域和父域。

五桂山公司现因业务拓展，现有的 DNS 服务器的查询解析速度过慢。经排查，发现故障原因是主 DNS 服务器上的记录条目过多所造成的。公司现计划新增一台 Linux 服务器，配置 IP 地址为 10.2.65.11/24，作为子域的服务器地址，父域的地址沿用旧的主 DNS 服务器，IP 地址为 10.2.65.8/24。新建子域的域名为 subdomain.wgs.com，并配置区域委派。

2. 任务实施过程

(1) 编辑主 DNS 服务器中的 wgs.com.zone 文件，在主 DNS 服务器上新建 wgs.com 区域信息记录及编辑 named.conf 文件，请参照本章任务 2 中的相关操作步骤。

(2) 在主 DNS 服务器的/var/named/wgs.com.zone 文件中指定由域名服务器 dns1.zy.wgs.com 管理委派区域 zy.wgs.com 的工作。

```
[root@localhost wgsu1]#vim /var/named/wgs.com.zone
$ TTL 1D
@IN SOA@rname.invalid. (
                0    ; serial
                1D   ; refresh
                1H   ; retry
                1W   ; expire
                3H)  ; minimum
@    IN   NS          dns.wgs.com.
@    IN   MX   10     mail.wgs.com.
dns  IN   A           10.2.65.8
mail IN   A           10.2.65.8
www  IN   A           10.2.65.8
ftp  IN   A           10.2.65.8
web  IN   CNAME       www.wgs.com.
zy.wgs.com.       IN   NS   dns1.zy.wgs.com.
dns1.zy.wgs.com. IN   A    10.2.65.11
```

(3) 配置防火墙，并设置主配置文件和区域文件的属性为 named，再重启 DNS 服务。

```
[root@localhost wgsu1]#firewall-cmd --permanent --add-service=dns
success
[root@localhost wgsu1]#firewall-cmd -reload
succesee
[root@localhost wgsu1]#chgrp named /etc/named.conf
[root@localhost wgsu1]#systemctl restart named
[root@localhost wgsu1]#systemctl enable named
```

(4) 配置子域，在 IP 地址为 10.2.65.11/24 的子域服务器上安装 BIND 和 BIND-chroot 程序，具体安装流程可参照本章任务 1 的相关操作步骤。先备份子域服务器上的配置文件/etc/named.conf，再修改 named.conf 文件的相关配置，修改关联文件为 named.zy.wgs.

com.zones。

```
[root@localhost wgsu3]#cp -p /etc/named.conf /etc/namedbk.conf
[root@localhost wgsu3]#vim /etc/named.conf
...
options {
        listen-on port 53 { any; };       //侦听地址 127.0.0.1,修改配置为 any
        listen-on-v6 port 53 { ::1; };
        directory       "/var/named";
        dump-file       "/var/named/data/cache_dump.db";
        statistics-file "/var/named/data/named_stats.txt";
        memstatistics-file "/var/named/data/named_mem_stats.txt";
        allow-query     { any; };         //允许网段将 localhost 修改为 any
...
        recursion yes;
        dnssec-enable no;                 //yes 修改为 no
        dnssec-validation no;             //yes 修改为 no
        dnssec-lookaside auto;
        /* Path to ISC DLV key */
        bindkeys-file "/etc/named.iscdlv.key";
        managed-keys-directory "/var/named/dynamic";
        pid-file "/run/named/named.pid";
        session-keyfile "/run/named/session.key";
};
logging {
        channel default_debug {
                file "data/named.run";
                severity dynamic;
        };
};
zone "." IN {
        type hint;
        file "named.ca";
};
include "/etc/named.zy.wgs.com.zones";
//修改主配置文件为 named.zy.wgs.com.zones
include "/etc/named.root.key";
```

(5) 复制样本文件 named.rfc1914.zones 为 named.zy.wgs.com.zones 主配置文件，再添加区域记录。

```
[root@localhost wgsu3]#cp -p /etc/named.rfc1914.zones /etc
/named.zy.wgs.com.zones
[root@localhost wgsu3]#vim /etc/named.zy.wgs.com.zones
zone "zy.wgs.com" IN {
    type master;
    file "zy.wgs.com.zone";
    allow-update { none; };
};
zone "65.2.10.in-addr.arpa" IN {
    type master;
```

```
    file "11.65.2.10.zone";
    allow-update { none; };
};
```

(6) 添加正向解析区域,先将/var/named/named.localhost 复制为/var/named/zy.wgs.com,再添加 zy.wgs.com 域名的正向解析。

```
[root@localhost wgsu3]#cp -p /var/named/named.localhost /var/named
/zy.wgs.com
[root@localhost wgsu3]#vim /var/named/zy.wgs.com
$ TTL 1D
@    IN    SOA    @    rname.invalid. (
                0    ; serial
                1D   ; refresh
                1H   ; retry
                1W   ; expire
                3H)  ; minimum
@      IN   NS   dns1.zy.wgs.com.
dns1   IN   A    10.2.65.11
cw     IN   A    10.2.65.11
```

(7) 添加反向解析区域,先将/var/named/named.localhost 复制为/var/named/11.65.2.10.zone,再添加 zy.wgs.com 域名的反向解析。

```
[root@localhost wgsu3]#cp -p /var/named/named.localhost /var/named
/11.65.2.10.zone
[root@localhost wgsu3]#vim /var/named/11.65.2.10.zone
$TTL 1D
@    IN    SOA    @    rname.invalid. (
             0  ; serial
             1D ; refresh
             1H ; retry
             1W ; expire
             3H) ; minimum
@      IN    NS     dns1.zy.wgs.com.
11     IN    PTR    dns1.zy.wgs.com.
11     IN    PTR    cw.zy.wgs.com.
```

(8) 在子域 DNS 服务器上配置防火墙,并设置主配置文件和区域文件的属性为 named,再重启 DNS 服务。

```
[root@localhost wgsu1]#firewall-cmd --permanent --add-service=dns
success
[root@localhost wgsu1]#firewall-cmd -reload
success
[root@localhost wgsu1]#chgrp named /etc/named.conf
[root@localhost wgsu1]#systemctl restart named
[root@localhost wgsu1]#systemctl enable named
```

(9) 在 Windows 系统下进行测试,先配置 Windows 客户端的 DNS 为主 DNS 的 IP 地址 10.2.65.8,然后在命令行中使用 nslookup 进行测试,如图 4-9 和图 4-10 所示。

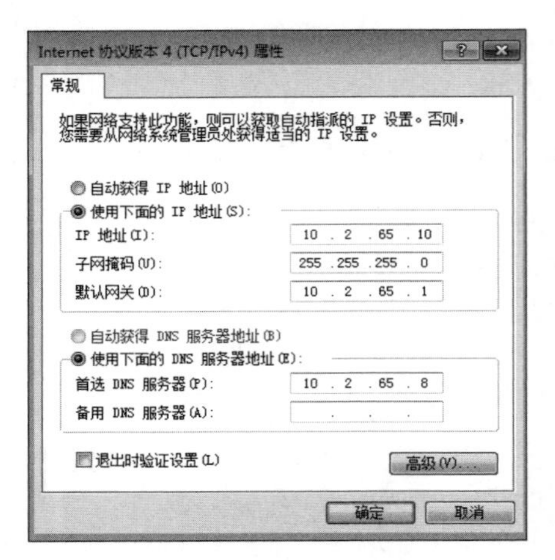

图 4-9　修改客户端的 DNS 地址

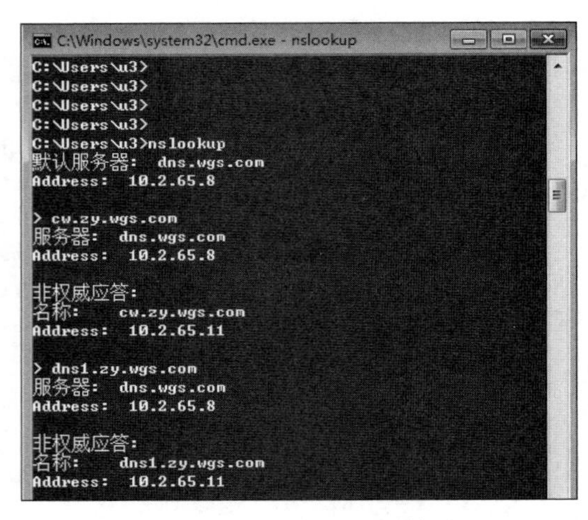

图 4-10　nslookup 测试结果

4.3.6　任务 6　配置转发服务器

1. 任务分析

为节约五桂山公司的 Internet 接入服务成本，提高互联网的通信效率，现计划搭建一台 IP 地址为 10.2.65.12/24 的 DNS 转发服务器并对其进行测试，该转发服务器不直接提供 DNS 解析，而是将所有 DNS 查询请求或指定域名的查询请求发送到指定 DNS 服务器，查询结果会保存在该服务器的缓存中，当下次该转发服务器区域下的客户端再次访问相同的域名时，可直接从缓存中获取信息，不必再向外部服务器发送 DNS 查询请求，从而减少网络流量和加快内网客户端对 DNS 的查询速度。

2. 任务实施过程

(1) 在转发服务器上安装 BIND 和 BIND-chroot 程序，具体安装方法可参照本章的任务 1。复制/etc/named.conf 为/etc/namedbk.conf，设置字段实现完全转发服务器。

```
[root@localhost wgsu4]#cp -p/etc/named.conf /etc/namedbk.conf
[root@localhost wgsu4]#vim /etc/named.conf
options {
    listen-on port 53 { any; };          //修改为 any
    listen-on-v6 port 53 { ::1; };
    directory"/var/named";
    dump-file"/var/named/data/cache_dump.db";
    statistics-file "/var/named/data/named_stats.txt";
    memstatistics-file "/var/named/data/named_mem_stats.txt";
    allow-query     { any; };            //修改为 any
    datasize 200M;                       //设置缓存空间为 200MB
    recursion yes;
    dnssec-enable yes;                   //允许递归查询
    dnssec-validation no;                //设置为 no
    forwarders { 10.2.65.8; };           //指定转发查询的 DNS 服务器地址
    forward only;                        //只执行转发操作
};
```

```
logging {
        channel default_debug {
                file "data/named.run";
                severity dynamic;
        };
};
zone "." IN {
    type hint;
    file "named.ca";
};
```

（2）在 Windows 系统下进行测试，先配置 Windows 客户端的 DNS 为主 DNS 的 IP 地址 10.2.65.12，然后在命令行中使用 nslookup 进行测试，如图 4-11 和图 4-12 所示。

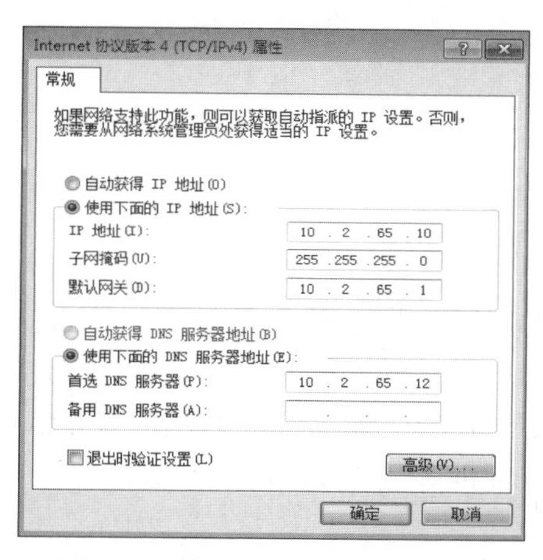

图 4-11　修改客户端的 DNS 地址

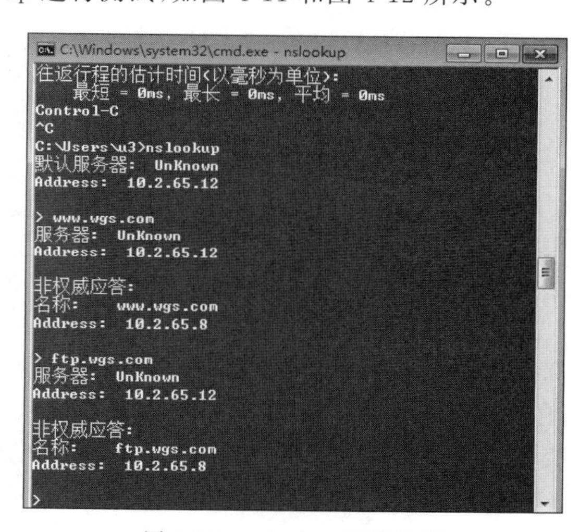

图 4-12　nslookup 测试结果

4.4　项目总结

通过本章的学习，我们了解到 DNS 域名系统在访问 Internet 方面的重要性，基本上只要打开了计算机并连接网络，网上“冲浪”就离不开域名系统。如果个人计算机所配置的 DNS 服务器地址失效了，那么浏览网页、获取聊天软件中的图片等都会出现异常情况。黑客会通过修改计算机本地的 host 文件对其进行域名解析的篡改，使计算机访问的网站指向黑客的钓鱼网站，导致财产或隐私的安全受到威胁。

在修改 DNS 配置文件、正反向解析资源记录文件之前，应对模板文件进行备份，因为在修改过程中可能会误删除一些较为重要的选项，当遇到启用 DNS 服务错误的情况时，还可以通过备份的模板文件进行恢复。在修改 DNS 配置文件、正反向解析资源记录文件的过程中，还要注意标点符号的书写规范、标点是否有遗漏、域名和 IP 地址的对应关系是否正确，这些也会影响 DNS 服务器的启用以及域名解析的成败。

4.5 课后习题

一、选择题

1. 下列选项中,DNS 服务器使用的端口是(　　)。

A. TCP 23　　B. TCP 21　　C. TCP 53　　D. TCP 51

2. 下列选项中,在命令行上进行域名查询的工具是(　　)。

A. ping　　B. dns　　C. nslookup　　D. check

3. 下列选项中书写正确的是(　　)。

A. www.ab_com　　B. www.ab@com

C. www@ab.com　　D. www.ab.com

二、填空题

1.代表教育组织的顶级域名是________。

2.DNS 的查询方式有________、________。

3.启动、关闭 DNS 服务器的命令分别是________、________。

4.DNS 的功能主要是将域名转变为________信息。

三、实训题

五桂山公司因业务扩展需求,现计划成立一个财务部、一个营销部、一个网络部,并为三个部门建立部门网站,网站地址分别是 cw.wgs.com、yx.wgs.com、wl.wgs.com,网站对应的 IP 地址分别是 10.2.65.10、10.2.65.9、10.2.65.8。现需搭建一个 Linux 7.4 系统的服务器,并安装 DNS 服务,要求该服务器能为公司内部员工正常解析这三个部门网站的主页。

第三部分　文件共享服务篇

项目 5　NFS 服务器

【学习目标】

本项目将系统介绍 NFS 服务器的理论知识、安装、配置和使用。通过 NFS，网络中的计算机可以发布共享的信息，而远程用户能够像使用本地文件一样访问该共享资源。

通过本章的学习，读者应该完成以下学习目标：

- 理解 NFS 服务器的理论知识；
- 掌握 NFS 的常用设置；
- 掌握 NFS 故障排除技巧。

5.1　项 目 背 景

五桂山公司是一家视频网络公司，该公司每天都有大量的视频需要剪辑，并有各种图片素材需要修改。由于存储量比较大，传输过程极为不便。为了让传输速度更快，更方便员工查找各自所需的资源，公司决定在企业内网中部署一台 NFS 服务器，使得企业内网的用户可以更快地下载到所需资源。公司的网络管理部门将在原内网的基础上配置一台新的 Red Hat 7 服务器(IP：10.2.65.8/24) 作为 NFS 服务器，网络拓扑如图 5-1 所示，IP 地址分配如表 5-1 所示。

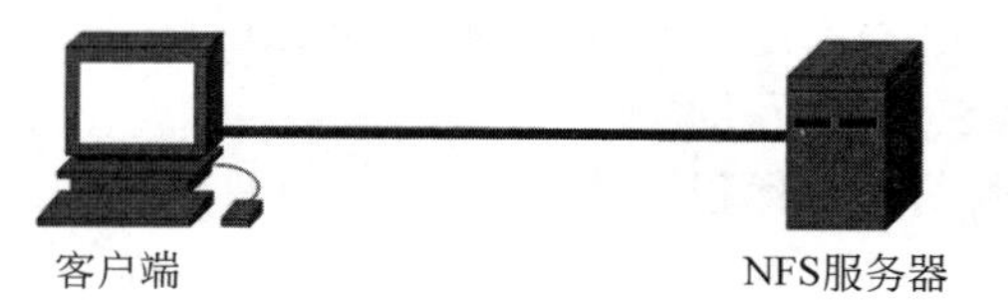

图 5-1　网络拓扑图

表 5-1　网络拓扑描述

序号	服务名称	IP 地址	操作系统
1	NFS 服务器	10.2.65.8/24	Linux
2	客户机	10.2.65.10/24	Windows

5.2　知 识 引 入

5.2.1　文件服务器

文件服务器是局域网中的重要服务器，用来提供网络文件共享、网络文件的权限保护及大容量的磁盘存储空间等服务。文件服务器可以是一台普通的个人计算机,它处理文件要求并在网络中发送它们。在更复杂的网络中,文件服务器可以是一台专门的网络附加存储(NAS)设备,可以作为其他计算机的远程硬盘驱动器运行,并允许用户像在自己的硬盘中一样在服务器中存储文件。

5.2.2 网络文件系统

网络文件系统(Network File System,NFS)是一种用于分布式文件系统的协议,由SUN公司开发,于1984年对外公布。NFS与Windows系统中的“网上邻居”十分相似,它允许用户连接到一个共享位置,然后像对待本地硬盘一样进行操作。NFS有属于自己的协议与端口号,但是在传送数据或者其他相关信息时,NFS服务器使用一个称为远程过程调用(Remote Procedure Call,RPC)的协议协助NFS服务器本身的运行。

5.2.3 远程过程调用

远程过程调用是计算机通信协议,最初由SUN公司提出。该协议允许运行于一台计算机上的程序调用另一台计算机上的子程序,且程序员无须额外地为这个交互过程编写代码。目前有多种RPC模式和执行方式。IETF ONC宪章重新修订了SUN公司的版本,使得ONC RPC协议成为IETF标准协议。现在最普遍的模式和执行方式是以开放式软件为基础的分布式计算环境。

RPC采用客户机/服务器模式。请求程序就是一个客户机,而服务提供程序就是一个服务器。首先,客户机调用进程发送一个有进程参数的调用信息到服务进程,然后等待应答消息。在服务器端,进程保持睡眠状态直到调用信息到达为止。当一个调用信息到达时,服务器获得进程参数,计算结果,发送答复信息,然后等待下一个调用信息。最后,客户端调用进程接收答复信息,获得进程结果,然后调用执行继续进行。

一个RPC调用过程包括以下几个阶段。

(1) 当客户端程序调用一个远程函数时,它实际上只是调用了一个位于本机的RPC函数,这个函数也称客户桩(stub),客户桩将函数的参数封装到一个网络数据包中,然后将这个数据包发送给服务器。

(2) RPC服务器接收到了客户桩发送的这个数据包,解开封装后从中提取函数的参数,然后调用RPC服务端函数,并把参数传递给它。

(3) RPC服务端函数执行完成后,就把结果返回给RPC服务器,服务器再把这个结果封装到网络数据包中,然后返回给原来的客户桩。

(4) 客户桩收到结果数据包后,从中取出返回值,将其交给原来的客户端程序。

以上过程是由RPC程序包实现的,RPC程序包一部分在客户端,另一部分在服务器,它们之间可以使用套接口、TLI等方式进行通信,网络程序员不需要了解RPC通信的细节,只需要了解RPC客户端函数的使用方法即可。这种网络编程方式有以下优点。

(1) 网络程序设计变得更加简单。对程序员来说,使用RPC程序后不需要了解网络通信过程,编写网络程序与编写本地程序基本上没有区别。

(2) 由于RPC程序包本身具有可靠的传输机制,因此可以使用效率更高但不可靠的协议,如UDP。

(3) 在异构环境中,客户机和服务器主机如果数据存储格式不同,则需要进行编码转换,RPC程序包为参数和返回值提供了所需的编码转换,程序员无须考虑这方面的问题。

对于工作在TCP或UDP协议上的RPC程序包来说,向客户端提供RPC服务的服务端程序也要使用一个网络端口。这个端口的端口号是临时的,而不像大部分的服务有一个默认的端口号,这就需要通过某种机制"注册"哪个RPC服务端程序使用了哪个临时端口,承担这个"注册"任务的程序称为端口映射器。

端口映射器本身也是一个网络服务程序,要为客户端提供哪个RPC服务程序对应哪个端口的信息,因此它自己必须有一个默认端口,以便客户端能与它联系。端口映射器的默认端口号是TCP或UDP111号,它可以提供以下4种服务。

- PMAPPROC_SET:RPC服务器启动时,调用该服务向端口映射器注册要使用的端口号等内容。
- PMAPPROC_UNSET:RPC服务器调用该服务,取消以前的注册。
- PMAPPROC_GETPORT:RPC客户端调用该服务,查询某种RPC服务所注册的端口号。
- PMAPPROC_DUMP:调用该服务时,返回所有的RPC服务器及其注册的端口号等内容。

端口映射器RPC服务的工作流程如下。

(1) 一般情况下,当系统启动时,端口映射器会首先启动,监听TCP和UDP的111号端口。

(2) 当RPC服务器启动时,为其所支持的每个RPC服务程序各绑定一个TCP和UDP端口,然后调用端口映射器的PMAPPROC_SET服务,注册每个RPC服务程序的程序号、版本号和端口号等内容。

(3) 当RPC客户端程序启动时,通过111号端口调用端口映射器的PMAPPROC_GETPORT服务,查询某个RPC服务程序所对应的端口号。

(4) RPC客户程序与查询到的端口号联系,调用对应的RPC服务。

5.2.4 NFS工作原理

1. 4个必需的进程

(1) rpc.nfsd。NFS文件服务器进程。主要功能是检查客户端是否具备登录主机的权限,其中还包含对这个登录者ID的判别。

(2) rpc.mountd。主要功能是管理NFS的文件系统。当客户端通过rpc.nfsd登录主机后,在使用NFS服务器提供的文件之前,会经过文件使用权限的认证程序,根据NFS的配置文件/etc/exports对比客户端的权限,通过验证后,客户端才可以取得使用NFS文件的权限。

(3) nfs-utils。提供rpc.nfsd及rpc.mountd这两个NFS daemons的套件。

(4) rpcbind。主要功能是做好端口映射工作。NFS可以看作是一个RPC服务器程序,当客户端尝试连接并使用RPC服务器提供的服务(如NFS服务)时,rpcbind会将所管理的与服务对应的端口号提供给客户端,从而使客户端可以通过该端口向服务器请求服务。

2. NFS 服务器可能启动的其他进程

(1) rpc.locked。rpc.locked 使用本进程处理崩溃系统的锁定恢复。分享的 NFS 文件可以让多个客户端使用,当它们同时尝试写入某个文件时,就可能使该文件产生错误。使用 rpc.locked 则可以解决这类问题,但 rpc.locked 必须要同时在客户端与服务器端开启。

注意:rpc.locked 常与 rpc.statd 同时启用。

(2) rpc.statd。rpc.statd 负责处理客户端与服务器之间的文件锁定问题,从确定文件的一致性。与 rpc.locked 有关,若因客户端同时使用同一文件而造成文件有可能损毁时,此进程可以检测并尝试恢复该文件。同样,这个功能必须在服务器端与客户端同时启动才能生效。

5.3 任务过程

5.3.1 任务 1 NFS 的安装与配置文件

1. 任务分析

五桂山公司希望文件传输速度更快,更方便查找各自所需的资源。管理员需要在企业内网的一台 Linux Red Hat 7 服务器上配置一台 N 文件服务器,并在此服务器上安装配置 NFS 服务器。

2. 任务实施过程

(1) 在虚拟机名称的标题右击,弹出"选项卡"对话框,然后选择"设置"选项,如图 5-2 所示。

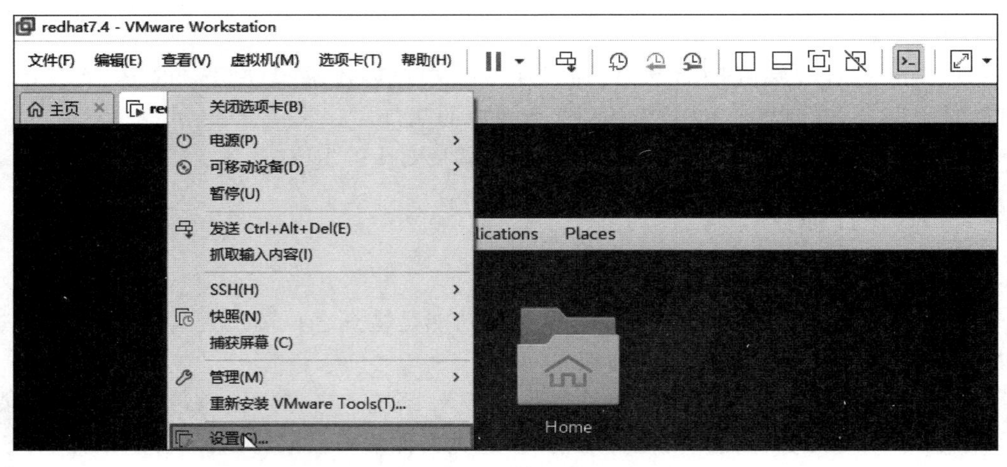

图 5-2 效果图

(2) 在弹出的"虚拟机设置"对话框中,在虚拟机硬件列表中选择 CD/DVD(SATA)选项,其中"设备状态"分别勾选"已连接"和"启动时连接"复选框,接着在"连接"框中勾选"使用 ISO 映像文件"复选框,选择存放镜像 Red Hat 7.4 镜像的路径,如图 5-3 所示。

(3) 若虚拟机右下角的光盘图标出现绿点,则表示光盘已连接,如图 5-4 所示。

(4) 以下分别使用 rpm 和 yum 安装 NFS,读者可任选其一进行安装。

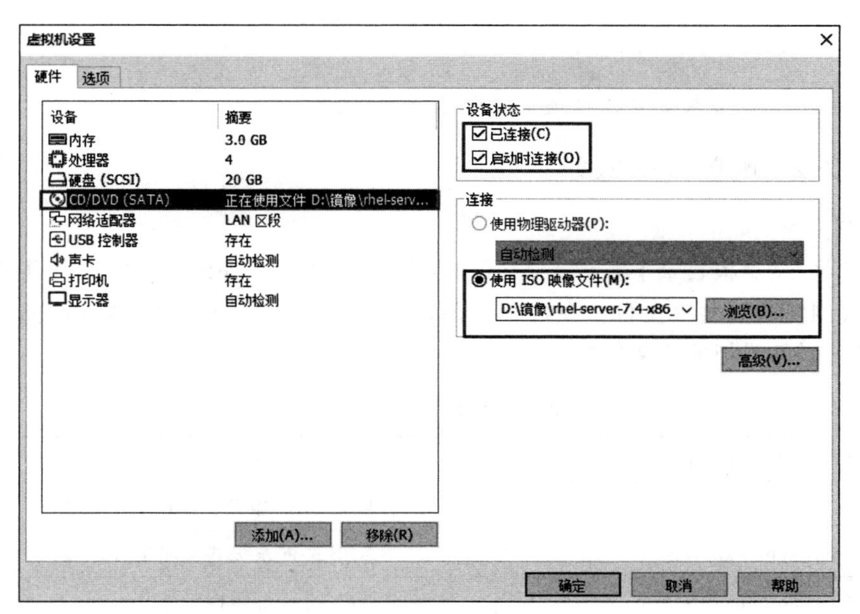

图 5-3　虚拟机光盘设置

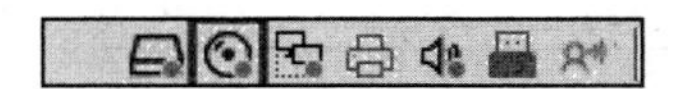

图 5-4　效果图

方式一：使用 rpm 安装。

```
[root@localhost /]#mkdir wgs                    //创建文件夹
[root@localhost /]#mount /dev/cdrom /wgs        //把镜像挂载到 wgs 文件夹
mount: /dev/sr0 is write-protected, mounting read-only
[root@localhost /]#cd /wgs/Packages/            //进入 wgs 文件夹的 Packages 目录
[root@localhost Packages]#find nfs*             //查看有关 NFS 的文件
nfs-utils-1.3.0-0.48.el7.x86_64.rpm
[root@localhost Packages]#rpm -ivh nfs-utils-1.3.0-0.48.el7.x86_64.rpm
[root@localhost Packages]#rpm -qa|grep nfs
libnfsidmap-0.25-17.el7.x86_64
nfs-utils-1.3.0-0.48.el7.x86_64
```

(5) 以上软件包的用途如下：

nfs-utils-1.3.0-0.48.el7.x86_64.rpm：包含一些基本的 NFS 命令与控制脚本。

方式二：使 yum 安装。

首先新建配置源，然后清除缓存，最后用命令“yum install -y　NFS”安装 NFS 服务器。

```
[root@localhost /]#vi /etc/yum.repos.d/wgs.repo
[dvd]
name=dvd
baseurl=file:///wgs                             //3 个”/“代表路径使用本地源文件
gpgcheck=0
enable=1
```

```
[root@localhost yum.repos.d]# yum clean all    //清除缓存
[root@localhost /]# yum install nfs -y
```

注意：Red Hat 7 系统中已经默认安装了 NFS 服务。

5.3.2 任务 2 配置 NFS 服务

1. 任务分析

本任务将在"/"根目录下新建 company 文件夹，并使用 NFS 服务器进行共享配置，计算机可通过网络访问共享文件。在配置之前，需要先了解与 NFS 服务器相关的文件和参数。与 NFS 服务器相关的文件如表 5-2 所示。

表 5-2 与 NFS 服务器相关的文件

文件名	在系统中的作用
/etc/rc.d/init.d/nfs	启动 NFS 服务程序的脚本文件
/usr/sbin/exportfs	NFS 文件系统共享输出管理程序
/usr/sbin/nfsstat	NFS 统计打印程序
/usr/sbin/rpc.rquotad	远程磁盘限额服务器
/usr/sbin/showmount	显示某个 NFS 服务器的挂载信息

语法中的选项用来设置输出目录的访问权限、用户映射等。NFS 命令中的常用选项如表 5-3 所示。

表 5-3 NFS 常用选项说明

参数	说明
ro	该主机有只读的权限
rw	该主机对该共享目录有可读可写的权限
all_squash	将远程访问的所有普通用户及所属组都映射为匿名用户或用户组，相当于使用 nobody 用户访问该共享目录。注意此参数为默认设置
no_all_squash	与 all_squash 取反，该选项默认设置
root_squash	将 root 用户及所属组都映射为匿名用户或用户组，为默认设置
no_root_squash	与 rootsquash 取反
anonuid	将远程访问的所有用户组都映射为匿名用户组账户，并指定该用户为本地用户
anongid	将远程访问的所有用户组都映射为匿名用户组账户，并指定该匿名用户组账户为本地用户组账户
syne	将数据同步写入内存缓冲区与磁盘，虽然效率低，但可以保证数据的一致性
async	将数据先保存在内存缓冲区中，必要时才写入磁盘

如果在启动了 NFS 服务器之后又修改了/etc/exports 文件，则可以使用 exportfs 命令使修改立刻生效。exportfs 的语法格式如下，常用参数说明如表 5-4 所示。

```
exportfs [-aruv]
```

表 5-4　exportfs 命令常用参数说明

参　数	说　　明
-a	全部挂载/etc/exports 文件中的设置
-r	重新挂载/etc/exports 中的设置
-u	卸载某一目录
-v	在 export 时将共享的目录显示在屏幕上

客户端查询 NFS 服务器的命令是 showmount，该命令对于 NFS 的操作和查错有很大的帮助。showmount 的语法格式如下，常用参数说明如表 5-5 所示。

```
showmount [- ade] [hostname]
```

表 5-5　showmount 命令常用参数说明

参数	说　　明
-a	列出 NFS 服务共享的完整目录信息
-d	仅列出客户机远程安装的目录
-e	显示导出目录的列表

2. 任务实施过程

(1) 使用命令 systemctl start nfs 启动 NFS 服务器。

```
[root@localhost /]#systemctl start nfs
```

(2) 在"/"根目录下新建共享文件夹 company。

```
[root@localhost /]#mkdir company
```

(3) 使用 vi 编辑器修改 NFS 配置文件，直接添加/company 10.2.65.*(rw)，保存配置后退出。在/etc/exports 文件中每行定义一个共享目录，文件内容格式如下。

```
<输出目录> [客户端 (选项)]
```

对添加的参数说明如下。

① /company，输出目录，是指 NFS 系统中需要共享给客户机使用的目录。目录必须用从根目录开始的绝对路径表示。

② 10.2.65.*，允许访问 NFS 共享的客户端，客户端的指定非常灵活，常用的指定方式如下：

- 指定 IP 地址的主机 10.2.65.10；
- 指定子网中的所有主机 10.2.65.0/24 或 10.2.65.*；
- 指定域名的主机 www.wgs.com；
- 指定域中的所有主机 *.wgs.com；
- 指定所有主机 *。

③ (rw),用来设置共享目录访问的权限、用户映射等,具体详细参数请参考表5-3。

```
[root@localhost /]#vi /etc/exports
/company 10.2.65.* (rw)
```

(4) 使用命令 systemctl restart nfs 重启 NFS 服务器,需要重启服务器的以下配置才能生效。

```
[root@localhost /]#systemctl restart nfs
```

(5) 使用命令 systemctl stop firewall 关闭防火墙(具体请参考第14章)。

```
[root@localhost /]#systemctl stop firewall
```

(6) 使用命令 setenforce 0 关闭 SELinux。

```
[root@localhost /]#setenforce 0
```

5.3.3 任务3 客户端配置

1. 任务分析

本任务将在任务2的基础上实现使用 client(Linux Red Hat 8.1) 对 NFS 服务器的文件共享进行访问使用。

2. 任务实施过程

(1) 客户端首先需要安装 NFS,yum 命令 yum install nfs-utils.x86_64 -y 的详细步骤参考任务1。

```
[root@localhost roo]#yum install nfs-utils.x86_64 -y
```

(2) 用 ping 命令进行测试客户机与服务器的连通性,结果如下。

```
[root@localhost roo]#ping 10.2.65.8
PING 10.2.65.8 (10.2.65.8) 56(84) bytes of data.
64 bytes from 10.2.65.8: icmp_seq=1 ttl=64 time=0.885 ms
64 bytes from 10.2.65.8: icmp_seq=2 ttl=64 time=0.962 ms
64 bytes from 10.2.65.8: icmp_seq=3 ttl=64 time=0.996 ms
^C    //用快捷键 Ctrl+C 停止 ping 包
---10.2.65.8 ping statistics ---
3 packets transmitted, 3 received, 0%  packet loss, time 56ms
rtt min/avg/max/mdev=0.885/0.947/0.996/0.058 ms
```

(3) 用命令 showmount -e 10.2.65.8 显示 NFS 服务器的输出清单,结果如下。查看 NFS 服务器上的共享资源所使用的命令为 showmount,详细参数说明请参考表5-4,语法格式如下。

```
showmount [- adehv] [Servername]
[root@localhost roo]#showmount -e 10.2.65.8
Export list for 10.2.65.8:
/company 10.2.65.*
```

5.3.4　任务 4　NFS 故障排错

与其他网络服务一样，运行 NFS 的计算机同样可能出现问题。当 NFS 服务无法正常工作时，需要根据 NFS 的相关错误消息选择适当的解决方案。

1. 错误一：网络

关于网络故障，主要有以下两个方面的常见问题。

(1) 网络无法连通。使用 ping 命令检测网络是否连通，如果出现异常，则检查物理线路、交换机等网络设备或者计算机的防火墙设置。

(2) 无法解析主机名。对于客户端而言，无法解析服务器的主机名可能会导致使用 mount 命令挂载时失败，并且服务器如果无法解析客户端的主机名，则在进行特殊设置时同样会出现错误，所以需要在/etc/hosts 文件中添加相应的主机记录。

2. 错误二：客户端

客户端在访问 NFS 服务器时大多使用 mount 命令，下面列出常见的错误信息以供参考。

(1) 服务器无响应。端口映射失败，RPC 超时。NFS 服务已经关机或者其 RPC 端口映射进程(Portmap)已关闭。重新启动服务器的 portmap 程序即可更正该错误。

(2) 服务器无响应。程序未注册。mount 命令发送请求到达 NFS 服务器端口映射进程，但是 NFS 相关守护进程没有注册。具体解决方法在服务器设定中有详细介绍。

(3) 拒绝访问。客户端不具备访问 NFS 服务器共享文件的权限。

(4) 不被允许。执行 mount 命令的用户权限过低，必须具有 root 身份或是系统组的成员才可以运行 mount 命令，即只有 root 用户和系统组的成员才能进行 NFS 的安装和卸载操作。

5.4　项目总结

在网络环境下，本章通过 NFS 实现了在不同操作系统的主机之间相互传输文件。但有时用户还希望两台计算机之间的文件系统能够更加紧密地结合在一起，让一台主机上的用户可以像使用本机的文件系统一样使用远程机的文件系统，这种功能可以通过共享文件系统实现。

在 Linux 操作系统中实现文件共享有多种方式，网络文件系统(NFS)就是其中之一。与 Samba 服务器类似，网络文件系统也可以提供不同操作系统之间的文件共享服务，但主要用于在 UNIX/Linux 操作系统中挂载远程文件系统。本章在介绍 NFS 基本概念的基础，讲述了 NFS 的软件结构和安装方法。要求掌握 NFS 服务器的配置方法以及客户端的访问方法。

5.5　课后习题

一、选择题

1. 文件服务器的主要功能是(　　)。

A. 收发邮件　　B. 解析域名　　C. 远程登录　　D. 提供文件共享服务

2. NFS 的必需进程中不包括(　　)。

A. rpc.locked　　B. rpc.mountd　　C. rpc.nfsd　　D. rpcbind

3. 以下不属于 exports 常用参数的是(　　)。

A. -a　　B. -l　　C. -u　　D. -v

4. showmount 命令中关于"-e"的参数说明是(　　)。

A. 列出 NFS 服务共享的完整目录信息

B. 仅显示被客户端挂载的目录名

C. 显示帮助信息

D. 显示导出目录的列表

5. 重启 NFS 服务器的命令是(　　)

A. service restart nfs　　B. systemctl restart nfsd

C. systemctl restart nfs　　D. systemctl restart smb

二、填空题

1. NFS 的中文名称是________,英文全称是________。

2. RPC 的中文名称是________,英文全称是________。

3. Linux 下的 NFS 服务主要由 6 部分组成,分别是________、________、________、________、________、________。

三、实训题

五桂山公司是一家自媒体公司,其网络拓扑如图 5-5 所示。该公司每天都需要处理大量的图片及视频的素材和广告方案。由于文件过于庞大,公司决定部署一台 NFS 服务器以提供文件共享功能,这样公司内网用户就可以更快地获取各自所需的资源。

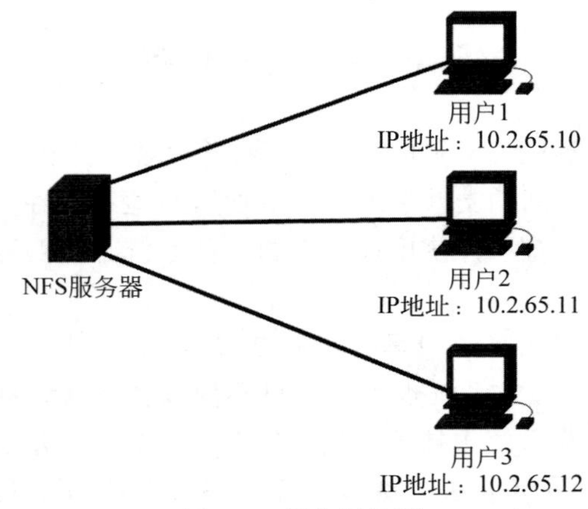

图 5-5　网络拓扑图

项目 6　Samba 服务器

【学习目标】

本项目将系统介绍 Samba 服务器的理论知识、安装、配置和使用。Samba 服务器允许自身的文件被网络上的其他主机共享。

通过本章的学习，读者应该完成以下目标：

- 理解 Samba 服务器的理论知识；
- 掌握 Samba 服务器的基本配置；
- 掌握文件共享的基本方法；
- 掌握 Samba 服务器的应用配置。

6.1　项目背景

五桂山公司是一家自媒体公司，该公司每天都有大量的视频需要剪辑，并且有各种图片素材需要修改。由于公司的计算机分别有 Linux、Windows 系统，因此传输过程极为不便。为了可以相互传输，更方便地查找各自所需的资源，公司决定在企业内网部署一台 Samba 服务器，使得企业内网的用户可以相互下载所需资源。公司的网络管理部门将在原内网的基础上配置一台新的 Red Hat Linux 7 服务器(IP：10.2.65.8/24）作为 Samba 服务器，网络拓扑如图 6-1 所示，IP 地址分配如表 6-1 表示。

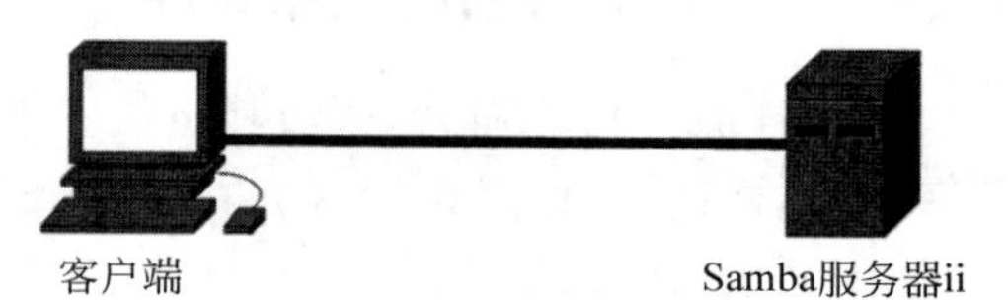

图 6-1　网络拓扑图

表 6-1　IP 地址分配

序号	服务名称	IP 地址	操作系统
1	Samba 服务器	10.2.65.8/24	Linux
2	客户机	10.2.65.10/24	Windows

6.2　知识引入

6.2.1　Samba 简介

Samba 是一款在 Linux 环境中运行的免费软件。利用 Samba，Linux 可以创建基于 Windows 的计算机使用共享。另外，Samba 还提供一些工具，允许 Linux 用户从 Windows 计算机进入共享和传输文件。Samba 基于 Server Messages Block 协议，可以为局域网内的不同计算机系统提供文件及打印机等资源的共享服务。

Samba 主要具有以下功能：

（1）使用 Windows 系统能够共享的文件和打印机；

（2）共享安装在 Samba 服务器上的打印机；

（3）共享 Linux 系统的文件系统；

（4）支持 Windows 系统用户使用网上邻居浏览网络；

（5）支持 Windows 系统域控制器和 Windows 系统成员服务器对使用 Samba 资源的用户进行认证；

（6）支持 Windwos 系统名字服务器解析及浏览；

（7）支持安全套接层协议。

6.2.2 信息服务块协议

信息服务块(Server Messages Block,SMB)是一种在局域网上共享文件和打印机的通信协议,它是微软公司和英特尔公司在 1987 年共同制定的协议,主要作为 Microsoft 网络的通信协议,而 Samba 则是将 SMB 协议搬到 UNIX 系统上来使用。通过 NetBIOS over TCP/IP 使用 Samba 不但能与局域网络主机共享资源,还能与全世界的计算机共享资源。互联网上千千万万的主机所使用的通信协议就是 TCP/IP,而 SMB 协议是在会话层和表示层以及小部分应用层上的协议,因此 SMB 使用了 NetBIOS 的应用程序接口(API)。另外,SMB 是一个开放性的协议,允许协议扩展,这使其变得庞大而复杂,大约有 65 个最上层的作业,而每个作业都有 120 个以上的函数。

6.2.3 Samba 服务器的工作原理

Samba 服务功能强大,这与其通信基于 SMB 协议有关。SMB 不仅提供目录和打印机共享,还支持认证、权限设置等。在早期,SMB 运行于 NBT 协议(NetBIOS over TCP/IP)上,使用 UDP 协议的 137、138 端口及 TCP 的 139 端口;后期 SMB 经过开发,可以直接运行于 TCP/IP 上,没有额外的 NBT 层,使用 TCP 的 445 端口。

（1）Samba 工作流程。当客户端需要访问 Samba 服务器时,信息通过 SMB 协议进行传输,其工作过程可以分为以下 4 个步骤。

① 协议协商。客户端在访问 Samba 服务器时发送 negport 指令数据包,告知目标计算机其支持的 SMB 类型。Samba 服务器根据客户端的情况选择最优的 SMB 类型并做出回应,如图 6-2 所示。

② 建立连接。当 SMB 类型确认后,客户端会发送 session setup 指令数据包,提交账号和密码,客户端向服务器发出请求,请求与 Samba 服务器建立连接,如果服务器端通过身份验证,则 Samba 服务器会对 session setup 报文做出回应,并为用户分配唯一的 UID,在客户端与服务器通信时使用,如图 6-3 所示。

③ 访问共享资源。当客户端访问 Samba 共享资源时,客户端发送 tree connect 指令数据包,通知服务器需要访问的共享资源名,如果服务器上的相关设置允许,则 Samba 服务器会为每个客户端与共享资源链接分配 TID,客户端即可访问服务器会上所需的共享资源,如图 6-4 所示。

④ 断开连接。共享使用完毕,客户端向服务器发送 tree disconnect 报文以关闭共享,

并与服务器断开连接,如图 6-5 所示。

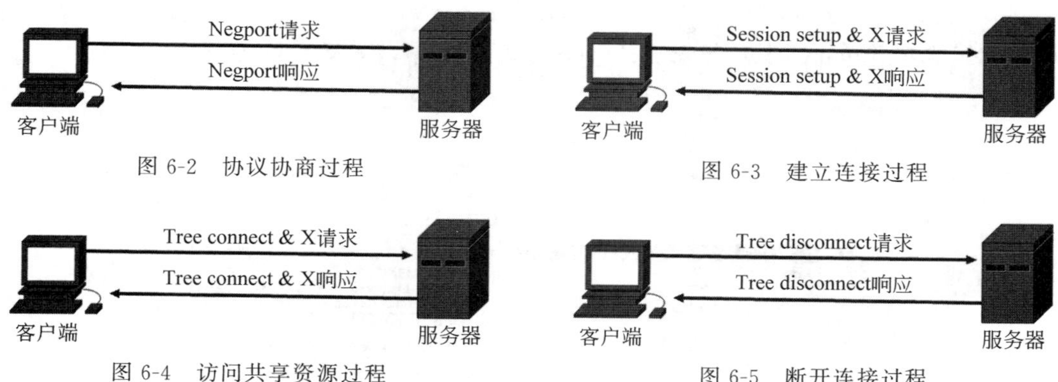

图 6-2　协议协商过程

图 6-3　建立连接过程

图 6-4　访问共享资源过程

图 6-5　断开连接过程

(2) Samba 相关进程。Samba 服务由两个进程组成,分别是 nmbd 和 smbd。

- nmbd:功能是处理 NetBIOS 计算机名解析和浏览共享,使服务器能显示网络上的共享资源列表。
- smbd:主要功能是管理 Samba 服务器上的共享目录、打印机等,并针对网络上的共享资源进行管理。当要访问服务器查找共享文件时,需要依靠 smbd 这个进程管理数据传输。

6.3　项目过程

6.3.1　任务 1　安装 Samba 服务器

1. 任务分析

五桂山公司希望文件可以异系统传输,让公司员工可以更方便地查找各自所需的资源,现需要在企业内网架设一台 Red Hat Linux 7.4 服务器(IP:10.2.65.8/24),并在该服务器上安装 Samba 服务。

2. 任务实施过程

(1) 在虚拟机名称的标题上右击,弹出"选项卡"对话框,然后选择"设置"选项,如图 6-6 所示。

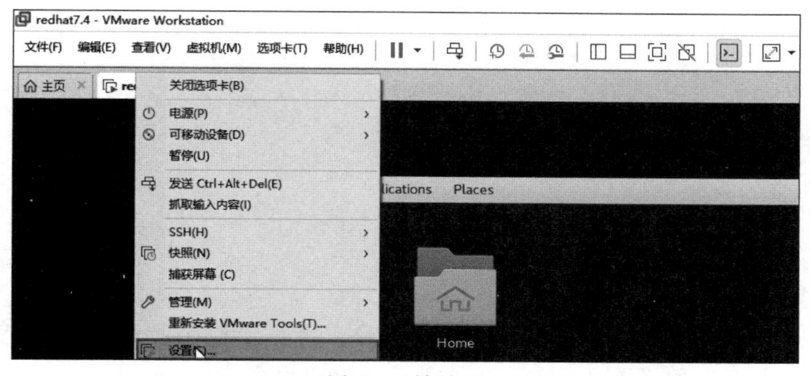

图 6-6　效果图

(2) 在弹出的“虚拟机设置”对话框中，在虚拟机硬件列表中单击“CD/DVD(SATA)”，在“设备状态”框中分别勾选“已连接”和“启动时连接”复选框，在“连接”框中选择“使用ISO映像文件”选项并单击“浏览”按钮选择Red Hat Linux 7.4系统镜像，如图6-7所示。

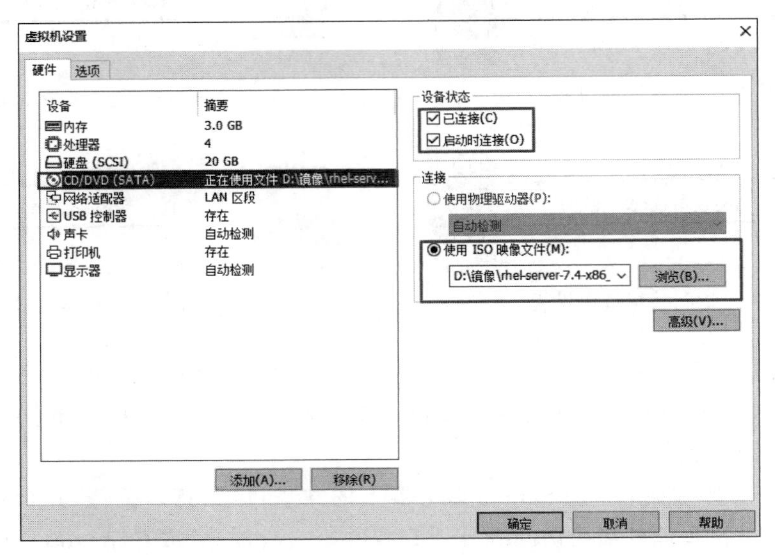

图6-7　效果图

(3) 若虚拟机右下角的光盘图标出现绿点，则表示光盘已连接，如图6-8所示。

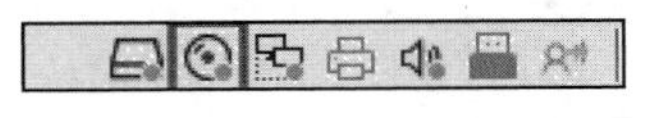

图6-8　效果图

(4) 以下分别使用rpm和yum安装Samba，读者可任选其一进行安装。

方式一：rpm安装。

```
[root@localhost /]#mkdir wgs                        //创建文件夹
[root@localhost /]#mount /dev/cdrom /wgs            //把镜像挂载到 wgs 文件夹
mount: /dev/sr0 is write-protected, mounting read-only
[root@localhost /]#cd /wgs/Packages/                //进入 wgs 文件夹中的 Packages 目录
[root@localhost Packages]#findSamba *               //查看有关 Samba 的文件
Samba-4.6.2-8.el7.x86_64.rpm
Samba-client-4.6.2-8.el7.x86_64.rpm
Samba-client-libs-4.6.2-8.el7.i686.rpm
...
[root@localhost Packages]#rpm -ivh Samba-4.6.2-8.el7.x86_64.rpm
[root@localhost Packages]#rpm -qa | grep Samba
Samba-common-4.6.2-8.el7.noarch
Samba-4.6.2-8.el7.x86_64
Samba-client-libs-4.6.2-8.el7.x86_64
[root@localhost Packages]#systemctl start smb
```

(5) 以上软件包的用途如下。

- Samba-common-4.6.2-8.el7.noarch：Samba的配置程序及语法检查程序包，包含Samba服务器的设置文件与设置文件语法检验程序testparm。

- Samba-4.6.2-8.el7.x86_64：Samba 服务主程序包，Samba 服务器安装完毕后会生成配置文件目录/etc/samba 和其他一些 Samba 可执行的命令工具。/etc/samba/smb.conf 是 Samba 的主配置文件，/etc/init.d/smb 是 Samba 的运行文件。
- Samba-client-libs-4.6.2-8.el7.x86_64：客户端软件包，主要在 Linux 主机作为客户端时提供所需要的工具指令集。

方式二：yum 安装。

首先新建配置源，然后清除缓存，最后使用命令"yum install Samba -y"安装 Samba 服务。

```
root@localhost /]#vi /etc/yum.repos.d/wgs.repo
[dvd]
name=dvd
baseurl=file:///wgs                            //3个"/"代表路径使用本地源文件
gpgcheck=0
enable=1
[root@localhost yum.repos.d]#yum clean all     //清除缓存
[root@localhost etc]#yum installSamba -y       //安装 Samba
[root@localhost /]#systemctl start smb
```

(6) Samba 服务安装完成后，系统会自动在/etc/Samba 下生成一个 smb.conf 文件，该文件是 Samba 默认的主配置文件。Samba 的主配置文件中的选项用来设置哪些资源可被共享以及用户对这些资源的操作权限等。如果把 Samba 服务器比作公共的图书馆，那么/etc/samba/smb.conf 文件就相当于这个图书馆的图书总目录，其中记录着大量的共享信息和规则。因此，该文件是 Ssmba 服务非常重要的核心配置文件。使用命令"cat /etc/Samba/smb.conf"查看 Samba 服务器的配置文件，文件分为三部分，具体参数设置及其用法如下注释所示，参数介绍如表 6-2 所示。

表 6-2　参数介绍

起始标签	参　　数	作　　用
[global]	workgroup	在 Windows 系统中显示的工作组
	security	验证和登录方式
	passdb backend	设置用户密码的存放位置
	printing	设置打印机的类型
	printcap name	设置开机时自动加载的打印机配置文件的名称和路径
	load printers	是否允许加载打印配置文件中的所有打印机，在开机时自动加载浏览列表，以支持客户端的浏览功能
[homes]	cups options	指定打印机系统的工作模式
	comment	设置共享目录或打印机的说明信息
	valid users	设置允许访问的用户或组成员，组名前面带"@"，多个用户名或组名以空格或逗号分隔
	browseable	设置共享目录在"网上邻居"中是否可见
	read only	设置共享目录是只读还是可读写

续表

起始标签	参　数	作　用
[printers]	path	指定共享目录的路径
	printable	是否允许打印
	create mask	设置用户在共享目录下创建文件的默认访问权限

```
[root@localhost /]#cat /etc/Samba/smb.conf
...
[global]                          //全局设置的起始标签
workgroup=SAMBA                   //工作组名称
security=user                     //security 参数可以设置为 4 种: user、server、domain 和 share
passdb backend=tdbsam             //passdb backend 参数的设置有 3 种: smbpasswd、tdbsam、和 ldapsam
printing=cups                     //表示使用 CUPS 驱动
printcap name=cups                //表示选择一个 CPUS 文件
load printers=yes                 //表示自动加载打印机列表
cups options=raw                  //表示向打印机 CUPS 驱动传递的参数
[homes]                           //家目录设置的起始标签
comment=Home Directories          //表示注释
valid users=%S, %D%w%S            //表示当具有合法登录身份的用户登录时,家目录变更为自己的家目录
browseable=No                     //表示是否可以被浏览
read only=No                      //表示是否只读
inherit acls=Yes
[printers]                        //打印机设置的起始标签
comment=All Printers              //表示注释
path=/var/tmp                     //表示打印队列的路径
printable=Yes                     //表示是否可以打印
create mask=0600                  //表示新创建的文件将允许哪些权限
browseable=No                     //表示是否可被浏览
[print$ ]
comment=Printer Drivers           //表示注释
path=/var/lib/Samba/drivers       //表示文件所在路径
write list=root                   //表示该目录除 root 用户拥有读写权限外,其他用户仅可读
create mask=0664                  //表示新创建的文件将允许哪些权限
directory mask=0775               //表示新创建的目录将允许哪些权限
```

6.3.2 任务 2 配置匿名用户访问

1. 任务分析

五桂山公司需要配置一个公共的文件夹,本任务将在根目录下新建一个 company 文件夹,并使用 Samba 服务器进行文件共享设置,使用用户 client(Server 2012)通过网络匿名访问共享文件。

2. 任务实施过程

(1) 首先备份 Samba 的配置文件,以防出现配置错误。

```
[root@localhost /]#cd /etc/Samba
[root@localhost Samba]#cp smb.conf smb.conf.bak
```

(2) 在根目录"/"下创建第一个共享文件夹"public"。

```
[root@localhost /]#mkdir public
```

(3) 使用 vi 编辑器修改 Samba 的配置文件“/etc/Samba/smb.conf”，在全局设置的起始标签[global]下添加参数“map to guest=Bad User”，在文件的最后添加标签[public]，写入参数“comment=public”“path=/public”“guest ok=yes”“writable=yes”。保存配置后退出，需要重启服务器才能使这些配置生效。

```
[root@localhost Samba]#vi /etc/Samba/smb.conf
[global]
        workgroup=SAMBA
        security=user
        map to guest=Bad User   //将所有 Samba 系统主机所不能正确识别的用户都映射成 guest 用户
        passdb backend=tdbsam
        printing=cups
        printcap name=cups
        load printers=yes
        cups options=raw
[public]
    comment=public
    path=public
    guest ok=yes                //允许 guest 访问
    writable=yes
[root@localhost /]#systemctl restart smb
```

(4) 客户端验证：client(Server 2012)通过 Win+R 键打开“运行”程序，输入“\\10.2.65.8”，匿名远程登录 Samba 服务器，如图 6-9 和图 6-10 所示。

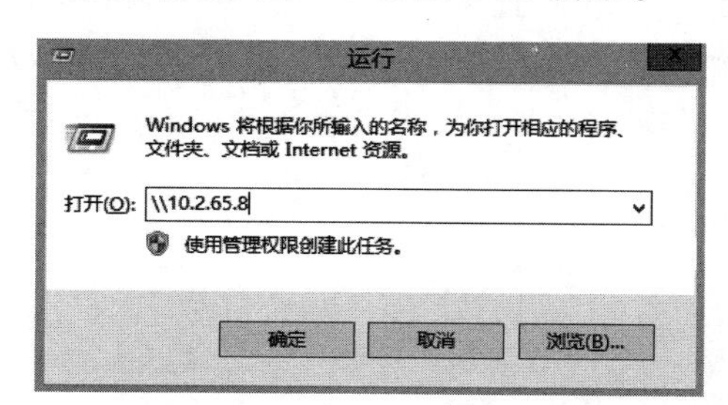

图 6-9　通过“运行”程序输入文件共享的 IP 地址

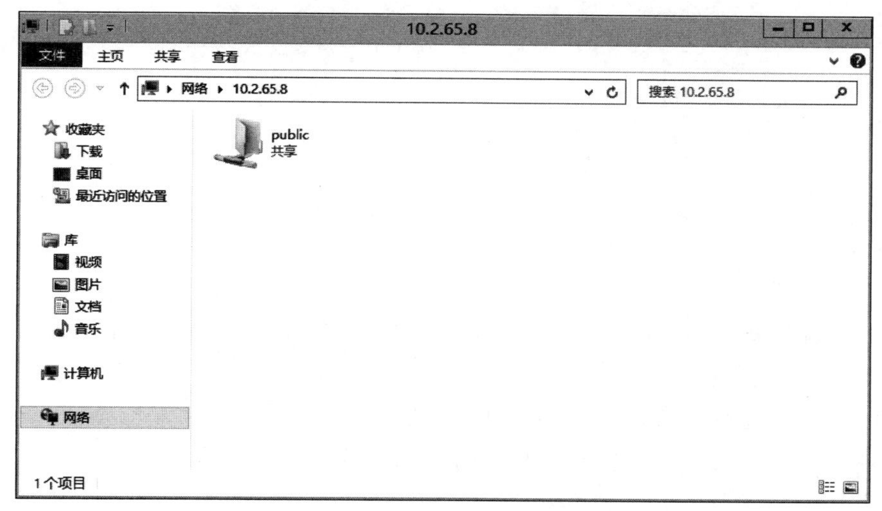

图 6-10　匿名远程登录 Samba 服务器

6.3.3 任务3 配置用户访问

1. 任务分析

本任务将在根目录下创建 Company 文件夹，并使用 Samba 服务器进行共享配置，client(Server 2012) 可通过网络访问共享文件，同时在服务器中创建两个用户 wgsu1、wgsu2，使得普通用户能够访问共享文件。

2. 任务实施过程

(1) 创建 wgsu1、wgsu2 两个本地用户，并设置 smb 用户密码。

```
[root@localhost /]#useradd wgsu1
[root@localhost /]#smbpasswd -a wgsu1
New SMB password:
Retype new SMB password:
Added user wgsu1.
[root@localhost /]#useradd wgsu2
[root@localhost /]#smbpasswd -a wgsu2
New SMB password:
Retype new SMB password:
Added user wgsu2.
```

(2) 使用 vi 编辑器修改 smb 配置文件"/etc/Samba/smb.conf"，修改参数"security=user"，设置为用户访问，在文件的最后添加标签[wgs]，添加参数"comment=this is wgs company""path=/comany""guest ok=no""writable=yes"。保存配置后退出，重启服务器。

```
[root@localhost Samba]#vi /etc/Samba/smb.conf
[global]
        workgroup=SAMBA
        security=user
      passdb backend=tdbsam
        printing=cups
        printcap name=cups
        load printers=yes
        cups options=raw
[wgs]
      comment=this is wgs company
      path=/company
      writable=yes
      guest ok=no
[root@localhost /]#systemctl restart smb
```

(3) 客户端验证：wgsu1(Server 2012)通过 Win+R 键打开"运行"程序，输入"\\10.2.65.8"，如图 6-11 所示。

(4) 登录 wgsu1 账户后，界面如图 6-12 所示。

(5) 登录 wgsu2 账户后的界面如图 6-13 所示。

图 6-11　通过“运行”打开“程序\\10.2.65.8”文件共享服务器

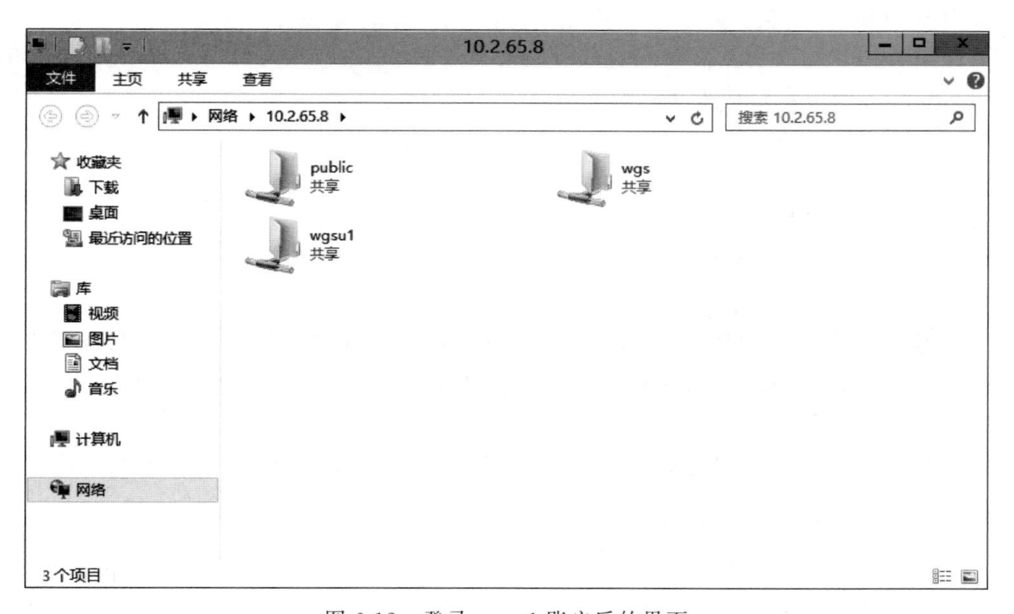

图 6-12　登录 wgsu1 账户后的界面

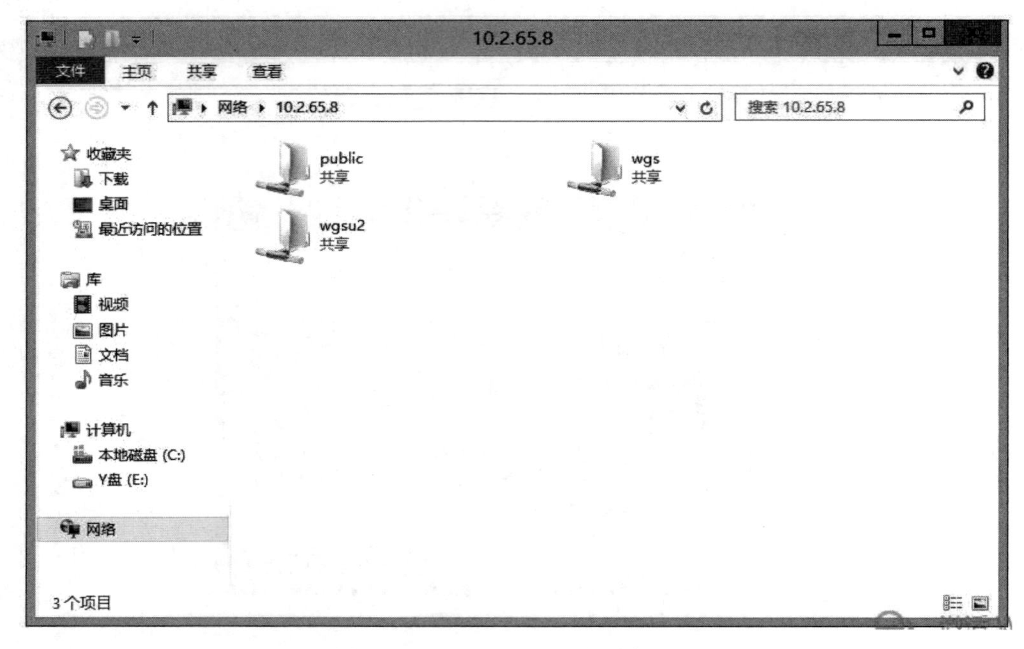

图 6-13　登录 wgsu2 账户后的界面

6.3.4　任务 4　设置不同用户的不同权限

1. 任务分析

五桂山公司计划为财务部和人事部分别建立单独的目录，只允许对应部门的员工访问。

(1) Samba 服务器目录如下。

- 财务部：/cw。
- 人事部：/rs。

(2) 公司员工情况如下。

- 财务部：wgsu1、wgsu2、wgsu3。
- 人事部：wgsu3、wgsu4。

本任务在任务 2 的基础上，在根目录下创建 cw、rs 两个文件夹。提前在服务器中创建用户 wgsu1、wgsu2、wgsu3、wgsu4，其中有一名财务部的员工 wgsu3 同时也在人事部工作。

2. 任务实施过程

(1) 创建 wgsu1、wgsu2、wgsu3、wgus4 四个本地用户，并设置 smb 用户名和密码。

```
[root@localhost /]#useradd wgsu1
[root@localhost /]#smbpasswd -a wgsu1
New SMB password:
Retype new SMB password:
Added user wgsu1.
[root@localhost /]#useradd wgsu2
[root@localhost /]#smbpasswd -a wgsu2
New SMB password:
Retype new SMB password:
```

```
Added user wgsu2.
[root@localhost /]#useradd wgsu3
[root@localhost /]#smbpasswd -a wgsu3
New SMB password:
Retype new SMB password:
Added user wgsu3.
[root@localhost /]#useradd wgsu4
[root@localhost /]#smbpasswd -a wgsu4
New SMB password:
Retype new SMB password:
Added user wgsu4.
```

(2) 在根目录“/”下分别创建 cw、rs 文件夹。

```
[root@localhost /]#mkdir cw
[root@localhost /]#mkdir rs
```

(3) 使用 vi 编辑器修改 smb 配置文件“/etc/Samba/smb.conf”，在文件的最后添加标签[cw]，添加参数为“comment＝this is cw”“path＝/cw”“guest ok＝no”“writable＝yes”“valid users＝wgsu1，wgsu2，wgsu3”，添加完成后先不要退出配置文件。

```
[root@localhost Samba]#vi /etc/Samba/smb.conf
[cw]
     comment=this is cwb
     path=/cw
     writable=yes
     guest ok=no
     valid users=wgsu1,wgsu2,wgsu3
```

(4) 完成第三步后，在文件的最后添加标签[rs]，添加参数为“comment ＝this is rs”“path＝/rs”“guest ok＝no”“writable＝yes”“valid users＝wgsu3，wgsu4”，保存修改的配置后重启服务器。

```
[rs]
     comment=this is rsb
     path=/rs
     writable=yes
     guest ok=no
     valid users=wgsu3,wgsu4
[root@localhost /]#systemctl restart smb
```

(5) 客户端验证：wgsu3(Server 2012)通过 Win＋R 键打开“运行”程序，输入“\\10.2.65.8”，如图 6-14 所示。

(6) wgsu3(Server 2012) 访问财务部和人事部的文件夹，wgsu3 可以访问人事部和财务部，结果如图 6-15 和图 6-16 所示。

(7) wgsu2 通过 Win＋R 键打开“运行”程序，输入“\\10.2.65.8”，远程登录文件共享服务器，如图 6-17 所示。

(8) wgsu2(Server 2012)访问财务部和人事部，wgsu2 可以访问财务部，但不能访问人事部，结果如图 6-18 和图 6-19 所示。

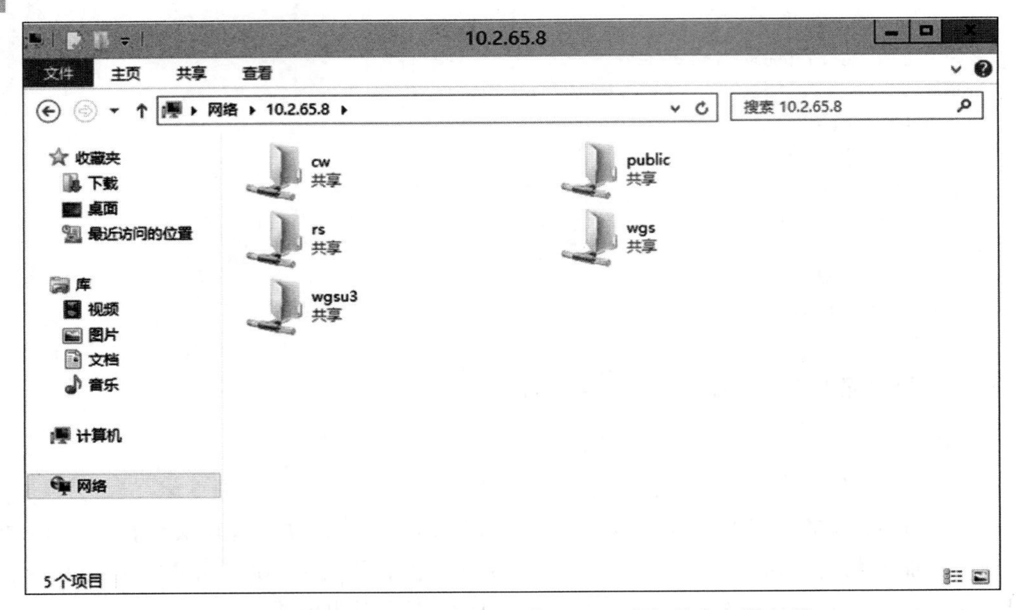

图 6-14　wgsu3 通过“运行”程序远程登录文件共享服务器

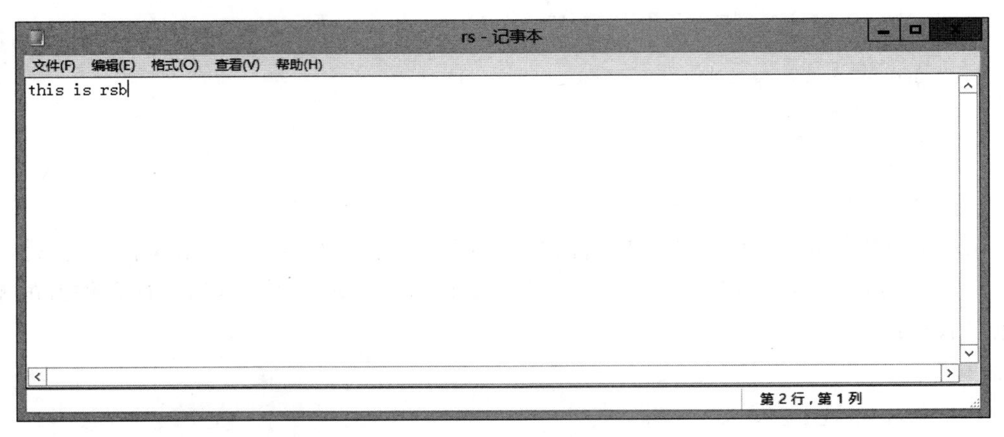

图 6-15　wgsu3 访问人事部的文件夹

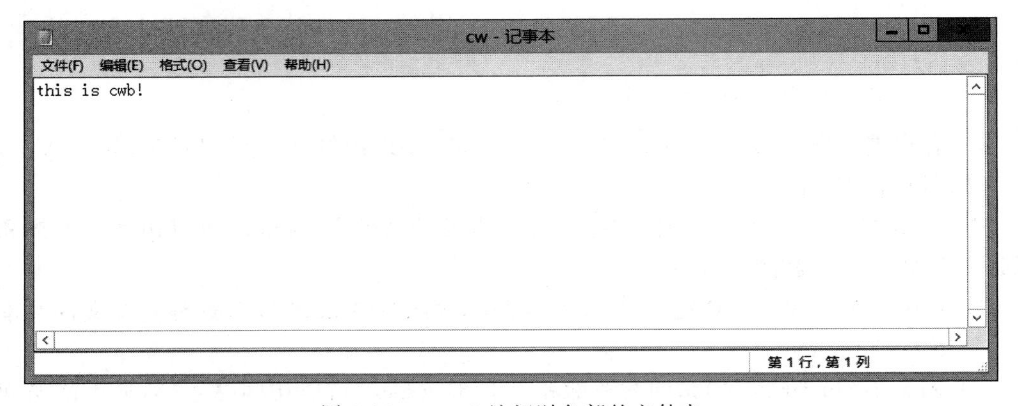

图 6-16　wgsu3 访问财务部的文件夹

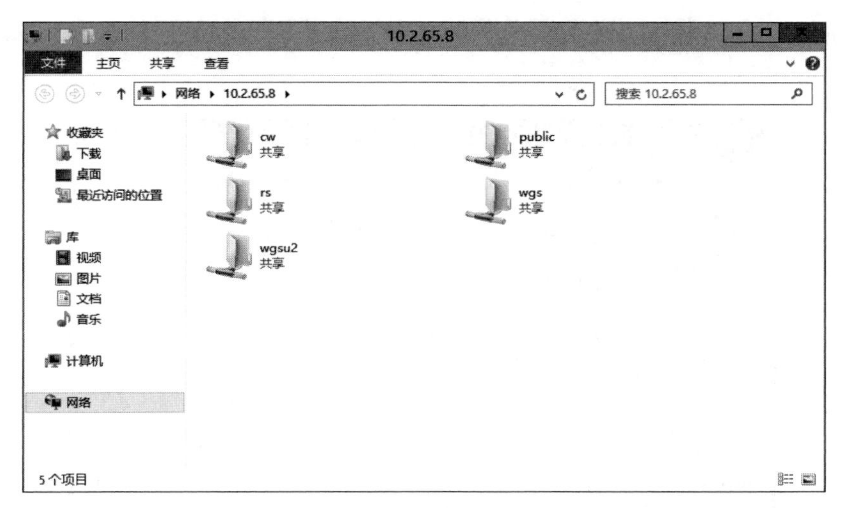

图 6-17　wgsu2 通过“运行”程序远程登录文件共享服务器

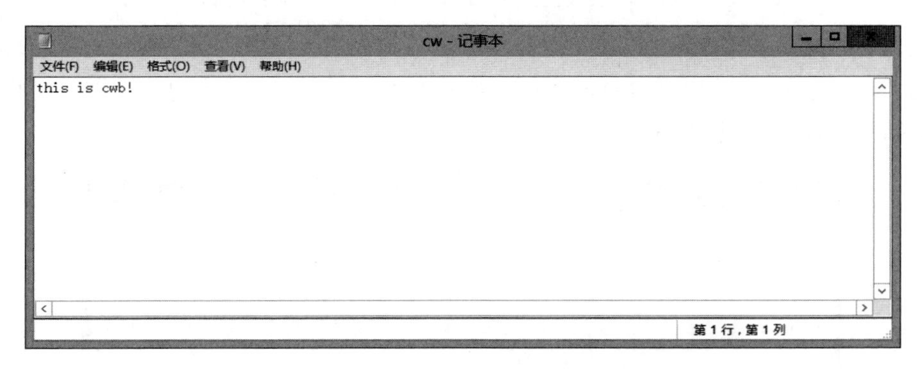

图 6-18　wgsu2 可以访问财务部的文件夹

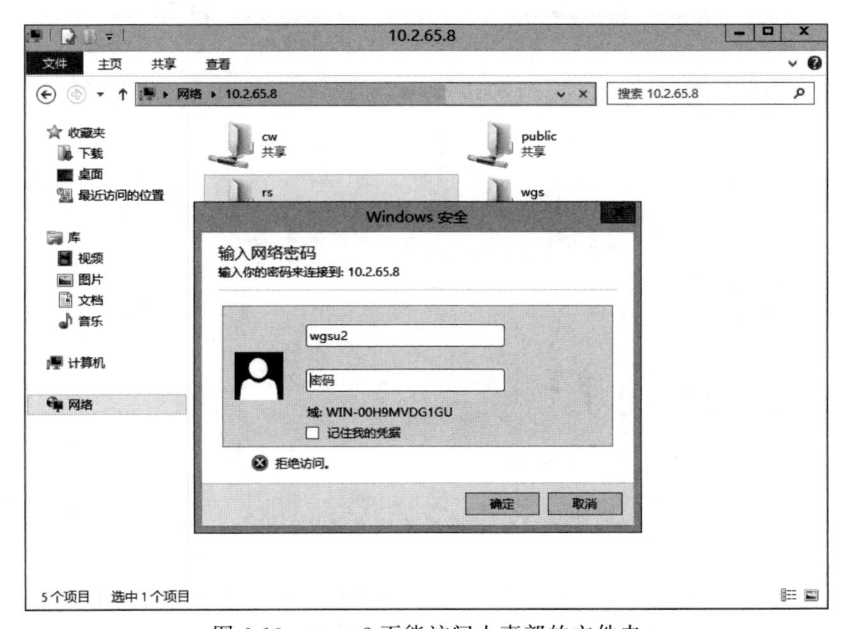

图 6-19　wgsu2 不能访问人事部的文件夹

(9) wgsu4 通过 Win+R 键打开“运行”程序,输入“\\10.2.65.8”,远程登录文件共享服务器,如图 6-20 所示。

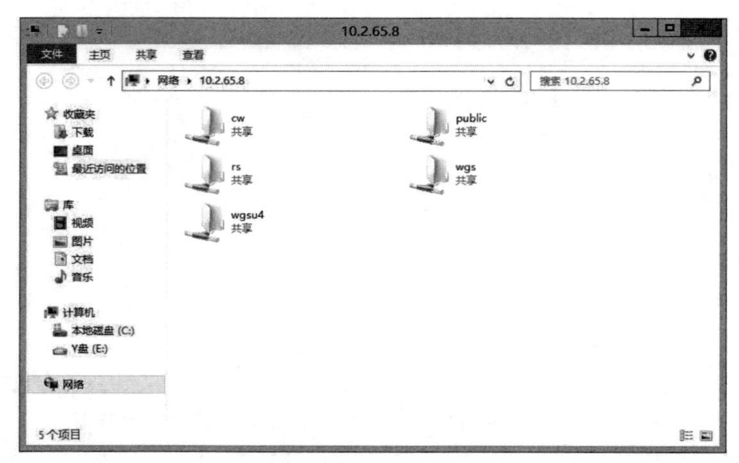

图 6-20 wgsu4 通过“运行”程序远程登录文件共享服务器

(10) wgsu4(Server 2012)访问财务部和人事部,wgsu4 可以访问人事部,但不能访问财务部,结果如图 6-21 和图 6-22 所示。

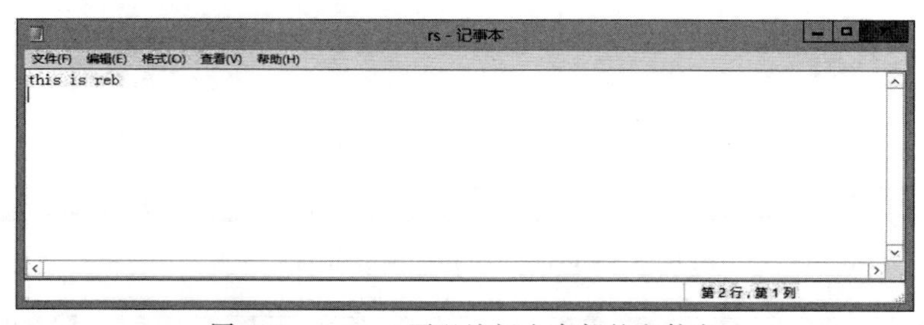

图 6-21 wgsu4 可以访问人事部的文件夹

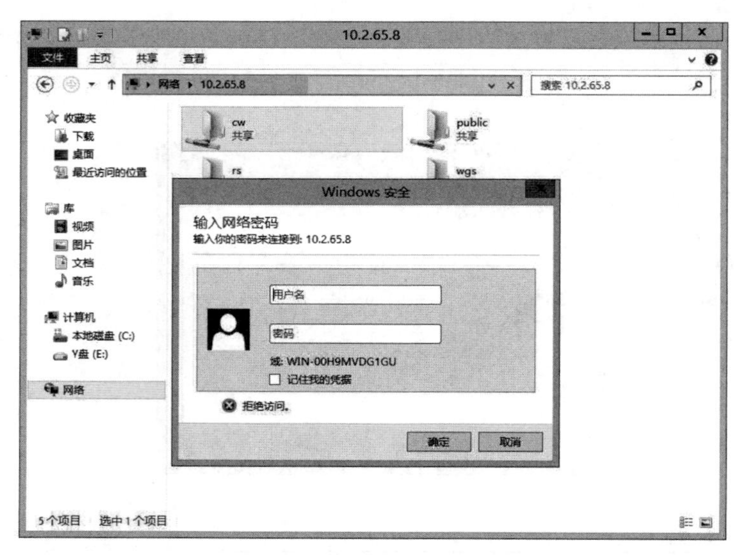

图 6-22 wgsu4 不能访问财务部的文件夹

6.3.5　任务 5　用户登录后不显示其他用户的文件夹

1. 任务分析

本任务将在任务 4 的基础上，实现不同的账号登录只显示指定的共享文件夹，主要的做法是分别建立针对用户的文件夹，让主配置文件加载独立配置的文件夹，其中有一名财务部的员工 wgsu2 同时也在人事部工作。

公司员工情况如下。

财务部：wgsu1、wgsu2。

人事部：wgsu2、wgsu3。

2. 任务实施过程

(1) 使用 vi 编辑器修改 smb 配置文件"/etc/Samba/smb.conf"，在文件最前面添加参数"config file=/etc/Samba/smb.conf.%U"，添加完成后先不要退出配置文件。

```
[root@localhost Samba]#vi /etc/Samba/smb.conf
5 config file=/etc/Samba/smb.conf.%U
```

(2) 完成第一步后，在文件的最后添加标签[cw]，添加参数为"comment=this is cwb""path=/cw""guest ok=no""writable=yes""valid users=wgsu1,wgsu2"，添加完成后先不要退出配置文件。

```
48 [cw]
49      comment=this is cwb
50      path=/cw
51      writable=yes
52      guest ok=no
53      valid users=wgsu1,wgsu2
```

(3) 完成第二步后，在文件的最后添加标签[rs]，添加参数为"comment=this is rsb""path=/rs""guest ok=no""writable=yes""valid users=wgsu3,wgsu2"，保存配置后退出。

```
54 [rs]
  55      comment=this is rsb
  56      path=/rs
  57      writable=yes
  58      guest ok=no
  59      valid users=wgsu3,wgsu2
```

(4) 使用 vi 编辑器配置 wgsu1 用户的配置文件并添加参数，内容如下。

```
[root@localhost /]#vi /etc/Samba/smb.conf.wgsu1
[wgs]
    comment=this is wgs company
    path=/company
    writable=yes
    guest ok=no
[cw]
    comment=this is cwb
```

```
    path=/cw
    writable=yes
    guest ok=no
    valid users=wgsu1,wgsu2
```

(5) 使用 vi 编辑器配置 wgsu2 用户的配置文件并添加参数,内容如下。

```
[root@localhost /]#vi /etc/Samba/smb.conf.wgsu2
[wgs]
    comment=this is wgs company
    path=/company
    writable=yes
    guest ok=no
[cw]
    comment=this is cwb
    path=/cw
    writable=yes
    guest ok=no
    valid users=wgsu1,wgsu2
[rs]
    comment=this is rsb
    path=/rs
    writable=yes
    guest ok=no
    valid users=wgsu3,wgsu2
```

(6) 使用 vi 编辑器配置 wgsu3 用户的配置文件并添加参数,内容如下。

```
[root@localhost /]#vi /etc/Samba/smb.conf.wgsu3
[wgs]
    comment=this is wgs company
    path=/company
    writable=yes
    guest ok=no
    valid users=wgsu1,wgsu2,wgsu3
[rs]
    comment=this is rsb
    path=/rs
    writable=yes
    guest ok=no
    valid users=wgsu3,wgsu4
```

(7) 重启 smb 服务。

```
[root@localhost /]#systemctl restart smb
```

(8) 客户端验证：wgsu1(Server 2012)通过 Win+R 键打开“运行”程序,输入“\\10.2.65.8”,远程登录文件共享服务器,如图 6-23 所示。

(9) wgsu2(Server 2012)通过 Win+R 键打开“运行”程序,输入“\\10.2.65.8”,远程登录文件共享服务器,如图 6-24 所示。

(10) wgsu3(Server 2012)通过 Win+R 键打开“运行”程序,输入“\\10.2.65.8”,远程登录文件共享服务器,如图 6-25 所示。

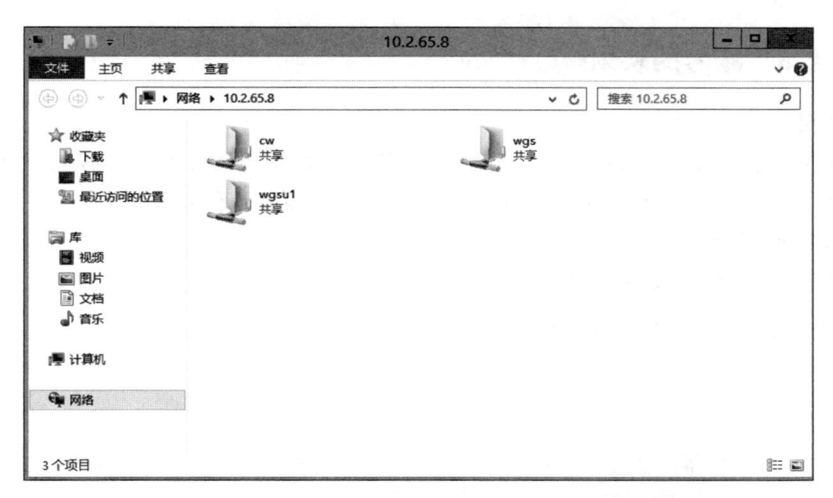

图 6-23　wgsu1 不可显示其他部门的文件夹（如人事部）

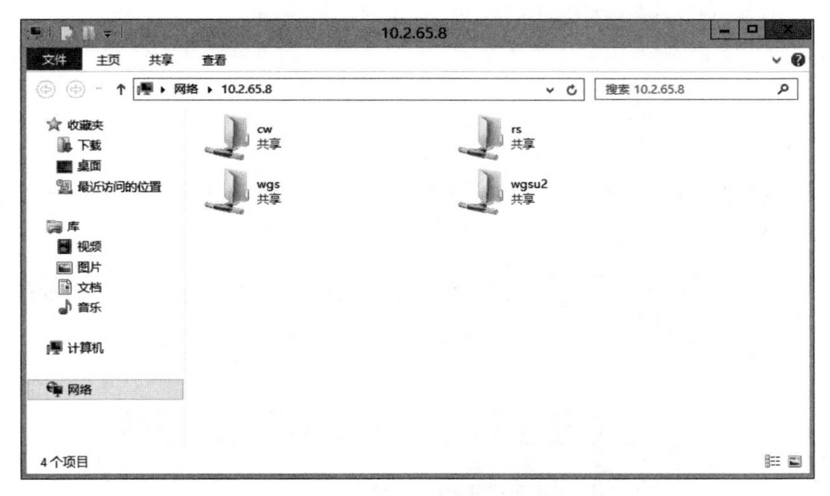

图 6-24　wgsu2 显示的文件夹包括财务部与人事部

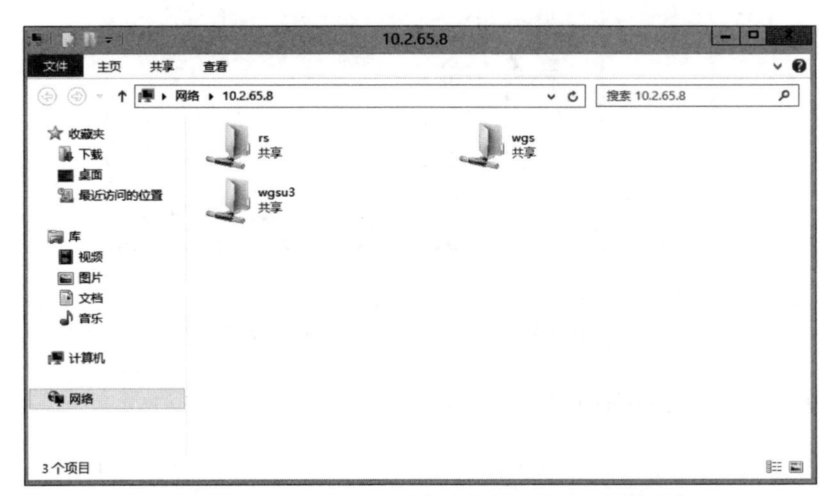

图 6-25　wgsu3 不可显示其他部门的文件夹（如财务部）

6.3.6 任务6 账号的映射

1. 任务分析

由于五桂山公司的财务部和人事部存放着大量的数据，因此要求所有员工不能使用实际账号登录，wgsu1、wgsu2、wgsu3 以 u1、u2、u3 登录，以确保系统安全。

2. 任务实施过程

(1) 使用 vi 编辑器修改 smb 配置文件“vi /etc/Samba/smb.conf”，在文件的最前面添加参数“user map=/etc/Samba/smbusers”，保存配置并退出。

```
[root@localhost Samba]#vi /etc/Samba/smb.conf
5 username map=/etc/Samba/smbusers
```

(2) 使用 vi 编辑器配置 smbusers 文件“vi /etc/Samba/smbusers”，在文件中添加参数为“wgsu1= u1”“wgsu2= u2”“wgsu3= u3”。保存配置并退出，重启服务器。

```
[root@localhost /]#vi /etc/Samba/smbusers
wgsu1=u1
wgsu2=u2
wgsu3=u3
[root@localhost /]#systemctl restart smb
```

(3) 客户端验证：wgsu1(Server 2012)以用户名 u1 通过 Win+R 键打开“运行”程序，输入“\\10.2.65.8”，远程登录文件共享服务器，如图 6-26 所示。

图 6-26 wgsu1 以用户名 u1 通过“运行”程序远程登录文件共享服务器

(4) 用户 u1 登录后的界面如图 6-27 所示。

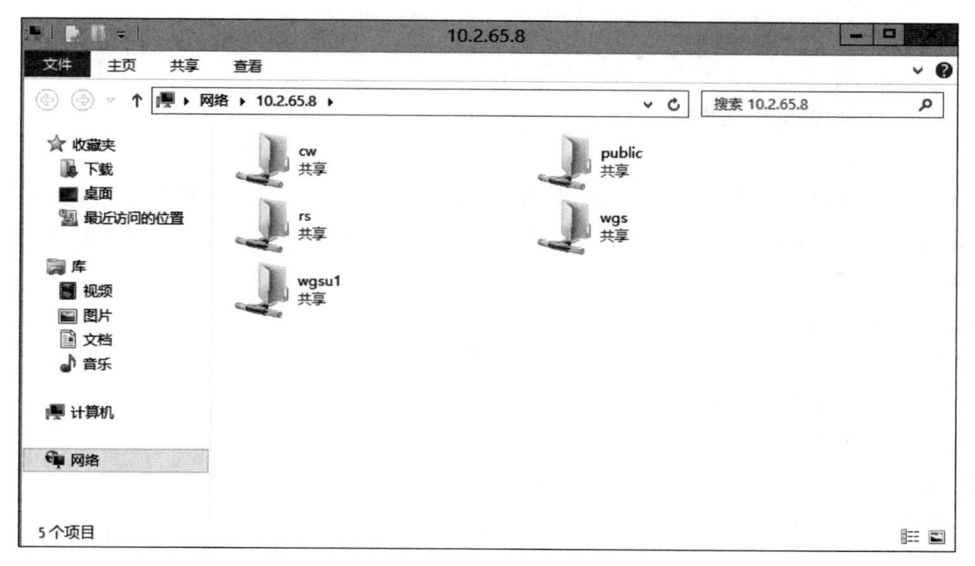

图 6-27 用户 u1 登录后的界面

6.4 项目总结

在 Internet 上传输文件时一般采用 FTP 形式，但在小范围的局域网中，计算机相互之间共享文件的方式的选择就比较多了。本章介绍了常见的共享文件系统 Samba，这是 Linux 和 Windows 系统共享资源时最常用的一种方式。通过演示安装 Samba 服务器软件的方法、Samba 服务器的常用配置选项、实例演示等过程，多方位地展示如何通过配置文件制定共享规则以及匹配共享资源授权。

6.5 课后习题

一、选择题

1. 管理权限最高的用户是(　　)。

A. Administrators　　B. Power Users

C. Everyone　　D. Guests

2. Samba 的主配置文件中不包括(　　)。

A. global 参数　　B. share 参数　　C. homes 参数　　D. printers 参数

3. 以下不属于 Samba 主配置文件中 security 参数的是(　　)。

A. user　　B. server　　C. public　　D. domain

4. 以下服务器类型中，(　　)可以使用户在 Windows 系统与 Linux 系统之间进行文件系统共享。

A. NFS　　B. FTP　　C. DHCP　　D. Samba

二、填空题

1. 使用________命令能启动 Samba 服务。

2. Samba 的配置文件放在________目录中。

3. Samba 的主配置文件名为________。

三、实训题

五桂山公司需要配置一台 Samba 服务器，有一个目录为/share，需要设置该目录为共享目录，定义目录名为/network，允许匿名访问。公司有 3 个部门，需要搭建一台 Samba 服务器，目录设置如下。

- 人事部：/rsb。
- 财务部：/cwb。
- 研发部：/yfb。

员工信息如下。

- 董事长：admin。
- 人事部：r1，r2。
- 财务部：c1，c2。
- 研发部：y1，y2。

为 3 个部门建立单独的目录，只允许董事长和相应的员工访问，有一名人事部的员工 r2 同时也在财务部工作，也需要财务部的相关权限。

项目 7　FTP 服务器

【学习目标】

本章将系统介绍 FTP 服务器的理论知识、安装和详细配置、FTP 客户端的配置以及 FTP 服务的具体应用。

通过本章的学习，读者应该完成以下学习目标：

- 了解 FTP 服务器的理论知识；
- 掌握 FTP 服务器的安装和配置；
- 掌握 FTP 客户端的测试；
- 掌握配置基于虚拟用户的 FTP 服务器；
- 了解 FTP 服务在具体网络中的应用。

7.1　项目背景

五桂山公司有多家分公司，公司计划设计服务器为全公司的员工提供文件服务。总 FTP 服务器由位于中山的总公司统一管理建设，各部门的 FTP 服务器由各部门单独规划建设。总公司有一台单独的服务器作为 FTP 服务器(10.2.65.8/24)，各个部门的 FTP 服务器可以放在总公司的服务器上，也可以放置在自己部门的服务器上。广州分公司和深圳分公司都有自己的 FTP 服务器，需要在总公司的服务器上安装与部署。FTP 服务器的基础模型如图 7-1 所示，网络拓扑描述如表 7-1 所示。

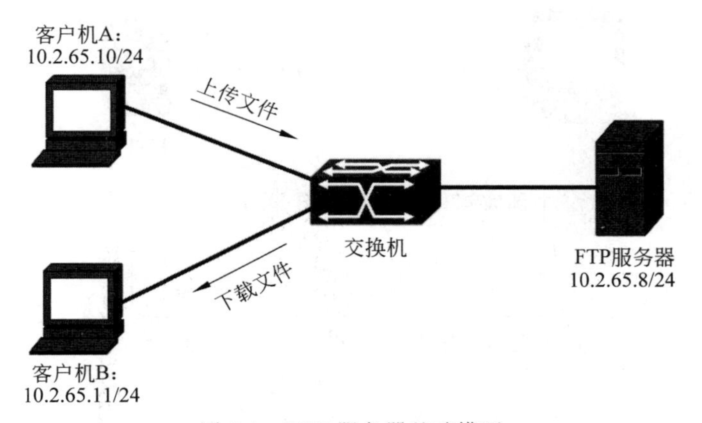

图 7-1　FTP 服务器基础模型

表 7-1　网络拓扑描述

序号	服务名称	IP 地址	操作系统
1	FTP 服务器	10.2.65.8/24	Linux 7.4
2	客户机 A	10.2.65.10/24	Windows
3	客户机 B	10.2.65.11/24	Windows

7.2　知 识 引 入

7.2.1　FTP 的概念

以 HTTP 为基础的 WWW 服务功能虽然强大，但在文件传输方面略显不足，这时，FTP 应运而生。文件传输协议（File Transfer Protocol，FTP）用于在 Internet 上控制文件的双向传输，是网络上用来传输文件的应用层协议。用户通过 FTP 登录 FTP 服务器，查看该服务器的共享文件，可以把共享文件从服务器上下载到本地客户端，或者把本地客户端上的文件上传到 FTP 服务器。同时，FTP 支持对登录用户进行身份认证，还可以为不同用户设置不同权限，可指定源登录 IP 地址或源 IP 地址段的客户端为可登录或禁止登录。此外，FTP 也是一个应用程序（Application）。基于不同的操作系统（Windows、Linux、UNIX、Mac OS 等）有不同的 FTP 应用程序，而所有应用程序都遵守同一种协议，以便传输文件。

7.2.2　FTP 的工作原理

在 TCP/IP 中，FTP 承载于 TCP 之上，是应用层的一种协议。FTP 使用两条连接完成文件传输，一条连接用于传输控制信息（命令和响应，端口号为 21），另一条连接用于数据发送（PORT 模式下，端口号为 20），建立数据传输隧道。默认情况下，FTP 使用 21 端口进行客户登录连接，确认后使用 20 端口传输数据，如图 7-2 所示。

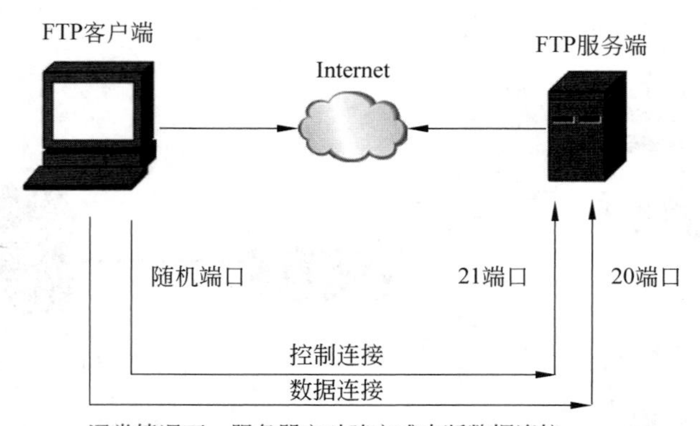

图 7-2　FTP 工作原理

FTP 属于 OSI 七层模型的第七层和 TCP/IP 模型的第四层，即应用层协议组中的一种协议，是一种具体应用，基于 TCP（面向连接的传输协议，提供可靠的传输服务）进行传输。

FTP 客户端和服务器在建立连接之前需要经过 TCP“三次握手”的过程，如图 7-3 所示。“三次握手”的意义在于在客户端和服务器之间建立可靠的连接，并且是面向连接。采用 FTP 可使 Internet 上的用户高效地从网络 FTP 服务器下载大信息量的数据文件，将远程主机上的文件复制到自己的计算机上，以达到资源共享和传递信息的目的。FTP 在文件传输中还支持断点续传的功能，可以大幅减少 CPU 和网络带宽的开销。

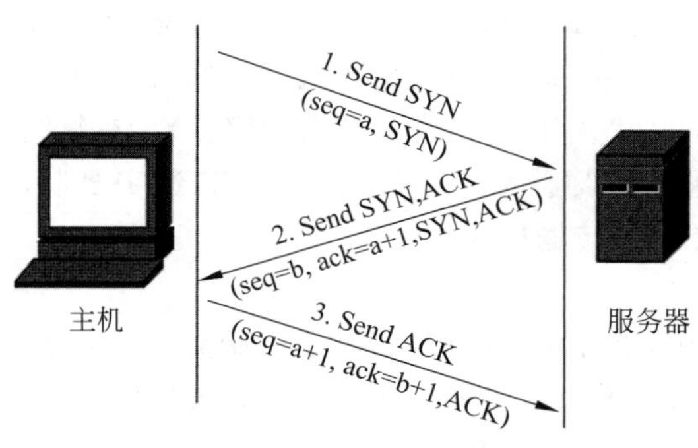

图 7-3　TCP“三次握手”

7.2.3　FTP 的连接模式

FTP 的连接模式有 PORT 和 PASV 两种，PORT 模式是主动模式，PASV 模式是被动模式。这两种模式的主动和被动都是相对于服务器而言的，如果是主动模式（PORT 模式），则数据连接的默认端口号为 20；如果是被动模式（PASV 模式），则由服务端和客户端协商而定。

1. 主动模式

FTP 客户端向服务器的 FTP 控制端口（默认为 21）发送请求，服务器接受连接请求，建立一条命令链路。当需要传输数据时，客户端在命令链路上用 PORT 命令告诉服务器“我打开了某个端口（所选的随机端口），你过来连接我”。于是服务器从 20 端口向客户端的该端口发送连接请求，建立一条数据链路以传送数据。在数据链路建立过程中，是服务端发起请求的，所以称为主动模式。在主动模式中，服务器是 20 端口，主动连接客户端大于 1024 的随机端口。

2. 被动模式

FTP 客户端向服务器的 FTP 控制端口发送连接请求，服务器接受连接请求，建立一条命令链路。当需要传送数据时，服务器在命令链路上用 PASV 命令告诉客户端“我打开了某个端口，你过来连接我”。于是客户端向服务器的该端口发送连接请求，建立一条数据链路以传送数据。在数据链路建立的过程中，是服务器被动等待客户端的请求，所以称为被动模式。在被动模式中，客户端使用大于 1024 的随机端口，服务器使用大于 1024 的随机端口被动接收连接。

7.2.4　FTP 的传输模式

FTP 的传输模式包括 ASCII 传输模式和二进制传输模式。

ASCII 模式用于传输文本。发送端的字符在发送前被转换成 ASCII 码格式后进行传输，接收端收到后再将其转换成字符。二进制模式常用于发送图片文件和程序文件。发送端在发送这些文件时无须转换格式即可传输。

1. ASCII 传输模式

假设用户正在复制的文件包含简单的 ASCII 码文本，如果在远程计算机上运行的是不同的操作系统，则当文件传输时，FTP 通常会自动调整文件的内容，以便把文件解释成另外一台计算机存储文本文件的格式。但是常常有这样的情况：用户正在传输的文件包含的不仅是文本文件，还有程序、数据库、字处理文件或者压缩文件（尽管字处理文件大部分是文本，但其中也包含指示页尺寸、字库等信息的非打印字符）。在复制任何非文本文件之前，用 binary 命令（将文件传输类型设置为二进制）告诉 FTP 逐字复制，不要对这些文件进行处理，这也是下面要讲的二进制传输模式。

2. 二进制传输模式

在二进制传输模式中，保存文件的位序，以便原始文件和复制的文件逐位对应，即使目的机器上包含的位序文件是没有意义的。例如：FTP 服务器以二进制方式传送可执行文件到 Windows 系统，在对方的系统上，此文件不能执行，但是可以从该系统上以二进制的方式复制到另一台 FTP 服务器上，此文件依然是可以执行的。

如果在 ASCII 方式下传输二进制文件，即使不需要也仍会转译。这会使传输稍微变慢，也会损坏数据，使文件变得不可用。

7.3 项目过程

7.3.1 任务 1 vsftpd 服务的安装

1. 任务分析

五桂山公司有多家分公司，需要在原企业内网配置一台 FTP 服务器（10.2.65.8/24），并在此 FTP 服务器上安装 FTP 功能来实现内部员工的文件传输。

2. 任务实施过程

（1）安装 FTP 服务器可以使用 rpm 方式和 yum 方式，读者可以根据习惯任选一种进行。首先连接光盘（在虚拟机右下角右击连接），如图 7-4 所示。

图 7-4 虚拟机光盘图标

（2）创建文件夹并挂载。挂载路径最好写绝对路径，如果命令为 mount /dev/cdrom wgs，则可能会挂载到 /home/wgs/wgs 中。挂载镜像后，可以进入挂载的文件夹，简单查看安装所需要的软件包。

```
[root@localhost wgs]#mount          //检查是否挂载,有挂载则可在挂载的文件夹中直接安装服务
[root@localhost wgs]#mkdir wgs      //创建文件夹 wgs
[root@localhost wgs]#mount /dev/cdrom /wgs        //挂载,注意路径
mount: /dev/sr0                     //写保护,将以只读方式挂载
[root@localhost wgs]#cd /wgs        //进入挂载的文件夹
[root@localhost wgs]#ls             //简单查看内容
...
RPM-GPG-KEY-redhat-release EFI extra_files.json images LiveOS Packages
```

```
...
[root@localhost wgs]#cd Packages/
```

(3) 安装 vsftpd 服务,任选一种即可。

方法一:使用 rpm 方式安装 vsftpd 服务。

```
[root@localhost Packages]#find vsftpd*        //查看和 vsftpd 有关的安装包
vsftpd-3.0.2-22.el7.x86_64.rpm
[root@localhost Packages]#rpm -ivh vsftpd-3.0.2-22.el7.x86_64.rpm
                                              //-ivh 显示安装进度
[root@localhost Packages]#rpm -qa | grep ftp  //查看已安装的 FTP 相关安装包
vsftpd-3.0.2-22.el7.x86_64                    //可看到刚刚安装的 vsftpd 安装包
[root@localhost Packages]#cd /etc/vsftpd/     //vsftpd 配置文件的默认路径
[root@localhost vsftpd]#ls
ftpusers user_list vsftpd.conf vsftpd_conf_migrate.sh
```

(4) 以上服务安装包及其用途如下。

vsftpd-3.0.2-22.el7.x86_64.rpm:这是 vsftp 的主程序包,包括 FTP 服务和各种配置文件程序,安装该软件包进行相应配置,即可为客户端实现上传、下载等其他 FTP 服务。

方法二:使用 yum 方法安装 vsftpd 服务。

配置本地 yum 源文件,先将/etc/yum.repos.d/下的文件移走,然后创建 local.repo 文件。

```
[root@localhost vsftpd]#cd /etc/yum.repos.d/
[root@localhost yum.repos.d]#ls                       //可以看到 yum.repos.d 下有文件
local.repo   redhat.repo
[root@localhost yum.repos.d]#cd ..                    //退出一级
[root@localhost etc]#mv /etc/yum.repos.d/* /media     //移动文件
mv: 是否覆盖"/media/redhat.repo"? y
[root@localhost etc]#cd yum.repos.d/
[root@localhost yum.repos.d]#vi local.repo
[wgs]                                                 //代表库的名称,必须是唯一的
name=wgs                                              //是这个库的说明,没有太大意义
baseurl=file://wgs                                    //说明采用什么方式传输,具体路径在哪里,
                                                      //有 file: ///,ftp: //,http://等
gpgcheck=0                                            //表示使用 gpg 文件检查软件包的标签名
enabled=1                                             //说明启用这个更新库,0 表示不启用
[root@localhost yum.repos.d]#yum install -y vsftpd    //安装,-y 表示确定安装
已加载插件: langpacks, product-id, search-disabled-repos, subscription-manager This system
is not registered with an entitlement server. You can use subscription-manager to register.
wgs                                          | 4.1 kB   00:00:00
软件包 vsftpd-3.0.2-22.el7.x86_64 已安装并且是最新版本
无须任何处理
//刚刚已经用 rpm 方式安装过,所以 yum 方式安装显示已经是最新版本。配置文件与 rpm 方式安装一样。
```

(5) 启动 vsftpd 服务。vsftpd 服务可以以独立或被动的方式启动,在 Red Hat Enterprise Linux 7.4 中默认以独立方式启动。

```
[root@localhost /]#systemctl start vsftpd             //默认不启动
[root@localhost /]#systemctl status vsftpd            //查看服务状态
```

```
vsftpd.service-Vsftpd ftp daemon
   Loaded: loaded (/usr/lib/systemd/system/vsftpd. service; disabled; vendor preset: disabled)
   Active: active (running) since 四 2020-10-29 04:53:01 CST; 5s ago
  Process: 4477 ExecStart=/usr/sbin/vsftpd /etc/vsftpd/vsftpd.conf (code=exited, status=0/SUCCESS)
[root@localhost /]#systemctl stop firewalld          //关闭防火墙
```

7.3.2 任务 2 熟悉 vsftpd 配置文件

1. 任务分析

五桂山公司计划在服务器(IP: 10.6.64.8/24)上进行配置，管理员需要先熟悉与服务相关的配置文件及参数。

2. 任务实施过程

(1) vsftpd 相关配置文件的名称及作用如表 7-2 所示。

表 7-2 文件名称及作用

配置文件名称	作　用	备　注
vsftpd.conf	vsftpd 服务的主配置文件	
ftpusers	禁止登录 vsftpd 的用户列表文件	
user_list	允许/禁止登录 vsftpd 的用户列表文件，取决于主配置文件	User_list 中的用户是否能登录取决于 vsftpd.conf 中的 userlist_deny=[YES|NO]
/etc/rc.d/init.dvsftpd	vsftpd 的启动脚本	
/usr/sbin/vsftpd	vsftpd 的主程序	

(2) vsftpd 主配置文件的参数及作用如表 7-3 所示。

表 7-3 参数及作用

参　数	作　用
listen=[YES|NO]	确定是否以独立的方式监听端口
listen_address=[IP 地址]	设置监听的 IP 地址
listen_port=21	设置 FTP 服务的监听端口
download_enable=[YES|NO]	设置是否赋予用户下载的权限
userlist_enable=[YES|NO] userlist_deny=[YES|NO]	设置该用户列表允许或禁止登录 FTP 服务，与/etc/vsftpd/user_list 配合
max_clients=0	最大客户端连接数，0 为不限制
max_per_ip=0	同一台 IP 地址的最大连接数，0 为不限制
anonymous_enable=[YES|NO]	是否允许匿名用户访问 FTP 服务，默认为 YES
anon_upload_enable=[YES|NO]	是否给予匿名用户上传文件的权限。只有在 write_enable=YES 时该配置项才有效，且匿名用户对相应的目录必须有写权限。默认为 NO

续表

参　　数	作　　用
anon_umask=022	匿名用户上传文件的 umask 值，022 为用户登录后对文件所拥有的权限是 755，匿名用户为 0
anon_root=[路径]	匿名用户访问的 FTP 根路径，默认为 var/ftp
anon_mkdir_write_enable=[YES|NO]	是否允许匿名用户创建目录，只有在 write_enable=YES 时该配置项才有效，且匿名用户对上层目录有写入的权限。默认为 NO
anon_other_write_enable=[YES|NO]	是否赋予匿名用户其他权限，包括重命名、删除等操作，默认为 NO
anon_max_rate=0	匿名用户最大传输速率(byte/s)，0 为不限制
local_enable=[YES|NO]	是否允许本地用户访问 FTP 服务，默认为 NO
local_umask=022	本地用户上传文件的 umask 值，022 为用户登录后对文件所拥有的权限是 755
local_root=[路径]	本地用户访问的 FTP 根目录，须自行添加
chroot_local_user=[YES|NO]	是否将用户权限禁锢在 FTP 目录中，不让其随意进入其他目录，默认为 NO
local_max_rate=0	本地用户最大传输速率(byte/s)，0 为不限制
write_enable=[YES|NO]	是否对登录用户赋予"写"的权限，属于全局性设置，默认为 NO
ftp_username=ftp	设置匿名用户的账户名称，默认为 ftp
no_anon_password=YES	设置匿名用户登录时是否询问密码。设置为 YES 则不询问，默认为 NO
chown_username=redhat	匿名上传的文件所属用户将会被更改成 redhat(随意)
chown_uploads=YES	是否修改匿名用户所上传文件的所有权，若为 YES，则上传的文件所有权会交给 Chown_username 指定的用户，默认为 NO

(3) 与端口相关的配置

- listen_port=21。设置 FTP 服务器建立连接所侦听的端口，默认为 21，连接非标准端口示例：ftp www.sunflower.org 7000。
- connect_from_port_20=YES。默认为 YES，指定 FTP 数据传输连接使用 20 端口。若设置为 NO，则进行数据连接时所使用的端口由 ftp_data_port 指定。
- ftp_data_port=20。设置 PORT 方式下 FTP 数据连接所使用的端口，默认为 20。
- pasv_enable=YES|NO。若设置为 YES，则使用 PASV 模式；若设置为 NO，则使用 PORT 模式。默认为 YES，即使用 PASV 模式。
- pasv_max_port=0。设置在 PASV 模式下数据连接可以使用的端口范围的上界。默认为 0，表示任意端口。
- pasv_mim_port=0。设置在 PASV 模式下数据连接可以使用的端口范围的下界。默认为 0，表示任意端口。

(4) 与日志文件相关的配置参数及作用如表 7-4 所示。

表 7-4 参数及作用

参　　数	作　　用
xferlog_enable=YES	是否启用上传/下载日志记录。默认为 NO
xferlog_file=var/log/vsftpd.log	设置日志文件名及路径。须启用 xferlog_enable 选项
xferlog_std_format=YES	日志文件是否使用标准的 xferlog 日志文件格式(与 wu-ftpd 使用的格式相同)。默认为 NO

(5) 设置传输模式。FTP 在传输数据时可使用二进制(Binary)方式,也可使用 ASCII 模式上传或下载数据。与 ASCII 相关的配置参数及作用如表 7-5 所示。

表 7-5 参数及作用

参　　数	作　　用
ascii_download_enable=YES	设置是否启用 ASCII 模式下载数据。默认为 NO
ascii_upload_enable=YES	设置是否启用 ASCII 模式上传数据。默认为 NO

(6) vsftpd 的主配置文件有很多带有“#”的注释语句,可以使用 grep -v 将 vsftpd.conf 的注释语句备份到备份文件 vsftpd.conf.bak 中,剩下的主要语句就变得简单易懂了。要实现的配置项需要把“#”去掉,语句前后不要加空格。

```
[root@localhost vsftpd]#mv vsftpd.conf /etc/vsftpd/vsftpd.conf.bak
//移动 vsftpd.con 文件中的内容到 vsftpd.conf.bak,若是 vsftpd.conf.bak 不存在,则自动创建文件
[root@localhost vsftpd]#grep -v "#" /etc/vsftpd/vsftpd.conf.bak>/etc/vsftpd/vsftpd.conf
//将/etc/vsftpd/vsftpd.conf.bak 中以“#”开头的语句过滤并反选剩下的内容输入到/etc/vsftpd/
//vsftpd.conf
[root@localhost vsftpd]#cat vsftpd.conf      //查看内容
anonymous_enable=YES                         //是否允许匿名用户访问
local_enable=YES                             //是否允许本地用户访问
write_enable=YES                             //是否授予写的权限
local_umask=022                              //本地用户为登录目录中的文件的权限,002 为 755
dirmessage_enable=YES                        //登录 FTP 服务时显示的提示语
xferlog_enable=YES
connect_from_port_20=YES
xferlog_std_format=YES
listen=NO
listen_ipv6=YES
pam_service_name=vsftpd
userlist_enable=YES                          //允许/禁止列表中的用户访问
tcp_wrappers=YES
```

7.3.3 任务 3 配置匿名用户只读访问 FTP 服务器

1. 任务分析

五桂山公司总公司计划在 FTP 服务器上实现匿名用户访问公共文件夹,目录为/var/ftp,在 pub 下新建一个 public 文件,赋予匿名用户上传和下载文件的权限。对于初学者,可先不过滤注释语句,以下演示均为过滤注释语句。若是想要挑战自己,则可以用 grep -v 命

令过滤反选后自行按需添加配置。FTP 的匿名访问模型如图 7-5 所示，网络拓扑描述如表 7-6 所示。

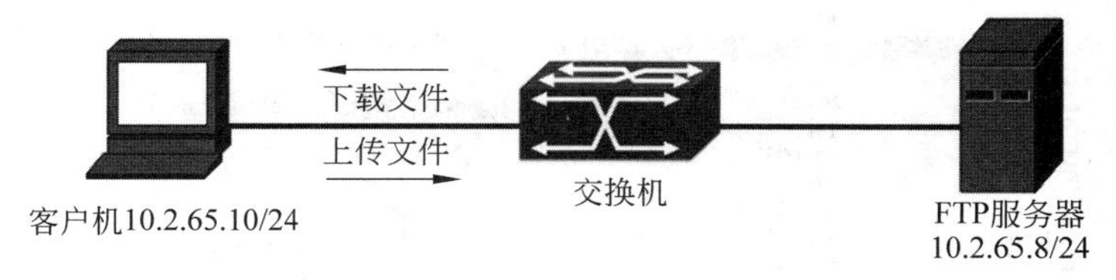

图 7-5　FTP 匿名访问模型

表 7-6　网络拓扑描述

序号	服务名称	IP 地址	账号	密码	操作系统
1	FTP 服务器	10.2.65.8/24			Linux 7.4
2	客户机	10.2.65.10/24	ftp	无	Windows

vsftpd 的 3 种认证登录模式如下。

(1) 匿名用户模式。不安全的登录模式，每个人都可以随机在任意一个 PC 端登录 FTP 服务器，默认用户名为 ftp，无密码，目录为/var/ftp。

(2) 本地用户模式。使用通过 Linux 本地系统创建的用户名及密码进行认证的模式，相较于匿名用户更安全。如果黑客破解了用户信息，则黑客能够使用破解的用户信息访问 FTP 服务，从而控制整台服务器。

(3) 虚拟用户模式。3 种认证模式中最安全的模式，单独为 FTP 服务设置一个数据库，虚拟映射登录验证 FTP 的用户账号信息，而这些虚拟用户本身在 FTP 服务器系统中是不存在的，所以即使黑客破解了账号信息，也无法登录 FTP 服务器。

2. 任务实施过程

(1) 设置服务器和客户端网络类型均为 LAN，即同一局域网，如图 7-6 所示。

(2) 配置 vsftpd.conf 主配置文件(以下编辑文件只显示有需要的几列，未显示的不需要改动)，其中因为行数较多，可以采用查找关键字的方式寻找语句：在命令行模式中按 Ctrl+C 键后输入“?”，“?”后面跟关键字。

```
[root@localhost wgs]#vi /etc/vsftpd/vsftpd.conf
anonymous_enable=YES                              //允许匿名用户登录 FTP
write_enable=YES                                  //赋予其写的权限
anon_mkdir_write_enable=YES
anon_upload_enable=YES                            //赋予匿名用户上传文件到服务器的权限
anon_root=/var/ftp                                //默认匿名用户登录的根目录
[root@localhost wgs]#systemctl restart vsftpd     //重启服务
[root@localhost wgs]#systemctl stop firewalld     //关闭防火墙
关闭安全模式有两种
方式一：
[root@localhost wgs]#vi /etc/selinux/config
SELINUX=disables//默认为 enforcing
重启虚拟机(此关闭安全模式的方式为永久模式)
```

图 7-6　网络类型连接

方式二：

```
[root@localhost wgs]#setenforce 0
```

(3) 配置目录。/var/ftp：匿名用户默认登录的根目录，其下面有一个子文件夹 pub，默认情况下只有 root 用户有写的权限，其余均为只读。如果要给予匿名用户写入权限，则除了打开配置文件中的读写参数之外，还需要在根目录文件夹中给予权限。

```
[root@localhost wgs]#cd /var/ftp/                    //进入匿名用户默认目录
[root@localhost ftp]#cd pub/                         //进入 pub
[root@localhost pub]#vi public                       //创建文件
hello
[root@localhost pub]#chmod 777 public                //更改权限
[root@localhost pub]#ll                              //ll 可以查看到权限等信息
总用量 4
-rwxrwxrwx. 1 root root 6 11 月  1 04:59 public
[root@localhost pub]#cd ..                           //退出上一级
[root@localhost ftp]#ll
总用量 0
drwxr-xr-x. 2 root root 20 11 月  1 04:59 pub        //当前权限为 755
更改权限有两种方式
方式一：[root@localhost ftp]#chmod 757 pub           //使用值更改权限，r=4，w=2，x=1
方式二：[root@localhost ftp]#chmod o+w pub           //单独添加权限
[root@localhost ftp]#ll
总用量 0
drwxr-xrwx. 2 root root 20 11 月  1 04:59 pub
//当前权限为 757，因为匿名用户为 o，要想有写的权限，需要在文件夹中 o+w
```

（4）测试客户机登录。

方式一：通过 cmd 窗口命令测试进入 C 盘，登录 C 盘就是下载文件存放的路径，并在 C 盘提前创建 haha.txt，用来上传 FTP。登录 FTP 服务器（如图 7-7 和图 7-8 所示），查看当前路径的内容（如图 7-9 所示）。

```
C:\WINDOWS\system32\cmd.exe
C:\Documents and Settings\Administrator>cd c:\

C:\>dir
 驱动器 C 中的卷没有标签。
 卷的序列号是 9C2B-CEFF

 C:\ 的目录

2020-10-29  17:03                 0 AUTOEXEC.BAT
2020-10-29  17:21    <DIR>          CAConfig
2020-10-29  17:03                 0 CONFIG.SYS
2020-10-29  17:07    <DIR>          Documents and Settings
2020-10-31  20:52                 4 haha.txt
2020-10-29  17:28    <DIR>          hh
2020-10-29  17:17    <DIR>          Inetpub
2020-10-29  17:01    <DIR>          Program Files
2020-10-30  22:39    <DIR>          WINDOWS
2020-10-29  17:03    <DIR>          wmpub
2020-10-31  20:23    <DIR>          证书
               3 个文件              4 字节
               8 个目录 40,699,117,568 可用字节

C:\>ftp 10.2.65.8
Connected to 10.2.65.8.
220 (vsFTPd 3.0.2)
User (10.2.65.8:(none)): ftp
331 Please specify the password.
Password:
230 Login successful.
```

图 7-7　登录 FTP 服务器

```
C:\WINDOWS\system32\cmd.exe
ftp> pwd
257 "/"
ftp> ls
200 PORT command successful. Consider using PASV.
150 Here comes the directory listing.
pub
226 Directory send OK.
ftp: 5 bytes received in 0.00Seconds 5000.00Kbytes/sec.
ftp> cd pub
250 Directory successfully changed.
ftp> ls
200 PORT command successful. Consider using PASV.
150 Here comes the directory listing.
public
226 Directory send OK.
ftp: 8 bytes received in 0.00Seconds 8000.00Kbytes/sec.
ftp> get public
200 PORT command successful. Consider using PASV.
150 Opening BINARY mode data connection for public (6 bytes).
226 Transfer complete.
ftp: 6 bytes received in 0.00Seconds 6000.00Kbytes/sec.
ftp> put haha.txt
200 PORT command successful. Consider using PASV.
150 Ok to send data.
226 Transfer complete.
ftp: 4 bytes sent in 0.00Seconds 4000.00Kbytes/sec.
ftp> quit
221 Goodbye.
```

图 7-8　测试上传和下载

```
C:\WINDOWS\system32\cmd.exe
C:\>dir
 驱动器 C 中的卷没有标签。
 卷的序列号是 9C2B-CEFF

 C:\ 的目录

2020-10-29  17:03                 0 AUTOEXEC.BAT
2020-10-29  17:21    <DIR>          CAConfig
2020-10-29  17:03                 0 CONFIG.SYS
2020-10-29  17:07    <DIR>          Documents and Settings
2020-10-31  20:52                 4 haha.txt
2020-10-29  17:28    <DIR>          hh
2020-10-29  17:17    <DIR>          Inetpub
2020-10-29  17:01    <DIR>          Program Files
2020-10-31  21:06                 6 public
2020-10-30  22:39    <DIR>          WINDOWS
2020-10-29  17:03    <DIR>          wmpub
2020-10-31  20:23    <DIR>          证书
               4 个文件             10 字节
               8 个目录 40,699,117,568 可用字节
```

图 7-9　C 盘的内容

- pwd：查看当前路径。
- cmd：窗口只能使用 ls 命令查看内容，不可使用 ll 命令查看。
- get：下载。
- put：上传。
- bye/quit：退出。

方式二：通过"我的电脑"界面测试。登录 FTP 服务器，登录的路径就是下载文件存放的路径（如图 7-10 所示）。复制 public 到外面，粘贴 haha.txt 到 ftp 内（如图 7-11 所示）。

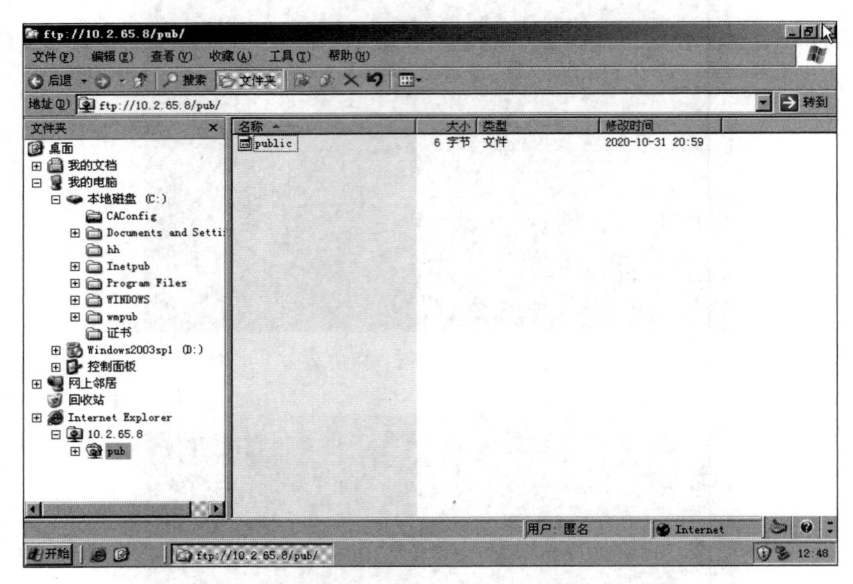

图 7-10　通过 Windows 客户端远程登录 FTP 服务器

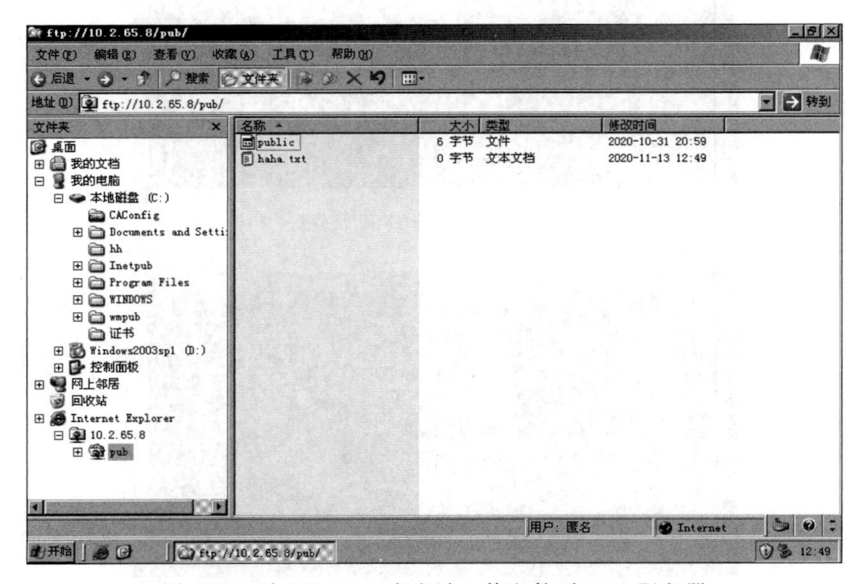

图 7-11　从 Windows 客户端上传文件到 FTP 服务器

7.3.4　任务 4　匿名用户登录具有写入权限的 FTP 服务器

1. 任务分析

五桂山公司总公司计划在 FTP 服务器上实现匿名用户访问公共文件夹，目录为/wgs，目录下有 public 文件，并赋予匿名用户上传、下载、重命名和删除文件的权限。

2. 任务实施过程

（1）编辑主配置文件。

```
[root@localhost pub]#vi /etc/vsftpd/vsftpd.conf
anonymous_enable=YES                          //允许匿名用户登录
write_enable=YES                              //全局参数
anon_upload_enable=YES                        //赋予匿名用户上传文件的权限
anon_mkdir_write_enable=YES                   //赋予匿名用户写的权限
anon_root=/wgs                                //匿名用户登录的根目录
anon_other_write_enable=YES                   //赋予匿名用户修改、删除等权限
```

（2）创建文件并修改权限。

```
[root@localhost pub]#cd /                     //进入"/"路径
[root@localhost /]#mkdir wgs                  //创建根目录
[root@localhost /]#cd wgs
[root@localhost wgs]#mkdir public             //创建文件夹
[root@localhost wgs]#cd public
[root@localhost public]#vi first              //创建文件
Hello word
[root@localhost public]#chmod 777 first       //用户对文件的权限，匿名用户为 o，要想有写入、删除、
                                              //修改等权限，文件也要对等地给予全部权限
[root@localhost public]#cd ..
[root@localhost wgs]#ll
总用量 0
drwxr-xr-x. 2 root root 19 11 月  1 15:45 public    //public 默认权限是 755
[root@localhost wgs]#chmod 757 public         //仅文件权限不够，需要在上一级目录给予 o 全部权限
[root@localhost wgs]#cd ..
[root@localhost /]#ll                         //这里只显示 wgs 文件夹的信息
drwxr-xr-x.  3 root root  20 11 月  1 15:44 wgs    //切记 wgs 的权限不可全给，会有被删除的风险
```

（3）查看服务。查看服务状态有以下 3 种方式。

```
方式一：[root@localhost/]# netstat -anp | grep :21|     //查看端口状态
tcp6     0   0 :::21        :::*        LISTEN      5776/vsftpd
[root@localhost /]#netstat -anp | grep :22
tcp          0       0 0.0.0.0:22     0.0.0.0:*     LISTEN     1206/sshd
tcp6         0       0 :::22          :::*          LISTEN     1206/sshd
方式二：[root@localhost /]#! net
netstat -anp | grep :22
tcp          0       0 0.0.0.0:22     0.0.0.0:*     LISTEN     1206/sshd
tcp6         0       0 :::22          :::*          LISTEN     1206/sshd
方式三：[root@localhost public]#systemctl status vsftpd
vsftpd.service-Vsftpd ftp daemon
   Loaded: loaded (/usr/lib/systemd/system/vsftpd. service; disabled; vendor preset: disabled)
  Active: active (running) since 日 2020-11-01 15:49:06 CST; 10min ago
 Process: 6776 ExecStart=/usr/sbin/vsftpd /etc/vsftpd/vsftpd.conf (code=exited, status=0/SUCCESS)
Main PID: 6778 (vsftpd)
```

```
CGroup: /system.slice/vsftpd.service
        └─6778 /usr/sbin/vsftpd /etc/vsftpd/vsftpd.conf
```

（4）客户端测试。先准备 haha.txt，用来测试上传文件。测试登录（如图 7-12 所示），测试下载上传、重命名（如图 7-13 所示），删除文件（如图 7-14 所示）。

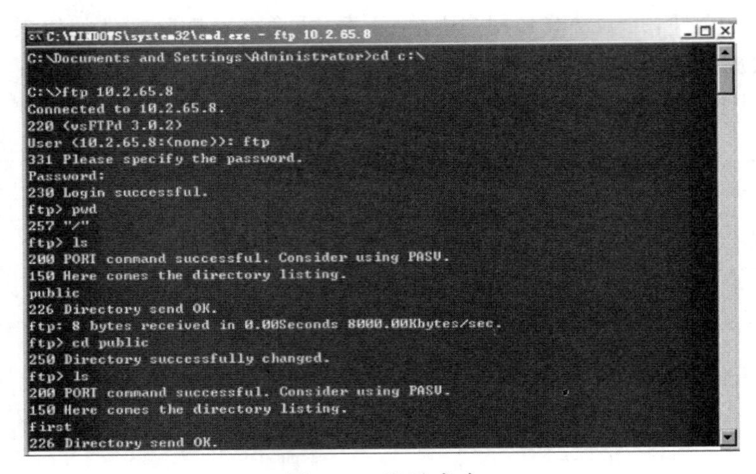

图 7-12　登录成功

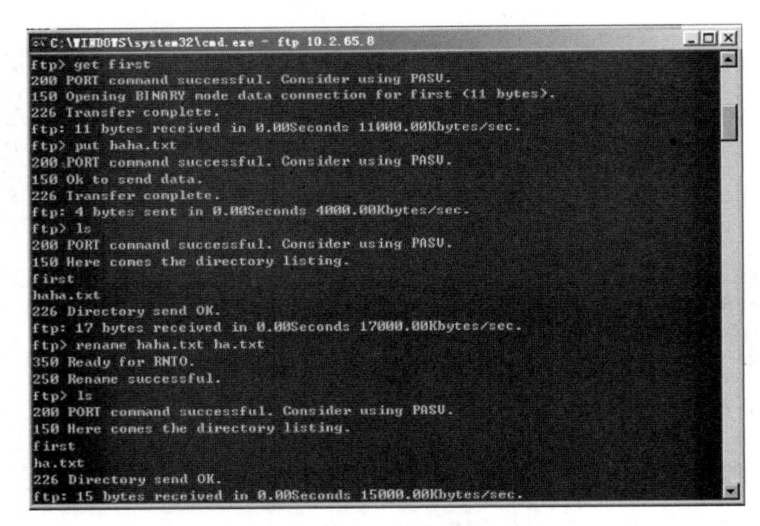

图 7-13　测试成功

```
C:\WINDOWS\system32\cmd.exe - ftp 10.2.65.8
ftp> ls
200 PORT command successful. Consider using PASV.
150 Here comes the directory listing.
first
ha.txt
226 Directory send OK.
ftp: 15 bytes received in 0.02Seconds 0.94Kbytes/sec.
ftp> delete ha.txt
250 Delete operation successful.
ftp> ls
200 PORT command successful. Consider using PASV.
150 Here comes the directory listing.
first
226 Directory send OK.
ftp: 7 bytes received in 0.00Seconds 7000.00Kbytes/sec.
```

图 7-14　删除成功

- 重命名：rename。
- 创建/删除文件夹：mkdir/rm。
- 删除文件：delete。

7.3.5　任务 5　设置欢迎信息(1)

1. 任务分析

五桂山公司设计了匿名用户，登录无需询问密码，上传文件所有权为 root，登录成功后界面显示 welcome to FTP server。用户登录 FTP 服务器成功后，服务器可向登录用户输出预设置的欢迎信息。

- ftpd_banner=Welcome to my FTP server：该配置项用于设置比较简短的欢迎信息，若欢迎信息较多，则可使用 banner_file 配置项。
- banner_file=/etc/vsftpd/banner(自己创建)：设置用户登录，将要显示输出的文件。该设置项将覆盖 ftpd_banner 的设置。
- dirmessage_enable=YES：设置是否显示目录消息。若设置为 YES，则当用户进入特定目录(如/var/ftp/linux)时，将显示该目录中的由 message_file 配置项指定的文件(message)中的内容。
- message_file=message：设置目录消息文件。可将显示信息存入该文件，该文件需要放在相应的目录下。
- Chown_uploads=YES，是否修改匿名用户所上传文件的所有权，若为 YES，则上传的文件所有权会给 Chown_username 指定的用户，默认为 NO。
- Chown_username=root，匿名上传的文件所属用户将会被更改成 root。

2. 任务实施过程

(1) 编辑主配置文件。

```
[root@localhost public]#vi /etc/vsftpd/vsftpd.conf
ftpd_banner=Welcome to FTP service.      //欢迎信息
no_anon_password=YES                     //匿名用户登录时无需密码
chown_uploads=YES                        //允许修改上传文件所有权者
chown_username=root                      //修改上传文件所有权者为 root
[root@localhost public]#systemctl restart vsftpd
```

(2) 客户端测试如图 7-15 所示。

(3) FTP 服务器查看。

```
[root@localhost public]#ll
-rwxrwxrwx. 1 root root 11 11 月  1 15:45 first
-rw-------. 1 root ftp   4 11 月  2 14:33 haha.txt  //文件所有权为 root
```

7.3.6　任务 6　设置欢迎信息(2)

1. 任务分析

五桂山公司总公司决定，为了方便用户登录，决定设计在匿名用户登录服务器后显示“welcome to FTP server! 换行 You can start!”；进入 public 目录后显示“welcome to public!”。

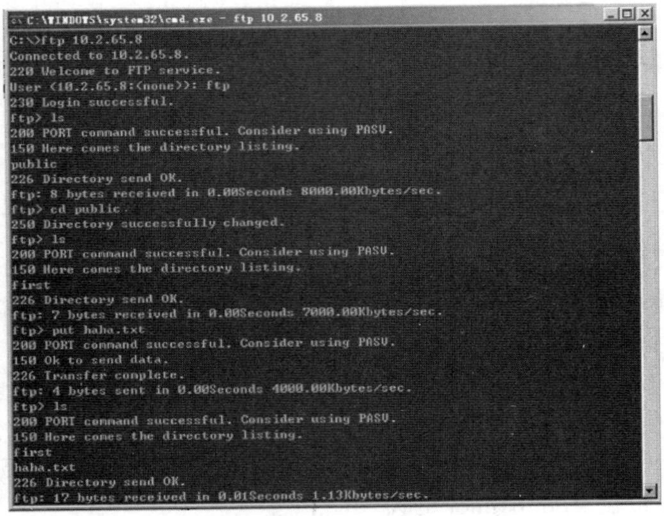

```
C:\WINDOWS\system32\cmd.exe - ftp 10.2.65.8
C:\>ftp 10.2.65.8
Connected to 10.2.65.8.
220 Welcome to FTP service.
User (10.2.65.8:(none)): ftp
230 Login successful.
ftp> ls
200 PORT command successful. Consider using PASV.
150 Here comes the directory listing.
public
226 Directory send OK.
ftp: 8 bytes received in 0.00Seconds 8000.00Kbytes/sec.
ftp> cd public
250 Directory successfully changed.
ftp> ls
200 PORT command successful. Consider using PASV.
150 Here comes the directory listing.
first
226 Directory send OK.
ftp: 7 bytes received in 0.00Seconds 7000.00Kbytes/sec.
ftp> put haha.txt
200 PORT command successful. Consider using PASV.
150 Ok to send data.
226 Transfer complete.
ftp: 4 bytes sent in 0.00Seconds 4000.00Kbytes/sec.
ftp> ls
200 PORT command successful. Consider using PASV.
150 Here comes the directory listing.
first
haha.txt
226 Directory send OK.
ftp: 17 bytes received in 0.01Seconds 1.13Kbytes/sec.
```

图 7-15　客户端测试

2. 任务实施过程

(1) 配置主配置文件。

```
[root@localhost public]#vi /etc/vsftpd/vsftpd.conf
banner_file=/etc/vsftpd/banner          //显示输出文件的路径
dirmessage_enable=YES                   //进入目录显示信息
message_file=wgs.message                //进入目录后显示信息文件的路径
[root@localhost vsftpd]#systemctl restart vsftpd
```

(2) 创建欢迎信息。

注意：进入目录显示信息文件要在该目录下面，而不是同一级。

```
[root@localhost public]#cd /etc/vsftpd/
[root@localhost vsftpd]#vi banner             //登录服务器的欢迎信息文件
Welcome to FTP server!
You can start!
[root@localhost /]#cd /wgs/public             //进入 public 目录后显示的信息文件
[root@localhost public]#vi wgs.message        //后缀为 message
welcome to public!
```

(3) 客户端测试。进入不同目录显示不同欢迎信息无法实现，message_file 有多个，以最后一个为准信息，如图 7-16 所示。

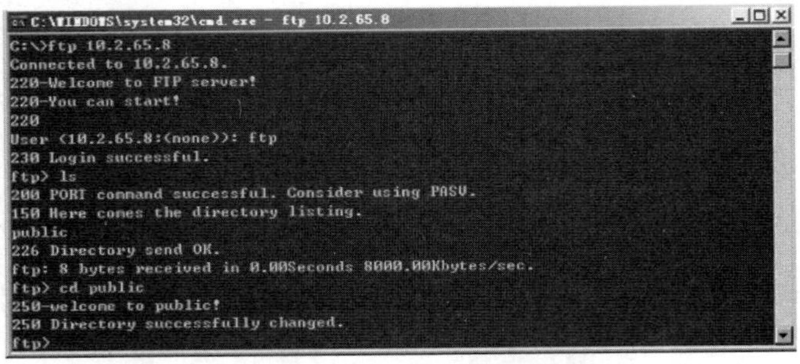

```
C:\WINDOWS\system32\cmd.exe - ftp 10.2.65.8
C:\>ftp 10.2.65.8
Connected to 10.2.65.8.
220-Welcome to FTP server!
220-You can start!
220
User (10.2.65.8:(none)): ftp
230 Login successful.
ftp> ls
200 PORT command successful. Consider using PASV.
150 Here comes the directory listing.
public
226 Directory send OK.
ftp: 8 bytes received in 0.00Seconds 8000.00Kbytes/sec.
ftp> cd public
250-welcome to public!
250 Directory successfully changed.
ftp>
```

图 7-16　客户端测试

7.3.7　任务 7　本地用户登录 FTP 服务器

1. 任务分析

因匿名用户登录 FTP 服务器较不安全，五桂山公司计划设计一名本地用户，用来登录 FTP 服务器，管理 ftp_user 目录，账户为 wgsu1，密码为 123456，网络拓扑描述如表 7-7 所示。

表 7-7　网络拓扑描述

序号	服务名称	IP 地址	账号	密码	操作系统
1	FTP 服务器	10.2.65.8/24			Linux 7.4
2	客户机	10.2.65.10/24	wgsu1	123456	Windows

2. 任务实施过程

(1) 配置主配置文件，需要打开允许本地用户登录的参数开关。

```
[root@localhost /]#vi /etc/vsftpd/vsftpd.conf
local_enable=YES                              //允许本地用户登录 FTP
write_enable=YES                              //全局参数
local_root=/ftp_user                          //本地用户登录的根目录
[root@localhost /]#systemctl restart vsftpd
```

(2) 创建公司访问的用户。

```
[root@localhost ftpu1]#useradd wgsu1          //创建用户
[root@localhost ftpu1]#passwd wgsu1           //用户密码
[root@localhost /]#ll /home
//查看用户是否存在,本地用户一旦创建,/home 下就会有对应信息
drwx------.  3 wgsu1 wgsu1   78 11 月   2 15:29 wgsu1
```

(3) 创建目录。

```
[root@localhost /]#mkdir ftp_user
[root@localhost /]#cd ftp_user
[root@localhost ftp_user]#mkdir wgsu1
[root@localhost ftp_user]#cd wgsu1/
[root@localhost wgsu1]#touch wgsu1
[root@localhost /]#chmod -R 777 ftp_user/          //R 表示迭代,文件夹下面的所有文件的权限均更改
```

(4) 客户端测试。cmd 窗口和匿名用户一样，更改账号名称即可，以下用“我的电脑”界面演示。输入 ftp://IP 后默认匿名用户，本地用户登录须右击空白处后单击“登录”按钮，如图 7-17 至图 7-19 所示。

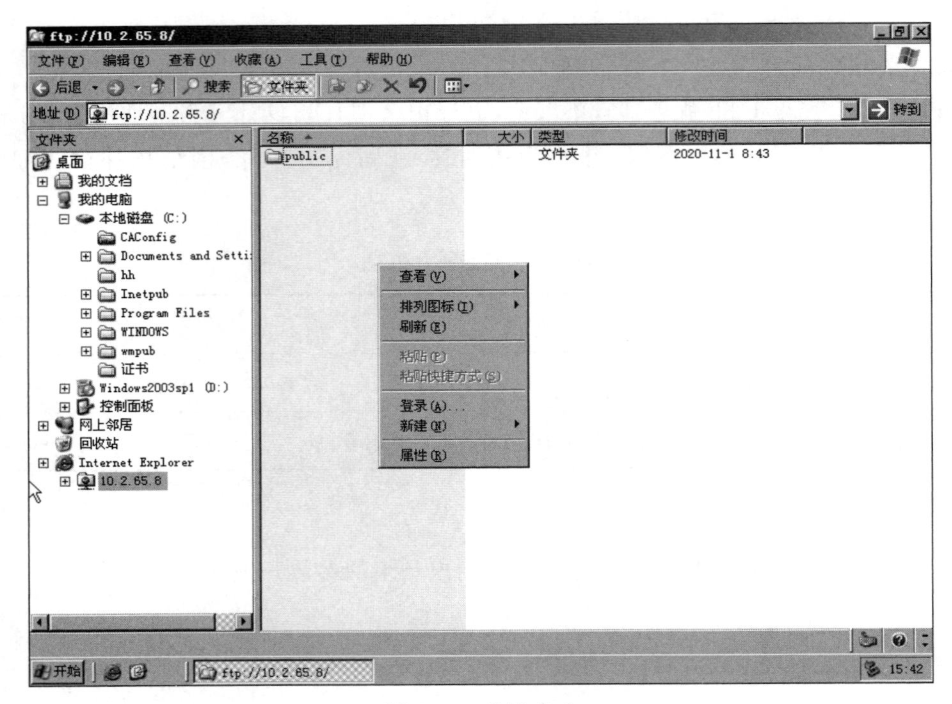

图 7-17　登录成功

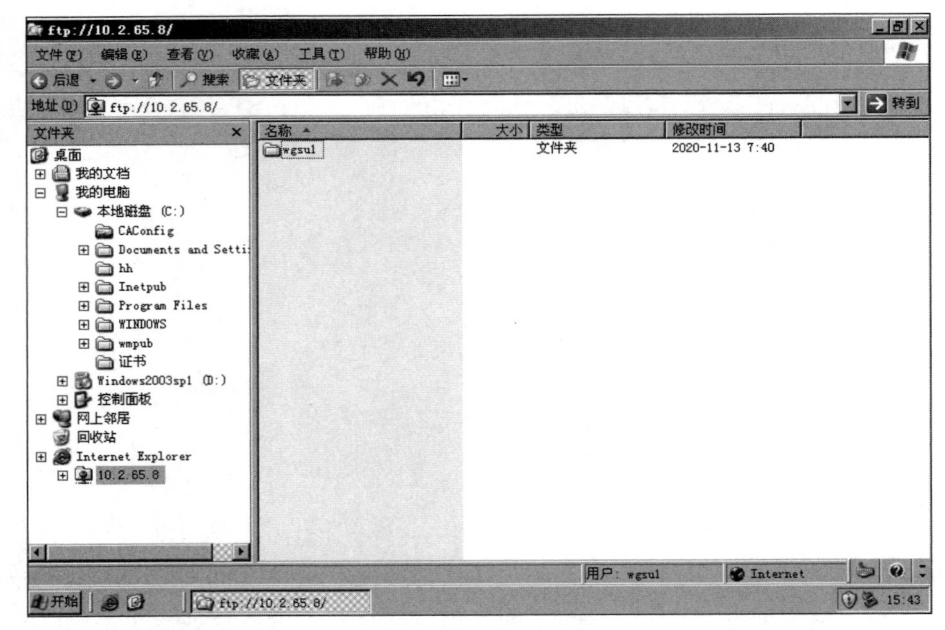

图 7-18　登录目录

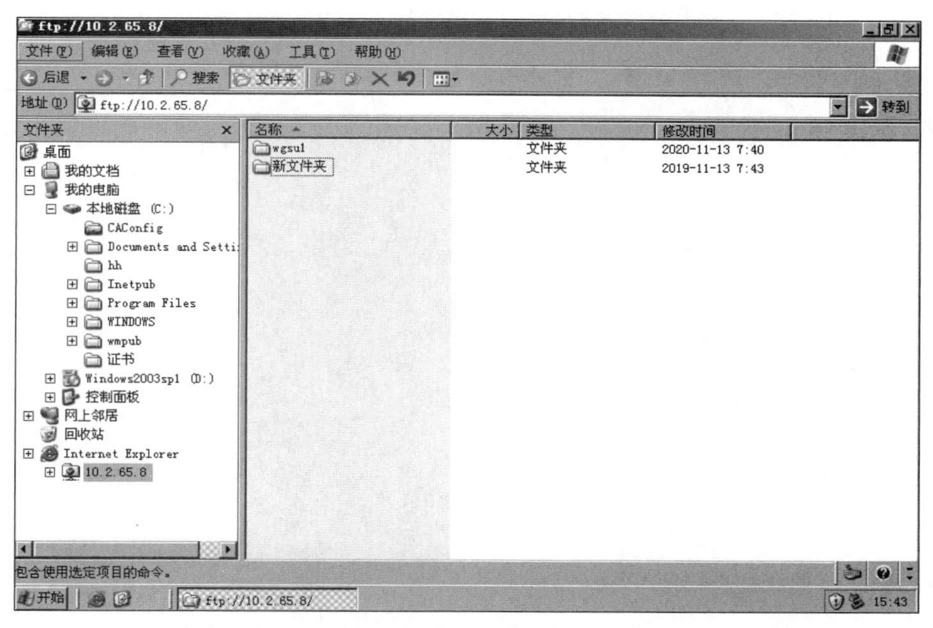

图 7-19　创建文件成功

7.3.8　任务 8　ftpusers 文件

1. 任务分析

五桂山公司有多位员工，其中 wgsu1 和 wgsu2 共同管理着 ftp_user 目录。最近，员工 wgsu1 辞职，考虑到公司的机密，需要禁止 wgsu1 账号登录 FTP 服务器。ftpusers 的模型如图 7-20 所示，网络拓扑描述如表 7-8 所示。

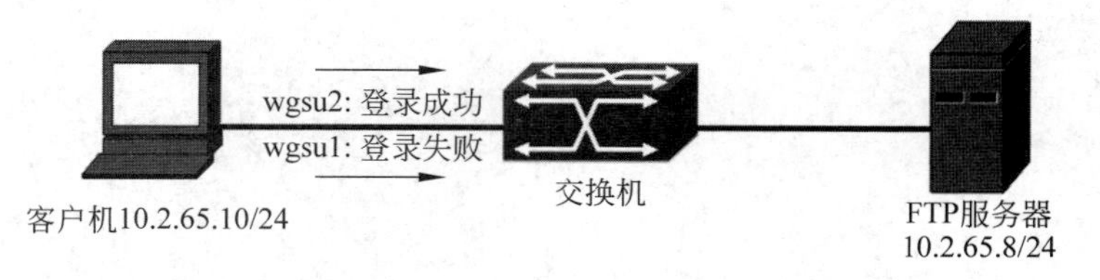

图 7-20　ftpusers 模型

表 7-8　网络拓扑描述

序号	服务名称	IP 地址	账号	密码	登录 FTP 服务器	操作系统
1	FTP 服务器	10.2.65.8/24				Linux 7.4
2	客户机	10.2.65.10/24	wgsu1	123456	失败	Windows
			wgsu2	123456	成功	

2. 任务实施过程

(1) 配置主配置文件。

```
[root@localhost vsftpd]#vi /etc/vsftpd/vsftpd.conf
```

```
local_enable=YES
write_enable=YES
local_root=/ftp_user
```

（2）配置 ftpusers 文件，凡是在 ftpusers 文件中登记的用户，均不允许使用 FTP 服务器。

```
[root@localhost vsftpd]#vi ftpusers
wgsu1          //一行一用户,文件中的用户均不可登录
```

（3）创建用户。

```
[root@localhost wgs]#useradd wgsu1
[root@localhost wgs]#passwd wgsu1
[root@localhost wgs]#useradd wgsu2
[root@localhost wgs]#passwd wgsu2
drwx------.  3 wgsu1 wgsu1   78 11 月  2 15:29 wgsu1
drwx------.  3 wgsu2 wgsu2   78 11 月  3 23:32 wgsu2
```

（4）客户端测试如图 7-21 所示。

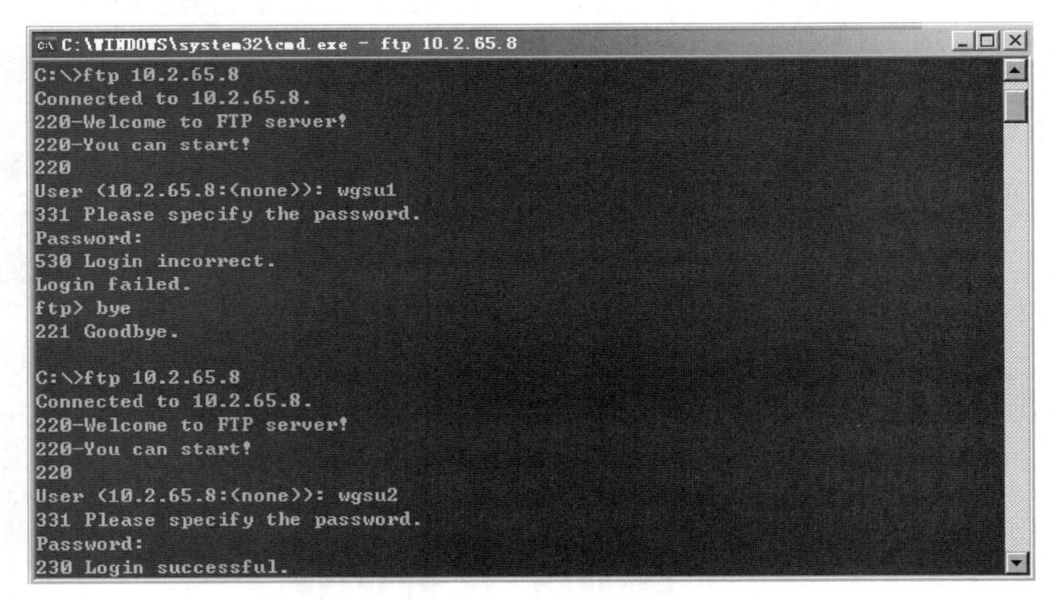

图 7-21　客户端测试

7.3.9　任务 9　user_list 文件

1. 任务分析

user_list 文件和 ftpusers 文件的作用相似，但前者比较灵活，所以五桂山公司计划使用 user_list 文件控制员工的登录权限，使员工 wgsu1 和 wgsu2 不能登录 FTP 服务器，员工 wgsu3 可以登录 FTP 服务器。网络拓扑描述如表 7-9 所示。

表 7-9　网络拓扑描述

序号	服务名称	ip 地址	账号	密码	登录 FTP 服务器	操作系统
1	FTP 服务器	10.2.65.8/24				Linux 7.4
2	客户机	10.2.65.10/24	wgsu1	123456	失败	Windows
			wgsu2	123456	失败	Windows
			wgsu3	123456	成功	Windows

user_list 文件需要结合参数发挥作用,具体参数的作用如下。

(1) userlist_enable=YES (直接 passwd 不显示就不能登录)。定义/etc/vsftpd/user_list 文件是否启用生效。YES 则生效,NO 则不生效。

(2) userlist_deny=YES。定义/etc/vsftpd/user_list 文件中的用户是允许访问还是不允许访问。

- 设置为 YES,则/etc/vsftpd/user_list 文件中的用户将不允许访问 FTP 服务器。
- 设置为 NO,则只有 vsftpd.user_list 文件中的用户才能访问 FTP 服务器。

2. 任务实施过程

(1) 配置主配置文件。

```
[root@localhost vsftpd]#vi vsftpd.conf
userlist_enable=YES          //打开 user_list 文件
userlist_deny=YES            //设置 user_list 文件内的用户不可登录
[root@localhost vsftpd]#systemctl restart vsftpd
```

(2) 创建用户。

```
[root@localhost vsftpd]#useradd wgsu1
[root@localhost vsftpd]#passwd wgsu1
[root@localhost vsftpd]#useradd wgsu2
[root@localhost vsftpd]#passwd wgsu2
[root@localhost vsftpd]#useradd wgsu3
[root@localhost vsftpd]#passwd wgsu3
```

(3) 配置 user_list。

```
[root@localhost vsftpd]#vi user_list
wgsu1                    //userlist_deny=YES 时,仅 user_list 文件内的用户不可登录,其他用户均可登录
wgsu2
```

(4) 客户端测试如图 7-22 所示。

(5) 若 userlist_deny=NO,则仅 user_list 文件内的用户可以登录,读者可以自行验证。

```
[root@localhost vsftpd]#vi vsftpd.conf
userlist_enable=YES
userlist_deny=NO          //设置 user_list 文件内的用户可登录,注释也一样
[root@localhost vsftpd]#systemctl restart vsftpd
[root@localhost vsftpd]#vi user_list
wgsu3                     //userlist_deny=NO 时,仅 user_list 文件内的用户可登录
```

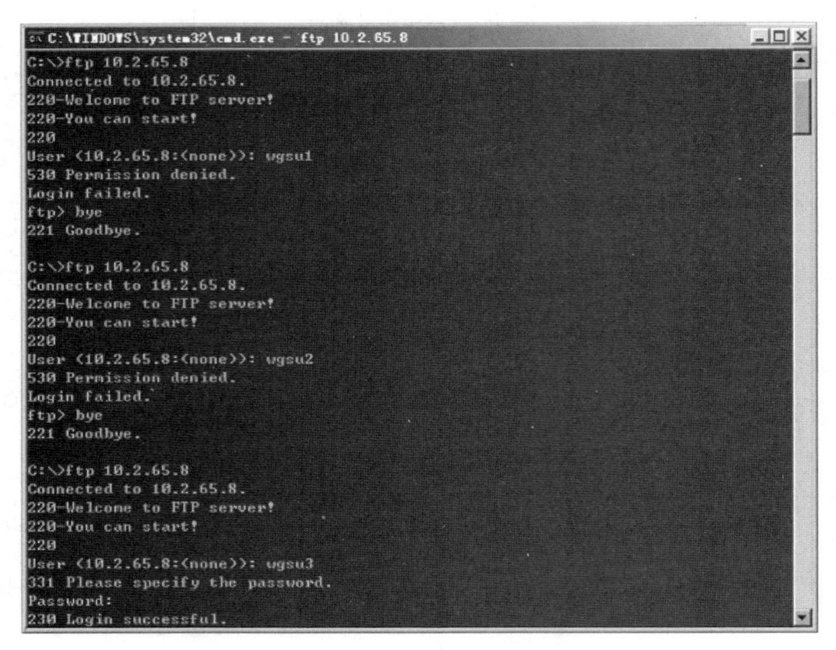
```
C:\>ftp 10.2.65.8
Connected to 10.2.65.8.
220-Welcome to FTP server!
220-You can start!
220
User (10.2.65.8:(none)): wgsu1
530 Permission denied.
Login failed.
ftp> bye
221 Goodbye.

C:\>ftp 10.2.65.8
Connected to 10.2.65.8.
220-Welcome to FTP server!
220-You can start!
220
User (10.2.65.8:(none)): wgsu2
530 Permission denied.
Login failed.
ftp> bye
221 Goodbye.

C:\>ftp 10.2.65.8
Connected to 10.2.65.8.
220-Welcome to FTP server!
220-You can start!
220
User (10.2.65.8:(none)): wgsu3
331 Please specify the password.
Password:
230 Login successful.
```

图 7-22　客户端测试

7.3.10　任务 10　禁锢用户只可访问自己宿主目录(1)

1. 任务分析

五桂山公司需要使用两个管理员账户 wgsu1 和 wgsu2 管理 ftp_user 目录,对目录有全部权限,但由于 wgsu1 是外聘员工,因此基于安全考虑,公司限制了 wgsu1 只能在 ftp_user 目录下进行管理,不能切换到其他目录。使用一台 Linux 作为 FTP 服务器(10.2.65.8/24),一台 PC 模拟两个客户(10.2.65.10/24),网络拓扑如表 7-10 所示。

表 7-10　网络拓扑描述

序号	服务名称	IP 地址	账号	密码	操作系统
1	FTP 服务器	10.2.65.8/24			Linux 7.4
2	客户机	10.2.65.10/24	wgsu1	123456	Windows
			wgsu2	123456	Windows

在默认配置下,本地用户可以使用“cd..”命名切换到上级目录。比如,若用户登录后所在的目录为/var/ftp,则执行“cd..”命令后,用户将切换到其上级目录/var,若继续执行该命令,则可进入 Linux 系统的根目录,从而可以对整个 Linux 文件系统进行操作。本地用户可以进行此操作,默认匿名用户不可切换目录。若设置了 write_enable=YES,则用户还可对根目录下的文件进行改写操作,但这样会给系统带来极大的安全隐患,因此必须防止用户切换到 Linux 的根目录。当用户不允许切换到上级目录时,登录后 FTP 站点的根目录“/”就是该 FTP 账户的主目录。

（1）控制用户是否切换上级配置项。

- chroot_local_user=YES，用于指定用户列表文件中的用户是否允许切换到上级目录。默认为 NO，NO 表示允许切换，YES 表示不允许切换（本地用户均不可切换，过于绝对）。
- chroot_list_enable=YES（相对于 chroot_local_user 较灵活，需和 chroot_list_file 搭配），设置是否启用 chroot_list_file 配置项指定的用户列表文件。若设置为 YES，则除了列在/etc/vsftpd/chroot_list 文件中的账号外，所有登录的用户都可以进入 FTP 根目录之外的目录，默认为 NO。
- chroot_list_file=/etc/vsftpd/chroot_list，用于指定用户列表文件，该文件用于控制哪些用户可以切换到 FTP 站点根目录的上级目录（一行一个用户）。

（2）chroot 配置项的搭配。

- 当 chroot_list_enable=YES，chroot_local_user=YES 时，在/etc/vsftpd/chroot_list 文件中列出的用户均可以切换到上级目录；未在文件中列出的用户则不能切换到站点根目录的上级目录。
- 当 chroot_list_enable=YES，chroot_local_user=NO 时，在/etc/vsftpd/chroot_list 文件中列出的用户均不能切换到站点根目录的上级目录；未在文件中列出的用户则可以切换到上级目录。
- 当 chroot_list_enable=NO，chroot_local_user=YES 时，所有用户均不能切换到上级目录。
- 当 chroot_list_enable=NO，chroot_local_user=NO 时，所有用户均可以切换到上级目录。

方式一：chroot_list_enable=YES，chroot_local_user=YES。

巧记方法：正正为正，里面可以，外面不可以。

2. 任务实施过程

（1）配置主配置文件。

```
[root@localhost wgs]#vi /etc/vsftpd/vsftpd.conf
local_enable=YES
write_enable=YES
local_root=/ftp_user
chroot_local_user=YES
chroot_list_enable=YES
chroot_list_file=/etc/vsftpd/chroot_list          //允许切换目录的用户列表
allow_writeable_chroot=YES                        //添加安全性检查
[root@localhost wgs]#systemctl restart vsftpd
```

（2）创建用户登录的根目录。

```
[root@localhost /]#mkdir ftp_user
[root@localhost /]#cd ftp_user/
[root@localhost ftp_user]#mkdir wgsu1
[root@localhost ftp_user]#mkdir wgsu2
[root@localhost /]#chmod -R 777 ftp_user          //目录及以下文件皆更改权限
[root@localhost ftp_user]#ll
```

```
drwxrwxrwx. 2 root root 19 11 月   3 23:45 wgsu1
drwxrwxrwx. 2 root root  6 11 月   3 23:45 wgsu2
```

（3）创建用户。

```
[root@localhost wgs]#useradd wgsu1
[root@localhost wgs]#passwd wgsu1
[root@localhost wgs]#useradd wgsu2
[root@localhost wgs]#passwd wgsu2
drwx------.  3 wgsu1 wgsu1   78 11 月   2 15:29 wgsu1
drwx------.  3 wgsu2 wgsu2   78 11 月   3 23:32 wgsu2
```

（4）创建 chrrot_list(没有就创建,有则在里面编辑即可)。

```
[root@localhost vsftpd]#ll      //没有 chroot_list 则自己创建
-rw-r--r--. 1 root root   38 11 月   2 14:54 banner
-rw-------. 1 root root  125 3 月   23 2017 ftpusers
-rw-------. 1 root root  361 3 月   23 2017 user_list
-rw-------. 1 root root 5175 11 月   3 23:44 vsftpd.conf
-rwxr--r--. 1 root root  338 3 月   23 2017 vsftpd_conf_migrate.sh
[root@localhost vsftpd]#vi chroot_list
wgsu2                           //里面可以,外面不可以
```

（5）客户端测试。用户 wgsu1 可登录,但不可切换到 ftp_user 以外的目录,如图 7-23 所示。用户 wgsu2 可登录,可切换到 ftp_user 以外的目录,如图 7-24 所示。

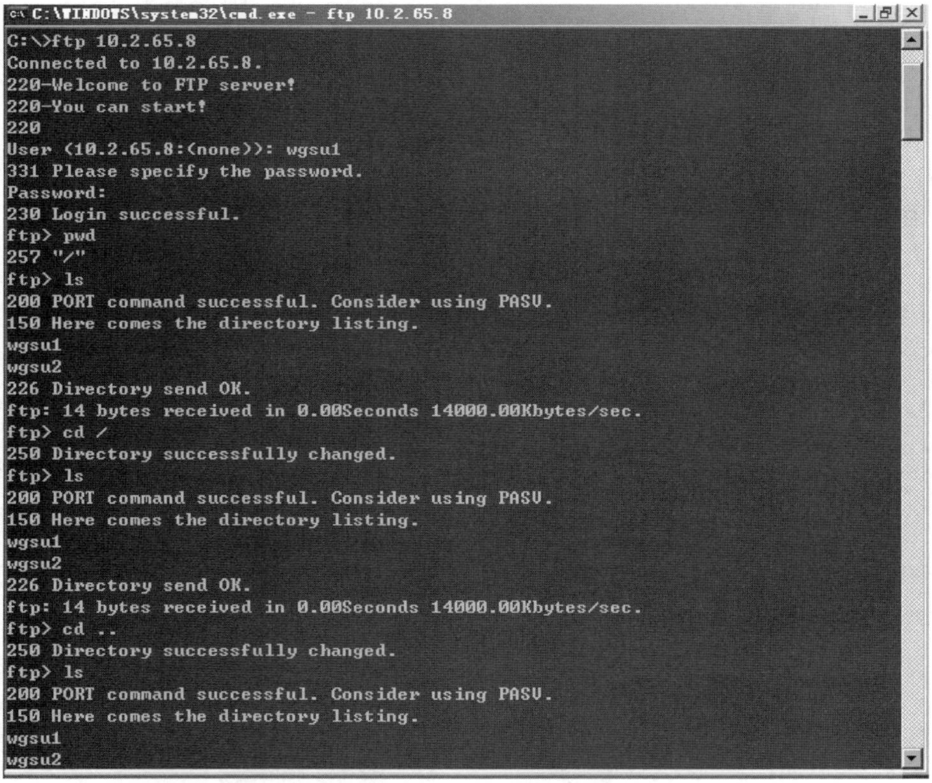

```
C:\WINDOWS\system32\cmd.exe - ftp 10.2.65.8
C:\>ftp 10.2.65.8
Connected to 10.2.65.8.
220-Welcome to FTP server!
220-You can start!
220
User (10.2.65.8:(none)): wgsu1
331 Please specify the password.
Password:
230 Login successful.
ftp> pwd
257 "/"
ftp> ls
200 PORT command successful. Consider using PASV.
150 Here comes the directory listing.
wgsu1
wgsu2
226 Directory send OK.
ftp: 14 bytes received in 0.00Seconds 14000.00Kbytes/sec.
ftp> cd /
250 Directory successfully changed.
ftp> ls
200 PORT command successful. Consider using PASV.
150 Here comes the directory listing.
wgsu1
wgsu2
226 Directory send OK.
ftp: 14 bytes received in 0.00Seconds 14000.00Kbytes/sec.
ftp> cd ..
250 Directory successfully changed.
ftp> ls
200 PORT command successful. Consider using PASV.
150 Here comes the directory listing.
wgsu1
wgsu2
```

图 7-23　用户 wgsu1 测试

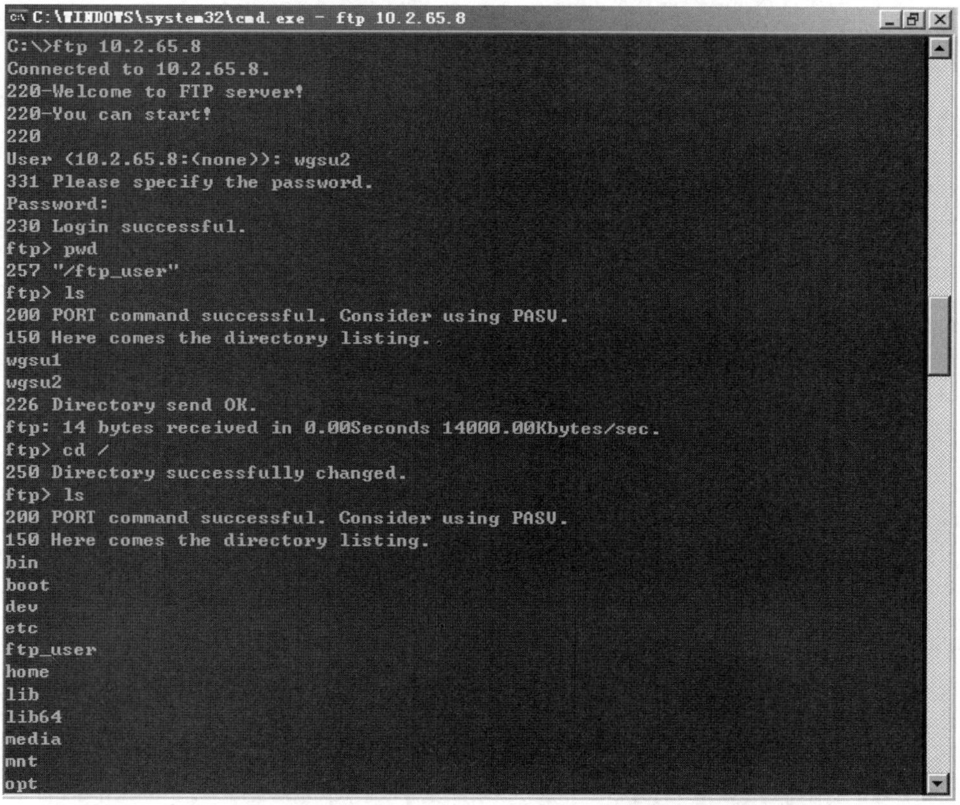

```
C:\WINDOWS\system32\cmd.exe - ftp 10.2.65.8
C:\>ftp 10.2.65.8
Connected to 10.2.65.8.
220-Welcome to FTP server!
220-You can start!
220
User (10.2.65.8:(none)): wgsu2
331 Please specify the password.
Password:
230 Login successful.
ftp> pwd
257 "/ftp_user"
ftp> ls
200 PORT command successful. Consider using PASV.
150 Here comes the directory listing.
wgsu1
wgsu2
226 Directory send OK.
ftp: 14 bytes received in 0.00Seconds 14000.00Kbytes/sec.
ftp> cd /
250 Directory successfully changed.
ftp> ls
200 PORT command successful. Consider using PASV.
150 Here comes the directory listing.
bin
boot
dev
etc
ftp_user
home
lib
lib64
media
mnt
opt
```

图 7-24　用户 wgsu2 测试

7.3.11　任务 11　禁锢用户只可访问自己宿主目录(2)

1. 任务分析

方式二：chroot_list_enable＝YES，chroot_local_user＝NO。

巧记方法：正负为负，里面不可以，外面可以。

2. 任务实施过程

(1) 配置主配置文件。

```
[root@localhost wgs]#vi /etc/vsftpd/vsftpd.conf
chroot_local_user=NO
chroot_list_enable=YES
chroot_list_file=/etc/vsftpd/chroot_list
[root@localhost wgs]#systemctl restart vsftpd
```

(2) 配置 chrrot_list。

```
[root@localhost vsftpd]#vi chroot_list
wgsu1        //里面不可以,外面可以
```

(3) 客户端测试如图 7-25 和图 7-26 所示。

```
C:\WINDOWS\system32\cmd.exe - ftp 10.2.65.8
C:\>ftp 10.2.65.8
Connected to 10.2.65.8.
220-Welcome to FTP server!
220-You can start!
220
User (10.2.65.8:(none)): wgsu1
331 Please specify the password.
Password:
230 Login successful.
ftp> pwd
257 "/"
ftp> ls
200 PORT command successful. Consider using PASV.
150 Here comes the directory listing.
wgsu1
wgsu2
226 Directory send OK.
ftp: 14 bytes received in 0.00Seconds 14000.00Kbytes/sec.
ftp> cd /
250 Directory successfully changed.
ftp> ls
200 PORT command successful. Consider using PASV.
150 Here comes the directory listing.
wgsu1
wgsu2
226 Directory send OK.
ftp: 14 bytes received in 0.00Seconds 14000.00Kbytes/sec.
ftp> cd /
250 Directory successfully changed.
ftp> ls
200 PORT command successful. Consider using PASV.
150 Here comes the directory listing.
wgsu1
wgsu2
```

图 7-25　用户 wgsu1 测试

```
C:\WINDOWS\system32\cmd.exe - ftp 10.2.65.8
C:\>ftp 10.2.65.8
Connected to 10.2.65.8.
220-Welcome to FTP server!
220-You can start!
220
User (10.2.65.8:(none)): wgsu2
331 Please specify the password.
Password:
230 Login successful.
ftp> pwd
257 "/ftp_user"
ftp> ls
200 PORT command successful. Consider using PASV.
150 Here comes the directory listing.
wgsu1
wgsu2
226 Directory send OK.
ftp: 14 bytes received in 0.00Seconds 14000.00Kbytes/sec.
ftp> cd /
250 Directory successfully changed.
ftp> ls
200 PORT command successful. Consider using PASV.
150 Here comes the directory listing.
bin
boot
dev
etc
ftp_user
home
lib
lib64
media
mnt
opt
```

图 7-26　用户 wgsu2 测试

7.3.12 任务 12 禁锢用户只可访问自己宿主目录(3)

1. 任务分析

方式三：chroot_list_enable＝NO，chroot_local_user＝YES。

巧记方法：若 chroot_list_enable＝NO，则只看 chroot_local_user＝YES，都不可以。

2. 任务实施过程

(1) 配置主配置文件。

```
[root@localhost wgs]#vi /etc/vsftpd/vsftpd.conf
chroot_local_user=YES
chroot_list_enable=NO
chroot_list_file=/etc/vsftpd/chroot_list
[root@localhost wgs]#systemctl restart vsftpd
```

(2) 客户端测试如图 7-27 和图 7-28 所示。

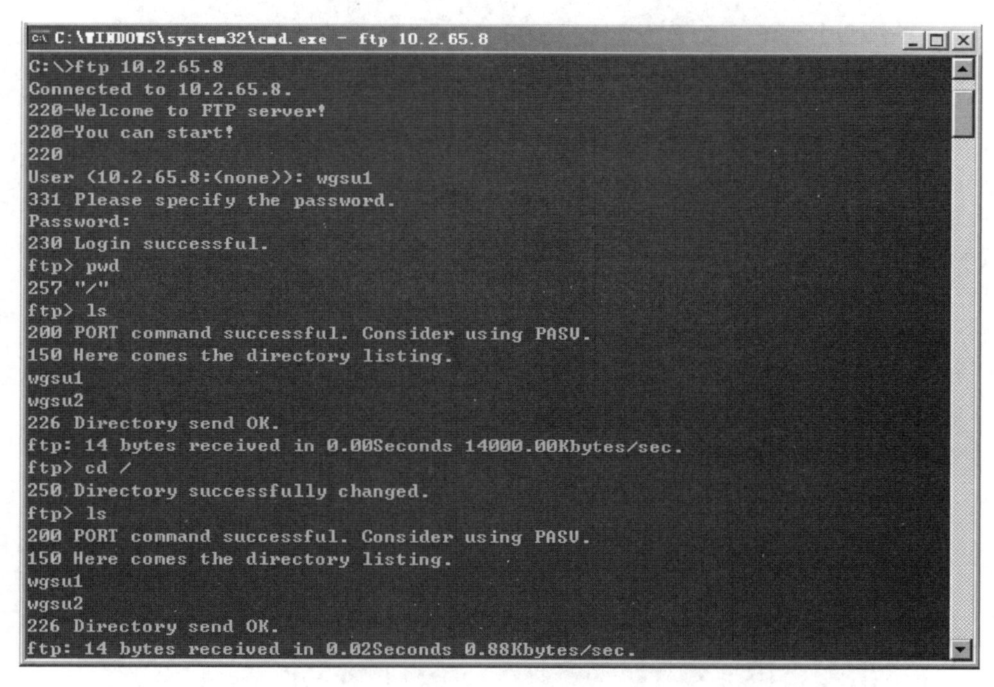

图 7-27 用户 wgsu1 测试

7.3.13 任务 13 禁锢用户只可访问自己宿主目录(4)

此任务仅为了测试参数，读者可选做。

方式四：chroot_list_enable＝NO，chroot_local_user＝NO。

巧记方法：若 chroot_list_enable＝NO，则只看 chroot_local_user＝NO，都可以。

(1) 配置主配置文件。

```
[root@localhost wgs]#vi /etc/vsftpd/vsftpd.conf
chroot_local_user=NO
```

```
C:\WINDOWS\system32\cmd.exe - ftp 10.2.65.8
C:\>ftp 10.2.65.8
Connected to 10.2.65.8.
220-Welcome to FTP server!
220-You can start!
220
User (10.2.65.8:(none)): wgsu2
331 Please specify the password.
Password:
230 Login successful.
ftp> pwd
257 "/"
ftp> ls
200 PORT command successful. Consider using PASV.
150 Here comes the directory listing.
wgsu1
wgsu2
226 Directory send OK.
ftp: 14 bytes received in 0.00Seconds 14000.00Kbytes/sec.
ftp> cd /
250 Directory successfully changed.
ftp> ls
200 PORT command successful. Consider using PASV.
150 Here comes the directory listing.
wgsu1
wgsu2
226 Directory send OK.
ftp: 14 bytes received in 0.01Seconds 0.93Kbytes/sec.
```

图 7-28　用户 wgsu2 测试

```
chroot_list_enable=NO
chroot_list_file=/etc/vsftpd/chroot_list
[root@localhost wgs]#systemctl restart vsftpd
```

（2）客户端测试如图 7-29 和图 7-30 所示。

```
C:\WINDOWS\system32\cmd.exe - ftp 10.2.65.8
C:\>ftp 10.2.65.8
Connected to 10.2.65.8.
220-Welcome to FTP server!
220-You can start!
220
User (10.2.65.8:(none)): wgsu1
331 Please specify the password.
Password:
230 Login successful.
ftp> pwd
257 "/ftp_user"
ftp> ls
200 PORT command successful. Consider using PASV.
150 Here comes the directory listing.
wgsu1
wgsu2
226 Directory send OK.
ftp: 14 bytes received in 0.00Seconds 14000.00Kbytes/sec.
ftp> cd /
250 Directory successfully changed.
ftp> ls
200 PORT command successful. Consider using PASV.
150 Here comes the directory listing.
bin
boot
dev
etc
ftp_user
home
lib
lib64
media
mnt
```

图 7-29　用户 wgsu1 测试

```
C:\WINDOWS\system32\cmd.exe - ftp 10.2.65.8
C:\>ftp 10.2.65.8
Connected to 10.2.65.8.
220-Welcome to FTP server!
220-You can start!
220
User (10.2.65.8:(none)): wgsu2
331 Please specify the password.
Password:
230 Login successful.
ftp> pwd
257 "/ftp_user"
ftp> ls
200 PORT command successful. Consider using PASV.
150 Here comes the directory listing.
wgsu1
wgsu2
226 Directory send OK.
ftp: 14 bytes received in 0.00Seconds 14000.00Kbytes/sec.
ftp> cd /
250 Directory successfully changed.
ftp> ls
200 PORT command successful. Consider using PASV.
150 Here comes the directory listing.
bin
boot
dev
etc
ftp_user
home
lib
lib64
media
mnt
```

图 7-30　用户 wgsu2 测试

7.3.14　任务 14　控制访问、允许和禁止计算机访问

1. 任务分析

五桂山公司发现 IP 地址为 10.2.65.10/24 的 PC 是黑客，计划限制其 PC 登录，且为了安全起见，只允许一台 PC 同时登录一个客户端。（以下的 wgsu1 和 wgsu2 用户没有在 user_list 和 ftpusers 的禁锢下）控制访问模型如图 7-31 所示，网络拓扑描述如表 7-11 所示。

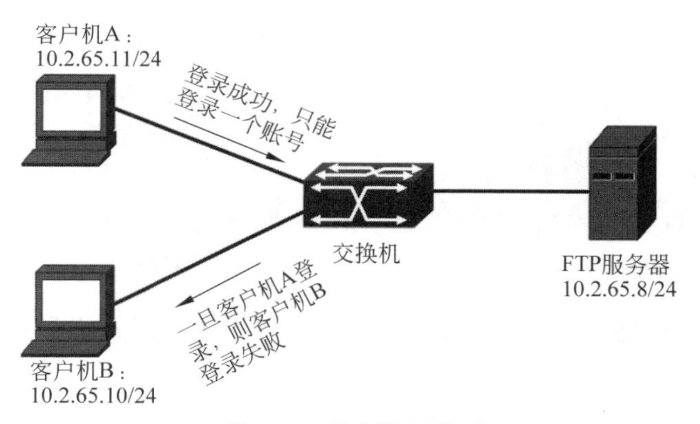

图 7-31　控制访问模型

表 7-11　网络拓扑描述

序号	服务名称	IP 地址	账号	密码	登录 FTP 服务器	操作系统
1	FTP 服务器	10.2.65.8/24				Linux 7.4
2	客户机 A	10.2.65.11/24	wgsu1	123456	成功	Windows
			wgsu2	123456	失败	
3	客户机 B	10.2.65.10/24	wgsu3	123456	失败	Windows

参数详解如下。

(1) max_per_ip=0,指最大客户端连接数,0 为不限制。

(2) max_clients=0,指同一台 PC 的 IP 地址的最大连接数,0 为不限制。

(3) tcp_wrappers=YES,用来设置 vsftpd 服务器是否与 tcp wrapper 相结合进行主机的访问控制。默认为 YES,vsftpd 服务器会检查/etc/hosts.allow 和/etc/hosts.deny 中的设置,以决定请求连接的主机是否允许访问该 FTP 服务器。这两个文件可以起到简易的防火墙功能。

例:若要仅允许 IP 地址 192.168.168.1~192.168.168.254 的用户可以访问连接 vsftpd 服务器,则可在/etc/hosts.allow 文件中添加以下内容。

(1) vsftpd:192.168.168.0/255.255.255.0:allow。

(2) all:all:deny。

2. 任务实施过程

(1) 配置主配置文件。

```
[root@localhost vsftpd]#vi /etc/vsftpd/vsftpd.conf
local_enable=YES
write_enable=YES
local_root=/ftp_user
max_per_ip=1            //同时只能有一个 IP 地址登录
max_clients=1           //一个 IP 地址只能同时登录一个用户
tcp_wrappers=YES        //设置 vsftpd 服务器与 tcp wrapper 相结合
[root@localhost etc]#systemctl restart vsftpd
```

(2) 配置 hosts.deny 文件(注意,hosts.allow 和 hosts.deny 会产生冲突)。

```
[root@localhost etc]#vi hosts.deny
vsftpd:10.2.65.10:deny
any:any:allow
```

(3) 客户端测试(如图 7-32 所示)。一个 IP 地址只能同时登录一个用户(如图 7-33 所示),只能有一个 IP 地址同时登录 FTP 服务器(如图 7-34 和图 7-35 所示)。

7.3.15　任务 15　vsftpd 虚拟账号

1. 任务分析

五桂山公司计划搭建 FTP 服务器,为客户提供相关文档的下载服务。对 ftpu1 开放目录,允许下载信息,禁止上传。wgsu1 用户为合作伙伴,可以上传但不可删除、重命名数据。

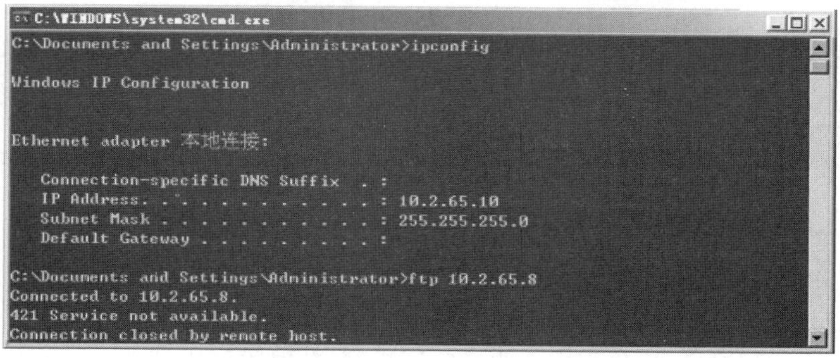

```
C:\WINDOWS\system32\cmd.exe
C:\Documents and Settings\Administrator>ipconfig

Windows IP Configuration


Ethernet adapter 本地连接:

   Connection-specific DNS Suffix  . :
   IP Address. . . . . . . . . . . . : 10.2.65.10
   Subnet Mask . . . . . . . . . . . : 255.255.255.0
   Default Gateway . . . . . . . . . :

C:\Documents and Settings\Administrator>ftp 10.2.65.8
Connected to 10.2.65.8.
421 Service not available.
Connection closed by remote host.
```

图 7-32　客户端测试

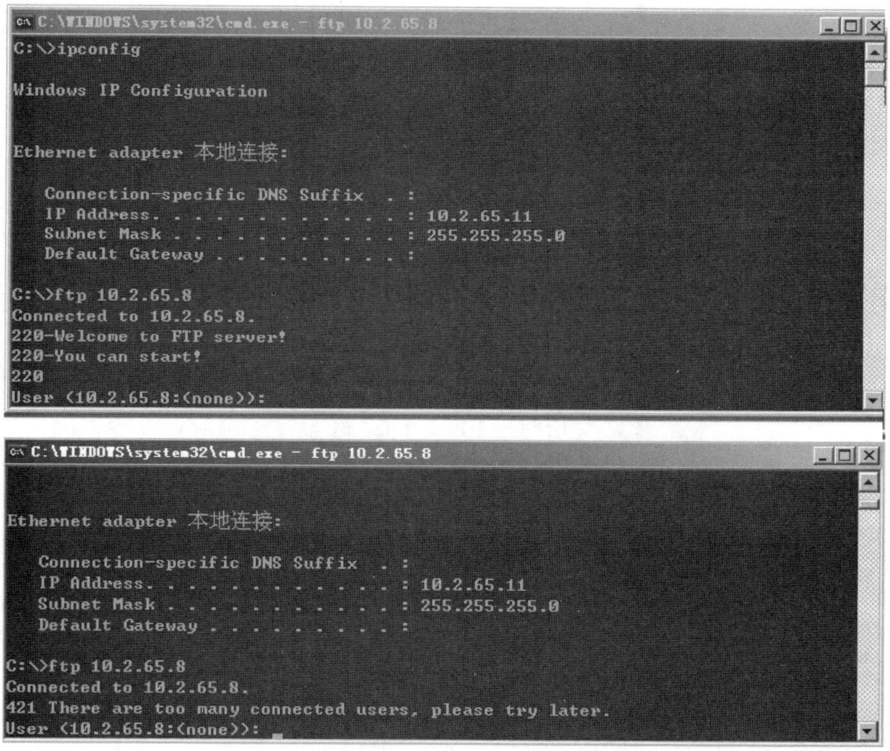

```
C:\WINDOWS\system32\cmd.exe - ftp 10.2.65.8
C:\>ipconfig

Windows IP Configuration


Ethernet adapter 本地连接:

   Connection-specific DNS Suffix  . :
   IP Address. . . . . . . . . . . . : 10.2.65.11
   Subnet Mask . . . . . . . . . . . : 255.255.255.0
   Default Gateway . . . . . . . . . :

C:\>ftp 10.2.65.8
Connected to 10.2.65.8.
220-Welcome to FTP server!
220-You can start!
220
User (10.2.65.8:(none)):
```

```
C:\WINDOWS\system32\cmd.exe - ftp 10.2.65.8

Ethernet adapter 本地连接:

   Connection-specific DNS Suffix  . :
   IP Address. . . . . . . . . . . . : 10.2.65.11
   Subnet Mask . . . . . . . . . . . : 255.255.255.0
   Default Gateway . . . . . . . . . :

C:\>ftp 10.2.65.8
Connected to 10.2.65.8.
421 There are too many connected users, please try later.
User (10.2.65.8:(none)):
```

图 7-33　客户端测试

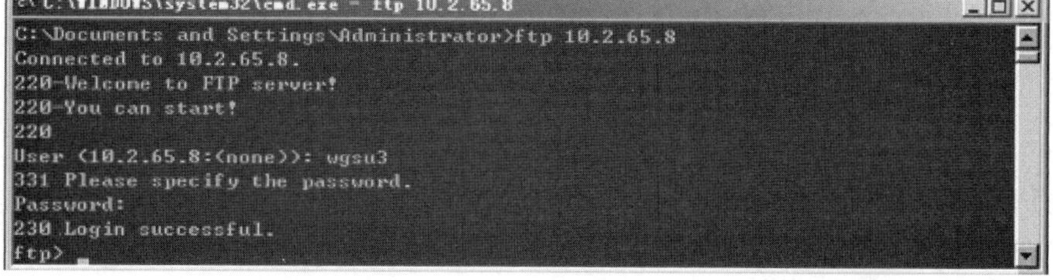

```
C:\WINDOWS\system32\cmd.exe - ftp 10.2.65.8
C:\Documents and Settings\Administrator>ftp 10.2.65.8
Connected to 10.2.65.8.
220-Welcome to FTP server!
220-You can start!
220
User (10.2.65.8:(none)): wgsu3
331 Please specify the password.
Password:
230 Login successful.
ftp>
```

图 7-34　客户端 1 测试

```
C:\WINDOWS\system32\cmd.exe
C:\>ftp 10.2.65.8
Connected to 10.2.65.8.
421 There are too many connected users, please try later.
Connection closed by remote host.

C:\>
```

图 7-35　客户端 2 测试

为了保证服务器的安全，使用虚拟用户 f1 和 u1 映射实体账号，分别为 ftpu1 和 wgsu1，ftpu1 的根目录是/var/ftp/share，wgsu1 的根目录是/var/ftp/partner。为了保证服务器的安全性，关闭实体用户登录，使用虚拟账户验证机制，并对不同虚拟账户设置不同权限。为了保证服务器的性能，还需要根据用户的等级限制用户的连接数和下载速度。

FTP 账户登录的第 3 种模式是所有认证模式中最安全的。可以使用虚拟用户验证映射为服务器的实体账号，客户端使用虚拟账号登录 FTP 服务器。

2. 任务实施过程

（1）创建一个保存虚拟账户和密码的文本。

```
[root@localhost pub]#cd /etc/vsftpd/
[root@localhost vsftpd]#vi vuser.txt   //一行用户一行密码
f                                      //用户,注意虚拟账号用户名不要带有数字
123456                                 //密码
u
123456
```

（2）生成数据库。文本文件无法被系统账号直接调用，需要使用 db_load 命令生成 db 数据库文件。

```
[root@localhost Packages]#rpm -qa | grep db      //查看是否安装了数据库文件
libdb-utils-5.3.21-20.el7.x86_64
[root@localhost Packages]#db_load -T -t hash -f /etc/vsftpd/vuser.txt /etc/vsftpd/vuser.db
//-T: 允许应用程序能够将文本文件转译载入数据库。-t hash: 使用 hash 加密。-f: 指定包含用户名账号和
密码的文本文件,此文件格式要奇数行写用户名,偶数行写密码。
[root@localhost vsftpd]#rm vuser.txt             //后面不需要此文件,删除更为安全
rm: 是否删除普通文件 "vuser.txt"? y
//数据库文件保存着虚拟账户的密码信息,为了保证安全,修改权限只针对 root 可读、可写、可执行。
[root@localhost vsftpd]#chmod 700 vuser.db
```

（3）配置 PAM 文件。

- PAM(Pliggable Authentication Modules)认证文件主要用来加强 vsftpd 服务器的用户认证功能。为了使服务器能够使用数据库文件对客户进行身份验证，需要调用系统的 PAM 模块。
- PAM 模块的配置文件路径为/etc/pam.d，对应服务的名称。
- 默认配置使用“#”添加注释，下方添加两行字段，db=/etc/vsftpd/vuser 代表 db 文件在/etc/vsftpd/vuser.db 中，是固定格式。

```
[root@localhost vsftpd]#vi /etc/pam.d/vsftpd
#%PAM-1.0
#session    optional    pam_keyinit.so    force revoke
```

```
#auth        required     pam_listfile.so item=user sense=deny
file=/etc/vsftpd/ftpusers onerr=succeed
#auth        required     pam_shells.so
#auth        include      password-auth
#account     include      password-auth
#session     required     pam_loginuid.so
#session     include      password-auth
auth         required     pam_userdb.so      db=/etc/vsftpd/vuser
account      reauired     pam_userdb.so      db=/etc/vsftpd/vuser
```

(4) 创建虚拟用户对应的系统用户。

```
[root@localhost vsftpd]#useradd -d /var/ftp/share ftpu1
//-d 指定创建用户的主目录,若目录不存在,则创建此目录
[root@localhost vsftpd]#useradd -d /var/ftp/partner wgsu1
[root@localhost vsftpd]#cd /var/ftp/
[root@localhost ftp]#ll
drwx------. 3 wgsu1 wgsu1 78 11 月  7 16:32 partner
drwx------. 3 ftpu1 ftpu1 78 11 月  7 16:32 share
[root@localhost ftp]#cd share/
[root@localhost share]#touch share      //以便验证
[root@localhost share]#cd /var/ftp/partner/
[root@localhost partner]#touch partner
[root@localhost partner]#chmod -R 700 /var/ftp/partner/
//修改权限 wgsu1 允许下载
[root@localhost partner]#chmod -R 500 /var/ftp/share/
//修改权限 ftpu1 只允许下载,不允许其他权限
```

(5) 修改主配置文件。

```
[root@localhost vsftpd]#vi vsftpd.conf
anonymous_enable=NO
local_enable=YES
chroot_local_user=YES                   //将用户限制在根目录中
max_per_ip=10                           //设置每个 IP 地址的最大连接数为 10 个
max_clients=100                         //设置客户端的最大连接数为 100 个
pam_service_name=vsftpd                 //配置 vsftpd 使用的 PAM 模块为 vsftpd
user_config_dir=/etc/vsftpd/config      //设置虚拟账户的目录
```

(6) 建立虚拟账户配置文件。

```
[root@localhost vsftpd]#mkdir config
[root@localhost vsftpd]#cd config/
[root@localhost config]#touch u         //创建和虚拟账户用户名相同的账户
[root@localhost config]#touch f
[root@localhost config]#vi f
guest_enable=YES                        //开启虚拟账户登录
guest_username=ftpu1                    //指定 f 对应的系统用户
anon_world_readable_only=NO             //不允许匿名用户浏览整个服务器的文件系统
anon_max_rate=50000                     //限制文件传输速度,一般不是绝对锁定在一个数值,而是在
                                        //80%~120%之间变化

[root@localhost config]#vi u
guest_enable=YES
```

```
guest_username=wgsu1
anon_world_readable_only=NO
anon_max_rate=100000
allow_writeable_chroot=YES
write_enable=YES
```

(7) 重启服务。

```
[root@localhost config]#systemctl restart vsftpd
```

(8) 要想虚拟账户能够修改文件,则被修改文件的所属者应修改为用户。

```
[root@localhost ftp]#cd partner/
[root@localhost partner]#ll
-rwx------. 1 root root 0 11月  7 16:38partner
[root@localhost partner]#chown wgsu1.wgsu1 partner
[root@localhost partner]#ll
-rwx------. 1 wgsu1 wgsu1 0 11月  7 16:38partner  //所属者为 wgsu1
[root@localhost share]#chown ftpu1.ftpu1 share
```

(9) 客户端测试。若是允许删除、重命名则只需要在用户对应的虚拟文件中添加 anon_other_write_enable=YES 等配置项,可自行灵活模拟,如图 7-36 至图 7-39 所示。

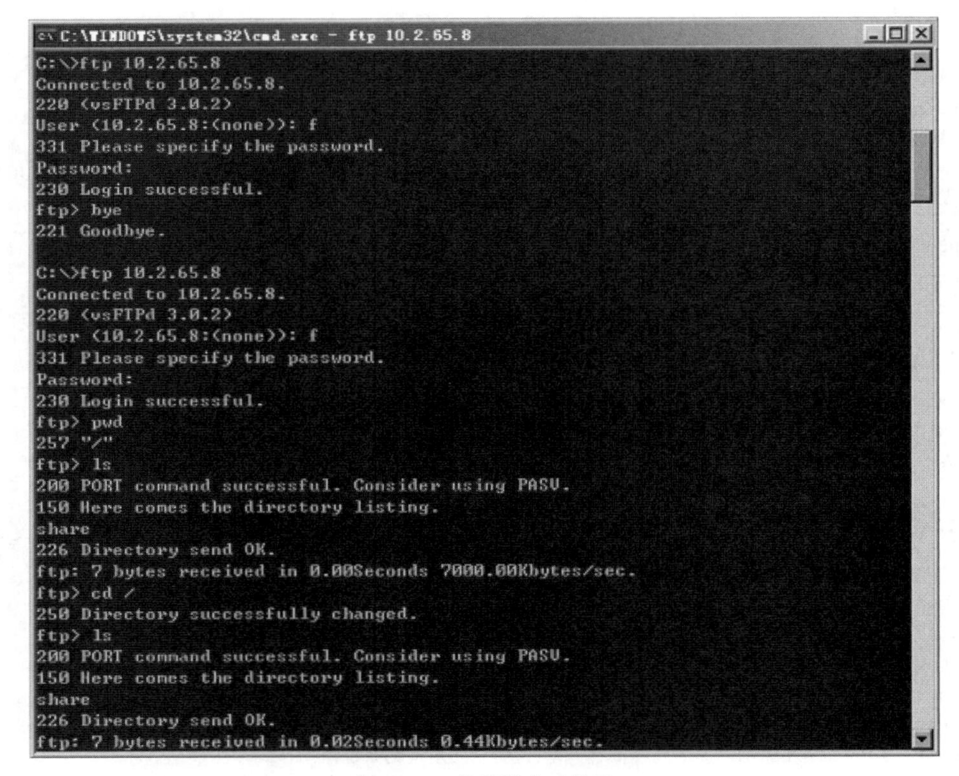
```
C:\>ftp 10.2.65.8
Connected to 10.2.65.8.
220 (vsFTPd 3.0.2)
User (10.2.65.8:(none)): f
331 Please specify the password.
Password:
230 Login successful.
ftp> bye
221 Goodbye.

C:\>ftp 10.2.65.8
Connected to 10.2.65.8.
220 (vsFTPd 3.0.2)
User (10.2.65.8:(none)): f
331 Please specify the password.
Password:
230 Login successful.
ftp> pwd
257 "/"
ftp> ls
200 PORT command successful. Consider using PASV.
150 Here comes the directory listing.
share
226 Directory send OK.
ftp: 7 bytes received in 0.00Seconds 7000.00Kbytes/sec.
ftp> cd /
250 Directory successfully changed.
ftp> ls
200 PORT command successful. Consider using PASV.
150 Here comes the directory listing.
share
226 Directory send OK.
ftp: 7 bytes received in 0.02Seconds 0.44Kbytes/sec.
```

图 7-36　虚拟账户 f 登录

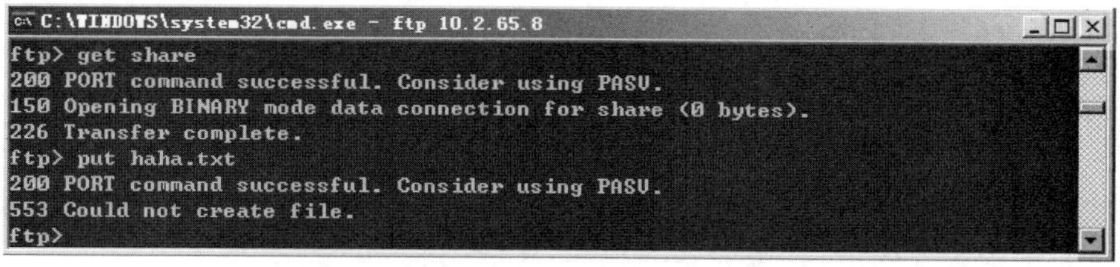

```
C:\WINDOWS\system32\cmd.exe - ftp 10.2.65.8
ftp> get share
200 PORT command successful. Consider using PASV.
150 Opening BINARY mode data connection for share (0 bytes).
226 Transfer complete.
ftp> put haha.txt
200 PORT command successful. Consider using PASV.
553 Could not create file.
ftp>
```

图 7-37　虚拟账户 f 下载

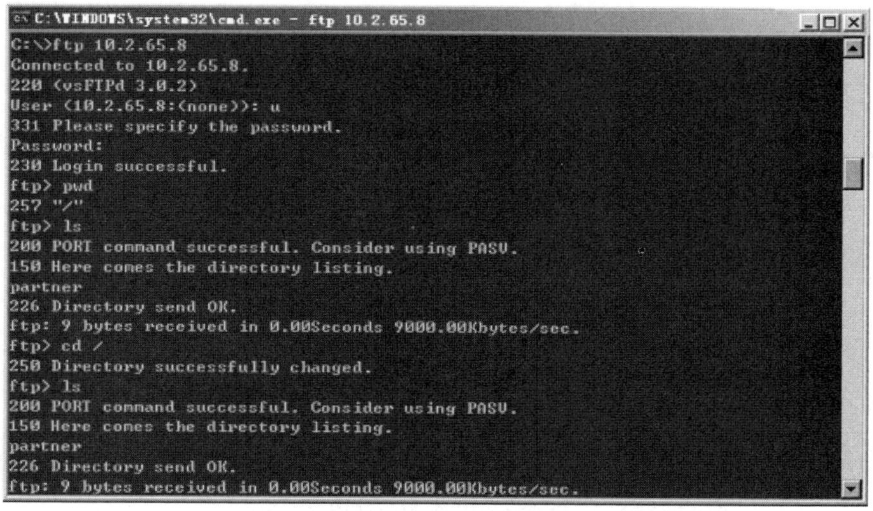

```
C:\WINDOWS\system32\cmd.exe - ftp 10.2.65.8
C:\>ftp 10.2.65.8
Connected to 10.2.65.8.
220 (vsFTPd 3.0.2)
User (10.2.65.8:(none)): u
331 Please specify the password.
Password:
230 Login successful.
ftp> pwd
257 "/"
ftp> ls
200 PORT command successful. Consider using PASV.
150 Here comes the directory listing.
partner
226 Directory send OK.
ftp: 9 bytes received in 0.00Seconds 9000.00Kbytes/sec.
ftp> cd /
250 Directory successfully changed.
ftp> ls
200 PORT command successful. Consider using PASV.
150 Here comes the directory listing.
partner
226 Directory send OK.
ftp: 9 bytes received in 0.00Seconds 9000.00Kbytes/sec.
```

图 7-38　虚拟账户 u 登录

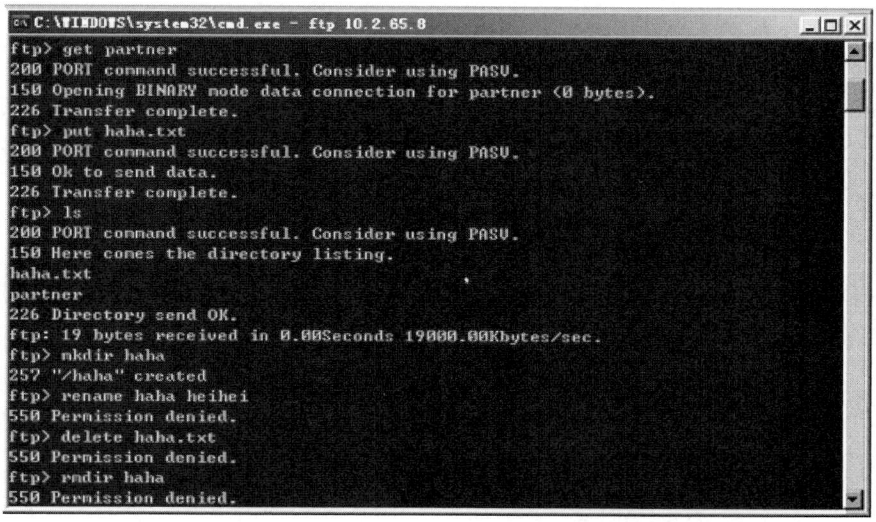

```
C:\WINDOWS\system32\cmd.exe - ftp 10.2.65.8
ftp> get partner
200 PORT command successful. Consider using PASV.
150 Opening BINARY mode data connection for partner (0 bytes).
226 Transfer complete.
ftp> put haha.txt
200 PORT command successful. Consider using PASV.
150 Ok to send data.
226 Transfer complete.
ftp> ls
200 PORT command successful. Consider using PASV.
150 Here comes the directory listing.
haha.txt
partner
226 Directory send OK.
ftp: 19 bytes received in 0.00Seconds 19000.00Kbytes/sec.
ftp> mkdir haha
257 "/haha" created
ftp> rename haha heihei
550 Permission denied.
ftp> delete haha.txt
550 Permission denied.
ftp> rmdir haha
550 Permission denied.
```

图 7-39　虚拟账户 u 上传和下载

7.3.16 任务 16 FTP 服务在网络配置中的应用

1. 任务分析

现有一批配置完全相同的路由器需要进行配置，一台路由器命令繁多，但是不同路由器的配置命令可以相同，如果不想机械地操作，则请结合你目前配置好的第一台路由器的配置 first.cfg 和目前配置好的 FTP 服务器(10.2.65.8/24)进行快捷配置。

模拟拓扑如图 7-40 所示，路由器 A 作为第一台路由器，保存配置 first.cfg，使用账户 wgsu1，密码为 123456，上传文件到 FTP 服务器，路由器 B 使用同一账户从 FTP 服务器进行下载，并且保存为下一次的起始配置。

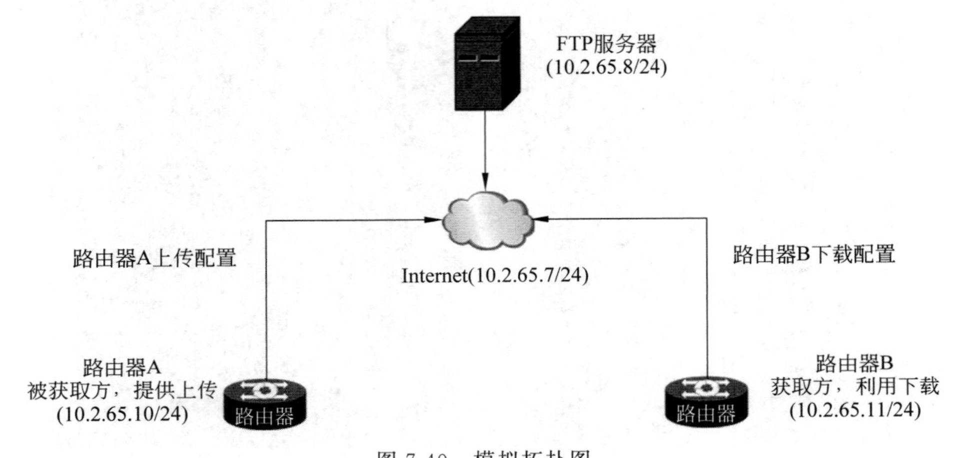

图 7-40 模拟拓扑图

ensp 拓扑中的交换机只起到连接作用，是透明的。ensp 拓扑如图 7-41 所示，网络拓扑描述如表 7-12 所示。

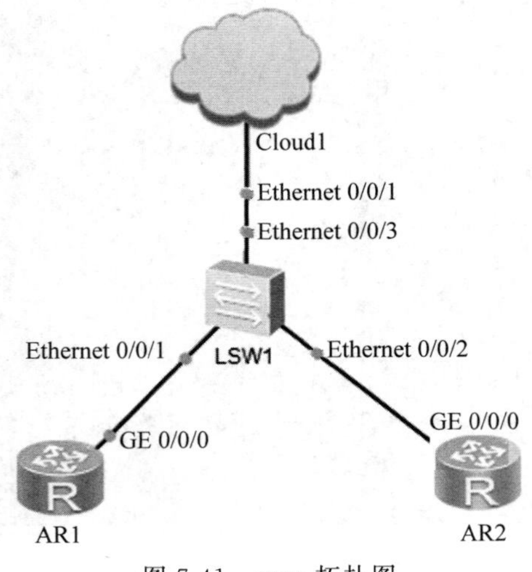

图 7-41 ensp 拓扑图

表 7-12 网络拓扑描述

序号	服务名称	IP 地址	网络类型	设备名称	操作系统
1	FTP 服务器	10.2.65.8/24	仅主机模式		Linux 7.4
2	云/物理机网卡	10.2.65.7/24		Cloud	ensp1.3.00.100
3	路由器 A	10.2.65.10/24		AR2240	ensp1.3.00.100
4	路由器 B	10.2.65.11/24		AR2240	ensp1.3.00.100

2. 任务实施过程

(1) 实现 ensp 和 FTP 服务器之间的互联。ensp 和 VM 互联需要借助物理机的 VMnet1 网卡充当 Internet(10.2.65.7/24),设置 FTP 服务器网络连接为 VMnet1(仅主机模式),如图 6-42 所示。

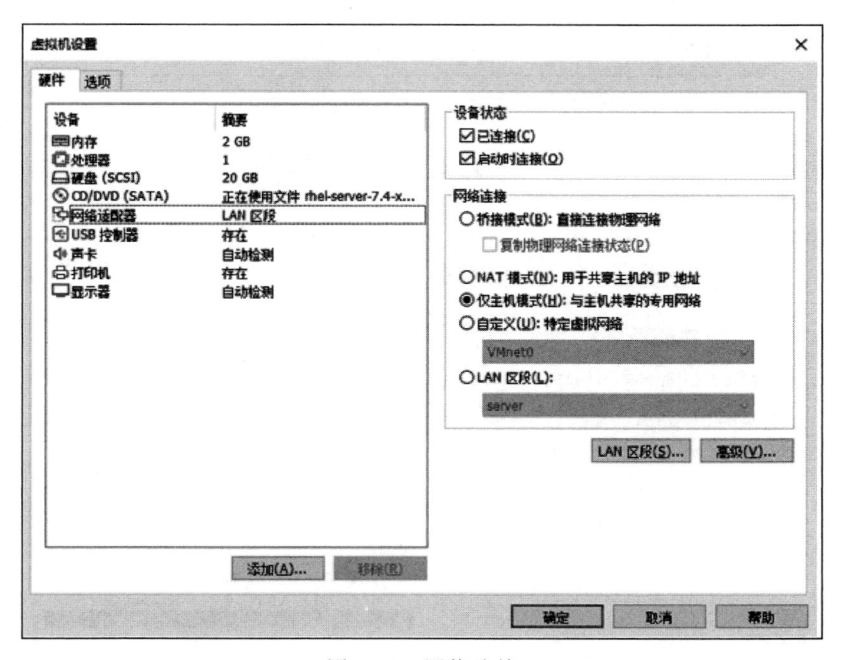

图 7-42 网络连接

(2) 选择“网络和 Internet 设置”→“更改适配器”→“VMnet1 网卡”选项,如图 7-43 所示。

(3) 设置路由器 IP 地址。

```
路由器 A:
[R1]int GigabitEthernet 0/0/0
[R1-GigabitEthernet0/0/0]ip address 10.2.65.10 24
路由器 B:
[R2]int g0/0/0
[R2-GigabitEthernet0/0/0]ip address 10.2.65.11 24
```

(4) 设置云,打开双向通道。这时可尝试用路由器 ping FTP 服务器,ping 通则可进行下一步操作,如图 7-44 所示。

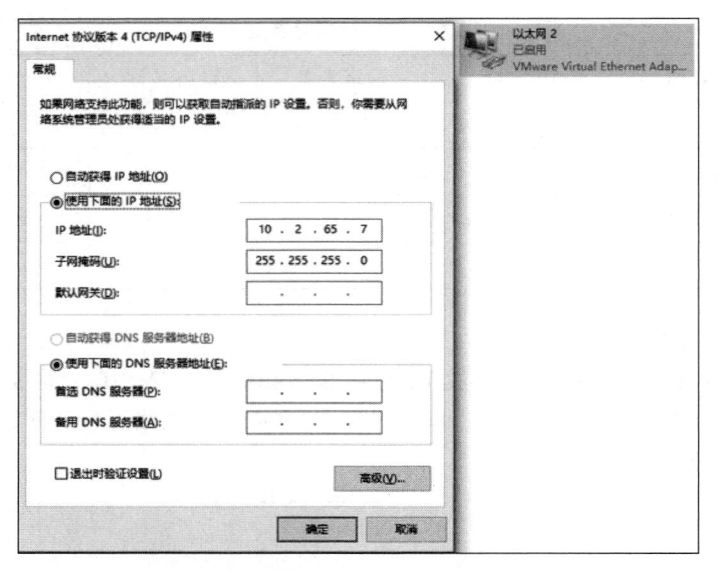

图 7-43　VMnet1

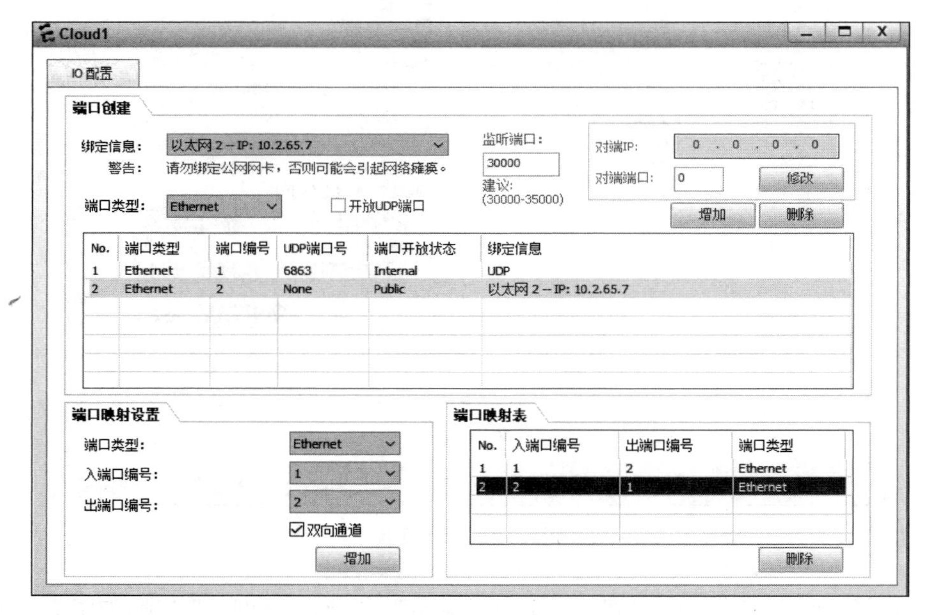

图 7-44　ensp 中 Cloud1 的相关配置

(5) 配置 FTP 服务器并创建用户。

```
[root@localhost /]#useradd wgsu1
[root@localhost /]#passed wgsu1
```

(6) 配置主配置文件。

```
[root@localhost /]#vi /etc/vsftpd/vsftpd.conf
local_enable=YES
write_enable=YES
```

```
local_root=/wgs
[root@localhost /]#systemctl restart vsftpd
```

(7) 创建根目录。

```
[root@localhost /]#mkdir wgs
[root@localhost /]#chmod 777 wgs        //修改全部权限给 wgsu1 用户
```

(8) 路由器 A 上传配置 first.cfg。

```
<R1>save first.cfg        //保存配置为 first.cfg
Are you sure to save the configuration to first.cfg? (y/n)[n]:y
<R1>ftp 10.2.65.8
Trying 10.2.65.8 ...
Press CTRL+K to abort
Connected to 10.2.65.8.
User(10.2.65.8:(none)):wgsu1
331 Please specify the password.
Enter password:
230 Login successful.
[R1-ftp]pwd
257 "/wgs"
[R1-ftp]put first.cfg
200 PORT command successful. Consider using PASV.
150 Ok to send data.
100%
226 Transfer complete.
FTP: 847 byte(s) sent in 0.190 second(s) 4.45Kbyte(s)/sec.
[R1-ftp]ls
200 PORT command successful. Consider using PASV.
150 Here comes the directory listing.
first.cfg
226 Directory send OK.
FTP: 19 byte(s) received in 0.060 second(s) 316.66byte(s)/sec.
```

(9) 路由器 B 下载配置。

```
<R2>dis startup        //查看下一次的起始配置
…
  Startup saved-configuration file:          flash:/vrpcfg.zip
  Next startup saved-configuration file:     flash:/vrpcfg.zip
…
<R2>ftp 10.2.65.8
Trying 10.2.65.8 ...
Press CTRL+K to abort
Connected to 10.2.65.8.
User(10.2.65.8:(none)):wgsu1
331 Please specify the password.
Enter password:
230 Login successful.
[R2-ftp]get first.cfg
200 PORT command successful. Consider using PASV.
150 Opening BINARY mode data connection for first.cfg (847 bytes).
226 Transfer complete.
FTP: 847 byte(s) received in 0.170 second(s) 4.98Kbyte(s)/sec.
[R2-ftp]quit
```

```
221 Goodbye.
<R2>dir
…
    1  -rw-          847  Nov 06 2020 08:54:05   first.cfg
…
1,090,732 KB total (784,456 KB free)
<R2>startup saved-configuration first.cfg   //修改下一次的起始配置
This operation will take several minutes, please wait.....
Info: Succeeded in setting the file for booting system
<R2>dis startup
……
  Startup saved-configuration file:          flash:/vrpcfg.zip
  Next startup saved-configuration file:     flash:/first.cfg
…
```

7.4 项 目 总 结

7.4.1 内容总结

FTP 服务器的应用广泛，是 Internet 上最早提供的服务之一。本项目介绍了 FTP 的主要功能是将文件从一台计算机传输到另一台计算机，是一个用于简化在 IP 网络上的系统之间传输文件的协议。FTP 的工作原理是基于客户端/服务器(C/S)模式的。客户端可以使用一个支持 FTP 的程序连接到主机上的 FTP 服务器。FTP 有两种工作模式，即主动传输模式(PORT 模式)和被动传输模式(PASV 模式)。在数据的传输过程中，FTP 也有两种传输模式，即 ASCII 传输模式和二进制数据传输模式。本项目详细介绍了 FTP 服务器的安装与配置。

7.4.2 实训总结

1. 错误一

(1) 错误描述：匿名用户无法登录 FTP 服务器。

(2) 解决方法。

- 匿名用户的根目录为 anon_root=/var/ftp。建议这个主目录一定要限定在/var/ftp 下，否则将导致客户端无法登录 FTP 服务器。但若要更改路径，则必须注意目录的权限。例如：可在"/"下创建 rr 并更改 anon_root=/rr，切记 rr 的权限不可全给，会有被删除的风险，可在"/rr"下创建目录后给予全部权限。
- 重启服务，任何主配置文件的修改均需要重启。
- 关闭防火墙或者防火墙放行服务，防火墙放行 FTP 服务。

```
[root@localhost wgs]# firewall-cmd --permanent --add-service=ftp
Success          //防火墙放行 FTP
[root@localhost wgs]# firewall-cmd --reload
Success          //重启
[root@localhost wgs]# firewall-cmd --list-all        //查看防火墙列表
public (active)
  target: default
  icmp-block-inversion: no
```

```
interfaces: ens33
sources:
services: ssh dhcpv6-client ftp
ports:
protocols:
masquerade: no
forward-ports:
source-ports:
icmp-blocks:
rich rules:
```

- 关闭安全模式(/etc/selinux/config)。

2. 错误二

(1) 错误描述：匿名用户无法创建文件、重命名失败等。

(2) 解决方法。

- 更改匿名用户所在目录、文件的权限。匿名用户属于 o,当权限被限制时,可检查目录和目录下的权限。
- 检查主配置文件是否添加 anon_other_write_enable 和 anon_mkdir_write_enable 等权限。

3. 错误三

(1) 错误描述：本地用户无法登录 FTP 服务器。

(2) 解决方法。

- 检查是否配置了 local_root。
- 账户密码错误。
- 账户的根目录没有登录权限。

4. 错误四

(1) 错误描述：设置了 chroot_local_user=YES 后,不在 chroot_list 中的用户无法登录 FTP 服务器。一般这种情况会出现在 Linux 7.0 及以后的版本中。

(2) 错误原因：由于新版的 vsftpd 在更新后使用 chroot 限制功能是不被允许的。

(3) 解决方法。

- 去除用户根目录的权限。
- 添加安全语句到 vsftpd.conf 文件中,以此添加安全性检查。对于标准的 vsftpd：allow_writeable_chroot=YES。对于扩展版的 vsftpd(vsftpd-ext)：allow_writable_chroot=YES。

5. 错误五

(1) 错误描述：设置禁止 IP 访问时无效果(tcp_wrappers=YES)。

(2) 解决方法。

- 检查/etc/hosts.allow 和/etc/hosts.deny 是否冲突。
- 检查/etc/hosts.allow 或/etc/hosts.deny,若是限制单独一个 IP,则不需要添加掩码;若是一个网段,则需要添加掩码。

6. 错误六

(1) 错误描述：虚拟账户无法登录。

(2) 解决方法。

- 一般虚拟账户无法登录是因为身份验证失败，应首先检查 PAM 文件是否配置错误。注意“db=路径”这一项，路径后面没有“.db”。
- 虚拟用户文本文件的用户名不要带有数字。
- 检查主配置文件是否开启 pam_service_name 配置项。

7.5 课后习题

一、选择题

1. FTP 使用的两个端口号是(　　)。

   A. 21 和 22　　B. 21 和 20　　C. 20 和 22　　D. 21 和 23

2. FTP 的传输模式有(　　)种。

   A. 2　　B. 3　　C. 4　　D. 5

3. 用 FTP 一次性下载多个文件的命令是(　　)。

   A. get　　B. mget　　C. put　　D. mput

4. 将 FTP 默认的 21 号端口修改为 8800，可以修改(　　)配置文件。

   A. /etc/resolv.conf

   B. /etc/hosts

   C. /etc/sysconfig/network-scripts/ifcfg-eth0

   D. /etc/services

二、填空题

1. FTP 的连接方式支持两种模式，一种是________，另一种是________。
2. 匿名用户的默认下载目录是________。
3. 使用________命令能启动 vsftpd 服务。
4. FTP 服务是基于________协议的。
5. 使用________文件可能会阻止用户访问 FTP 服务器。
6. FTP 服务器采用主动模式时，数据连接的是________端口。
7. FTP 服务器主配置文件的目录为________。
8. 创建本地用户后其所在的目录为________。
9. 设置普通用户登录后的 FTP 根目录命令是________。
10. 禁止用户切换到根目录以上的命令是________。

三、实训题

1. 五桂山公司有 3 个部门，分别为项目部、财务部、人事部，公司建立了自己的 FTP 服务器(10.2.65.8/24)，另外有一个公共的文件夹 public，用来共享公共的资料，而且各个部门只能访问自己部门的文件夹/xm、/cw、/rs。

请写出详细的解决方案并上机实现。

2. 某单位禁用匿名用户登录，两个部门有共同的主目录/wgs1，要求管理账号 administrator 有上传和下载等的完全权限，而另一个账户 worker 只有下载的权限。

请写出详细的解决方案并上机实现。

第四部分　网页服务篇

项目 8　Web 服务器

【学习目标】

本项目将系统介绍 Web 服务器的理论知识、Apache 服务器的基本配置和虚拟目录以及虚拟主机技术的基本配置。

通过本章的学习，读者应该完成以下目标：

- 理解 Web 服务器的理论知识；
- 掌握 Apache 服务器的配置方法；
- 掌握虚拟目录的基本配置；
- 掌握虚拟主机技术的基本配置。

8.1　项 目 背 景

五桂山公司是一家电子商务公司，公司内部每天都需要更新大量的网页内容，为了让网站能够被公司员工高效、及时地更新，公司决定在企业内网搭建一台 Apache 服务器，使得企业内网的用户可以及时更新网站，以提供给网购顾客浏览。公司的网络管理部门将在原企业内网的基础上配置一台新的 Red Hat Linux 7 服务器(IP：10.2.65.8/24) 作为 Web 服务器，并使得企业内网的授权用户通过 Apache 服务器更新网站。网络拓扑如图 8-1 所示，拓扑描述如表 8-1 所示。

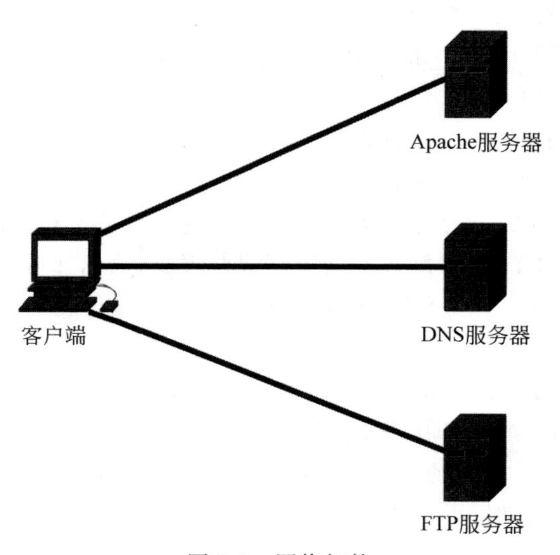

图 8-1　网络拓扑

表 8-1 网络拓扑描述

序号	服务名称	IP 地址	操作系统
1	Web 服务器、DNS 服务器、FTP 服务器	10.2.65.8/24	Linux
2	客户机	10.2.65.10/24	Windows

8.2 知 识 引 入

8.2.1 Web 服务的概念

Web 服务器也称 WWW(World Wide Web)服务器,主要功能是提供网上信息浏览服务。Web 由数以亿计使用浏览器的客户端和 Web 服务器组成,这些客户端和服务器之间通过有线或无线的网络连接在一起,通过 Web 应用系统相互交流、分享资源。

8.2.2 HTTP

超文本传输协议(HyperText Transfer Protocol,HTTP)是 Web 服务器与浏览器(客户端)通过 Internet 发送与接收数据的协议。HTTP 是请求-响应协议,即客户端发出一个请求,服务器响应这个请求。默认情况下,HTTP 通常使用 TCP 端口 80,HTTPS 使用 TCP 端口 443,它的第一个版本是 HTTP 0.9,然后被 HTTP 1.0 取代。当前的版本是 HTTP 1.1,由 RFC2616 定义。

HTTP 可以算得上是目前互联网基础上的一个重要组成部分。而 Apache、IIS 服务器是 HTTP 的服务器软件,微软的 Internet Explorer 和 Mozilla 的 Firefox 则是 HTTP 的客户端实现。

通过 HTTP,HTTP 客户(如 Web 浏览器)能够从 Web 服务器中请求信息和服务,使浏览器更加高效,减少网络传输。HTTP 不仅可以保证计算机正确快速地传输超文本文档,还可以确定传输文档中的哪一部分,以及哪部分内容首先显示(如文本先于图形)等。

HTTP 的主要特点如下。

(1) 支持客户端/服务器(C/S)模式。

(2) 简单快速。客户端向服务器请求服务时只需要传送请求方法和路径。常用的请求方法有 GET、HEAD、POST。每种方法规定了客户端与服务器联系的类型有所不同。由于 HTTP 很简单,因此使得 HTTP 服务器的程序规模很小,通信速度很快。

(3) 灵活。HTTP 允许传输任意类型的数据对象,正在传输的类型由 Content-Type 加以标记。

(4) 无连接。无连接的含义是指限制每次连接只处理一个请求。服务器处理完客户端的请求,并收到客户端的应答后即断开连接。采用这种方式可以节省传输时间。

(5) 无状态。HTTP 是无状态协议。无状态是指协议对于事务处理没有记忆能力。缺少状态意味着如果后续处理需要前面的信息,则它必须重传,这样可能会导致每次连接传送的数据量增大。

8.2.3　Web 服务器的工作原理

一般情况下，客户端访问 Web 服务器要经过 3 个阶段，即在客户端和 Web 服务器之间建立连接、传输数据、关闭连接。

客户端访问 Web 服务器的具体过程如下。

(1) Web 浏览器使用 HTTP 命令向服务器发出 Web 请求(一般使用 GET 命令要求返回一个页面，但也可以使用 POST 等命令)。

(2) 服务器接收到 Web 页面请求后，发送一个应答并在客户端和服务器之间建立连接，如图 8-2 所示。

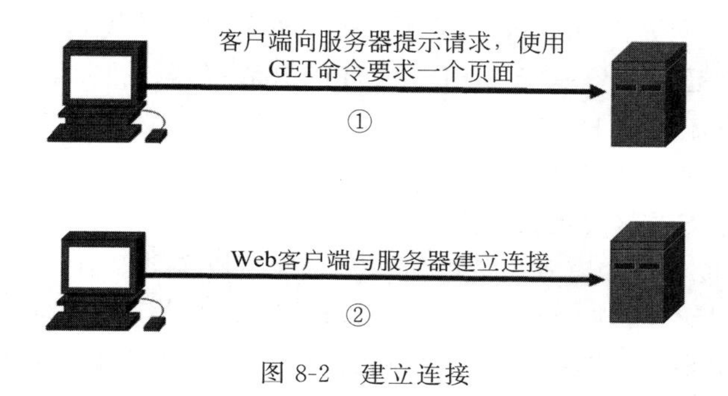

图 8-2　建立连接

(3) 服务器 Web 查找客户端所需的文档，若 Web 服务器查找到所请求的文档，则会将所请求的文档传送给 Web 浏览器。若该文档不存在，则服务器会给客户端发送一个相应的错误提示文档。

(4) Web 浏览器接收到文档后，将它解释并显示在屏幕上，如图 8-3 所示。

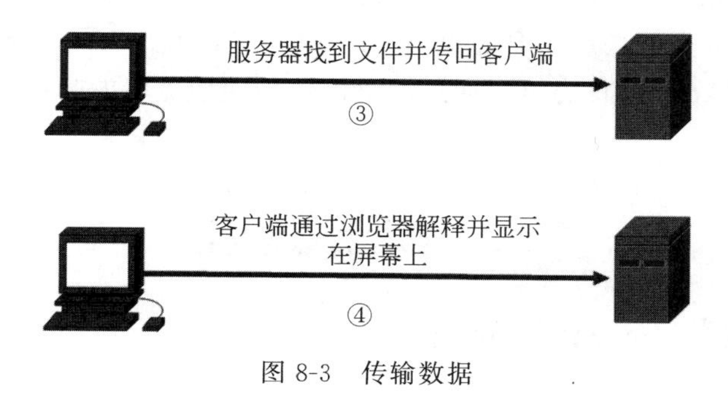

图 8-3　传输数据

(5) 当客户端完成浏览后，断开与服务器的连接，如图 8-4 所示。

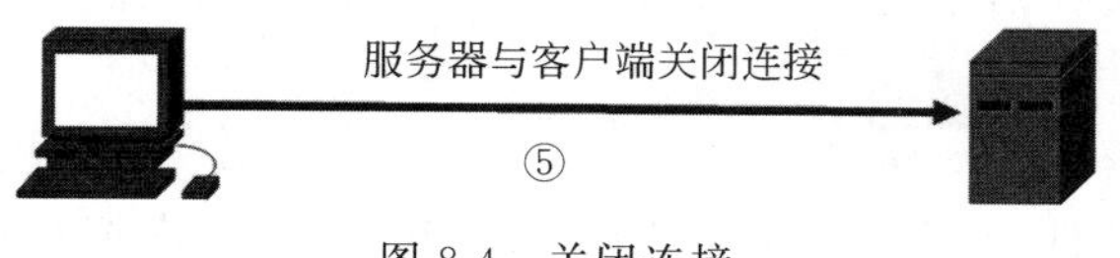

图 8-4　关闭连接

8.2.4 Apache 简介

Apache HTTP Server(简称 Apache)是 Apache 软件基金会维护和开发的一个开放源代码的网页服务器,可以在大多数计算机操作系统中运行,其凭借多平台和安全等优势而被广泛使用,是流行的 Web 服务器端软件之一。Apache 快速、可靠,并且可通过简单的 API 扩展将 Perl/Python 等解释器编译到服务器中。

1. Apache 的历史

Apache 最初是由依利诺伊大学香槟分校的国家超级计算机应用中心(NCSA)开发的,此后,Apache 被开放源代码团体的成员不断发展和加强。Apache 服务器拥有牢靠、可信的美誉,已用在超过半数的 Internet 网站中,几乎包含了所有热门和访问量较大的网站。

Apache 在一开始只是 Netscape 网页服务器之外的开放源代码的一种选择,渐渐地,它开始在功能和速度上超越其他基于 UNIX 的 HTTP 服务器。自 1996 年 4 月以来,Apache 一直是 Internet 上最流行的 HTTP 服务器。

Apache 这个名字取自北美洲当地的一支部落,这支部落以高超的军事素养和超人的忍耐力著称。为了对这支部落表示敬仰之意,取该部落的名称(Apache)作为服务器名。但一提到这个名字,还流传着一个有意思的故事:因为这个服务器是在 NCSA HTTPd 服务器的基础之上通过众人不断地修正、打补丁(Patchy)的产物,因此它被戏称为 A Patchy Server(一个补丁服务器)。在这里,因为 Patchy 与 Apache 是谐音,故最后将其正式命名为 Apache Server。

2. Apache 的特性

Apache 支持众多功能,这些功能绝大部分都是通过编译模块实现的。这些特性包括从服务器端的编程语言支持到身份认证方案。

一些通用的语言接口支持 Perl、Python 和 PHP,流行的认证模块包括 mod_access、rood_auth 和 rood_digest,还有 SSL 和 TLS 支持(mod_ssl)、代理服务器(proxy)模块、URL 重写(由 rood_rewrite 实现)、定制日志文件(mod_log_config)以及过滤支持(mod_include 和 mod_ext_filer)。Apache 日志可以通过网页浏览器使用免费的脚本 AWStats 或 Visitors 进行分析。

8.3 项目过程

8.3.1 任务 1 安装 Apache 服务

1. 任务分析

五桂山公司希望网站能够被公司员工高效、及时地更新,管理员需要在企业内网的一台 Red Hat Linux 7.4 服务器上配置一台 Web 服务器,并在此服务器上安装配置 Apache 服务。

2. 任务实施过程

(1) 打开虚拟机软件,右击安装好的 Red Hat Linux 7.4 虚拟机标题栏,在弹出的对话框中选择“设置”选项,如图 8-5 所示。

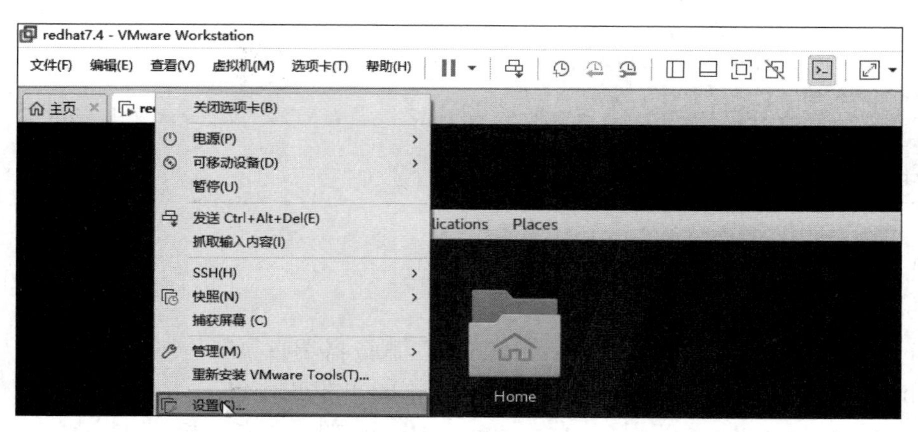

图 8-5　虚拟机软件界面

(2) 在虚拟机硬件配置列表中选择“CD/DVD(SATA)”选项，在“设备状态”框中分别勾选“已连接”和“启动时连接”复选框，在“连接”框中选择“ISO 映像文件”选项，并浏览存放 Red Hat Linux 7.4 镜像的路径，然后单击“确定”按钮，如图 8-6 所示。

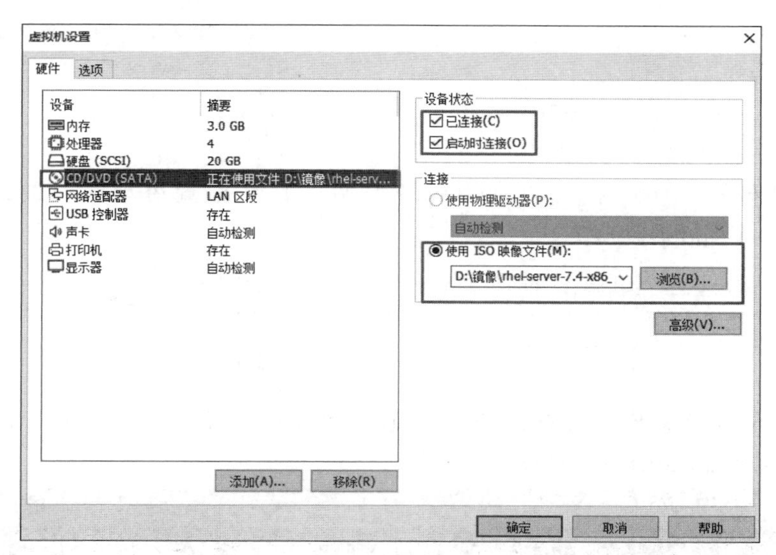

图 8-6　虚拟机

(3) 此时可以看到虚拟机的光盘图标出现绿点，表示光盘已连接，如图 8-7 所示。

(4) 安装 Apache 的方式有多种，需要的安装包一般光盘都自带，以下分别使用 rpm 和 yum 两种方式安装 Apache。读者可以任选其一。若使用 rpm 方式进行安装，则需要将光盘中的安装包挂载到系统的文件夹下。

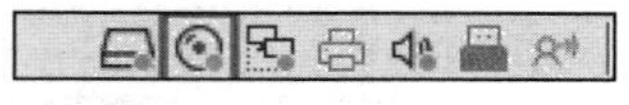

图 8-7　光盘已连接

```
[root@localhost /]#mkdir wgs                        //创建文件夹
[root@localhost /]#mount /dev/cdrom /wgs            //把镜像挂载到 wgs 文件夹
mount: /dev/sr0 is write-protected, mounting read-only
[root@localhost /]#cd /wgs/Packages/                //进入 wgs 文件夹中的 Packages 目录
[root@localhost Packages]#find httpd*               //查看有关 httpd 的文件
```

```
httpd-2.4.6-67.el7.x86_64.rpm
httpd-devel-2.4.6-67.el7.x86_64.rpm
httpd-manual-2.4.6-67.el7.noarch.rpm
[root@localhost Packages]#rpm -qa | grep httpd        //查看已安装的 httpd 文件
httpd-manual-2.4.6-67.el7.noarch
httpd-2.4.6-67.el7.x86_64
httpd-devel-2.4.6-67.el7.x86_64
[root@localhost Packages]#
rpm -ivh httpd-2.4.6-67.el7.x86_64.rpm.el7.x86_64.rpm
```

（5）以上软件包的用途如下。

- httpd-2.4.6-67.el7.x86_64.rpm：主程序包，服务器端必须安装该软件包。
- httpd-devel-2.4.6-67.el7.x86_64.rpm：Apache 开发程序包。
- httpd-manual-2.4.6-67.el7.noarch.rpm：Apache 的手册文档和说明指南。

（6）yum 方式安装（可选）。使用 yum 方式进行安装需要新建配置源并清除缓存，最后用命令“yum install -y httpd”安装 Apache 服务，这种方式在这里并没有体现出其特点。

```
root@localhost /]#vi /etc/yum.repos.d/wgs.repo
[dvd]
name=dvd
baseurl=file:///wgs                                   //3个“/”代表路径使用本地源文件
gpgcheck=0
enable=1
[root@localhost yum.repos.d]#yum clean all            //清除缓存
[root@localhost etc]#yum install -y httpd             //安装 httpd
```

（7）成功安装 httpd 后，可以利用服务原始的默认配置启动对应的进程，用命令 systemctl start httpd 启动服务。

```
[root@localhost /]#systemctl enable httpd             //设置开机自启动
Created symlink from /etc/systemd/system/multi-user.target.wants/httpd.service to /usr/
lib/systemd/system/httpd.service.
[root@localhost /]#systemctl start httpd              //开启 httpd 服务
```

（8）Apache 服务器成功启动后，客户端通过 IE 浏览器访问 http://10.2.65.8，出现默认网页，表示服务器正在运行，如图 8-8 所示。

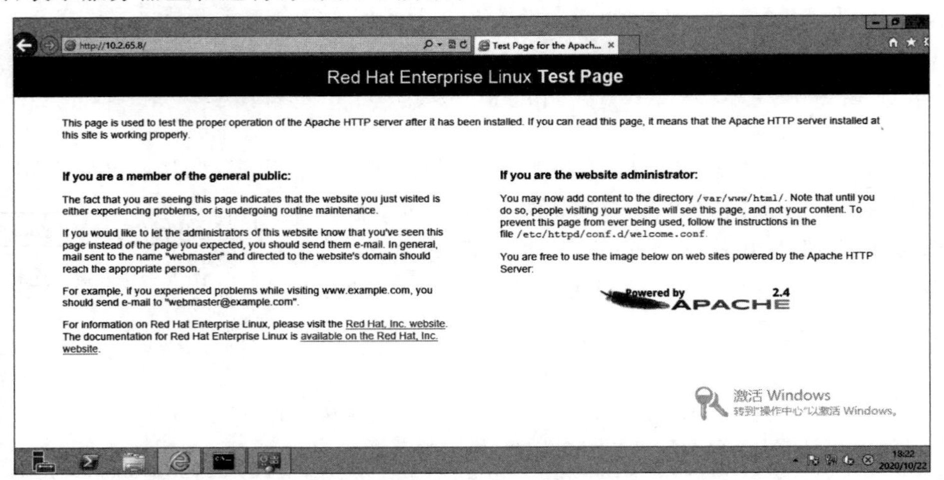

图 8-8　默认网页

8.3.2　任务 2　架设公司主网站

1. 任务分析

Web 站点也称网站(Website),是指在 Internet 上根据一定规则使用 HTML 等工具制作的用于展示特定内容的相关网页的集合。网站是一种沟通工具,人们可以通过网站发布自己想要公开的资源,或者利用网站提供特定的网络服务。

在客户端浏览网站时,会在浏览器的地址栏中输入站点地址,这个地址叫作统一资源定位符(Uniform Resource Locator,URL),俗称网址,是 Internet 上标准资源的地址。使用 URL 可以在整个 Internet 上找到对应的资源。URL 的标准格式为

```
协议类型://主机名:端口号/路径/文件名
```

例:"http://www.wgs.com/cw/first.html"这个 URL 表示在"www.wgs.com"这台 Web 服务器的网站主目录下的"cw"子目录下的"first.html"这个网页文件(DNS 服务器会把"www.wgs.com"这个域名解析成正确的服务器 IP 地址)。

在本任务中,将网站放置在"/var/www/html/wgs"目录中,网站的首页为 index.html,在 Web 服务器上创建 Web 站点,把服务器 IP 地址(10.2.65.8)和端口号(80)同该网站绑定,最终发布的网站就能在浏览器上正常浏览了。在管理员配置站点之前,需要对服务的配置文件和配置参数在详细的了解。httpd 服务程序的主要配置文件及其存放位置如表 8-2 所示,服务程序较为常用的参数如表 8-3 所示。

表 8-2　主要配置文件及其存放位置

配置文件	存放位置	配置文件	存放位置
服务目录	/etc/httpd	访问日志	/var/log/httpd/access_log
主配置文件	/etc/httpd/conf/httpd.conf	错误日志	/var/log/httpd/error_log
网站数据目录	/var/www/html		

表 8-3　常用的参数

参数	用途	参数	用途
ServerRoot	服务目录	Directory	网站数据目录的权限
ServerAdmin	管理员邮箱	Listen	监听的 IP 地址与端口号
User	运行服务的用户	DirectoryIndex	默认的索引页面
Group	运行服务的用户组	ErrorLog	错误日志文件
ServerName	网站服务器的域名	CustomLog	访问日志文件
DocumentRoot	网站数据目录	Timeout	网页超时时间,默认为 300s

2. 任务实施过程

(1) 首先备份一份 Apache 的配置文件,以防出现配置错误。

```
[root@localhost wgs]#cd /etc/httpd/conf                    //进入 conf 目录
```

```
[root@localhost conf]#cp httpd.conf httpd.conf.bak        //对 httpd.conf 文件进行备份
```

(2) 创建网站。首先在"/var/www/html"目录下新建一个文件夹 wgs,在文件夹中用命令"vi"编辑网页内容,index.html 为默认网页。

```
[root@localhost /]#cd /var/www/html                        //进入/var/www/html 目录
[root@localhost html]#mkdir wgs                            //创建 wgs 文件夹
[root@localhost html]#cd wgs                               //进入 wgs 文件夹
[root@localhost wgs]#vi index.html                         //编辑 index.html
welcome to wuguishan company!                              //网页内容
```

(3) 创建网页后,修改配置文件,把网站数据目录指向新创建的文件夹路径"/var/www/html/wgs",客户端访问服务器时可以直接看到"/var/www/html/wgs"目录下 index.html 默认网页的内容,修改完成后先不要退出配置文件。

```
[root@localhost /]#vi /etc/httpd/conf/httpd.conf          //编辑 httpd.conf 文件
    118 #
    119 DocumentRoot "/var/www/html/wgs"
    120
121 #
```

(4) 在完成第三步后,设置默认的索引网页为 index.html 文件名,保存配置退出后需要重启服务器,这些配置才能生效。

```
162 #
    163 <IfModule dir_module>
    164     DirectoryIndex index.html                        //设置默认索引网页为 index.html
    165 </IfModule>
    166
167 #
[root@localhost conf]#systemctl restart httpd            //重启 httpd 服务器
```

(5) 测试服务器是否修改成功,客户端通过 IE 浏览器访问 http://10.2.65.8,出现 index.html 的内容即为成功,如图 8-9 所示。

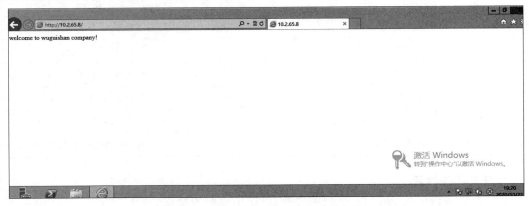

图 8-9　http://10.2.65.8 的网页内容

8.3.3 任务 3 虚拟目录的配置

1. 任务分析

五桂山公司有多个部门，每个部门都需要有自己的主页，这些主页可以放在同一台服务器上，也可以放到多台服务器上，这就要用到虚拟目录技术。虚拟目录是指网站中除主目录以外的其他发布目录。要想从主目录以外的其他目录中发布内容，就必须建立虚拟目录。虚拟目录有一个“别名”，以供浏览器访问此目录，当客户端访问虚拟目录时，尽管这个目录中的内容不在 Apache 的文档目录中，但是用户通过浏览器访问此别名依旧可以访问到该目录中的资源，就像访问主目录一样。

(1) 虚拟目录有以下优点。

- 方便快捷。虚拟目录的名称和路径不受真实目录名称和路径的限制，因此在使用虚拟目录时可以让设置更加方便快捷，而且在客户端看来，完全感觉不到是在访问虚拟目录。
- 灵活性强。虚拟目录可以提供的磁盘空间几乎是无限大的，这对于做视频点播的网站和需要大量磁盘空间的网站而言是一项非常实用且灵活的功能。
- 便于移动。如果文档目录中的目录发生移动，那么相应的 URL 路径也会发生改变；但只要虚拟目录的名称不变，则实际路径不论发生何种改变都不会影响用户访问。
- 良好的安全性。

(2) 在设置虚拟目录时需要注意以下几个方面。

- 虚拟目录下面的主文档也要和主网站的命名一致。
- 虚拟目录下面的文件的权限也要给予 Apache 用户和组(至少读的权限)。

(3) 虚拟目录的设置

- 格式：Alias 虚拟目录 实际路径。
- 例子：建立名为/rsb/的虚拟目录，实际目录为/rsb/。

```
Alias  /rsb/  "/rsb/"
```

2. 任务实施过程

(1) 首先在根目录“/”下创建两个部门的文件夹(如财务部和人事部)，分别在两个部门文件夹下用“vi”命令编辑 index.html 默认网页的内容。

```
[root@localhost /]#mkdir cw
[root@localhost /]#cd cw
[root@localhost cw]#vi index.html
welcome to cwb !
[root@localhost /]#mkdir rs
[root@localhost /]#cd rs
[root@localhost rs]#vi index.html
welcome to rsb !
```

(2) 打开配置文件，找到 alias 参数，添加两个部门的虚拟目录设置。

```
[root@localhost /]#vi /etc/httpd/conf/httpd.conf
...
```

```
    246     ScriptAlias /cgi-bin/ "/var/www/cgi-bin/"
    247     Alias /cw/ "/cw/"
    248     Alias /rs/ "/rs/"
...
```

(3) 复制粘贴<Directory></Directory>的内容，修改“Directory”网站数据目录的权限，路径指向根目录“/”下各个部门的文件夹，权限为允许访问。保存配置后退出并重启服务器。

```
254 #
255 <Directory "/var/www/cgi-bin">
256     AllowOverride None
257     Options None
258     Require all granted
259 </Directory>
260
261 <Directory "/cw">
262     AllowOverride None
263     Options None
264     Require all granted
265 </Directory>
266
267 <Directory "/rs">
268     AllowOverride None
269     Options None
270     Require all granted
271 </Directory>
[root@localhost conf]#systemctl restart httpd
```

(4) 客户端验证财务部。客户端通过 IE 浏览器访问 http://10.2.65.8/cw，网页内容如图 8-10 所示。

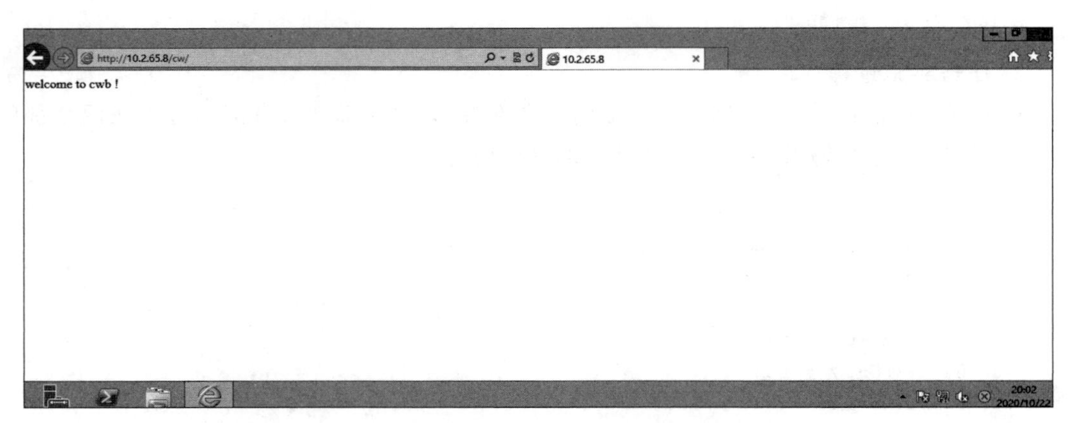

图 8-10 http://10.2.65.8/cw 的网页内容

(5)客户端验证人事部。客户端通过 IE 浏览器访问 http://10.2.65.8/rs，网页内容如图 8-11 所示。

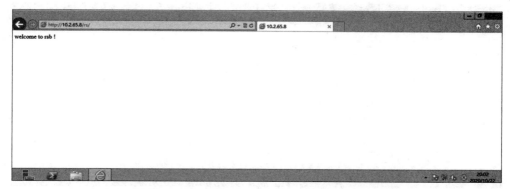

图 8-11　http://10.2.65.8/rs 的网页内容

8.3.4　任务 4　基于端口号的虚拟主机技术

1. 任务分析

本任务将实现基于端口的虚拟主机技术，在网站上绑定不同的端口号，通过不同的端口创建多个网站，客户端将通过不同的端口访问网站。

注意：Listen 8081 开启监听端口，不要和主服务器的端口冲突。

2. 任务实施过程

(1) 在配置文件中分别添加 Listen 参数值“Listen 8081”和“Listen 8082”，监听端口 8081 和 8082，添加完成后先不要退出配置文件。

```
[root@localhost /]#vi /etc/httpd/conf/httpd.conf        //编辑 httpd.conf 文件
    354 Listen 8081
    355 Listen 8082
```

(2) 完成第一步后，在配置文件的最后添加以下内容，保存修改的配置，退出后重启服务器。

```
356
    357 <VirtualHost 10.2.65.8:8081>
    358 DocumentRoot /var/www/html/wgs/cw
    359 DirectoryIndex index.html
    360 </VirtualHost>
    361
362 <VirtualHost 10.2.65.8:8082>
    363 DocumentRoot /var/www/html/wgs/rs
    364 DirectoryIndex index.html
    365 </VirtualHost>
[root@localhost conf]#systemctl restart httpd
```

(3) 客户端验证。客户端通过 IE 浏览器访问 http://10.2.65.8:8081，通过端口号 8081 访问财务部的网页，如图 8-12 所示。

(4) 客户端验证。客户端通过 IE 浏览器访问 http://10.2.65.8:8082，通过端口号 8082 访问人事部的网页，如图 8-13 所示。

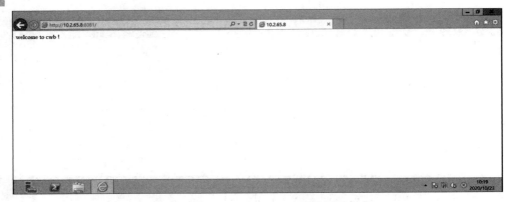

图 8-12　http://10.2.65.8:8081 的网页内容

图 8-13　http://10.2.65.8:8082 的网页内容

8.3.5　任务 5　基于 IP 地址的虚拟主机技术

1. 任务分析

本任务将实现基于 IP 地址的虚拟主机技术，即在服务器上绑定多个 IP 地址，通过不同的 IP 地址创建多个网站，客户端将通过不同的 IP 地址访问网站。

2. 任务实施过程

(1) 首先需要为网卡绑定多个 IP 地址，为网卡 ens33 添加两个本地 IP 地址 1.1.1.1/24 和 2.2.2.1/24。

```
[root@localhost /]#ifconfig ens33:1 1.1.1.1 netmask 255.255.255.0
[root@localhost /]#ifconfig ens33:2 2.2.2.1 netmask 255.255.255.0
```

(2) 用命令 ifconfig 查看本地 IP 地址，验证是否添加成功。

```
[root@localhost /]#ifconfig
ens33: flags=4163<UP,BROADCAST,RUNNING,MULTICAST>  mtu 1500
        inet 10.2.65.8  netmask 255.255.255.0  broadcast 10.2.65.255
        inet6 fe80::ccc:d320:e2f:b7c8  prefixlen 64  scopeid 0x20<link>
        ether 00:0c:29:a5:84:7b  txqueuelen 1000  (Ethernet)
        RX packets 1715  bytes 127111 (124.1 KiB)
```

```
        RX errors 0  dropped 0  overruns 0  frame 0
        TX packets 2587  bytes 252963 (247.0 KiB)
        TX errors 0  dropped 0 overruns 0  carrier 0  collisions 0
ens33:1: flags=4163<UP,BROADCAST,RUNNING,MULTICAST>  mtu 1500
        inet 1.1.1.1  netmask 255.255.255.0  broadcast 1.1.1.255
        ether 00:0c:29:a5:84:7b  txqueuelen 1000  (Ethernet)
ens33:2: flags=4163<UP,BROADCAST,RUNNING,MULTICAST>  mtu 1500
        inet 2.2.2.1  netmask 255.255.255.0  broadcast 2.2.2.255
        ether 00:0c:29:a5:84:7b  txqueuelen 1000  (Ethernet)
```

（3）用 vi 编辑器修改配置文件“/etc/httpd/conf/httpd.conf”。添加 Listen 参数的监听端口号为 80，修改完成后先不要退出配置文件。

```
[root@localhost /]#vi /etc/httpd/conf/httpd.conf    //编辑 httpd.conf 文件
…
42 Listen 80
…
```

（4）完成第（3）步后，在配置文件的最后添加虚拟主机部分的内容，其中端口号不变。

```
356 <VirtualHost 1.1.1.1:80>
357 DocumentRoot /var/www/html/wgs/cw
358 DirectoryIndex index.html
359 </VirtualHost>
360
361 <VirtualHost 2.2.2.2:80>
362 DocumentRoot /var/www/html/wgs/rs
363 DirectoryIndex index.html
364 </VirtualHost>
```

（5）保存配置后退出，重启服务器。

```
[root@localhost conf]#systemctl restart httpd
```

（6）在客户端添加本地 IP 地址 1.1.1.2 和 2.2.2.2，打开“网络共享中心”，选择“以太网卡”选项，在“Internet 协议版本（TCP/IPv4）属性”对话框中单击“高级”按钮，在弹出的对话框中单击“添加”按钮，添加 IP 地址。添加成功后单击“确定”按钮，如图 8-14 至图 8-17 所示。

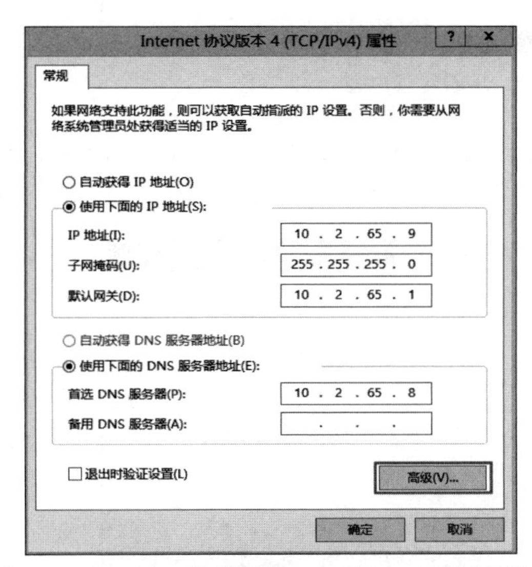

图 8-14　“Internet 协议版本（TCP/IPv4）属性”对话框

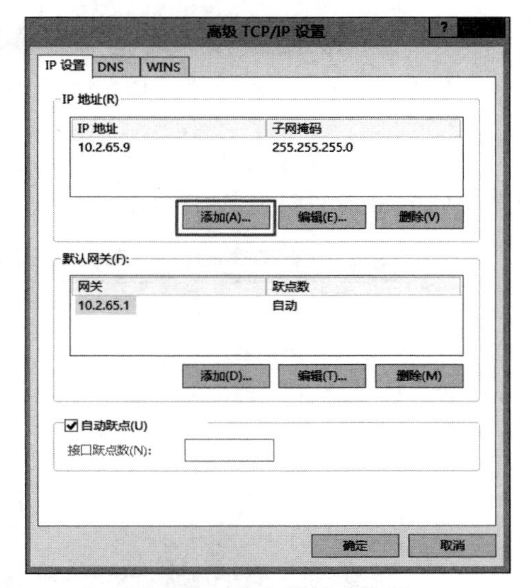

图 8-15　单击“添加”按钮

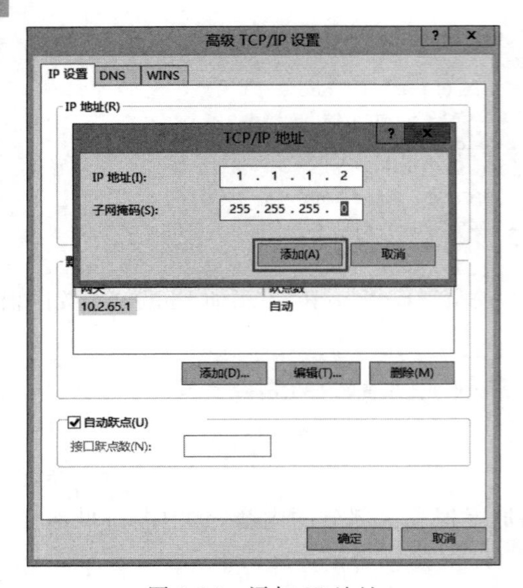

图 8-16 添加 IP 地址

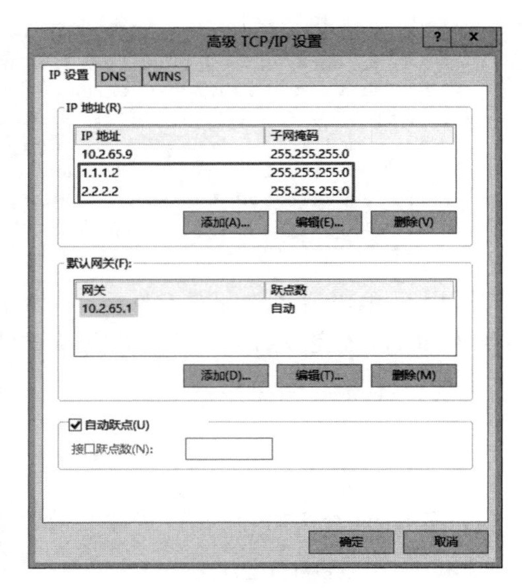

图 8-17 添加成功

(7) 客户端验证财务部。客户端通过 IE 浏览器访问 http://1.1.1.1,通过 IP 地址 1.1.1.1 访问财务部的网页,如图 8-18 所示。

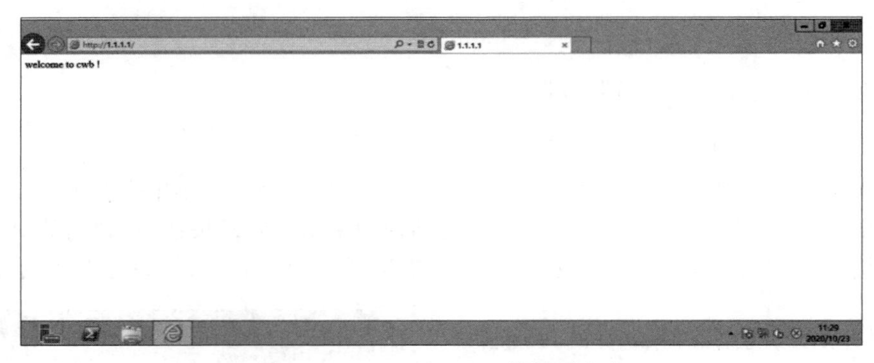

图 8-18 http://1.1.1.1 的网页内容

(8) 客户端验证人事部。客户端通过 IE 浏览器访问 http://2.2.2.2,通过 IP 地址 2.2.2.2 访问人事部的网页,如图 8-19 所示。

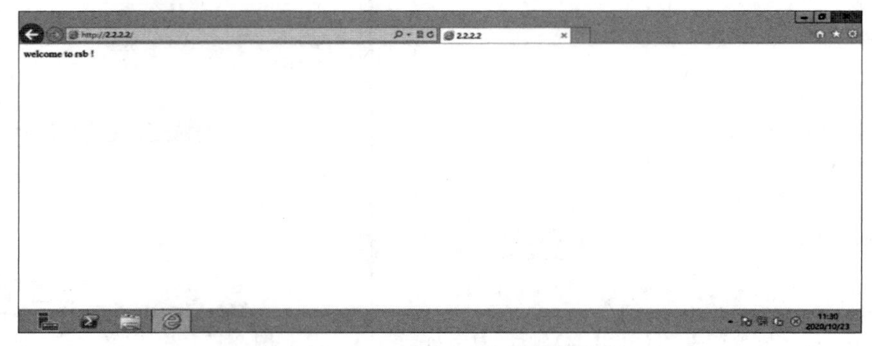

图 8-19 http://2.2.2.2 的网页内容

8.3.6　任务 6　基于主机名的虚拟主机技术

1. 任务分析

本任务将实现基于主机名的虚拟主机技术，即在 DNS 服务器上创建多个主机名，通过不同的主机名创建多个网站，客户端将通过不同的主机名访问网站。

2. 任务实施过程

(1) 用 vi 编辑器修改 DNS 配置文件"/etc/named.wgs.zones"(具体详解请参考项目四)，修改内容如下。

```
[root@localhost ~]#vi /etc/named.wgs.zones
zone "wgs.com" IN {
        type master;
        file "wgs.com.zone";
        allow-update { none; };
};
```

(2) 用 vi 编辑器修改 DNS 的正向文件"/var/named/wgs.com.zone"，修改的内容如下。

```
[root@localhost ~]#vi /var/named/wgs.com.zone
$ TTL 1D
@       IN SOA  @rname.invalid. (
                                        6       ; serial
                                        1D      ; refresh
                                        1H      ; retry
                                        1W      ; expire
                                        3H)     ; minimum
        IN  NS      dns.wgs.com.
dns     IN  A       10.2.65.8
www     IN  A       10.2.65.8
cw      IN  A       10.2.65.8
rs      IN  A       10.2.65.8
```

(3) 保存配置后退出，重启服务器。

```
[root@localhost ~]#systemctl restart named
```

(4) 用 vi 编辑器修改 httpd 配置文件中的第三部分，即虚拟主机部分信息，在文件的最后添加如下内容。

```
[root@localhost ~]#vi /etc/httpd/conf/httpd.conf
    …
    354 Listen 80
    356 <VirtualHost 10.2.65.8:80>
    357 DocumentRoot /var/www/html/wgs
    358 DirectoryIndex index.html
    359 Servername www.wgs.com
    360 </VirtualHost>
    362 <VirtualHost 10.2.65.8:80>
    363 DocumentRoot /var/www/html/wgs/cw
```

```
    364 DirectoryIndex index.html
    365 Servername cw.wgs.com
    366 </VirtualHost>
    368 <VirtualHost 10.2.65.8:80>
    369 DocumentRoot /var/www/html/wgs/rs
    370 DirectoryIndex index.html
    371 Servername rs.wgs.com
372 </VirtualHost>
...
```

(5) 保存配置后退出,重启服务器。

```
[root@localhost ~]#systemctl restart httpd
```

(6) 客户端验证五桂山总公司网站。客户端通过 IE 浏览器访问 www.wgs.com,通过域名 www.wgs.com 访问五桂山公司的网页,如图 8-20 所示。

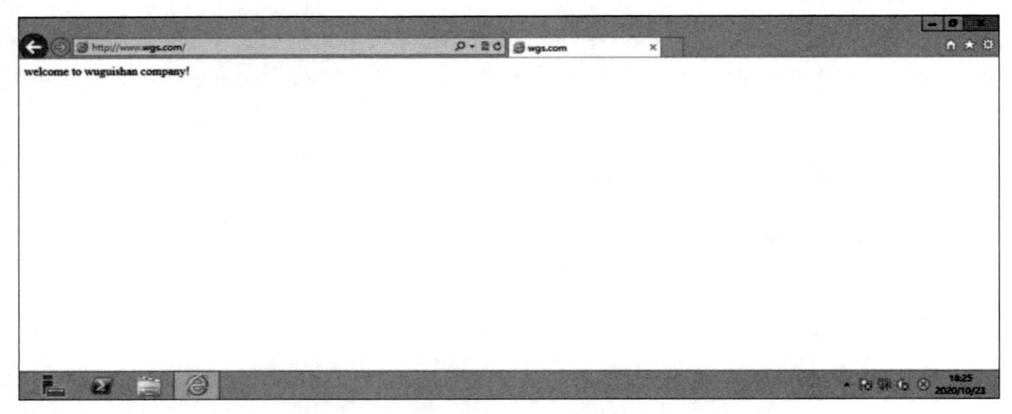

图 8-20　www.wgs.com 的网页内容

(7) 客户端验证财务部网站。客户端通过 IE 浏览器访问 cw.wgs.com,通过域名 cw.wgs.com 访问财务部的网页,如图 8-21 所示。

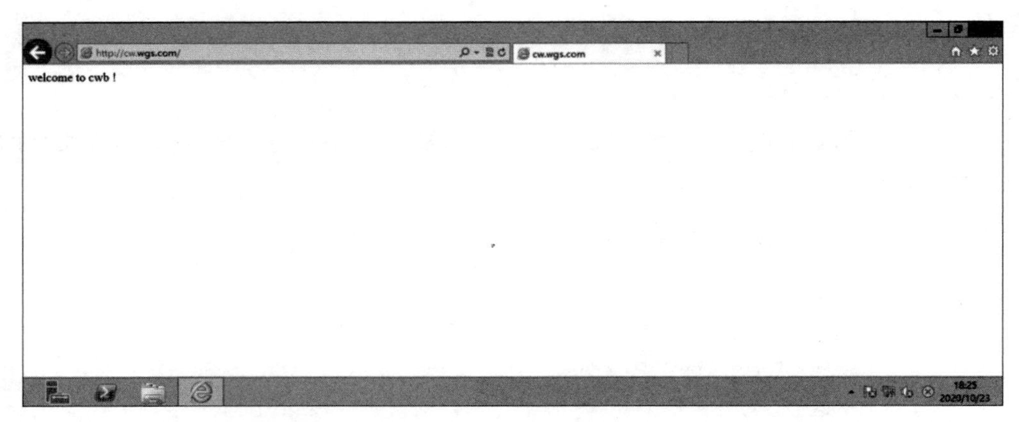

图 8-21　cw.wgs.com 的网页内容

(8) 客户端验证人事部网站。客户端通过 IE 浏览器访问 rs.wgs.com,通过域名 rs.

wgs.com 访问人事部的网页，如图 8-22 所示。

图 8-22　rs.wgs.com 的网页内容

8.3.7　任务 7　设置客户端的访问控制

1. 任务分析

本任务将在完成以上任务的基础上实现客户端(Server 2012)对 Web 服务器的访问控制，允许 10.2.65.0 网段主机的访问，拒绝主机 10.2.65.9 访问网站。该任务需要对目录权限进行设置。通常在访问某个网站时，真正所访问的仅是那台 Web 服务器中某个目录下的某个网页文件，而整个网站由这些网页目录和网页文件组成。作为网站管理人员，可能经常需要只对某个目录进行设置，而不是对整个网站进行设置。这时，可以使用<Directory></Directory>容器进行设置，方法如下：

```
<Directory 目录>
Options Indexes FollowSymLinks
AllowOverride None
Order allow, deny
Allow from all
</Directory>
```

其中，控制语句中的 Order allow 字段用来设置哪些客户端可以访问服务器。与之对应的 deny 用来限制哪些客户端不能访问服务器。

常用的访问控制有以下两种形式。

(1) Order allow,deny 表示默认情况下禁止所有客户端访问，且 allow 字段在 deny 字段之前被匹配。如果既匹配 allow 字段又匹配 deny 字段，则最终 deny 字段生效，也就是说，deny 会覆盖 allow。

(2) Order deny,allow 表示默认情况下允许所有客户端访问，且字段 deny 在 allow 字段之前被匹配。如果既匹配 allow 字段又匹配 deny 字段，则最终 allow 字段生效，也就是说，allow 会覆盖 deny。

- 例如，允许 10.2.65.0/24 网段访问，但其中 10.2.65.9 不能访问。
- 设置：

```
Order allow, deny
```

```
Allow from 10.2.65.0/24
Deny from 10.2.65.9
```

2. 任务实施过程

(1) 用 vi 编辑器修改 httpd 配置文件中 Directory 网站数据目录的权限，允许 10.2.65.0 网段的所有 IP 地址访问，禁止 IP 地址为 10.2.65.9 的用户访问。

```
[root@localhost ~]#vi /etc/httpd/conf/httpd.conf
    254 <Directory "/var/www/html/wgs">
    255     AllowOverride None
    256     #Options None
    257     #Require all granted
    258     Order allow,deny
    259     Allow from 10.2.65.0/24
    260     Deny from 10.2.65.9
    261 </Directory>
[root@localhost ~]#systemctl restart httpd
```

(2) 查看客户端的 IP 地址为 10.2.65.9，禁止此用户访问五桂山公司的网页，如图 8-23 所示。

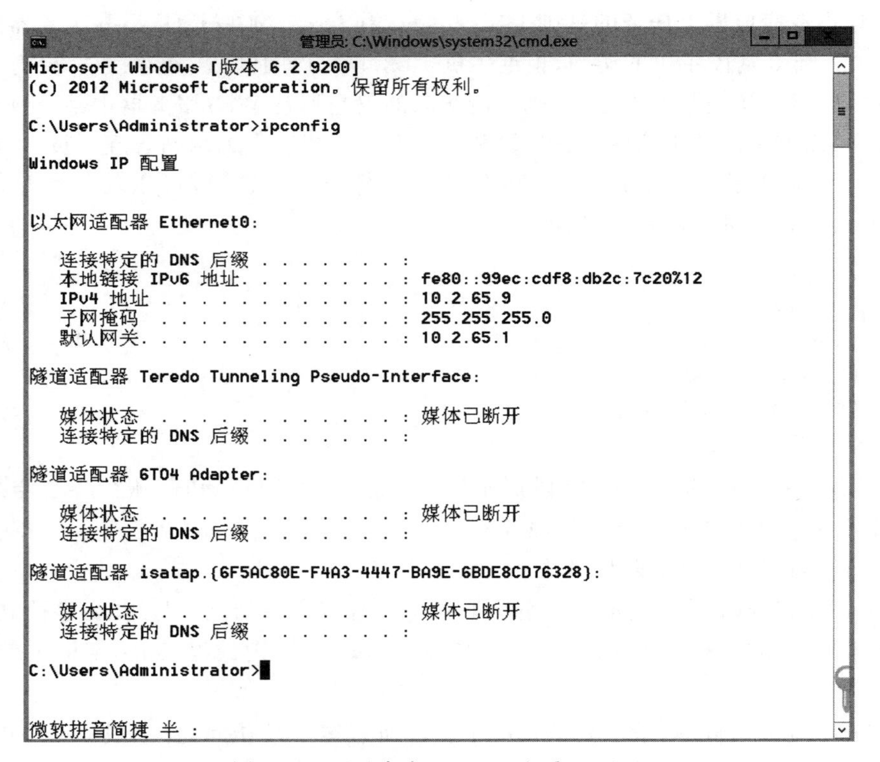

图 8-23 通过命令 ipconfig 查看 IP 地址

(3) 客户端(IP 地址：10.2.65.9)通过 IE 浏览器访问 www.wgs.com，此用户无法访问五桂山公司的网页，如图 8-24 所示。

(4) 修改客户端的 IP 地址为 10.2.65.10，如图 8-25 所示。

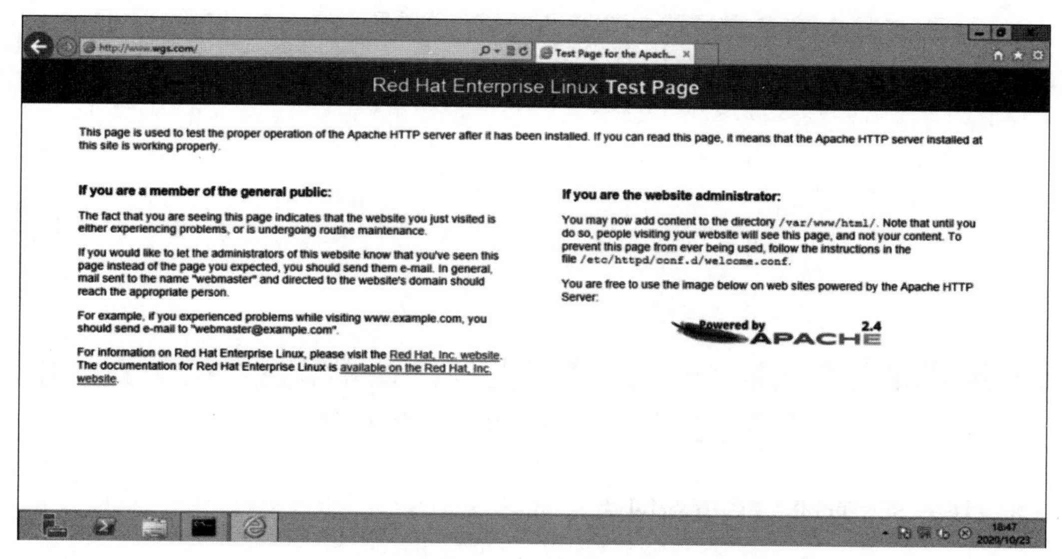

图 8-24　无法访问 www.wgs.com 的网页内容

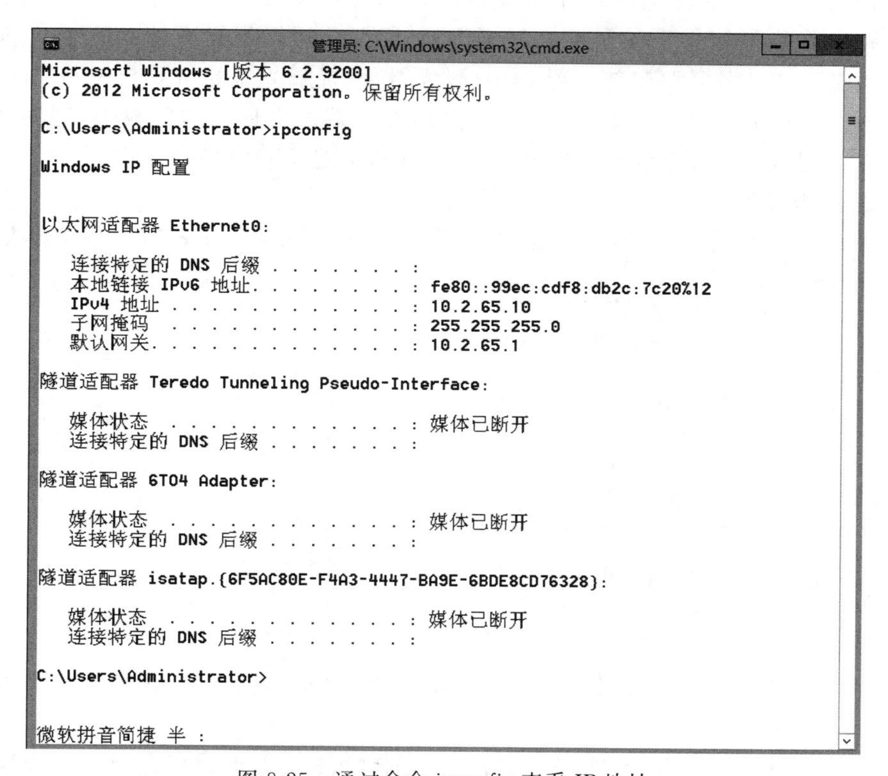

图 8-25　通过命令 ipconfig 查看 IP 地址

(5) 客户端(IP 地址：10.2.65.10)通过 IE 浏览器访问 www.wgs.com，此用户可以正常访问五桂山公司的网页，如图 8-26 所示。

图 8-26　正常访问 www.wgs.com 的网页内容

8.3.8　任务 8　通过 FTP 更新网站

1. 任务分析

五桂山公司的网络编辑部每天有大量的图片、视频、文档等文件需要处理，由于网站更新需要直接在服务器上进行，文件更新很不方便，因此公司希望能通过 FTP 服务实现该网站的远程更新。本任务需要安装配置 vsftp 服务器，设置服务器的目录与 Web 服务的文档目录在同一个文件夹下，FTP 服务器一定要开启客户端对文件的访问权限，这样客户端就可以上传新的网页文件以更新自己的网站，从而实现通过 FTP 更新网站。

2. 任务实施过程

(1) 用 vi 编辑器修改 vsftpd 配置文件"/etc/vsftpd/vsftpd.conf"(具体详解请参考项目 7)，修改内容如下。

```
[root@localhost ~]#vi /etc/vsftpd/vsftpd.conf
    12 anonymous_enable=YES
    29 anon_upload_enable=YES
    33 anon_mkdir_write_enable=YES
    128 anon_root=/var/www/html
    129 chroot_local_user=YES
    130 anon_other_write_enable=YES
```

(2) 保存配置后退出，重启服务器。

```
[root@localhost ~]#systemctl restart vsftpd
```

(3) 客户端验证。客户端通过 FTP 下载五桂山公司的网页，成功下载后如图 8-27 所示。

(4) 客户端用记事本的方式打开五桂山公司的网页进行修改并保存，修改内容如图 8-28 所示。

(5) 客户端通过 FTP 上传修改后的五桂山公司的网页，上传成功后如图 8-29 所示。

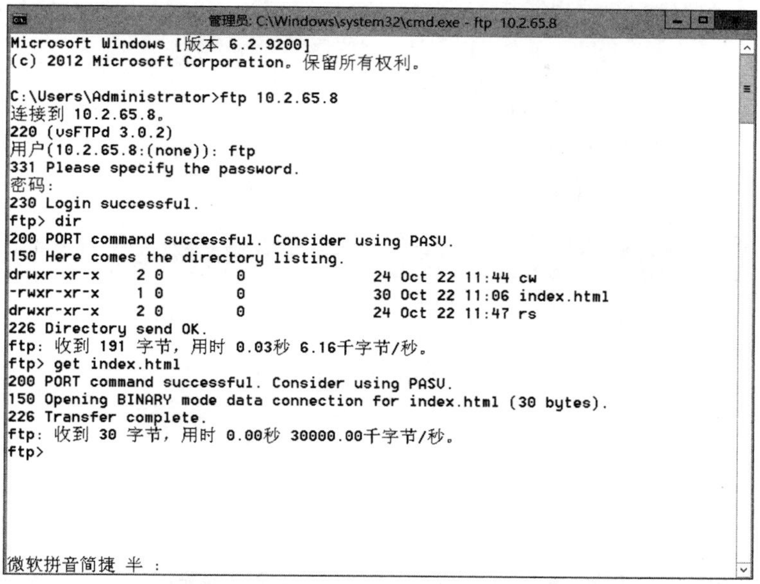

```
管理员: C:\Windows\system32\cmd.exe - ftp 10.2.65.8
Microsoft Windows [版本 6.2.9200]
(c) 2012 Microsoft Corporation。保留所有权利。

C:\Users\Administrator>ftp 10.2.65.8
连接到 10.2.65.8。
220 (vsFTPd 3.0.2)
用户(10.2.65.8:(none)): ftp
331 Please specify the password.
密码:
230 Login successful.
ftp> dir
200 PORT command successful. Consider using PASV.
150 Here comes the directory listing.
drwxr-xr-x    2 0        0              24 Oct 22 11:44 cw
-rwxr-xr-x    1 0        0              30 Oct 22 11:06 index.html
drwxr-xr-x    2 0        0              24 Oct 22 11:47 rs
226 Directory send OK.
ftp: 收到 191 字节，用时 0.03秒 6.16千字节/秒。
ftp> get index.html
200 PORT command successful. Consider using PASV.
150 Opening BINARY mode data connection for index.html (30 bytes).
226 Transfer complete.
ftp: 收到 30 字节，用时 0.00秒 30000.00千字节/秒。
ftp>

微软拼音简捷 半 :
```

图 8-27　通过命令 get index.html 成功下载

```
index - 记事本
文件(F) 编辑(E) 格式(O) 查看(V) 帮助(H)
ftp: welcome to wuguishan company!
```

图 8-28　通过记事本修改的内容

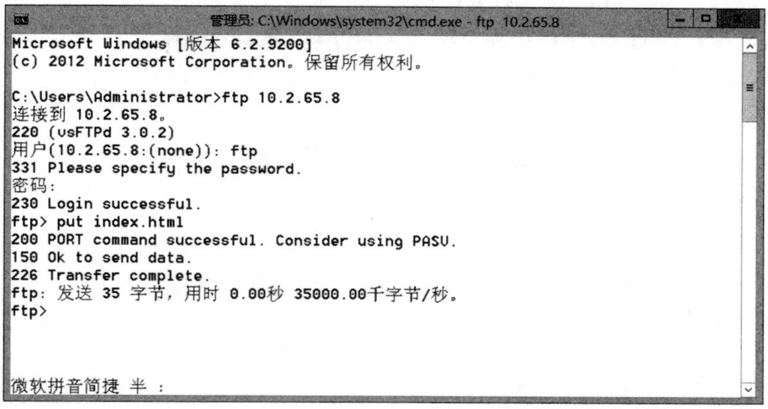

```
管理员: C:\Windows\system32\cmd.exe - ftp 10.2.65.8
Microsoft Windows [版本 6.2.9200]
(c) 2012 Microsoft Corporation。保留所有权利。

C:\Users\Administrator>ftp 10.2.65.8
连接到 10.2.65.8。
220 (vsFTPd 3.0.2)
用户(10.2.65.8:(none)): ftp
331 Please specify the password.
密码:
230 Login successful.
ftp> put index.html
200 PORT command successful. Consider using PASV.
150 Ok to send data.
226 Transfer complete.
ftp: 发送 35 字节，用时 0.00秒 35000.00千字节/秒。
ftp>

微软拼音简捷 半 :
```

图 8-29　通过命令 put index.html 成功上传

(6) 在 Web 服务器上用命令 cat /var/www/html/wgs/index.html 查看修改后的五桂山公司的网页。

```
[root@localhost /]#cat /var/www/html/wgs/index.html
ftp: welcome to wuguishan company!
```

(7) 在客户端查看新修改的网站主页,如图 8-30 所示。

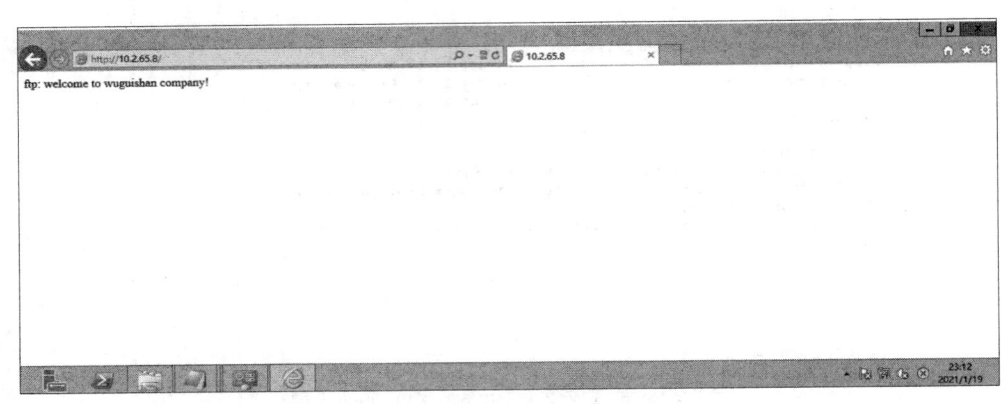

图 8-30 客户端访问修改后的网站页

8.4 项目总结

一台 Web 服务器上可以架设多个网站,这就需要为每个网站配置唯一的标识,方可确保用户的请求能够到达指定的网站。标识一个网站有 4 个标识符:主机头名、IP 地址、端口号和虚拟目录。只要确保至少有一个标识符不同,就可以区分不同的网站,于是便有了在同一台服务器上架设多个网站的 4 种方法:主机头名法、IP 地址法、端口号法和虚拟目录法。需要注意的是,当客户端使用浏览器访问非标准端口(即默认端口 80 以外的其他端口)的站点时,必须在输入的主机名称后添加“端口号”;同样,当客户端使用浏览器访问虚拟目录的站点时,在输入的主机名称后必须添加“/虚拟目录名”。

本章主要讲解了在 Linux 中安装和使用 Apache 提供的 Web 服务的方法。首先简单介绍了 HTTP 的特点,接着介绍了安装 Apache 的过程,然后介绍了 Apache 配置文件中的常用配置选项,最后用实例介绍了在 Apache 服务器中配置虚拟主机的方法。

8.5 课后习题

一、选择题

1. 在 Linux 中手动安装 Apache 服务器时,默认的 Web 站点的目录为(　　)。

　A. /etc/httpd　　B. /var/www/html

　C. /etc/httpd/conf.d　　D. /home/httpd

2. 世界上排名第一的 Web 服务器是(　　)。

　A. Apache　　B. IIS　　C. SunONE　　D. NCSA

3. 用户主页存放的目录由文件 httpd.conf 的(　　)参数设定。

A. UserDir　　B. Directory

C. public_html　　D. DocumentRoot

4. Apache 配置服务器的虚拟主机可以通过(　　)种不同的虚拟技术完成。

A. 1　　B. 2　　C. 3　　D. 4

5. 以下是 Apache 服务器的主配置文件的是(　　)。

A. mine.types

B. /etc/httpd/conf/access.conf

C. /etc/httpd/conf/httpd.conf

D. /etc/httpd/conf/srm.conf

二、填空题

1. HTTP 请求的默认端口是________。

2. 使用________命令能启动 Apache 服务。

3. Apache 配置虚拟主机支持 3 种方式：________、________、________。

三、实训题

五桂山公司有两个分公司,网络拓扑如图 8-31 所示。总公司和分公司各自的主页单独规划建设。总公司有一台 Web 服务器(10.2.65.8),各分公司的主页需要存放在总公司的主目录下。各分公司都有一个网站管理员,可通过 FTP 更新网站。请按照上述需求做出合适的配置。

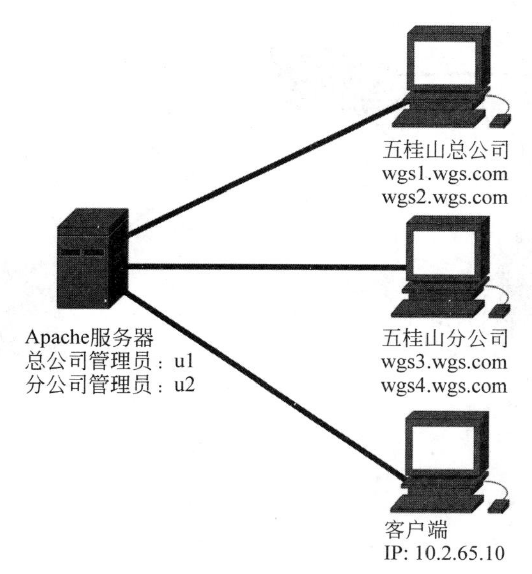

图 8-31　网络拓扑图

项目 9　数据库服务器

【学习目标】

本章将系统介绍数据库服务器的理论知识，MySQL、PostgreSQL 和 MariaDB 的安装和详细配置。

通过本章的学习，读者应该完成以下目标：

- 安装和配置 PostgreSQL 和 MySQL 数据库服务器；
- 对 PostgreSQL 数据库服务器进行简单操作与管理；
- 对 MariaDB 服务器进行简单操作与管理。

9.1 项 目 背 景

数据库可以存储海量的数据，可以对数据进行分类处理，还可以对数据进行更新、删除、查找等操作。五桂山公司的员工日渐增多，为了更方便快捷地对数据进行备份与恢复，该公司计划搭建自己的数据库以存储数据，数据库模型如图 9-1 所示。

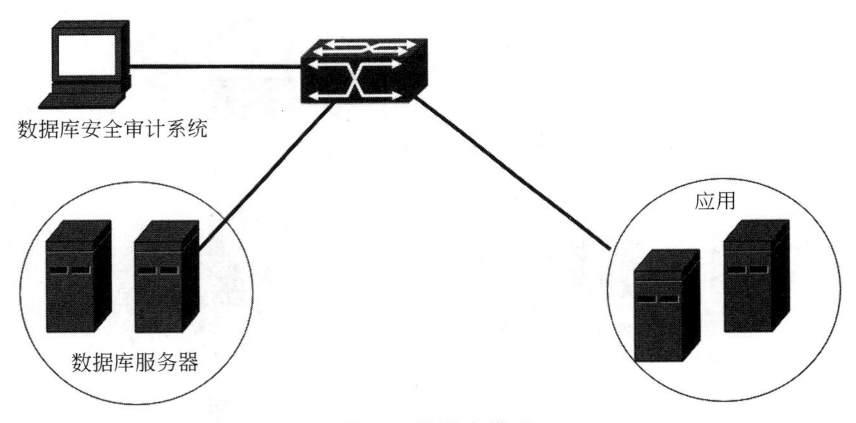

图 9-1　数据库模型

9.2 知 识 引 入

9.2.1 数据库简介

数据库服务一般是指以后台运行的数据库管理系统为基础，加上一定的前台程序，为各种应用提供数据的存储、查询等功能的服务，广泛应用于电子商务、电子政务、网站、搜索引擎以及各种信息管理系统。数据库的使用包括数据库的创建（表、记录）-生成数据源-从应用软件中链接这个数据源。

9.2.2　MySQL

MySQL 是世界上最流行的开源数据库,源码公开意味着任何开发者只要遵守 GPL 协议,就可以对 MySQL 的源码进行使用或修改。MySQL 支持多种平台,免费且具有数据库系统的通用性,支持标准的结构化查询语言,为客户端提供了不同的程序接口和链接库,如 C、C++、Java、PHP 等。

从性能方面看,虽然 MySQL 有 Oracle 作为后盾,但由于受到不接受外界开发人员的参与等因素的影响,无论是版本更新速度还是性能和功能,MySQL 都要弱于 MariaDB。

9.2.3　PostgreSQL

PostgreSQL 支持大部分的 SQL 标准且提供了很多其他现代特性,如复杂查询、外键、触发器、视图、事务完整性、多版本并发控制等。同样,PostgreSQL 也可以用许多方法扩展。任何人都可以免费使用、修改、分发 PostgreSQL。psql 是 PostgreSQL 的交互终端,等同于 Oracle 中的 sqlplus。当执行该命令连接数据库时,默认的用户和数据库是 postgres。

9.2.4　MariaDB

自从 MySQL 被 Oracle 收购之后,业界就开始担心 MySQL 有闭源的风险,于是 MariaDB 诞生了,许多 Linux 发行版和互联网公司都选择使用 MariaDB。MariaDB 支持多种平台,包括 Windows、UNIX、FreeBSD 或其他 Linux 系统。

9.3　项 目 过 程

9.3.1　任务 1　MySQL 的安装

1. 任务分析

五桂山公司计划打造自己的 MySQL 数据库,需要在内网的主机上安装一台 MySQL 服务器(10.2.65.8/24)。

2. 任务实施过程

因前文均已介绍设置光盘和挂载的操作步骤,故此处不再赘述。

方法一:用 rpm 方式安装 MySQL。

(1) 安装 MySQL 需要卸载系统原有的 MariaDB,MariaDB 是 RHEL 系统已经预安装的,其会被视为开源数据库 MySQL 的替代品,安装 MySQL 时可能会产生冲突。

```
[root@localhost Packages]#rpm -qa | grep mariadb   //查看已安装的所有与 MariaDB 有关的安装包
mariadb-libs-5.5.56-2.el7.x86_64
[root@localhost Packages]#rpm -e mariadb-libs --nodeps   //使用 rpm -e 卸载 MariaDB,因为有依
//赖关系,故末尾需加上—nodeps,不顾依赖关系强制卸载
[root@localhost Packages]#rpm -qa | grep mariadb
```

(2) 下载 MySQL 安装包。使用 Oracle 账号(可免费注册)登录 MySQL 官网下载 MySQL,如图 9-2 所示,这里使用的是 rpm 包安装方式,下载对应的 rpm 包,因为依赖关系,故

需要下载 5 个包，如图 9-3 所示，分别为 mysql-community-client-＊、mysql-community-common-＊、mysql-community-devel-＊、mysql-community-libs-＊、mysql-community-server-＊、mysql-community-client-plugins-＊（“＊”号代表版本号）。

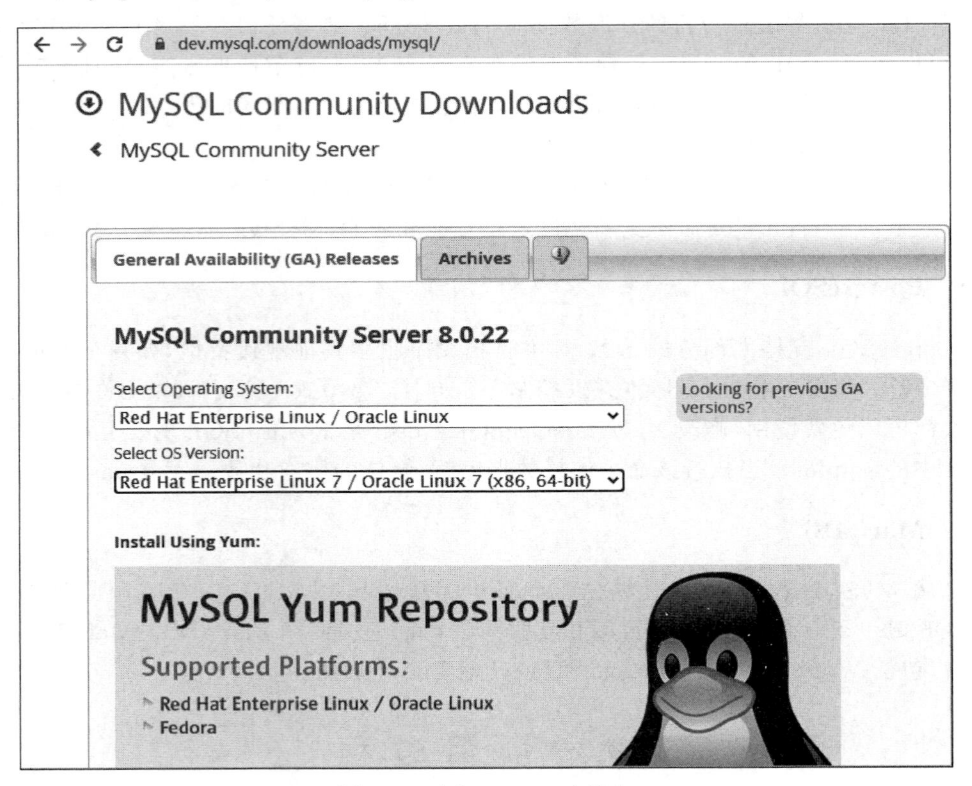

图 9-2　下载 MySQL 安装包

mysql-community-client-8.0.22-1.el7.x...	2020/11/28 11:22	RPM压缩文件	48,654 KB
mysql-community-common-8.0.22-1....	2020/11/28 11:42	RPM压缩文件	616 KB
mysql-community-devel-8.0.22-1.el7....	2020/11/28 11:41	RPM压缩文件	8,271 KB
mysql-community-libs-8.0.22-1.el7.x8...	2020/11/28 11:41	RPM压缩文件	4,697 KB
mysql-community-server-8.0.22-1.el7....	2020/11/28 11:40	RPM压缩文件	521,907 KB
mysql-community-client-plugins-8.0.2...	2020/11/28 13:00	RPM压缩文件	236 KB

图 9-3　MySQL 安装包

（3）从物理机上传 MySQL 安装包到虚拟机。最新的官方文档没有说明必须创建 MySQL 组和 MySQL 用户，故可不创建。

```
[root@localhost Packages]#cd /usr/local/
[root@localhost local]#ls
bin  etc  games  include  lib  lib64  libexec  sbin  share  src
[root@localhost local]#mkdir mysql        //在 MySQL 文件夹 rz 中上传 rpm 安装包
```

（4）在 CRT/putty 虚拟终端软件上使用 rz 命令上传 rpm 安装包。按 Enter 键会出现文件浏览端口，如图 9-4 所示。

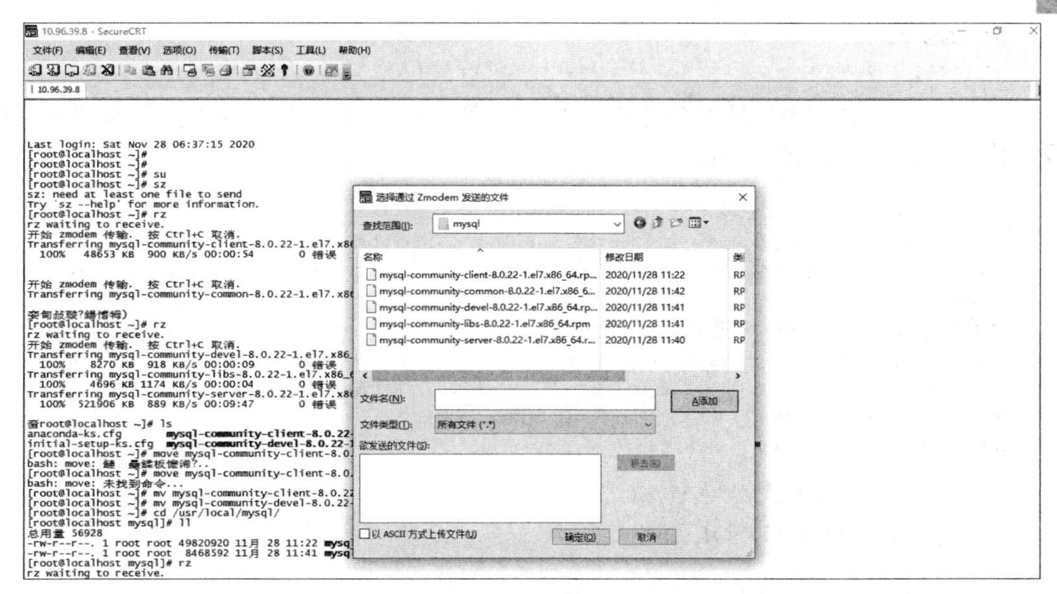

图 9-4　rz 上传文件

(5) 选择后单击“确定”按钮，再次输入 rz 并按 Enter 键即可上传。

```
[root@localhost mysql]#ls
mysql-community-client-8.0.22-1.el7.x86_64.rpm
mysql-community-devel-8.0.22-1.el7.x86_64.rpm
mysql-community-server-8.0.22-1.el7.x86_64.rpm
mysql-community-common-8.0.22-1.el7.x86_64.rpm
mysql-community-libs-8.0.22-1.el7.x86_64.rpm
mysql-community-client-plugins-8.0.22-1.el7.x86_64.rpm
```

(6) 安装 MySQL。各个文件具有依赖性，必须按照以下顺序进行安装。

```
[root@localhost mysql]#rpm -ivh mysql-community-common-8.0.22-1.el7.x86_64.rpm
[root@localhost mysql]#rpm -ivh mysql-community-client-plugins-8.0.22-1.el7.x86_64.rpm
[root@localhost mysql]#rpm -ivh mysql-community-libs-8.0.22-1.el7.x86_64.rpm
[root@localhost mysql]#rpm -ivh mysql-community-client-8.0.22-1.el7.x86_64.rpm
[root@localhost mysql]#rpm -ivh mysql-community-server-8.0.22-1.el7.x86_64.rpm
```

(7) 此处安装 devel 会出现依赖失败，需用 yum 方式安装 pkgconfig 和 openssl。

```
[root@localhost mysql]#rpm -ivh mysql-community-devel-8.0.22-1.el7.x86_64.rpm
警告: mysql-community-devel-8.0.22-1.el7.x86_64.rpm: 头 V3 DSA/SHA1 Signature, 密钥 ID 5072e1f5: NOKEY
错误: 依赖检测失败:
      pkgconfig(openssl) 被 mysql-community-devel-8.0.22-1.el7.x86_64 需要
[root@localhost mysql]#yum -y install pkgconfig
[root@localhost mysql]#yum -y install openssl-devel.x86_64 openssl.x86_64
注: 这时才可安装 devel!
[root@localhost mysql]#rpm -ivh mysql-community-devel-8.0.22-1.el7.x86_64.rpm
警告: mysql-community-devel-8.0.22-1.el7.x86_64.rpm: 头 V3 DSA/SHA1 Signature, 密钥 ID 5072e1f5: NOKEY
准备中...                    #################################[100%]
```

```
正在升级/安装...
   1:mysql-community-devel-8.0.22-1.el###########################[100%]
```

(8) MySQL 安装完毕后不会自动启动，但是第一次启动后，以后每次开机都会自动启动。服务启动后已有初始密码。

```
[root@localhost mysql]#systemctl start mysqld
[root@localhost mysql]#vim /var/log/mysqld.log      //查看密码
2020-11-28T05:22:54.950252Z 6 [Note] [MY-010454] [Server] A temporary password is generated
for root@localhost: a? p1/0lAYlMq
登录 MySQL 后是没有任何权限操作，必须修改密码。
[root@localhost mysql]#mysql -u root -p              //按 Enter 键后输入密码
a? p1/0lAYlMq                                        //注意密码较复杂，辨别 1 和字母 l
mysql>set password for 'root'@'localhost'='Wgs123456? ';
//修改密码，set password for root 用户@本地机=密码
```

方法二：用 yum 方式安装 MySQL。

(1) 查看是否安装 MySQL 服务。

```
[root@localhost /]#yum list installed mysql*
[root@localhost /]#rpm -qa | grep mysql*
[root@localhost /]#yum list mysql*                    //查看是否有安装包，没有则更新 yum 源即可
```

(2) 安装 MySQL 服务。

```
[root@localhost /]#yum -y install mysql
[root@localhost /]#yum -y install mysql-server       //此处报错是因为 rhel 7.4 本身有 MariaDB
```

(3) Linux 虚拟机需要打通外网，网络类型选择桥接 NAT 模式，需要 Linux 的 IP 地址和物理机本机在同一网段及同一网关，填写国际公认 DNS 服务器(8.8.8.8 等)。

```
[root@localhost local]#ping www.baidu.com
PING www.wshifen.com (104.193.88.77) 56(84) bytes of data.
64 bytes from 104.193.88.77 (104.193.88.77): icmp_seq=1 ttl=47 time=288 ms
64 bytes from 104.193.88.77 (104.193.88.77): icmp_seq=2 ttl=47 time=263 ms
...
```

(4) 打通外网后，可以使用网络 yum 源进行安装。

```
[root@localhost yum]#
wgethttp://repo.mysql.com/mysql-community-release-el7-5.noarch.rpm  //el 为字母
[root@localhost yum]#rpm -ivh mysql-community-release-el7-5.noarch.rpm
[root@localhost yum]#ls -l /etc/yum.repos.d/mysql-community*
-rw-r--r--. 1 root root 1209 1月  29 2014 /etc/yum.repos.d/mysql-community.repo
-rw-r--r--. 1 root root 1060 1月  29 2014 /etc/yum.repos.d/mysql-community-source.repo
即可继续安装
[root@localhost /]#yum -y install mysql-server
[root@localhost yum]#yum -y install mysql-devel
[root@localhost yum]#systemctl start mysqld   //开启服务
```

9.3.2 任务 2 MySQL 数据库和表的创建

1. 任务分析

五桂山公司需要创建单独的 wgs 数据库，并在其数据库中创建两个表，分别为 class1

和 class2,并在表 class1 和 class2 中各输入 3 条数据。

2. 任务实施过程

(1) 创建 wgs 数据库。

```
mysql>show databases;           //查看数据库表
| Database            |
+---------------------+
| information_schema |
| mysql              |
| performance_schema |
| sys                |
mysql>create database wgs;      //创建数据库 wgs
mysql>use wgs                   //使用 wgs 数据库
```

(2) 创建表。创建表 class1,name、sex、number 为输入的内容名称,char 为类型,有整型 int、浮点型 float 和 double、定点数 decimal、字符串 char、varchar、text 等。

```
mysql>create table class1
    ->(
    ->name char(4),
    ->sex char(2),
    ->number char(12)
->);
mysql>desc class2;                                              //查看表内的类型
+-------+----------+------+-----+---------+-------+
| Field | Type     | Null | Key | Default | Extra |
+-------+----------+------+-----+---------+-------+
| name  | char(4)  | YES  |     | NULL    |       |
| xh    | char(12) | YES  |     | NULL    |       |
+-------+----------+------+-----+---------+-------+
mysql>insert into class1 values('zs','m','1234567890');   //输入数据
mysql>insert into class1 values('ls','m','1234567891');
mysql>insert into class1 values('xx','w','1234567892');
mysql>select * from  class1;                              //查看 class1 内的数据
+------+------+------------+
| name | sex  | number     |
+------+------+------------+
| zs   | m    | 1234567890 |
| ls   | m    | 1234567891 |
| xx   | w    | 1234567892 |
+------+------+------------+
mysql>create table class2 (name char(4),                  //创建表 class2
    ->xh char(12)
    ->);
mysql>show tables;                                        //查看数据库 wgs 中的表
+---------------+
| Tables_in_wgs |
+---------------+
| class1        |
| class2        |
+---------------+
```

```
//用同样的方式输入数据即可,这里不再重复
mysql>drop table class2;  删除表
mysql>drop database wgs;   删除数据库,注意不要随便删
mysql>exit                                            //退出编辑数据库
```

9.3.3 任务 3 PostgreSQL 的安装

1. 任务分析

五桂山公司基于客户数据的重要性且 PostgreSQL 支持丰富的认证方法,计划用一台服务器(10.2.65.8/24) 搭建 PostgreSQL 服务。

2. 任务实施过程

方法一：用 rpm 方式安装 PostgreSQL 服务。

(1) 从官网(https://yum.postgresql.org/rpmchart.php)下载相关的安装包(版本可以按需选择),如图 9-5 所示。本项目选择的安装包如图 9-6 所示。

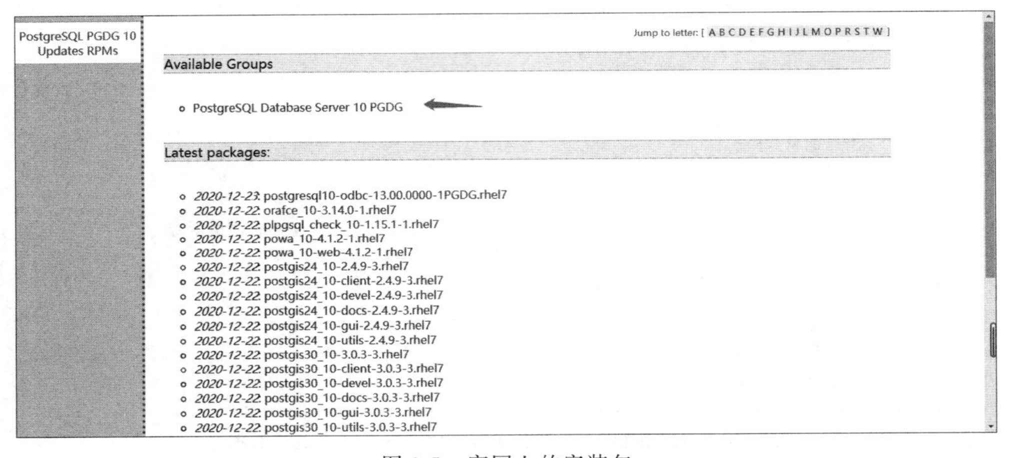

图 9-5 官网上的安装包

« 文件 › linux › 数据库服务器 › 数据库安装包 › postgresql　　搜索"postgresql"

名称	修改日期	类型	大小
postgresql10-10.15-1PGDG.rhel7.x86...	2020/12/26 15:36	RPM压缩文件	1,642 KB
postgresql10-libs-10.15-1PGDG.rhel7...	2020/12/26 15:33	RPM压缩文件	358 KB
postgresql10-server-10.15-1PGDG.rh...	2020/12/26 15:47	RPM压缩文件	4,648 KB

图 9-6 PostgreSQL 安装包

(2) 把下载的安装包通过 FTP 服务上传到 Linux 服务器。

```
[root@localhost Packages]#cd /usr/local
[root@localhost local]#mkdir postgresql
[root@localhost local]#cd postgresql/
[root@localhost postgresql]#rz
[root@localhost postgresql]#ls
postgresql10-10.15-1PGDG.rhel7.x86_64.rpm
postgresql10-libs-10.15-1PGDG.rhel7.x86_64.rpm
postgresql10-server-10.15-1PGDG.rhel7.x86_64.rpm
```

(3) 安装 PostgreSQL 服务，因为安装包自己存在依赖关系，所以需按照以下顺序进行安装。

```
[root@localhost post]#
rpm -ivh postgresql10-libs-10.15-1PGDG.rhel7.x86_64.rpm
[root@localhost post]#rpm -ivh postgresql10-10.15-1PGDG.rhel7.x86_64.rpm
[root@localhost post]#
rpm -ivh postgresql10-server-10.15-1PGDG.rhel7.x86_64.rpm
[root@localhost post]#/usr/pgsql-10/bin/postgresql-10-setup initdb      //初始化
[root@localhost post]#systemctl start postgresql-10                     //开启服务
```

方法二：用 yum 方式安装 PostgreSQL 服务。

(1) 在上面任务的基础上，默认已经打通了服务器与外网的连接，即可安装 yum 更新源。

```
[root@localhost /]#yum install
https://download.postgresql.org/pub/repos/yum/10/redhat/rhel-7-x86_64/pgdg-redhat-repo
-42.0-11.noarch.rpm
```

(2) 安装 PostgreSQL 客户端和服务端，可在 yum 后加-y 表示肯定安装。

```
[root@localhost /]#yum -y install postgresql10 -y
[root@localhost /]#yum -y install postgresql10-server -y
[root@localhost/]#cd /var/lib/pgsql/10/data                //Pgsql10 配置文件位置默认
```

(3) 修改配置文件，并保证 Postgres 用户和组对文件有完整权限，初始化数据库。

```
[root@localhost /]#mkdir -p /data/pg10data                 //-p 迭代创建
[root@localhost /]#chmod 700 /data/pg10data                //修改文件权限
注：Pgsql10 配置文件位置默认在：/var/liv/pgsql/10/data/postgresql.conf。
[root@localhost /]#chown postgres:postgres /data/pg10data  //修改文件所属者
注：查找文件中的内容可在命令行下输入"? 关键字",按 N 键可往下
[root@localhost /]#vim /usr/lib/systemd/system/postgresql-10.service
Environment=PGDATA=/var/lib/pgsql/10/data/
```

修改为

```
Environment=PGDATA=/data/pg10data/              //目录迁移,在此目录下可找到配置文件
[root@localhost /]#/usr/pgsql-10/bin/postgresql-10-setup initdb     //初始化
Initializing database ... OK
[root@localhost /]#systemctl start postgresql-10          //启动服务
```

(4) 设置开机启动，并查看服务状态是否正常。

```
[root@localhost /]#systemctl enable postgresql-10
[root@localhost /]#systemctl status postgresql-10
postgresql-10.service-PostgreSQL 10 database server
  Loaded: loaded (/usr/lib/systemd/system/postgresql-10.service; enabled; vendor preset:
disabled)
  Active: active (running) since  2020-12-25 19:32:59 CST; 2min 35s ago
...
```

9.3.4 任务 4 PostgreSQL 的简单配置

1. 任务分析

完成 PostgreSQL 的安装后，接下来进行数据库的简单配置，以满足公司需求，以下是

简单的文件参数作用说明。

(1) postgresql.conf 文件参数。

- 监听 IP 地址使用 localhost 时只能通过 127.0.0.1 访问数据库，要想远程地址访问 PostgreSQL，可以使用“,”并把 IP 地址添加到 listen_address。
- 添加使用“ * ”可以让所有 IP 地址访问数据库。

(2) pg_hba.conf 文件参数解析。

- -U 为用户名，默认值为 postgres。
- -d 为数据库名称，即要连接的数据库名，默认为 postgres，如果单指-U，则默认访问与用户名称相同的数据库。
- -h 为主机名，默认值为 localhost(本地)。
- -p 为端口号，默认为 5432。

(3) pg_hba.conf 认证方式。

- trust：凡是能连接到服务器的，都是可信任的。只需要提供数据库用户名，可以没有对应的操作系统同名用户。
- password 和 md5：对于外部访问，需要提供 psql 用户名和密码。对于本地连接，不仅需要提供 psql 用户名的密码，还需要有操作系统访问权(用操作系统同名用户验证)。对于用 md5，外部访问传输时密码为 md5。
- ident：对于外部访问，从 ident 服务器获得客户端操作系统用户名，然后把操作系统作为数据库用户名进行登录；对于本地连接，使用 peer。
- peer：通过客户端操作系统内核获取当前系统登录的用户名，并作为 psql 用户名进行登录。

2. 任务实施过程

(1) 默认配置文件位置为/var/lib/pgsql/10/data/postgresql. conf，接下来编辑 postgresql.conf 文件，上面修改过 Environment，其位置为/data/pg10data/。

```
[root@localhost pg10data]#vi postgresql.conf
listen_addresses='*'                //默认为 localhost,“*”表示让所有 IP 访问
defaults to 'localhost'; use '*' for all
#(change requires restart)
port=5432                           //默认监听端口 5432
```

(2) 编辑 pg_hba.conf 文件。开启数据库的远程访问，具体是否能进行远程登录需要依据 pg_hba.conf 的认证配置，默认认证权限配置文件为/data/ pg10data/下的/var/lib/pgsql/10/data/pg_hba.conf。

```
[root@localhost pg10data]#vi pg_hba.conf
local   all    all     md5             //修改 peer 为 md5
host   all    all   0.0.0.0/0md5       //添加此命令,所有用户通过任意 IP 都可以通过 md5 的方式登
                                       //录 postgresql
[root@localhost pg10data]#systemctl restart postgresql-10     //重启
```

(3) 验证远程登录和本地登录。

```
[root@localhost pg10data]#psql -U wgsu1 -d wgs -h 172.20.10.8 -p 5432
```

```
wgs=>psql
wgs->\l                                                         //这里可以执行查看等命令
[root@localhost pg10data]#psql -U wgsu1 -d wgs -p 5432         //本地登录
用户 wgsu1 的口令：
wgs=>
```

(4) 修改内存参数。

- shared_buffers：共享内存的大小，用于共享数据块。可按照实际服务器的内存修改参数，这样数据库就可以缓存更多的数据块，读取数据时可以从共享内存中读取，而不再需要从文件中读取。
- work_mem：单个 SQL 执行时，排序 hash、join 所使用的内存，SQL 运行完成后，内存就释放了，默认为 4MB，增加这个参数可以提高排序操作的速度。

```
[root@localhost pg10data]#vi postgresql.conf
shared_buffers=32MB        //默认为 128MB
work_mem=1MB               //默认为 4MB
```

9.3.5 任务 5 PostgreSQL 数据库的基本操作

1. 任务分析

PostgreSQL 数据库提供了丰富的操作命令，公司数据库管理员需要熟悉以下常用的命令，如表 9-1 所示。

表 9-1 PostgreSQL 的常用命令

命　令	作　用
\h	查看所有 SQL 命令，\h select 等可以查看具体命令
?	查看所有 SQL 命令
\d	查看当前数据库的所有表
\l	查看所有数据库
\e	打开文本编辑器
\du	查看所有用户
\q	退出
\c [database_name]	连接指定数据库
\d [table_name]	列出指定表的结构
\x	对数据做展开操作
\conninfo	显示当前连接的相关信息
\timing	切换命令计时开关（目前是关闭），第一次为启动，再次输入为关闭
\a	在非对齐模式(unaligned)和对齐模式(aligned)之间切换
\H	切换 HTML 输出模式（目前是关闭，默认为 aligned）
\db [database_name]	列出表空间

续表

命　　令	作　　用
\p	显示查询缓存区的内容,即打印上一个 SQL 命令
\cd [目录]	改变目前的工作目录
\! [命令]	在 shell 中执行命令或开启一个 shell
\i 文件名	从文件中执行命令
\echo [字串]	将字串写至标准输出
\unset 变量名称	清空(删除)内部变量
\encoding [编码名称]	显示或设定客户端编码
\password [用户名称]	安全地为用户改变口令
\prompt [变量名称]	提示用户设定内部变量
\set [变量名称[变量值]]	设定内部,若无参数则列出全部变量
\C [标题]	设定资料表标题或取消
\f [分隔符]	显示或设定非对齐模式的栏位分隔符号
\o [文件名]	将全部查询结果写入档案或管道"pipe"
\w [文件名]	将上一个 SQL 命令输出到指定的文件或管道"pipe"
\ g [文件名]	将上一个 SQL 命令的结果输出到指定文件或管道"pipe"

2. 任务实施过程

(1) 默认的认证配置下,连接数据库需切换到 postgresql 用户下,此用户连接数据库不需要密码,切换 postgresql 用户后,提示符变为-bash-4.2 $ 。

```
[root@localhost pg10data]#su postgres          //切换 postgres 用户
bash-4.2$ psql                                 //输入 psql
psql (10.15)                                   //版本号
输入 "help" 获取帮助信息.
postgres=#           //使用 psql 连接到数据库控制台,系统提示符变“postgres=#”
postgres=#\password postgres                   //修改密码
```

(2) 用户创建及权限。因为 postgres 用户具有很高的权限,所以一般不会直接使用这个身份登录,而是创建另外一个用户。

```
postgres=#create user wgsu1 with password '123456';
//创建新用户 wgsu1,注意''不能用“”代替
postgres=#create database wgs owner wgsu1;
//为 wgsu1 用户创建数据库 wgs
postgres=#grant all privileges on database wgs to wgsu1;
//将对数据库 wgs 的全部操作权限赋予用户 wgsu1,否则 wgsu1 对该数据库只有登录控制台,没有其他权限
```

(3) 添加用户后,接下来就是增加、删除、修改、查询表的操作。

```
postgres=#\c wgs                                        //切换到数据库 wgs
wgs=>create table test1(use char(2),call char(11));     //提示符改变,在当前数据库中创建表
```

```
wgs=>\l                                                    //查看所有数据库
                              数据库列表
名称     | 拥有者  | 字元编码 | 校对规则   |     Ctype      |     存取权限
…
wgs|wgsu1|UTF8|zh_CN.UTF-8  | zh_CN.UTF-8 |=Tc/wgsu1 wgsu1=CTc/wgsu1
wgs=>\d     //查看当前数据库所有表
              关联列表
架构模式  | 名称  |  类型   | 拥有者
public    | test1 | 数据表  | wgsu1
wgs=>\du     //查看所有用户
                         角色列表
角色名称 |                     属性                       | 成员属于
Postgres| 超级用户, 建立角色, 建立 DB, 复制, 绕过 RLS     | {}
wgsu1    |                                                | {}
wgs=>\conninfo   //显示当前连接的相关信息
以用户 "wgsu1" 的身份,通过套接字"/var/run/postgresql"从端口"5432"连接到数据库 "wgs
wgs=>alter table test1 add column age varchar(2);  //在 test1 表中添加字段,varchar 为可变类型
wgs=#alter table test1 drop column age;             //删除字段
wgs=#alter table test1 add column pw char(6) default null;  //null 为可空,no null 为不可空
wgs=#alter table test1 rename column pw to pwd;      //修改字段名称
wgs=#alter table test1 alter column pwd set default (123456);
//给指定字段设置默认值,删除缺省,将 set 改成 drop 即可
wgs=#\d test1  //查看 test1 的结构
                Table "public.test1"
Column |      Type       | Collation | Nullable | Default
use    | character(2)  |             |          |
call   | character(11) |             |          |
pwd    | character(6)  |             |          | 123456
```

(4) 新建表后,开始向表中写入数据

```
wgs=#insert into test1 (use,call,pwd) values ('zs','12345678910','123456');
wgs=#insert into test1 (use,call,pwd) values ('ls','12345678900','111111');
wgs=#select * from test1;                     //查看表 test1 的数据
use |     call      |  pwd
zs  | 12345678910 | 123456
ls  | 12345678900 | 111111
wgs=#select * from test1 where use='zs';    //where 为寻找关键字
use |     call      |  pwd
zs  | 12345678910 | 123456
wgs=#update test1 set call='10987654321' where use='zs';
//修改数据,格式为 update 表名 set 字段名='值'where 字段名='值';第一个值为修改后的数据,第二个值显
//示该行的特征
wgs=#delete from test1 where use='ls';        //删除数据,where 为该行的特征
wgs=#select * from test1;                     //查看 test1 内的数据
use |     call      |  pwd
zs  | 10987654321 | 123456
wgs=#delete from test1;                       //删空表格,不要随便使用
```

(5) 表格存放在数据库中,下面使用 postgres 用户增加、删除、修改、查询数据库。

注意:使用 Ctrl+Z 快捷键退出到 wgs=#界面;切换用户使用 su 命令,出现用户名后

按要求输入密码即可。

```
postgres=#create database wgs2;                         //创建数据库
postgres=#alter database wgs2 rename to wgs1;           //修改数据库名称,该数据库必须没有活动的连接
postgres=#create database wgs_cp template wgs1;         //以 wgs1 为模板创建数据库 wgs_cp
postgres=#create database Wgs1;
postgres=#\l//从这里可以看到创建数据库名称不分大小写
                                 List of databases
    Name     |  Owner    | Encoding |  Collate    |   Ctype     |   Access
……
wgs          | wgsu1     | UTF8     | zh_CN.UTF-8| zh_CN.UTF-8 |=Tc/wgsu1
wgsu1=CTc/wgsu1
wgs1         | postgres | UTF8      | zh_CN.UTF-8| zh_CN.UTF-8 |
postgres=#drop database wgs1;                           //大写创建,小写照样可删除数据库(慎重使用)
```

9.3.6 任务 6 MariaDB 的安装

1. 任务分析

因 MySQL 被 Oracle 收购之后,五桂山公司担心 MySQL 有闭源的风险,故打算使用 MariaDB 打造自己的数据库,计划在公司搭建一个 MariaDB 服务器(10.2.65.8/24)。

2. 任务实施过程

方式一:用 rpm 方法安装 MariaDB 服务

(1) 安装依赖包。RHEL 7.4 中默认提供的是 5.5 版本,因此许多工具仍以 MySQL 命名,这是为了保证兼容性。

```
[root@localhost Packages]#find mariadb*       //查看与 MariaDB 相关的配置文件
mariadb-5.5.56-2.el7.x86_64.rpm               //主要包含 MariaDB 客户端的一些工具,如 MySQL、
                                              //MySQLbinlog 等
mariadb-bench-5.5.56-2.el7.x86_64.rpm
mariadb-devel-5.5.56-2.el7.i686.rpm
mariadb-devel-5.5.56-2.el7.x86_64.rpm         //MariaDB 开发包中有开发需要的一些头文件
mariadb-libs-5.5.56-2.el7.i686.rpm
mariadb-libs-5.5.56-2.el7.x86_64.rpm          //包含开发时需要的库文件
mariadb-server-5.5.56-2.el7.x86_64.rpm        //MariaDB 的服务端,如 mysqld_safe、mysqld 等
mariadb-test-5.5.56-2.el7.x86_64.rpm
[root@localhost Packages]#
rpm -ivh perl-Compress-Raw-Bzip2-2.061-3.el7.x86_64.rpm
[root@localhost Packages]#
rpm -ivh perl-Compress-Raw-Zlib-2.061-4.el7.x86_64.rpm
[root@localhost Packages]#rpm -ivh perl-DBD-MySQL-4.023-5.el7.x86_64.rpm
[root@localhost Packages]#rpm -ivh perl-DBI
//不清楚时可以输入关键字后按 Tab 键补全,连续按两次 Tab 键可出现相关内容
perl-DBI-1.627-4.el7.x86_64.rpm
perl-DBIx-Simple-1.35-7.el7.noarch.rpm
[root@localhost Packages]#rpm -ivh perl-DBI-1.627-4.el7.x86_64.rpm
[root@localhost Packages]#rpm -ivh perl-Data-Dumper-2.145-3.el7.x86_64.rpm
[root@localhost Packages]#rpm -ivh perl-IO-Compress-2.061-2.el7.noarch.rpm
[root@localhost Packages]#rpm -ivh perl-Net-Daemon-0.48-5.el7.noarch.rpm
[root@localhost Packages]#rpm -ivh perl-PlRPC-0.2020-14.el7.noarch.rpm
```

(2) 安装 MariaDB。安装服务时若提示缺少依赖包，则一般可以借助提示从操作系统盘中找到并安装。

```
[root@localhost Packages]#rpm -ivh mariadb-server-5.5.56-2.el7.x86_64.rpm mariadb-5.5.56
-2.el7.x86_64.rpm  //可同时安装多个文件
```

方式二：用源码方式安装 MariaDB 服务。

(1) MariaDB 源码安装。从官网(https://downloads.mariadb.org)下载源码包，如图 9-7 和图 9-8 所示。

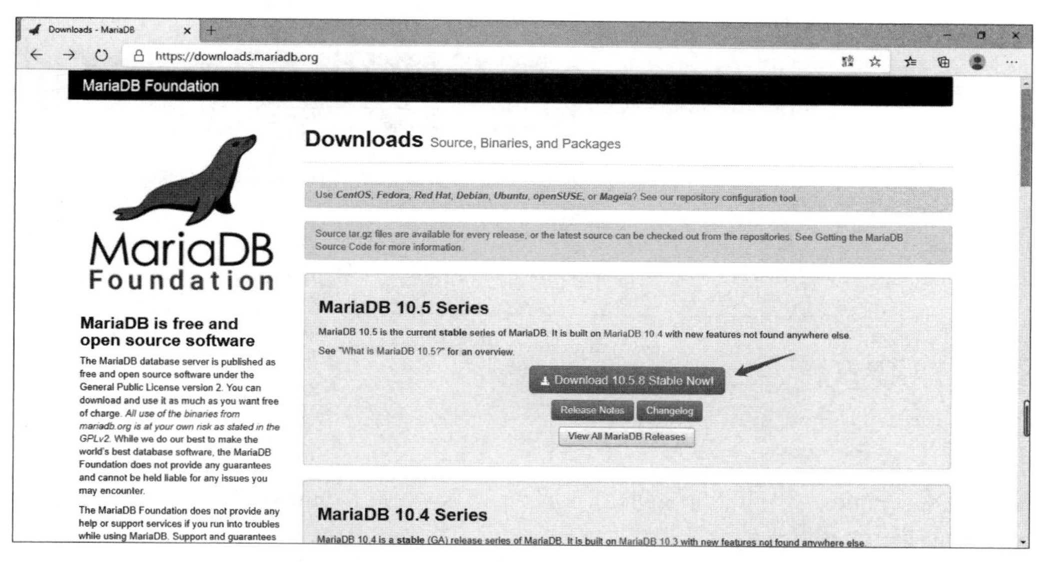

图 9-7　官网下载界面

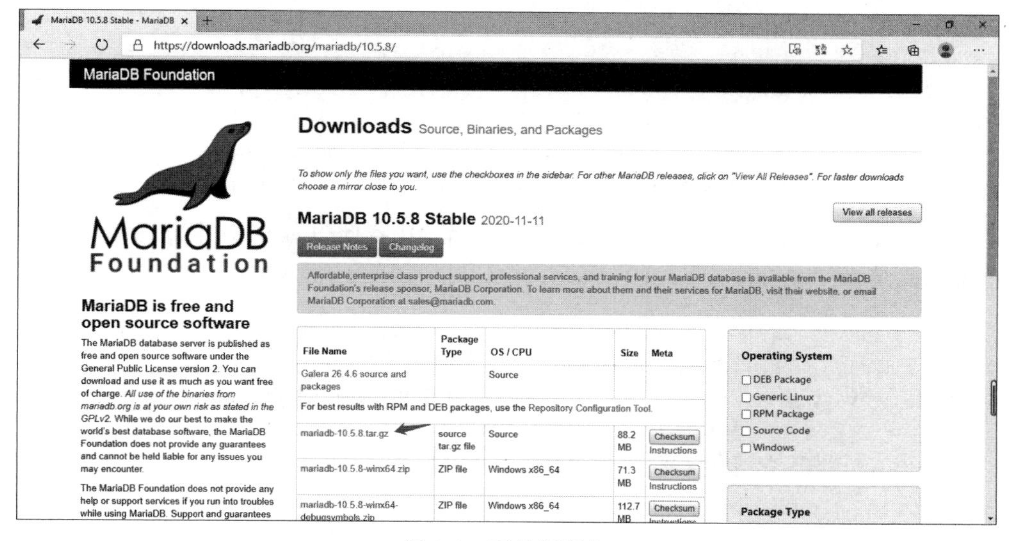

图 9-8　下载源码包

(2) 使用 rz 命令或者其他方式将下载的源码包上传到 Linux 服务器，如图 9-9 所示。

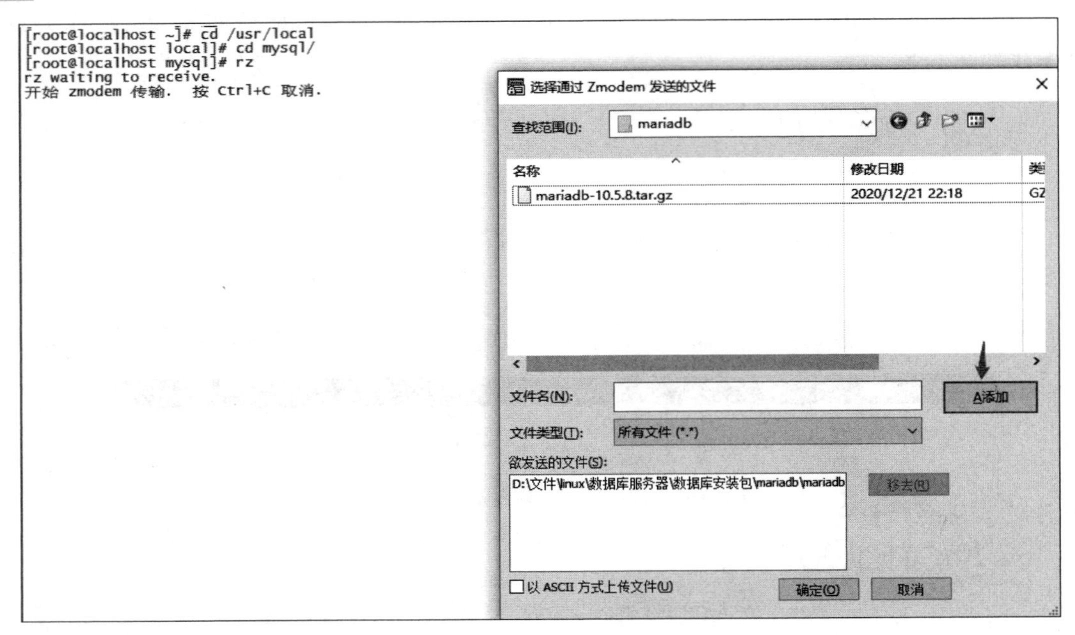

图 9-9　rz 上传

```
[root@localhost mysql]#ls
mariadb-10.5.8.tar.gz
```

(3) 安装 cmake。因为 MariaDB 5.5 及更高版本使用 cmake 编译，所以需要安装 cmake，这里使用编译方式安装 cmake。

```
//编译环境及依赖关系
[root@localhost mysql]#yum groupinstall -y Development Tools
[root@localhost mysql]#yum -y install ncurses-devel zlib-devel
//获取 cmake
[root@localhost local]#
wget https://cmake.org/files/v3.9/cmake-3.9.3.tar.gz      //从此网站下载
[root@localhost local]#tar xf cmake-3.9.3.tar.gz -C /usr/local/mysql
//x,从档案文件中释放文件;f,使用档案文件或设备,一般为必选项;-C,指定目录
```

(4) 编译安装 cmake。此过程较漫长，并不是错误，若此过程很快并出现问题，则可查看本章实训总结。

```
[root@localhost mysql]#cd cmake-3.9.3/          //进入 cmake 文件夹
[root@localhost cmake-3.9.3]#. configure        //". 文件名称": 执行该文件
CMake has bootstrapped.  Now run gmake.         //执行完毕后显示这句即表示成功
[root@localhost cmake-3.9.3]#gmake && gmake install
//"&&"表示只有当前面的命令执行成功后,后面的命令才会执行
```

(5) 安装 MariaDB。

```
[root@localhost mysql]#tar xf mariadb-10.5.8.tar.gz -C /usr/local/mysql
[root@localhost mysql]#cd mariadb-10.5.8/
[root@localhost mariadb-10.5.8]#cmake -DCMAKE_INSTALL_PREFIX=/usr/local/mysql
```

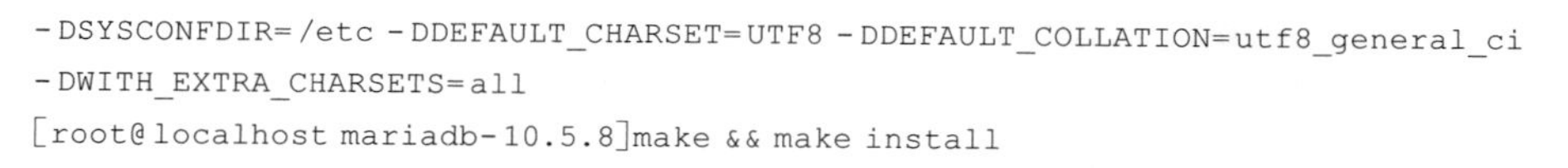

```
-DSYSCONFDIR=/etc -DDEFAULT_CHARSET=UTF8 -DDEFAULT_COLLATION=utf8_general_ci
-DWITH_EXTRA_CHARSETS=all
[root@localhost mariadb-10.5.8]make && make install
```

方式三：用 yum 方式安装 MariaDB 服务。

(1)新建 yum 源。这种安装方式需要服务器与外网能够互通，在前面项目的基础上直接编辑 yum 源。

```
[root@localhost /]#rpm -e mariadb-libs -nodeps        //删除已安装的 MariaDB
[root@localhost /]#rpm -e mysql-* --nodeps            //删除已安装的 MySQL
[root@localhost yum.repos.d]#vi mariadb.repo          //编辑 yum 源
[mariadb]
name=mariadb
baseurl=https://mirrors.ustc.edu.cn/mariadb/yum/10.5/rhel74-amd64
gpgkey=https://mirrors.ustc.edu.cn/mariadb/yum/RPM-GPG-KEY-MariaDB
gpgcheck=1
[root@localhost yum.repos.d]#yumclean all             //清理 yum 缓存
[root@localhost yum.repos.d]#yum makecache all        //重新安装
```

(2) 安装 MariaDB 服务，启动 MariaDB 服务。一般为了确保数据库的安全及正常运转，需要对其初始化。

```
[root@localhost yum.repos.d]#yum-y install mariadb-server mariadb
[root@localhost yum.repos.d]#systemctl start mariadb
[root@localhost yum.repos.d]#mysql_secure_installation        //开启服务后
```

9.3.7　任务 7　MariaDB 数据库的基本配置

1. 任务分析

五桂山公司要求数据库管理员必须灵活掌握数据库的设置，以满足数据库在实际使用中的需求，如数据库和表的创建、删除、查询等操作，语言和用户权限的设置等。

2. 项目实施过程

(1) MariaDB 可以修改语言的编码格式，一般中文编码有两种修改方式。临时修改只对当前登录有效，如果要重启后永久有效，则需要修改配置文件。

```
方式一：临时修改
[root@localhost /]#mysql -uroot -p      //本地登录 MariaDB 服务
Enter password:
[root@localhost /]#set names 'utf8mb4';
[root@localhost /]#set character_set_server=utf8mb4;
[root@localhost /]#set character_set_database=utf8mb4;
[root@localhost /]#set collation_database=utf8mb4_general_ci;
[root@localhost /]#set collation_server=utf8mb4_general_ci;
方式二：永久修改
[root@localhost /]#vi /etc/my.cnf       //编辑文件
[client-server]
[mysqld]
character-set-server=utf8mb4
collation-server=utf8mb4_unicode_ci
```

```
log-error=/var/log/mysqld.log
init-connect='SET NAMES utf8mb4'
[client]
default-character-set=utf8mb4
[mysql]
default-character-set=utf8mb4
[root@localhost /]#systemctl restart mariadb  //重启服务
```

(2) 查看字符编码集。

```
MariaDB [(none)]>show variables like "%character%";
| Variable_name            | Value                      |
| character_set_client     | utf8mb4                    |
| character_set_connection | utf8mb4                    |
| character_set_database   | utf8mb4                    |
| character_set_filesystem | binary                     |
| character_set_results    | utf8mb4                    |
| character_set_server     | utf8mb4                    |
| character_set_system     | utf8                       |
| character_sets_dir       | /usr/share/mysql/charsets/ |
+--------------------------+----------------------------+
MariaDB [(none)]>show variables like "%collation%";
| Variable_name        | Value              |
| collation_connection | utf8mb4_general_ci |
| collation_database   | utf8mb4_unicode_ci |
| collation_server     | utf8mb4_unicode_ci |
```

(3) 用户和权限。以下是设置权限的格式：MariaDB 中的表、数据库对用户的添加、删除、查询等操作都有权限的设置。

- 指定权限设置：grant [权限 1,权限 2,…权限 n] on [数据库名|*].[表名|*] to 账号@主机名。
- 授予所有库和表全部权限：grant all privileges on *.* to 账号@主机名。
- 主机名：%(所有 IP)、IP(指定 IP)、localhost(仅本机)。

```
MariaDB [(none)]>mysqlcheck -u root -p --auto-repair --optimize
--all-databases                                         //如果数据库已存在表,则可进行修复
MariaDB [(none)]>set password=PASSWORD("wgs123");       //修改密码
MariaDB [(none)]>create user zs@'%' identified by '123';   //创建用户
MariaDB [(none)]>use mysql;                             //切换数据库
MariaDB [mysql]>grant create on *.* to zs@"%" identified by "123";   //授予权限
MariaDB [mysql]>grant all privileges on *.* to wgsu1@"%" identified by "wgs123";
//授予全部权限,若用户不存在则,创建用户
MariaDB [mysql]>grant all privileges on *.* towgsu2@'%' identified by '123'
with grant option;                                      //授予权限且可以授权
查看用户有两种方式:
方式一: MariaDB [mysql]>select user();
| user()         |
| root@localhost |
方式二: MariaDB [mysql]>select current_user();
| current_user()  |
```

```
| root@localhost  |
MariaDB [mysql]>select host,user,password from user;        //查看用户、密码、主机
...
| localhost | mysql       | invalid                                    |
| %         | zs          | * 23AE809DDACAF96AF0FD78ED04B6A265E05AA257  |
| %         | wgsu1       | * 48D5BAB250D3D3ADC0CF47575F8CF13B181286BA  |
MariaDB [mysql]>select distinct user from user;             //查看不重复的用户
| User        |
| wgsu1       |
| zs          |
| mariadb.sys |
| mysql       |
| root        |
MariaDB [mysql]>delete from user where user='wgsu1';             //删除用户 wgsu1
MariaDB [mysql]>revoke all privileges on * . * from 'zs'@'%';    //撤销权限
MariaDB [mysql]>show grants for 'wgsu2'@'%';                     //查看 wgsu2 权限
| Grants for zs@%
| GRANT USAGE ON * . * TO `wgsu2`@`%` IDENTIFIED BY PASSWORD
'* 23AE809DDACAF96AF0FD78ED04B6A265E05AA257' WITH GRANT OPTION |
```

(4) 最常见的操作就是数据库和表，其中删除、更改表及数据库的命令与理论和MySQL或PostgreSQL区别不大，此处不再赘述。

```
MariaDB [mysql]>create database wgs;                                //创建数据库
MariaDB [(mysql)]>use wgs;                                          //切换数据库
MariaDB [wgs]>create table test(id int,name varchar(3));            //创建表
MariaDB [wgs]>insert into test(id,name) values ('2020','ls');       //写入数据
MariaDB [wgs]>select * from test;                                   //查询表内容
| id   | name |
| 2020 | ls   |
```

9.4　项目总结

9.4.1　内容总结

数据库是按照数据结构组织、存储和管理数据的仓库，是一个长期存储在计算机内、有组织、可共享、统一管理的大量数据的集合。早期比较流行的数据库模型有3种，分别为层次式数据库、网络式数据库和关系型数据库。而在当今的互联网中，最常用的数据库模型是关系型数据库和非关系型数据库。

本章主要讲述了PostgreSQL、MySQL和MariaDB基于Linux的安装及其基本概念与主要的操作。

9.4.2　实训总结

1. 错误一

(1) 错误描述：安装cmake出现“Log of errors：/usr/local/cmake-3.0.2/Bootstrap.cmk/cmake_bootstrap.log”错误。

(2) 出现原因：没有安装 gcc-C++ 环境。

(3) 解决办法。

```
[root@localhost Packages]#
rpm -ivh libstdc++-devel-4.8.5-16.el7.x86_64.rpm
[root@localhost Packages]#rpm -ivh gcc-c++-4.8.5-16.el7.x86_64.rpm --force -nodeps
```

安装完成后重新在 cmake 文件夹中执行./booconfigure 命令。

2. 错误二

(1) 错误描述：/usr/libexec/gcc/x86_64-redhat-linux/4.4.6/cc1：error while loading shared libraries：libmpfr.so.1：cannot open shared object file：No such file or directory。

(2) 错误原因：没有安装 mpfr 包。

(3) 解决方法：安装 mpfr-2.4.1-6.el6.x86_64.rpm 包。

3. 错误三

(1) 错误描述：安装 gcc 时出现错误。

(2) 错误原因：yum 源没有对应版本的包匹配。

(3) 解决方法。

```
wget -O /etc/yum.repos.d/CentOS-Base.repo http://mirrors.aliyun.com/repo/Centos-7.repo
sed -i  's/$ releasever/7/g' /etc/yum.repos.d/CentOS-Base.repo
yum repolist
```

9.5 课后习题

一、选择题

1. 从数据表中查找记录的命令是(　　)。

A. UPDATE　　B. FIND　　C. SELECT　　D. CREATE

2. 根据 mysqldump -u username -p dbname table1　table2　...-> C:\BackupName.sql 命令可以判断出数据库名称是(　　)。

A. mysqldump　　B. username　　C. dbname　　D. BackupName.sql

3. 在 select 语句中，实现选择操作的子句是(　　)。

A. select　　B. group by　　C. where　　D. from

4. 以下关于表的关系的说法中正确的是(　　)。

A. 一个数据库服务器只能管理一个数据库，一个数据库只能包含一个表

B. 一个数据库服务器可以管理多个数据库，一个数据库可以包含多个表

C. 一个数据库服务器只能管理一个数据库，一个数据库可以包含多个表

D. 一个数据库服务器可以管理多个数据库，一个数据库只能包含一个表

二、填空题

1. 类型 char(4)和 varchar(4)有所区别，其中 char 的长度是________的，varchar 的长度是________的。

2. delete 和 truncate 有所区别，其中 delete 删除数据是________的，truncate 删除数据

是________的。

3. MySQL 数据库删除表的命令是________。

4. PostgreSQL 数据库中查询当前数据库的所有表的命令是________，查询所有数据库的命令是________。

5. PostgreSQL 数据库中修改表 class1 为 class2 的命令为________。

6. 按照关键词查询数据的命令是________。

7. MySQL 是________的数据库。

8. PostgreSQL 默认的用户和数据库是________。

9. MySQL 在性能和功能方面________于 MariaDB。

10. MariaDB 添加权限的命令是________，撤销权限的命令是________。

三、实训题

1. MySQL：wgs。

- 表 1：class1(id int,name varchar(3))。
- 表 2：class2(name char(4),Pcall char(11),xh char(12))。
- 表 1 数据：(1,zs) (2,lisi)。
- 表 2 数据：(mary,123456,654321)(jack,111111,12345678910)。

请写出详细解决方案并上机实现。

2. MariaDB：wgs。

- 表：test(id int,name varchar(3),age varchar(2))。
- 赋予 wgsu1 用户在所有 IP 地址中对所有数据库的所有表 create 和 select 的权限。
- 赋予 wgsu2 用户所有权限。

请写出详细解决方案并上机实现。

项目 10　E-mail 服务器

【学习目标】

本项目将系统介绍邮件服务器的相关理论知识及安装方法，并按实际情况搭建一台邮件服务器，通过域名访问使用该邮件服务器。

通过本章的学习，读者应完成以下目标：

- 理解邮件服务器的理论知识；
- 理解邮件服务器的工作过程和原理；
- 掌握 Postfix 和 POP 3 邮件服务器的配置；
- 掌握搭建邮件服务器的方法；
- 掌握邮件服务器的使用。

10.1　项目背景

五桂山公司计划搭建一台企业内网使用的邮件服务器。因企业内部有很多文件及通知属于公司内部私密资料，而使用互联网邮箱进行日常的工作交流或公文传输存在资料泄露等安全问题。现公司计划使用一台 IP 地址为 10.2.65.8/24 的红帽企业级 Linux 7.4 服务器搭建一台内网使用的邮件服务器供内部员工使用，邮件服务器的域名为 wgs.com，网络拓扑如图 10-1 所示，IP 地址分配如表 10-1 所示。

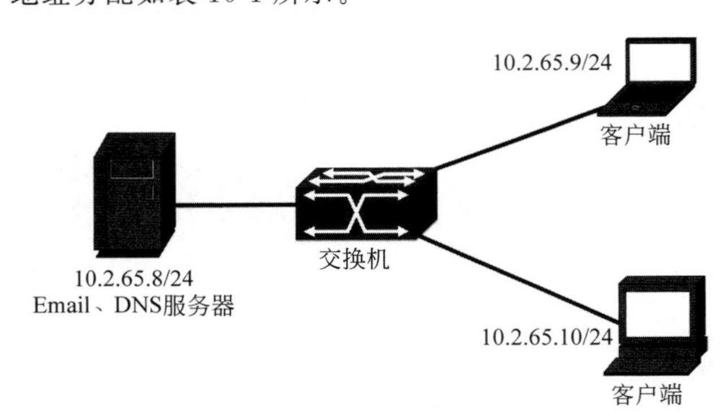

图 10-1　网络拓扑图

表 10-1　IP 地址分配

序号	服务名称	IP 地址	操作系统
1	E-mail 服务器、DNS 服务器	10.2.65.8/24	Linux
2	客户机 1	10.2.65.9/24	Windows
3	客户机 2	10.2.65.10/24	Windows

10.2　知 识 引 入

10.2.1　电子邮件的概念

电子邮件(Electronic Mail,E-mail)指通过网络互相传递信息的一种网络通信方式,是当今网络运用最广泛的一项网络服务。

电子邮件在传输速度方面的优势是传统邮件不可媲美的。电子邮件可传输的内容不只有文字,还能附带图片、声音、视频、文档等,同时还能订阅自己喜欢的资讯平台,资讯平台会定时推送用户关注的相关新闻资讯。电子邮件采取先存储、后转发的方式进行邮件转发,其工作模式并不需要保证双方同时处于在线状态,当发送方发送邮件后,接收方在任何地方只要连接所在的邮件服务器,即可进行邮件的接收。

10.2.2　电子邮件格式及相关协议

1. 电子邮件格式

电子邮件和传统邮件一样,需要有相关的信息才能进行信息的传输交换。传统的邮件传输必需的基本信息有寄送方的地址与接收方的地址。电子邮件的基本相似,寄送方需要有自身的用户名标识和邮件服务器的名字,如图 10-2 所示。

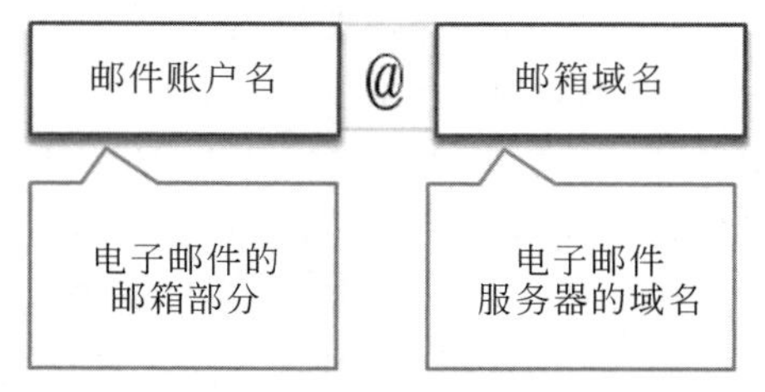

图 10-2　电子邮件格式

下面以 user1@wgs.comu 为例进行说明。

- ser1:邮箱的用户名,在同一台邮件服务器下,该用户名必须是唯一的。
- @:分隔符,也可以理解为"在"的意思。
- wgs.com:用户的邮件服务器的域名,用来标识该用户使用的是哪个邮箱服务器所提供的邮件接收服务器。如常用的电子邮箱服务器有 163.com(网易邮箱)、qq.com(腾讯邮箱)、139.com(中国移动邮箱)、189.com(中国电信邮箱)等。

2. 电子邮件相关组件

如果需要完成一次完整的邮件传输,首先需要向一台邮件服务器进行用户注册,申请一个规范合法的电子邮件账号,然后取得需要接收邮箱的合法电子邮箱账号,再通过网页或邮件处理软件编辑电子邮件并发送,其过程中会用到以下接口组件功能,如图 10-3 所示。

(1) MUA。MUA(Mail User Agent)指邮件用户代理,它是利用接收邮件的相关协议和接口建立的客户端程序,用户通过在该客户端程序上设置相关参数,如邮件服务器地址、邮件账户名和密码等进行邮件的发送、接收、编辑等。Windows 系统下常用的 MUA 有 Outbook Express、Foxmail 等;Linux 系统下常用的有 MUA Kmail、Elm、Pine、Evolution 等。

(2) MTA。MTA(Mail Transfer Agent)指邮件传送代理。邮件在收发的过程中,寄送方与接收方之间不需要建立及时的连接通道,所以需要一台服务器对邮件进行存储和转发,这样的服务器就称为 MTA。Windows 系统下常用的 MTA 有 Exchange;Linux 系统下常用的 MTA 有 Postfix 和 Qmail。

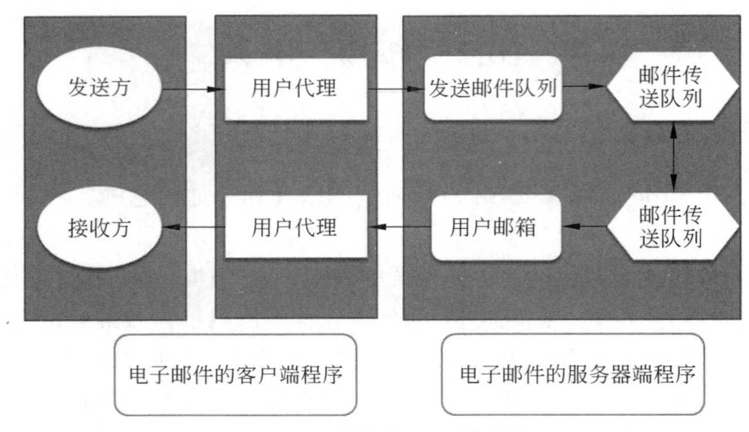

图 10-3 邮件接口组件功能

(3) MDA。MDA(Mail Dilivery Agent)指邮件投递代理,是 MTA 下的一个小程序,主要功能是负责分析 MTA 收到的邮件的数据信息,从而判定某个邮件的转发位置,最终把信息准确地传送给指定的接收方。

3. 电子邮件的相关协议

(1) SMTP。SMTP(Simple Mail Transfer Protocol)指简单邮件传输协议,属于 TCP/IP 族,工作在 TCP 的 25 端口,是一种提供可靠且有效的电子邮件传输的协议,主要用于系统之间邮件信息的传输,并向客户端提供有关来信的通知。SMTP 是一组用于从源地址到目的地址传送邮件的规则,并且可以控制信件的中转方式。在邮件传送的情况下,发送电子邮件的客户端会与其邮件服务器建立连接,利用命令将邮件的源地址、目的地址和相关内容传送给 SMTP 服务器,然后 SMTP 服务器会把相关的邮件内容中转到下一个目的地。

(2) POP 3。POP 3(Post Office Protocol 3)指邮件协议版本 3,属于 TCP/IP 族,工作在 TCP 的 110 端口,是一种帮助客户端远程处理服务器上的电子邮件的协议。POP 3 支持离线处理邮件,当发送方将电子邮件发送到服务器上后,接收方的客户端可通过 POP 3 将服务器上的全部邮件保存到本地主机。

(3) IMAP。IMAP(Internet Mail Access Protocol)指交互邮件访问协议,工作于 TCP/IP 之上,使用的端口是 143。IMAP 和 POP 3 都通过客户端访问邮件服务器上的资源,区别在于 POP 3 是将邮件服务器上的所有邮件进行下载,而 IMAP 是通过持续的连接对服务器上的邮件进行修改。

10.2.3 电子邮箱服务与域名服务

上面提及了一个基本规范的电子邮件地址,格式为 user1@wgs.com,其中 wgs.com 指的就是域名标识。那么不难理解,如果搭建一台电子邮件服务器,就必须搭建一台 DNS 的域名解析服务器,同时,使用者必须保证与 DNS 服务器和电子邮件服务器都能通信,才能使用电子邮件服务。

为保证客户端在访问邮件服务器时,能获取正确的 IP 地址,需要在 DNS 服务器上配置正方向域名数据库文件,并添加相关的信息。

10.2.4　收发电子邮件的过程

收发电子邮件的过程如下(见图 10-4)。

(1) 用户使用邮件客户端程序撰写新邮件,设置收件人、主题和附件等。

(2) 发送方邮件客户端询问域名服务器中的 MX 记录,返回负责收件人对应域名的 SMTP 服务器的 IP 地址,发送方根据 SMTP 的要求将邮件打包并加注邮件头,然后通过 SMTP 将邮件提交给用户设置的发送方 SMTP 服务器。

(3) 电子邮件最终被送到收件人地址所在的邮件服务器上,保存到服务器的用户的电子邮箱中。

(4) 收件人通过邮件客户端连接到收件服务器,从自己的邮箱中接收已发送到信箱的邮件。即使收件人不上网,只要其设置的收件服务器运行服务,邮件就会发送到他的邮箱中。

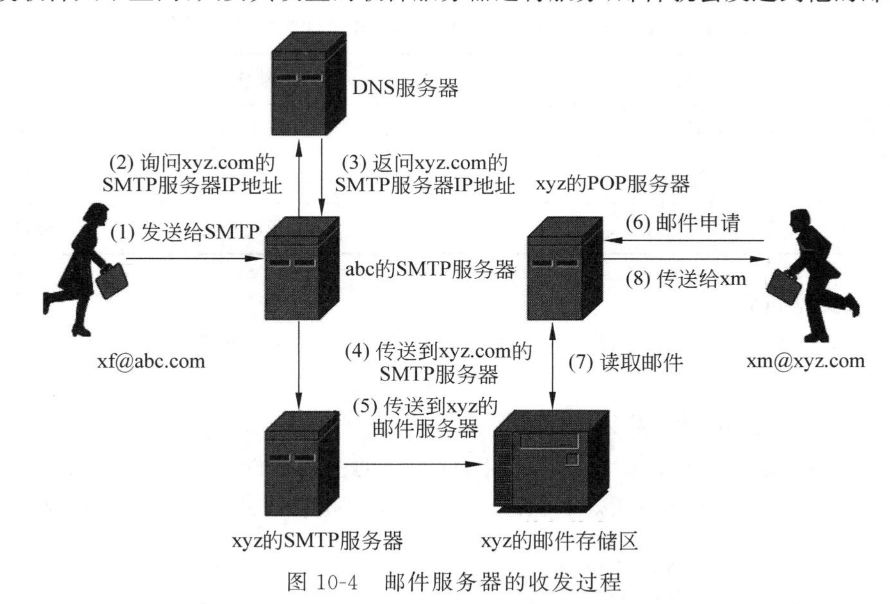

图 10-4　邮件服务器的收发过程

10.3　项 目 过 程

五桂山公司内部有部分邮件属于机密文件,不方便通过互联网上的邮件服务器进行传输,现计划在公司内网安装一台服务器,提供邮件服务以供内部员工进行工作通知、文件传输等。本项目选择 Linux 作为服务器进行邮件服务器的搭建,并使用 Linux 系统和 Windows 系统作为客户端进行测试。

10.3.1　任务 1　Postfix 服务器的配置

1. 任务分析

五桂山公司将使用红帽企业版 Linux 7.4 网络操作系统搭建电子邮件系统 Postfix,并配置分析 Postfix 该款软件的特点和使用方法。需要准备的服务器主机和客户端主机配置如图 10-5 和表 10-2 所示。

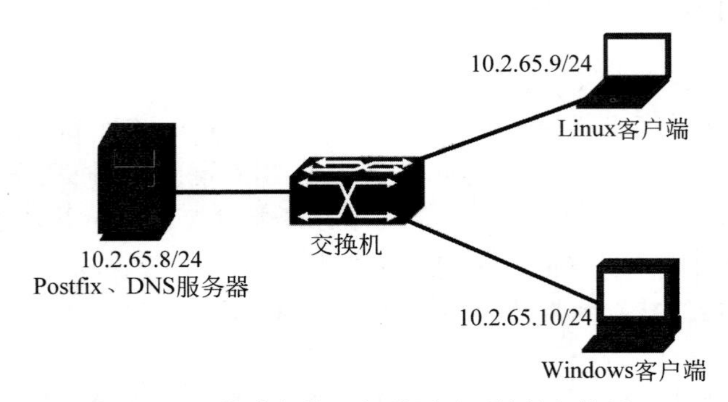

图 10-5 搭建邮件服务器测试环境的拓扑图

表 10-2 Linux 服务器端与 Windows 客户端的相关配置信息

主机名称	功能与服务	IP 地址	操作系统	网卡模式
邮件服务器	DNS、Postfix	10.2.65.8/24	Linux	桥接模式
Linux 客户端	邮件测试	10.2.65.9/24	Linux	桥接模式
Windows 客户端	邮件测试	10.2.65.10/24	Windows 7	桥接模式

2. 任务实施过程

(1) 邮件服务器需要域名服务器的配合,首先安装 DNS 服务,这里用 yum 方式进行安装。

需要安装的软件包版本及其作用如下。

- bind-9.9.4-50.el7.x86_64.rpm 为 BIND 服务的主要软件包。
- bind-chroot-9.9.4-50.el7.x86_64.rpm 为 BIND 服务的 chroot 模式的安装包。

```
[root@localhost wgsu1]#mkdir /wgs
[root@localhost wgsu1]#mount /dev/cdrom /wgs
mount: /dev/sr0 写保护,将以只读方式挂载
[root@localhost wgsu1]#vim /etc/yum.repos.d/wgs.repo
[dvd]
name=dvd
baseurl=file:///wgs                    //3 个"/"代表路径使用本地源文件
gpgcheck=0
enable=1
[root@localhost wgsu1]#yum clean all
[root@localhost wgsu1]#yum install bind bind-chroot -y
[root@localhost wgsu1]#systemctl start named
[root@localhost wgsu1]#systemctl enable named
```

(2) 修改 DNS 服务的主配置文件,具体可以参考项目四。

```
[root@localhost wgsu1]#cp -p /etc/named.conf /etc/namedbk.conf
[root@localhost wgsu1]#vim /etc/named.conf
...
```

```
options {
        listen-on port 53 { any; };            //侦听地址 127.0.0.1 修改配置为 any
        listen-on-v6 port 53 { ::1; };
        directory       "/var/named";
        dump-file       "/var/named/data/cache_dump.db";
        statistics-file "/var/named/data/named_stats.txt";
        memstatistics-file "/var/named/data/named_mem_stats.txt";
        allow-query     { any; };              //允许网段将 localhost 修改为 any
…
        recursion yes;
        dnssec-enable no;                      //yes 修改为 no
        dnssec-validation no;                  //yes 修改为 no
        dnssec-lookaside auto;
        /* Path to ISC DLV key */
        bindkeys-file "/etc/named.iscdlv.key";
        managed-keys-directory "/var/named/dynamic";
        pid-file "/run/named/named.pid";
        session-keyfile "/run/named/session.key";
};
logging {
        channel default_debug {
                file "data/named.run";
                severity dynamic;
        };
};
zone "." IN {
        type hint;
        file "named.ca";
};
include "/etc/named.wgs.zones";                //修改主配置文件为 named.wgs.zones
include "/etc/named.root.key";
```

(3) 修改 named.wgs.zones 配置。

```
[root@localhost wgsu1]# cp -p/etc/named.rfc1912.zones /etc/named.wgs.zones
[root@localhost wgsu1]# vim /etc/named.wgs.zones
zone "wgs.com" IN{
        type master;
        file"wgs.com.zone";
        allow-update{none;};
};
zone "65.2.10.in-addr.arpa" IN{
        type master;
        file "10.65.2.10.zone";
        allow-update{none;};
};
```

(4) 修改 DNS 域的正反向配置文件。

```
[root@localhost wgsu1]# cp -p /var/named/named.localhost /var/named
/wgs.com.zone
```

```
[root@localhost wgsu1]#vim /var/named/wgs.com.zone

$ TTL 1D
@        IN SOA   @rname.invalid. (
                                          0        ; serial
                                          1D       ; refresh
                                          1H       ; retry
                                          1W       ; expire
                                          3H )     ; minimum
@        IN     NS        dns.wgs.com.
@        IN     MX   10   mail.wgs.com.
dns      IN     A         10.2.65.8
mail     IN     A         10.2.65.8
```

(5) 修改 DNS 域的反向配置文件。

```
[root@localhost wgsu1]cp -p /var/named/named.loopback /var/named/10.65.2.10.zone
[root@localhost wgsu1]vim /var/named/10.65.2.10.zone
$ TTL 1D
@        IN SOA  @   rname.invalid. (
                                          0        ; serial
                                          1D       ; refresh
                                          1H       ; retry
                                          1W       ; expire
                                          3H )     ; minimum
@        IN       NS        dns.wgs.com.
@        IN       MX   10   mail.wgs.com.
8        IN       PTR       dns.wgs.com.
8        IN       PTR       mail.wgs.com.
```

(6) 配置防火墙,并设置主配置文件和区域文件的属性为 named,再重启 DNS 服务。

```
[root@localhost wgsu1]#firewall-cmd --permanent --add-service=dns
success
[root@localhost wgsu1]#firewall-cmd --reload
success
[root@localhost wgsu1]#chgrp named /etc/named.conf
[root@localhost wgsu1]#systemctl restart named
[root@localhost wgsu1]#systemctl enable named
```

(7) 检查 DNS 是否生效。

```
[root@localhost wgsu1]#host mail.wgs.com
mail.wgs.com has address 10.2.65.8
```

(8) 安装 Postfix 服务程序,一般默认情况下该软件是已经安装好的,可通过命令检查。

```
[root@localhost wgsu1]#rpm -qa | grep postfix
postfix-2.10.1-6.el7.x86_64
```

(9) 在 SELinux 和 Firewall 中对 Postfix 进行相关设置,并重启 Postfix 服务和设置开机启动。

```
[root@localhost wgsu1]#setsebool -P allow_postfix_local_write_mail_spool on
[root@localhost wgsu1]#systemctl start postfix
[root@localhost wgsu1]#systemctl enable postfix
[root@localhost wgsu1]#firewall-cmd --permanent --add-service=smtp
success
[root@localhost wgsu1]#firewall-cmd --reload
success
```

(10) 编辑 Postfix 服务程序的主配置文件 main.cf(以下参数设定前的数字代表配置文件中的行数)。

```
[root@localhost wgsu1]#cp -p /etc/postfix/main.cf /etc/postfix/mainbk.cf
[root@localhost wgsu1]#vim/etc/postfix/main.cf
76 myhostname=mail.wgs.com
//修改邮件系统主机名称
83 mydomain=wgs.com
//修改邮箱系统域名名称
99 myorigin=$ mydomain
//定义从本机发出邮件的域名名称,删除注释符即可
116 inet_interfaces=all
//定义监听的网卡接口参数,all 表示所有 IP 地址都能提供电子邮件服务
166 mydestination=$ myhostname, localhost.$ mydomain, localhost,$ mydomain,
//定义可接收邮件主机名或域名,删除注释符即可
264 mynetworks=10.2.65.0/24,127.0.0.0/8
//指定可信任的 SMTP 邮件客户户可以来自哪些主机或网段,实现邮件中继
419 home_mailbox=Maildir/
```

(11) 重启 Postfix 服务程序。

```
[root@localhost wgsu1]#systemctl restart postfix
```

10.3.2　任务 2　配置 Dovecot 软件程序

1. 任务分析

安装配置 Postfix 服务只提供了邮件发送功能,如果需要使用 POP 3 和 IMAP 进行邮件接收,则还需要安装 Dovecot 程序以为接收邮件提供服务。

2. 任务实施过程

(1) 用 yum 方式安装 Dovecot 程序,启动 Dovecot 服务并设置防火墙放通相关业务端口。

需要安装的软件包版本及其作用如下。

- dovecot-2.2.10-10.el7.x86_64 为电子邮件收件的主程序软件安装包。

```
[root@mail wgsu1]#yum install dovecot -y
[root@mail wgsu1]#rpm -qa | grep dovecot
dovecot-2.2.10-10.el7.x86_64
[root@mail wgsu1]#systemctl restart dovecot
[root@mail wgsu1]#systemctl enable dovecot
[root@mail wgsu1]#firewall-cmd --permanent --add-port=110/tcp
```

```
success
[root@mail wgsu1]#firewall-cmd --permanent --add-port=25/tcp
success
[root@mail wgsu1]#firewall-cmd --permanent --add-port=143/tcp
success
[root@mail wgsu1]#firewall-cmd --reload
success
```

(2) 测试端口是否已添加到防火墙的可访问列表中。

```
[root@mail wgsu1]#netstat -an | grep :110
tcp        0      0 0.0.0.0:110            0.0.0.0:*               LISTEN
tcp6       0      0 :::110                 :::*                    LISTEN
[root@mail wgsu1]#netstat -an | grep :143
tcp        0      0 0.0.0.0:143            0.0.0.0:*               LISTEN
tcp6       0      0 :::143                 :::*                    LISTEN
```

(3) 修改 dovecot.conf 配置文件的参数。

```
[root@mail wgsu1]#cp -p /etc/dovecot/dovecot.conf /etc/dovecot
/dovecotbk.conf
[root@mail wgsu1]#vim /etc/dovecot/dovecot.conf
24 protocols=imap pop3 lmtp
//定义邮件系统收件协议,删除注释符即可
48 login_trusted_networks=0.0.0.0/0
//定义允许登录的网段地址,如果需要只针对某网段开启,则可以写为 10.2.65.0/24
```

(4) 定义邮件系统收件的存储路径。

```
[root@mail wgsu1]#cp -p /etc/dovecot/conf.d/10-mail.conf /etc/dovecot
/conf.d/10-mailbk.conf
[root@mail wgsu1]#vim /etc/dovecot/conf.d/10-mail.conf
24  mail_location=maildir:~/Maildir
//删除注释符即可
[root@mail wgsu1]#cp -p /etc/dovecot/conf.d/10-auth.conf  /etc/dovecot
/conf.d/10-authbk.conf
[root@mail wgsu1]#vim /etc/dovecot/conf.d/10-auth.conf
10 disable_plaintext_auth=no
//删除注释,设置为 no,允许 plain 认证
[root@mail wgsu1]#cp -p /etc/dovecot/conf.d/10-ssl.conf /etc/dovecot
/conf.d/10-sslbk.conf
[root@mail wgsu1]#vim /etc/dovecot/conf.d/10-ssl.conf
8 ssl=no
//修改为 no,禁用 ssl
```

(5) 重启 Dovecot 服务。

```
[root@localhost wgsu1]#systemctl restart dovecot
```

(6) 创建邮件用户 mailu1、mailu2 与密码。

```
[root@mail wgsu1]#useradd mailu1
[root@mail wgsu1]#passwd mailu1
更改用户 mailu1 的密码
新的密码:
重新输入新的密码:
```

```
passwd: 所有的身份验证令牌已经成功更新
[root@mail wgsu1]#useradd mailu2
[root@mail wgsu1]#passwd mailu2
更改用户 mailu2 的密码
新的密码:
重新输入新的密码:
passwd: 所有的身份验证令牌已经成功更新
```

10.3.3　任务 3　邮件收发测试

1. 任务分析

Postfix 电子邮件服务器、Dovecot 电子邮件收件程序和 DNS 服务器已经在 IP 地址为 10.2.65.8/24 的 Linux 服务器上配置完成，现 Linux 客户端利用 Telnet 程序对邮件进行寄件与收件测试，Windows 客户端利用 Foxmail 程序对邮件进行邮件寄件与收件测试。

2. 任务实施过程

(1) 服务器端(邮件服务器)安装 Telnet 软件。

```
[root@mail wgsu1]#yum install telnet-server telnet -y
[root@mail wgsu1]#rpm -qa | grep telnet
telnet-server-0.17-64.el7.x86_64
telnet-0.17-64.el7.x86_64
```

(2) 设置防火墙放行 Telnet 业务。

```
[root@mail wgsu1]#firewall-cmd --permanent --add-service=telnet
success
[root@mail wgsu1]#firewall-cmd --reload
success
```

(3) Linux 客户端测试。

① 在 Linux 系统的客户端上配置 IP 地址，如图 10-6 所示。

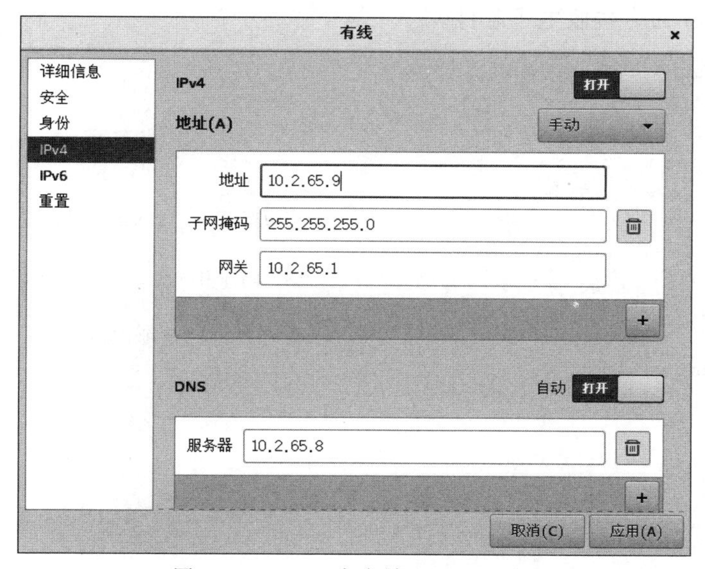

图 10-6　Linux 客户端配置 IP 地址

② 测试与邮件服务器的网络连通性,并在客户端安装 Telnet 软件。

```
[wgsu2@localhost ~]$  ping 10.2.65.8
PING 10.2.65.8 (10.2.65.8) 56(84) bytes of data.
64 bytes from 10.2.65.8: icmp_seq=1 ttl=64 time=0.375 ms
64 bytes from 10.2.65.8: icmp_seq=2 ttl=64 time=0.839 ms
64 bytes from 10.2.65.8: icmp_seq=3 ttl=64 time=0.761 ms
64 bytes from 10.2.65.8: icmp_seq=4 ttl=64 time=0.834 ms
[root@localhost wgsu2]#mount /dev/cdrom /wgs/
[root@localhost wgsu2]#yum install telnet -y
```

③ 远程登录电子邮件服务器,并使用邮件用户 mailu1 向邮件用户 mailu2 发送邮件。

```
[root@localhost wgsu2]#telnet 10.2.65.8 25          //使用 telnet 命令连接服务器
Trying 10.2.65.10...
Connected to 10.2.65.10.
Escape character is '^]'.
220 mail.wgs.com ESMTP Postfix
helo wgs.com                                         //使用 helo 表明连接身份
250 mail.wgs.com
mail from:"biaoti"< mailu1@wgs.com>                  //设置发件人地址和邮件标题
250 2.1.0 Ok
rcpt to:mailu2@wgs.com                               //设置收件人
250 2.1.5 Ok
data                                                 //输入 data 表示开始输入正文数据
354 End data with < CR> < LF> .< CR> < LF>
test mail :hello                                     //邮件正文内容
.                                                    //需要写“.”结束邮件正文书写
250 2.0.0 Ok: queued as DA46A228174
quit                                                 //退出邮件连接
221 2.0.0 Bye
Connection closed by foreign host.
```

④ 利用 telnet 命令接收电子邮件。

```
[root@localhost wugu2]#telnet 10.2.65.8 110
Trying 10.2.65.10...
Connected to 10.2.65.10.
Escape character is '^]'.
+OK [XCLIENT] Dovecot ready.
user mailu2                                          //表明使用 mailu2 进行登录
+OK
pass Wgs114477                                       //输入邮件用户 mailu2 的登录密码
+OK Logged in.
list                                                 //使用 list 命令列出邮件清单
+OK 3 messages:
1 1535
2 389
3 398
.
retr 3                                               //使用 retr 命令读取编号为 3 的邮件
+OK 398 octets
Return-Path: < mailu1@wgs.com>
X-Original-To: mailu2@wgs.com
```

```
Delivered-To: mailu2@wgs.com
Received: from wgs.com (dns.wgs.com [10.2.65.8])
by mail.wgs.com (Postfix) with SMTP id DA46A228174
for < mailu2@wgs.com> ; Tue, 22 Dec 2020 21:53:42+0800 (CST)
Message-Id: < 20201222135404.DA46A228174@mail.wgs.com>
Date: Tue, 22 Dec 2020 21:53:42+0800 (CST)
From: mailu1@wgs.com
test mail hello
.
quit                                        //退出远程 Telnet 服务
+OK Logging out.
Connection closed by foreign host.
```

(4) Windows 客户端测试。

① 配置 Windows 客户端的 IP 地址并测试网络连通性，如图 10-7 和图 10-8 所示。

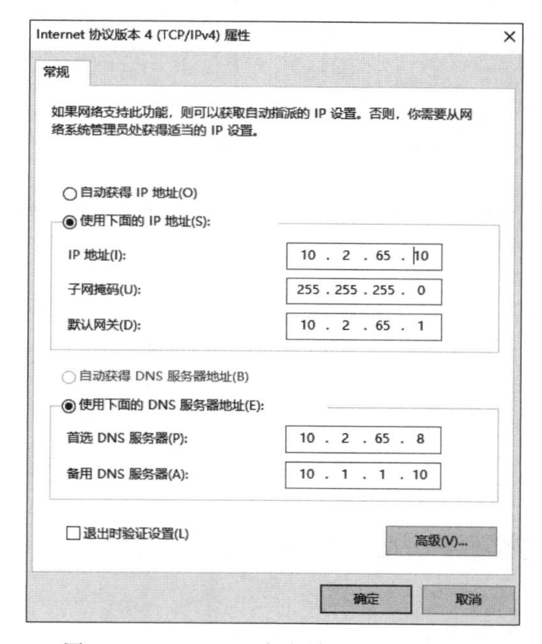

图 10-7　Windows 客户端 IP 地址的配置

```
C:\Windows\system32\cmd.exe
Microsoft Windows [版本 10.0.18363.1256]
(c) 2019 Microsoft Corporation。保留所有权利。

C:\Users\laul>ping 10.2.65.8

正在 Ping 10.2.65.8 具有 32 字节的数据:
来自 10.2.65.8 的回复: 字节=32 时间<1ms TTL=64
来自 10.2.65.8 的回复: 字节=32 时间<1ms TTL=64
来自 10.2.65.8 的回复: 字节=32 时间<1ms TTL=64
来自 10.2.65.8 的回复: 字节=32 时间<1ms TTL=64

10.2.65.8 的 Ping 统计信息:
    数据包: 已发送 = 4, 已接收 = 4, 丢失 = 0 (0% 丢失),
往返行程的估计时间(以毫秒为单位):
    最短 = 0ms, 最长 = 0ms, 平均 = 0ms

C:\Users\laul>
```

图 10-8　Windows 客户端与邮件服务器的网络连通性测试

② 安装并设置 Foxmail 软件，新建关联账号，如图 10-9 所示。

③ 单击"手动设置"按钮，配置相关信息，再单击"创建"按钮确认创建邮箱账号，如图 10-10 和图 10-11 所示。

图 10-9　选择邮箱类型

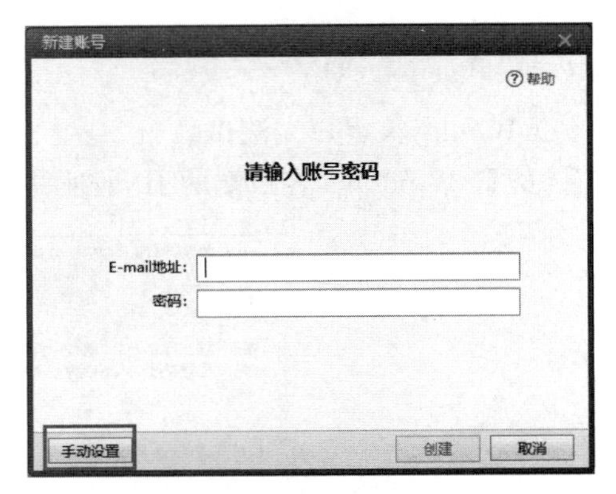

图 10-10　单击"手动设置"按钮

④ 单击 Foxmail 软件右上角的菜单按钮，选择"账号管理"选项，在"系统设置"中单击"新建"按钮，如图 10-12 和图 10-13 所示，并按照如图 10-9 至图 10-11 所示填写相关资料，新建一个账号进行邮件接收测试。

图 10-11　配置相关邮件账号信息

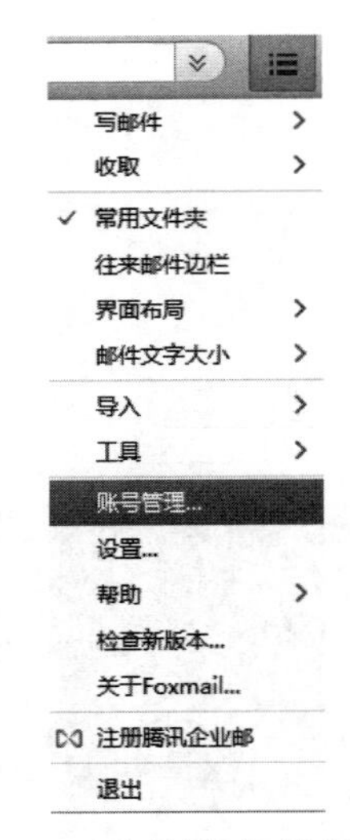

图 10-12　选择"账号管理"选项

⑤ 单击"写邮件"按钮，使用 mailu1 邮件用户向 mailu2 邮件用户发送邮件，完成内容编辑后，单击"发送"按钮，如图 10-14 所示。

⑥ 使用账号 mailu2 收取邮件，选定 mailu2 用户并单击"收取"按钮，如图 10-15 所示。

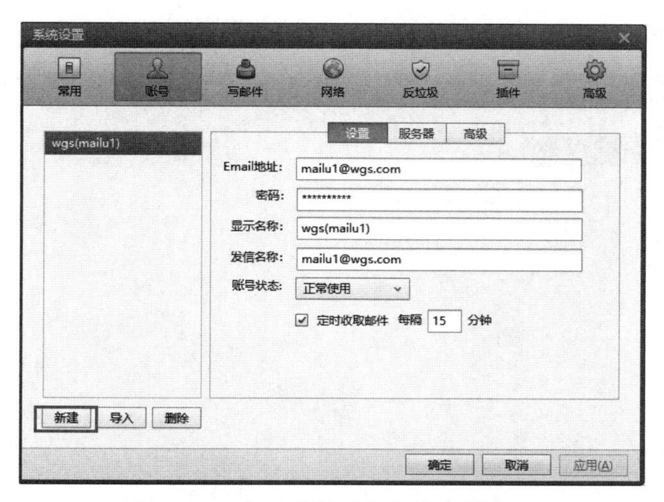

图 10-13　新建账号进行邮件接收测试

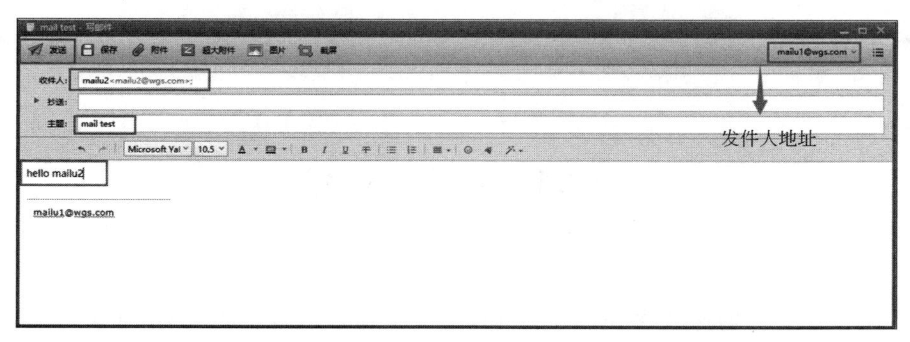

图 10-14　账号 mailu1 向账号 mailu2 发送测试邮件

图 10-15　账号 mailu2 收件测试

⑦ 查看邮件内容,单击 mailu2 用户下的“收件箱”进行查看,如图 10-16 所示。

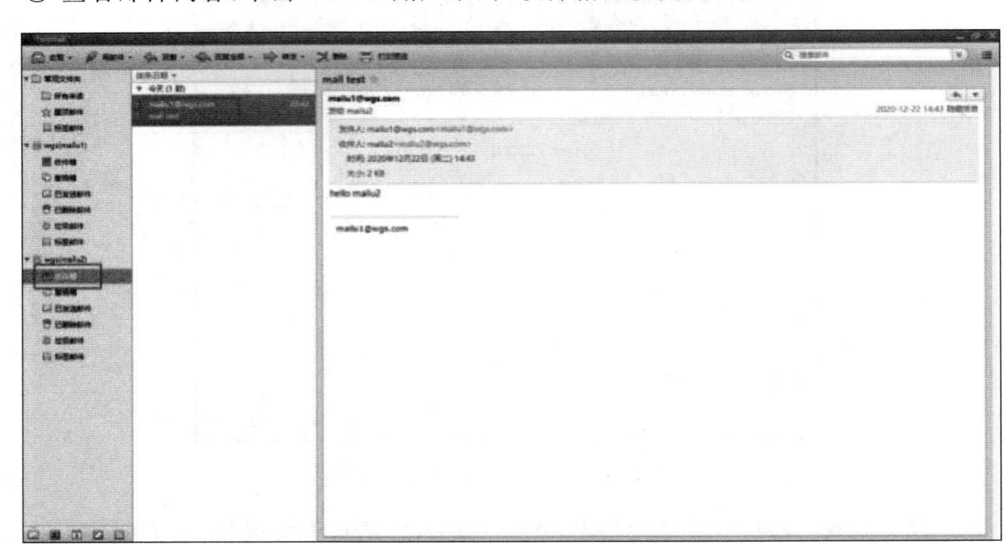

图 10-16　账号 mailu2 收件成功

10.4　项 目 总 结

10.4.1　内容总结

电子邮件具有传输速度快、成本低、可传输的内容多样等特点,因此成为人们常用的一种交换信息的网络通信方式。但电子邮件在传输过程中存在一些安全问题,例如电子邮件容易被不法分子截取,所以很多公司会选择自行搭建邮件服务器供内部员工使用。自行搭建的邮件服务器如果和 Internet 网络互联,则可能带来一些影响,例如收到垃圾电子邮件、广告邮件等,甚至可能会收到病毒邮件,给公司内部网络系统及其计算机带来安全威胁。所以在搭建的邮件服务器正式投入使用时,还需要考虑一些安全因素,如邮件存储安全、传输安全、拒绝服务攻击等。

Postfix 是一款比较强大的邮件服务程序,可配置的内容也比较多,还可以和 DNS 服务等组件配合使用,但其中的任何一个环节出错,就可能会导致邮件服务不生效。因此在搭建邮件服务器时会遇到比较多的小问题,需要找到问题的源头,逐个组件进行故障排查。在实践过程中,应多查看 named.conf、main.cf 和 dovecot.conf 等配置文件,确保参数和字符设置正确。

10.4.2　实训总结

搭建 E-mail 服务器的过程中使用到了 DNS 服务程序、Postfix 服务程序、Dovecot 服务程序、Telnet 服务程序和 Foxmail 服务程序。在搭建的过程中,需要注意每个程序之间的配合及网络配置等问题。

1. 错误一:启用 DNS 服务时报错,提示 DNS 文件存在错误

(1) 错误描述:Job for named.service failed because the control process exited with

error code. See "systemctl status named.service" and "journalctl -xe" for details。

(2) 错误原因：DNS 文件存在字符错误。

(3) 解决方法：使用命令 named-checkconf -z /etc/named.conf，通过 named-checkconf 能查询到 DNS 配置文件中问题的位置，通过修改相关配置即可恢复 DNS 服务启动。

2. 错误二：无法使用 Telnet 软件远程登录邮件服务器

(1) 错误提示：telnet：connect to address 10.2.65.8：Network is unreachable。

(2) 错误原因：客户端与服务器网络连通性出错，客户端无法连接邮件服务器。

(3) 解决方法：使用 ping 命令测试与邮件服务器的连通性，检查网卡模式、IP 地址配置等，恢复连通性故障即可排除。

3. 错误二：无法使用 Telnet 软件远程登录邮件服务器

(1) 错误提示：telnet：connect to address 10.2.65.8 25：Connection refused。

(2) 错误原因：可能因防火墙的阻挡，导致无法建立 Telnet 连接。

(3) 解决方法：先使用命令检查 netstat -an | grep 25 端口的开通情况。根据实际情况，通过设置防火墙开通 25 端口，即 firewall-cmd --permanent --add-port=25/tcp。

4. 错误四：无法使用 Telnet 软件远程登录邮件服务器

(1) 错误提示：-ERR [AUTH] Plaintext authentication disallowed on non-secure (SSL/TLS) connections。

-ERR [SYS/PERM] Permission denied。

(2) 错误原因：可能因配置文件中相关参数没有设置正确而导致无法使用。

(3) 解决方法：修改 10-auth.conf、10-ssl.conf 配置文件，修改参数为 disable_plaintext_auth=no，ssl=no。

10.5　课后习题

一、选择题

1. 下列选项中可以将电子邮件从服务器下载到客户端的协议是(　　)。

   A. SMTP　　B. MTP　　C. MTU　　D. POP 3

2. 下列选项中属于发送邮件的默认端口的是(　　)。

   A. 25　　B. 110　　C. 443　　D. 20

3. 下列选项中属于接收邮件的默认端口的是(　　)。

   A. 25　　B. 110　　C. 443　　D. 20

二、填空题

1. 安装电子邮件服务器的过程中，用来配置 postfix 服务程序的主文件名叫________。
2. 安装电子邮件服务器的过程中，用来配置 dovecot 服务程序的主文件名叫________。
3. 通过 Telnet 方式远程到邮件服务器上时，可以通过________命令表明连接身份。
4. 电子邮件服务的两个主要网络协议是________、________。
5. DNS 服务中的________记录主要针对电子邮件服务器。
6. 一个完整的邮件地址由________和________组成。
7. 在配置邮件服务器时，DNS 服务中的________命令能够检查域名能否正常解析。

三、实训题

为方便五桂山公司员工在内部传输文件，现计划搭建一台邮件服务器供内部员工使用，具体要求如下：

(1) 邮件服务器的域名为 mail.wgs1.com；

(2) 可通过 Telnet 远程收发邮件；

(3) 可通过 Foxmail 收发邮件；

(4) 至少建立 3 个邮件用户进行邮件收发测试。

项目 11　流媒体服务器

【学习目标】

目前，以流媒体技术为主导的网络多媒体业务发展迅速，本章将系统介绍流媒体服务的基础知识，重点以流媒体解决方案为例讲解流媒体服务的实现过程，重点是部署和管理流媒体服务，提供网络点播服务。

通过本章的学习，读者应完成以下目标：

- 掌握流媒体服务的基本概念；
- 掌握流媒体服务的播放方式；
- 掌握流媒体服务的基本组成；
- 掌握流媒体服务的解决方案；
- 掌握流媒体服务的部署和实现过程；
- 掌握流媒体服务的测试和维护。

11.1　项 目 背 景

五桂山公司计划提升员工素养，打造企业文化，以塑造企业形象，人事部购买了一套国学教材，让员工利用工作之余在办公室能够自由按需学习。国学教材配套了文字和视频教学，员工可以随时随地通过计算机或者手机等终端进行学习。公司计划在原企业内网的基础上配置一台双网卡的 Linux 服务器(IP：10.2.65.8/24）作为流媒体服务器。网络拓扑如图 11-1 所示，网络拓扑描述如表 11-1 所示。

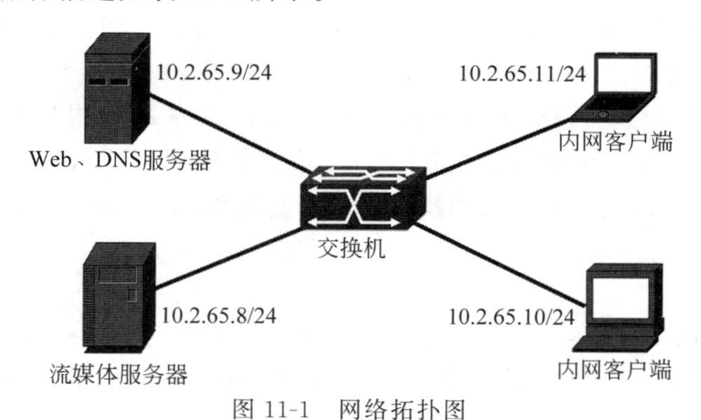

图 11-1　网络拓扑图

表 11-1　网络拓扑描述

序号	服 务 名 称	IP 地址	操作系统
1	流媒体服务器	10.2.65.8/24	Linux
2	Web、DNS 服务器	10.2.65.9/24	Linux
3	客户机	10.2.65.10/24	Windows

11.2 知识引入

11.2.1 流式传输的定义

随着智能手机的不断普及,网络视频和音频资源呈爆炸式增长,但是尽管如此,网络上的音频和视频等多媒体信息的传输方式无外乎有两种:一种是将多媒体下载到本地磁盘后再播放该文件,这种方式是对多媒体文件的无损下载,对播放的最终质量有保证,比较适合高质量的片段,如片头、片尾和广告,不适合长片段和随机访问要求的视频,如现场直播、讲座或者演说等;另一种是实时流式传输方式,即直接从网上将多媒体信息逐步下载到本地的缓存中,在下载的同时播放已经下载的部分。流媒体技术支持实时传输,可以随机访问。

11.2.2 流式传输协议

流式传输使用专门的实时传输协议,其中包括 Internet 本身的多媒体传输协议,以及一些实时流式传输协议等,只有选择合适的协议才能更好地发挥流媒体的作用,从而保证传输质量,IETF 定义了以下几种支持流媒体传输的协议。

1. 实时传输协议

实时传输协议(Real-time Transport Protcol,RTP)是一种在 Internet 上传输多媒体数据流的协议。RTP 工作在一对一或一对多的传输情况下,其主要功能是提供时间信息以及实现流同步。一般情况下,RTP 使用 UDP 传送数据,但是它也可以工作在 TCP 或 ATM 等其他网络协议之上。应用程序在建立 RTP 会话时要使用两个端口:一个给 RTP 使用,另一个给 RTCP 使用。RTCP 主要为按顺序传送的数据包提供可靠的传送机制,提供流量控制或拥塞控制,因为 RTP 不具备这些功能。RTP 算法不作为一个独立的网络层实现,而是作为应用程序代码的一部分。

2. 实时传输控制协议

实时传输控制协议(Real-time Transport Control Protocol,RTCP)是为 RTP 提供流量控制和拥塞控制服务的一种协议。在 RTP 会话过程中,每个参与者都会周期性地传输 RTCP 包。RTCP 包中包含已经发送的数据包的数量、丢失的数据包的数量及其接收的数据包等信息。服务器可以根据这些信息动态地改变传输速率或者有效载荷类型等。RTP 和 RTCP 结合使用可以使服务器的系统开销最小且传输效率最佳,因此它们非常适合传输网上的实时数据。

3. 实时流协议

实时流协议(Real-Time Streaming Protocol,RTSP)是为 Real Networks 和 Netscape 一起提出的,该协议定义了一对多应用程序如何通过 IP 网络有效地传输多媒体数据。RTSP 工作在应用层,即在 RTP 和 RTCP 之上,它通过使用 TCP 成 RTP 进行数据传输。RTSP 与 HTTP 相类似,不同的是,HTTP 传输 HTML,而 RTSP 传输多媒体数据。两者的工作方式也有区别,HTTP 请求是由客户端向服务器发出的,即单向的;而客户机和服务器都可以发出 RTSP 请求,即双向的。

4. 资源预订协议

资源预订协议(Resource Reserve Protocol,RRP)工作在传输层,是一种网络控制协议,它的主要任务是为流媒体的传输预留出部分网络资源,提高服务质量(QoS),从而使得音视频流在网络上的传输时延更小,减少失真。

11.2.3 流媒体播放方式

1. 单播

单播是指客户端与媒体服务器之间的点到点连接,即建立一个单独的数据通道,从一台服务器送出的每个数据包只能传送给一个客户端。每个用户必须分别对媒体服务器发送单独的查询,只有当客户端发出请求时才发送单播流。单播可以用在点播和广播上。

(1) 点播。点播指客户端主动连接服务器。在点播连接中,用户通过选择内容项目完成初始化客户端连接是独占的,即只有该客户端才能从服务器接收媒体流。如果文件已被别人索引,则用户可以对媒体进行开始、停止、后退、快进或暂停等操作,点播对流的控制由客户端掌握。由于每个客户端独占一个连接,所以这种方式对服务器资源和网络带宽的需求都比较大。

(2) 广播。广播是指由服务器发送广播流,客户端被动地接收。在广播过程中,服务器拥有流的控制。所以用户不能执行暂停、快进或后退等操作。广播的数据发送方式有单播与广播两种。单播方式发送数据是指服务器需要将数据包复制为多个拷贝,然后以多个点对点的方式分别发送给需要的客户端。广播方式发送数据是指服务器将数据包的单独一个拷贝发送给网络上的所有客户端而不管客户端是否需要。由此可见,这两种传输方式都会占用大量的带宽,也非常浪费服务器的资源。

2. 组播

组播也称多播,它是对单播的改进,吸收了它们的优点,克服了它们的缺点。这种方式是一对多连接的,多个客户端从一个服务器接收相同的数据流,即服务器将数据包的单独一个拷贝发送给需要的客户端,组播不会复制数据包的多个拷贝传输到网络上,也不会将数据包发送给不需要的客户端,因此大幅减少了网络上传输的信息量,从而提高了服务器和网络线路的利用率。组播的不足之处主要是它不仅需要服务器端支持,还需要路由器乃至整个网络结构对的支持。

11.2.4 流媒体服务的工作机制

在流媒体的工作过程中,客户端通过 RTP/UDP 和 RTSP/TCP 这两种不同的通信协议与 A/V 服务器建立连接,然后实现流式传输,这个过程一般都需要专用服务器和播放器。客户程序及服务器运行实时流控制协议(RTSP),以交换传输所需的控制信息。服务器使用 RTP/UDP 将数据传输给客户程序。一旦数据到达客户端,客户程序即可播放输出。流媒体的传输一般要使用预处理、缓存和传输等。

1. 预处理

多媒体数据在传输之前必须进行预处理,这是因为目前的网络带宽还不能满足直接传输数据量巨大的多媒体数据的需求,必须进行预处理才能适合流式传输。预处理时主要采用先进高效的压缩算法对多媒体信息进行压缩。压缩后的编码资料可以多路传输,如文本、图形、脚本形式,并将其放在可以实现流式传输的文件结构中。这种文件有时间标记以及其他易于实现流式传输的特点,客户端接收到数据包后可以再进行解码。编码过程应该考虑不同的编码速度、损失的容错性、网络的带宽波动、最低速度下的播放效果、流式传送的成本以及流的控制等。

2. 缓存

实现流式传输需要使用缓存机制，因为音频或视频数据在网络中是以包的形式传输的，而网络是动态变化的，各个数据包选择的路由可能不相同，到达客户端所需的时间也就不一样，有可能会出现先发的数据包却后到的情况。因此，客户端如果按照包到达的顺序播放数据，必然会得到错误的结果。使用缓存机制就可以解决这个问题，客户端收到数据包后先缓存起来，播放器再从缓存中按顺序读取数据。

使用缓存机制还可以解决停顿问题。网络由于某种原因经常会有一些突发流量，此时会造成暂时的拥塞，使流数据不能实时到达客户端，客户端的播放就会出现停顿。如果采用了缓存机制，暂时的网络阻塞就不会影响播放效果，因为播放器可以读取以前缓存的数据，等到网络正常后，新的流数据将会继续添加到缓存中。

3. 传输

用户选择某一种流媒体服务后，Web 浏览器就会使用 HTTP/TCP 与 Web 服务器建立一个交换控制信息连接。服务器首先把所有需要传输的实时数据从原始信息中检索出来，然后客户端上的 Web 浏览器会启动客户程序将这些数据初始化。当传输流数据时，需要使用合适的传输协议。TCP 虽然是一种可靠的传输协议，但由于其需要的流量开销较多，因此并不适合传输实时性要求很高的流数据。因此，在实际的流式传输方案中，TCP 一般用来传输控制信息，而实时的音视频数据则使用效率更高的 RTP/UDP 等协议传输。流媒体传输的基本原理如图 11-2 所示。

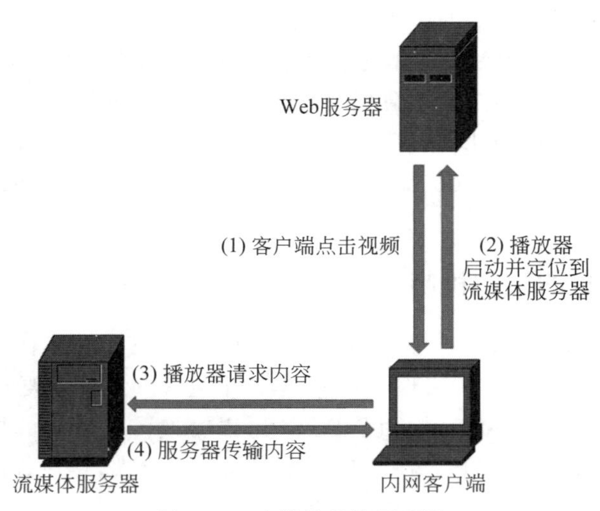

图 11-2　流媒体传输原理图

在图 11-2 中，Web 服务器只为用户提供了使用流媒体的操作界面。客户端上的用户在浏览器中选中播放某一流媒体资源后，Web 服务器会把有关这一资源的流媒体服务器的地址、资源路径及编码类型等信息提供给客户端，于是客户端就启动了流媒体播放器，与流媒体服务器进行连接。

11.2.5　流媒体服务系统的组成

要想提供流媒体服务，就必须建立相应的流媒体应用系统。如图 11-3 所示，完整的流媒体应用系统包括 3 个组成部分：流媒体制作平台、流媒体发布平台和流媒体播放器。

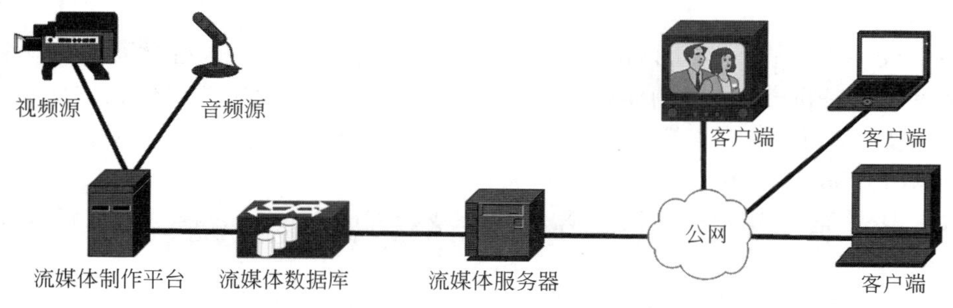

图 11-3　流媒体系统的组成

流媒体制作平台用来生产和制作流媒体节目内容，有两种情况：一是通过实时信号采集方式(录音、摄像)产生实况流媒体；二是对现有的音频文件、视频文件、图像文件以及其他多媒体文件进行特殊编码，将其转换成流媒体格式的文件。流媒体制作平台一般称作编码器。

流媒体发布平台用来存储和管理流媒体节目，负责为用户提供流媒体信息服务。小规模的流媒体系统一般采用文件系统管理流媒体节目，大规模的流媒体系统则使用数据库系统管理流媒体节目。一般由流媒体服务器充当流媒体发布平台，向用户提供点播和广播服务。

流媒体播放终端用来播放流媒体节目，接收流媒体服务器发送的广播节目，向流媒体服务器点播节目。

11.2.6　流媒体服务解决方案

目前主要有以下几种常见的流媒体系统：

- Real Network 公司的 RealMedia；
- Microsoft 公司的 Windows Media；
- Apple 公司的 QuickTime；
- GNUMP3d。

1. RealMedia

Real Media 流媒体文件包括 3 类：Real Audio、Real Video 和 Real Flash。作为最早的 Internet 流媒体技术，在音视频方面，RealMedia 已成为网络音视频播放事实上的标准。Real Audio 类文件的打展名有 au、ra、rm 等，用来传输接近 CD 音质的音频数据等。RealVideo 的扩展名有 ra、rm、rmvb 等。用来传输连续的视频数据。Real Flash 则是 Real Nerworks 公司与 Macromedia 公司新推出的一种高压缩比的动画格式。由于 RealMedia 流媒体文件的高压缩率可以使文件较小，因此特别适合在网络中传输。现在网络上最流行的多媒体格式是 RealMedia 格式。

2. Windows Media

Windows Media 的核心是 ASF（Advanced Stream Format）。ASF 是一种数据格式，音频、视频、图像以及控制命令脚本等多媒体信息都可以通过这种格式以网络数据包的形式传输，实现流式多媒体内容的发布。

3. QuickTime

QuickTime 是 Apple 公司推出的播放高品质视频图像的技术，通常面向专业视频编辑、Web 网站创建和光盘内容制作开发的多媒体技术平台，是数字多媒体领域事实上的工业标准，也可以通过 Internet 提供实时的数字化信息流、工作流与文件回放功能。

4. GNUMP3d

GNUMP3d 是一款小巧易用的流媒体系统，支持 mp3、ogg、movies 或其他媒体格式，该产品具有以下 4 个特点：

- 小巧、容易安装和使用，安全稳定；
- 跨平台，支持 UNIX 和 Windows 系统；
- 支持随机播放，支持按作者、日期索引，支持搜索等；
- 支持统计。

在选择媒体产品时，要考虑用户数量、播放质量要求、网络环境等因素。

Real Networks 公司是业界领先的厂商，开发了流媒体制作、流媒体服务器和流媒体播放等系列软件产品，提供了全面的流媒体解决方案，其特点是对宽带网和混合连接的支持非常好，支持主流的流媒体格式，是功能最强大、最全面、通用性最强的流媒体解决方案。

Microsoft 公司推出的 Windows Media 提供从流媒体制作、发布到播放的一整套产品。Windows Media 具有简单易用的特点，制作端与播放器的视音频质量都上佳，特别适合于开展远程教学业务，但目前其只能在 Windows 平台上使用(播放器除外)。

由于 QuickTime 成为数字媒体事实上的工业标准，因此 Apple 公司的流媒体解决方案也具有相当的优势，其流媒体服务器基于开放源代码，是免费的。

11.3 项 目 过 程

11.3.1 任务 1 流媒体服务的安装

1. 任务分析

五桂山公司的网络管理部门将在原企业内网的基础上配置一台新的 Linux 服务器(10.2.65.8/24)作为流媒体服务器，并将在此服务器上安装相关服务功能以满足需求。由于项目需求环境只需要在内网使用，因此用户访问量不是很大，使用的平台为 Linux，管理和部署简单，为此选用 GNUMP3d 作为项目的流媒体系统。

2. 任务实施过程

(1) 在 Linux 发行版本中，默认不提供流媒体的软件包。需要到 http://www.gnu.org/software/gnump3d/download.html 将流媒体的软件包下载到本地。本书中的软件包名称为 gnump3d-3.0.tar.gz，如图 11-4 所示。

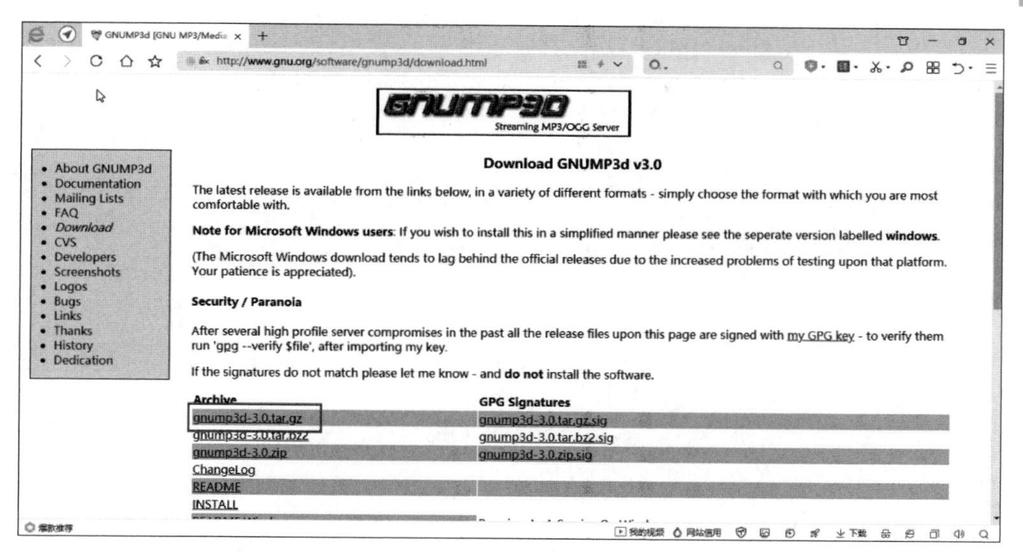

图 11-4　下载流媒体软件包

（2）解压软件包。

```
[root@gnump3d ~]#cd /var/ftp/pub
[root@gnump3d pub]#cp gnump3d-3.0.tar.gz /gnump3d/
[root@gnump3d pub]#cd /gnump3d/
[root@gnump3d gnump3d]#ll
总用量 656
-rw-------. 1 root root 671376 12 月 26 10:09 gnump3d-3.0.tar.gz
[root@gnump3d gnump3d]#tar -zxvf gnump3d-3.0.tar.gz    //解压缩
```

（3）进入解压缩出来的目录，执行 make install 命令安装软件。

```
[root@gnump3d gnump3d]#cd gnump3d-3.0                    //进入解压后的主目录
[root@gnump3d gnump3d-3.0]#ll
总用量 128
-rw-r--r--.  1  1000  1000  14080  10 月  19  2007  AUTHORS
drwxr-xr-x.  2  1000  1000    171  10 月  19  2007  bin
-rw-r--r--.  1  1000  1000  46499  10 月  19  2007  ChangeLog
-rw-r--r--.  1  1000  1000  17992  10 月  19  2007  COPYING
-rw-r--r--.  1  1000  1000   2452  10 月  19  2007  DOWNSAMPLING
drwxr-xr-x.  2  1000  1000    113  10 月  19  2007  etc
-rw-r--r--.  1  1000  1000   1450  10 月  19  2007  INSTALL
drwxr-xr-x.  3  1000  1000     21  10 月  19  2007  lib
-rw-r--r--.  1  1000  1000   5472  10 月  19  2007  Makefile
drwxr-xr-x.  2  1000  1000     89  10 月  19  2007  man
-rw-r--r--.  1  1000  1000   1537  10 月  19  2007  PLUGINS
drwxr-xr-x.  2  1000  1000    132  10 月  19  2007  rcfiles
-rw-r--r--.  1  1000  1000   8152  10 月  19  2007  README
-rw-r--r--.  1  1000  1000    938  10 月  19  2007  README.MacOSX
-rw-r--r--.  1  1000  1000   1250  10 月  19  2007  README.Windows
-rw-r--r--.  1  1000  1000    535  10 月  19  2007  SUPPORT
drwxr-xr-x. 18  1000  1000    260  10 月  19  2007  templates
```

```
drwxr-xr-x.  2  1000  1000    6  10月  19  2007  test
drwxr-xr-x.  2  1000  1000  234  10月  19  2007  tests
drwxr-xr-x.  4  1000  1000   40  10月  19  2007  themes
-rw-r--r--.  1  1000  1000  322  10月  19  2007  TODO
[root@gnump3d gnump3d-3.0]#make install              //执行安装
```

（4）流媒体系统安装成功后，梳理服务所创建的文件。

```
[root@gnump3d gnump3d-3.0]#cd /etc/gnump3d/
[root@gnump3d gnump3d]#ll
总用量 48
-rw-r--r--.  1  root  root   1103  12月  26  10:17  file.types
-rw-r--r--.  1  root  root  23734  12月  26  10:17  gnump3d.conf
-rw-r--r--.  1  root  root  20327  12月  26  10:17  mime.types
[root@gnump3d gnump3d]#cd /usr/bin/
[root@gnump3d bin]#find gnump3d*
gnump3d
gnump3d2
gnump3d-index
gnump3d-top
```

（5）以上文件的具体作用如表 11-2 所示。

表 11-2　流媒体服务的文件

目　　录	文　　件	文件类型	功 能 说 明
/etc/gnump3d	file.types	配置文件	设置文件类型
	gnump3d.conf	配置文件	主配置文件
	mime.types	配置文件	MIME 类型文件
/usr/bin/	gnump3d	可执行文件	启动流媒体服务
	gnump3d2	可执行文件	启动流媒体服务
	gnump3d-index	可执行文件	创建一个简单的音频标签的数据库
	gnump3d-top	可执行文件	查看 gnump3d 的使用情况

（6）表 11-2 中文件的工作流程如图 11-5 所示。

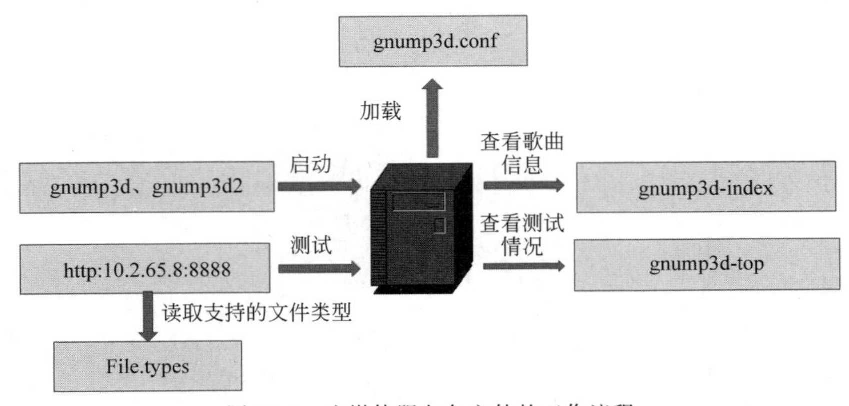

图 11-5　流媒体服务各文件的工作流程

11.3.2 任务 2 流媒体服务的配置

1. 任务分析

以上任务已经基本完成流媒体服务系统的安装，大致对流媒体系统的各个文件和工作流程进行了梳理，根据项目背景要在 Linux 服务器(IP：10.2.65.8/24)上进行相关文件的配置以完成业务的要求。

2. 任务实施过程

(1) gnump3d 的主配置文件默认保存在/etc/gnump3d/gnump3d.conf 文件中，使用 cat 命令可以查看文件中的各配置参数，下面介绍最主要的一些配置参，如表 11-3 所示。

表 11-3 gnump3d.conf 主要配置参数介绍

序号	参数名称	主要作用	默认配置
1	port	设置服务监听的端口	8888
2	binding_host	设置服务器监听的地址	192.168.1.10
3	hostname	设置允许控制该服务的主机名	mp3d.foo.org
4	root	设置多媒体存放的位置	/home/mp3
5	logfile	设置日志文件的存放位置	/var/log/gnump3d/access.log
6	errorlog	设置错误日志文件的存放位置	/var/log/gnump3d/error.log
7	stats_program	允许设置 gnum3pd-top 的位置	/usr/bin/gnump3d-top
8	user	决定服务运行的用户身份	Nobody
9	allowed_clients	设置允许访问的客户端地址，可以是一个网段，也可以是某个具体的主机地址	默认为 all
10	denied_clients	设置拒绝访问的客户端地址，可以是一个网段，也可以是某个具体的主机地址	默认不启用
11	valid_referrers	设置仅有的一个特殊的反向链接	http://somesite.com/
12	always_stream	控制播放单个 MP3 文件的方式	1
13	recursive_randomize	设置歌曲是否随机播放	1，默认不启用
14	advanced_playlists	设置播放列表的格式	1
15	theme	设置播放的主题	Tabular
16	theme_directory	设置流媒体服务主题的位置	/usr/share/gnump3d/
17	new_days	设置目录的使用时间	7
18	song_format	设置歌曲的格式	$TRACK - $ARTIST - $ALBUM - $SONGNAME [$GENRE - $LENGTH / $SIZE] $NEW

续表

序号	参 数 名 称	主 要 作 用	默 认 配 置
19	sort_order	设置歌曲的排序方式	$ TRACK,默认是歌曲序号排序
20	default_quality	设置默认的歌曲品质	Medium
21	plugin_directory	设置插件目录的位置	/usr/share/perl5/gnump3d/plugins
22	mime_file	设置 MIME 文件的目录	/etc/gnump3d/mime.types
22	file_types	设置不同类型文件的位置	/etc/gnump3d/file.types
23	now_playing_path	设置正在播放歌曲的位置	/var/cache/gnump3d/serving
24	tag_cache	设置标签缓存信息的位置	/var/cache/gnump3d/song.tags
25	index_program	设置 gnump3d-index 脚本保存的位置	/usr/bin/gnump3d-index
26	shoutcast_streaming	是否以 shoutcast 格式设置歌曲的标题信息	1,默认启用
27	truncate_log_file	设置是否清空日志文件	0,默认不启用
28	read_time	设置连接服务器超时时间	默认为 10s
29	enable_browsing	设置是否启用浏览音乐	1,默认不启用

(2) 根据表 11-3 中的参数,其中修改 port、binding_host、hostname 这 3 个主要参数值为 8888、10.2.65.8、www.wgs.com,其他可选参数可以保持默认,以后按需设置即可。

(3) 执行 gnump3d 启动流媒体服务,执行如下命令。

```
[root@gnump3d~]#gnump3d &
[2] 1625
[root@gnump3d ~]#GNUMP3d v3.0 by Steve Kemp
http://www.gnump3d.org/
GNUMP3d is free software, covered by the GNU General Public License,
and you are welcome to change it and/or distribute copies of it under
certain conditions.
For full details please visit the COPYING URL given below:
  Copying details:
    http://www.wgs.com:8888/COPYING
  GNUMP3d now serving upon:
    http://www.wgs.com:8888/
  GNUMP3d website:
    http://www.gnump3d.org/
Indexing your music collection, this may take some time.
(Run with '--fast' if you do not wish this to occur at startup).
  Indexing complete.
```

gnump3d 是一个简单的服务,允许 MP3、OGG、Movie 等压缩格式文件在网络上播放。设计简单,支持可扩展的外加插件,通过添加主题可以改变其用户界面。gnump3d 命令的语法格式为 gnump3d [--选项],具体选项如表 11-4 所示。

表 11-4　gnump3d 选项的含义

序号	选 项 名 称	选 项 含 义
1	background	在后台运行服务器
2	debug	在前台运行，向控制台输出任何诊断信息
3	fast	快速启动服务
4	quiet	当服务器启动时不显示欢迎信息
5	version	显示 gnump3d 版本号
6	help	显示帮助信息
7	lang xx	输出服务器设置的语言
8	plugin-dir	指定保存插件的目录
9	theme-dir	指定主题文件保存的目录
10	dump-plugins	显示已发现的所有插件的版本、作者和描述信息
11	port	设置程序应该监听的端口
12	root	指定出现在客户端音乐档案的根

(4) 创建一个简单音频标签的数据库，使用 gnump3d-index 命令。它是一个索引程序信息，gnump3d 把构建一个简单的数据库和所有标签包含的音频文件放在用户的音乐根目录下，整个 gnump3d 程序都将使用该数据库，以快速访问音乐所包含的标签。gnump3d-index 的格式为 gnump3d-index [--选项]，表 11-5 介绍了 gnump3d-index 的选项含义。

表 11-5　gnump3d-index 选项的含义

序号	选项名称	选 项 含 义
1	debug	显示所有标签，该标签可以在用户索引的每个文件中找到
2	help	显示帮助信息
3	root	指定用户音频档案的根
4	stats	显示在用户档案内音频文件的总数量和它们占用的空间
5	version	显示脚本的版本号
6	verbose	显示用户加入索引的进度

```
[root@gnump3d gnump3d-3.0]#gnump3d-index --debug
/home/mp3
/home/mp3/1.mp3
/home/mp3/2.mp3
/home/mp3/3.mp3
/home/mp3/4.mp3
/home/mp3/5.mp3
/home/mp3/6.mp3
/home/mp3/7.mp3
/home/mp3/9.mp4
```

```
/home/mp3/掌声响起.mp3
/home/mp3/1.mp3
        SIZE    8968320
        LENGTH  03:44
        BITRATE 320
        FILENAME        1
        MTIME   1609300946
...
```

（5）查看 gnump3d 使用统计，使用 gnump3d-top，它允许用户查看 gnump3d 记录的最流行歌曲、目录和最活跃的用户。使用格式为：gnump3d-top [--选项]，常用选项如表 11-6 所示。

表 11-6 常用选项

序号	选项名称	选 项 含 义
1	debug	显示调试信息
2	users	显示前 N 个用户
3	dirs	显示前 N 个目录
4	hide	隐藏所有由插件提供的目录
5	files	显示前 N 个文件
6	last	显示最后送达的 N 个歌曲
7	search	显示前 N 个搜索请求
8	agents	显示前 N 个已送达的用户代理
9	count=N	设置显示值的数量，默认是 20

显示最后送达的一首歌曲，从结果中可以看到，客户端 10.2.65.10 播放了“1.mp3”这首歌曲。

```
[root@gnump3d gnump3d-3.0]# gnump3d-top --last 1
<tr><td><b>Host</b></td><td><b>Time</b></td><td><b>Song</b></td></tr>
<tr><td>10.2.65.10</td><td>30/Dec/2020:04:03:53 </td><td><a href="/1.mp3.m3u">/1.mp3</
a></td></tr>
```

11.3.3 任务 3 流媒体服务的测试

1. 任务分析

之前完成了流媒体服务系统的安装和配置，接下来需要进行服务的测试，根据项目背景要在 Windows 客户端(IP：10.2.65.10/24)上进行测试。

2. 任务实施过程

（1）搭建流媒体服务后，接下来就可以使用 Linux 或者 Windows 客户端进行测试了，由于大部分客户端都使用 Windows 平台，因此在 Windows 平台进行测试。在客户端的 IE 浏览器中输入 http://10.2.65.8:8888/就可以登录流媒体服务器，如图 11-6 所示。

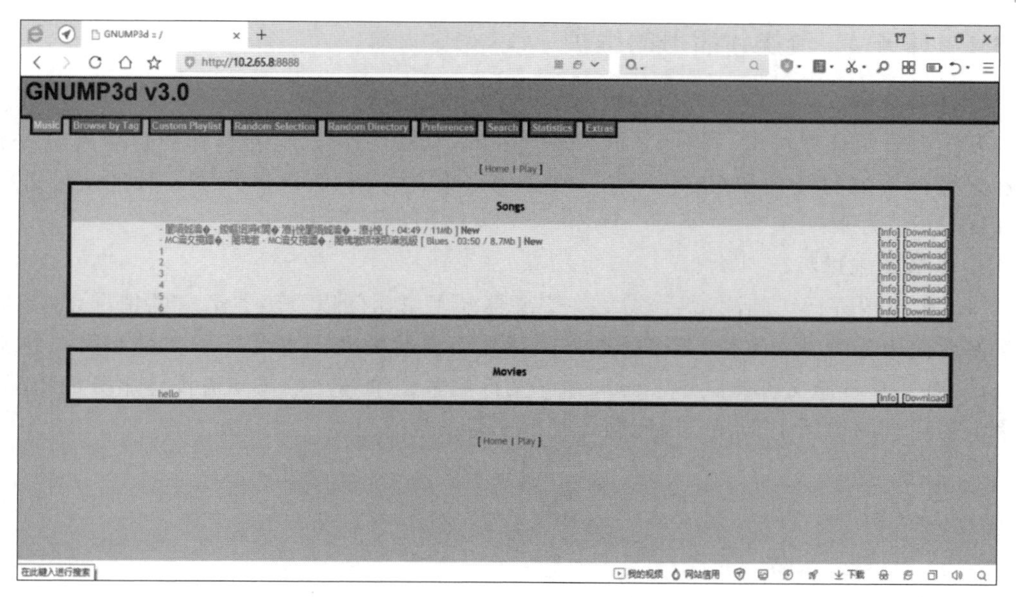

图 11-6　客户端访问

(2) 在页面中可以看到有 8 首歌曲和 1 个视频,双击和单击 Play 按钮要以进行播放,也可以从服务器下载媒体文件,然后在本地播放,如图 11-7 所示。

图 11-7　视频播放界面

Linux 平台访问流媒体服务的方法与 Windows 平台相同,默认不支持 MP3 格式的文件,需要安装支持的解码器才可以播放,这里不再演示,有兴趣的读者可以自行下载插件。

11.3.4 任务 4 流媒体服务的维护

1. 任务分析

五桂山公司计划选出一些优秀员工进行表彰,以树立榜样。为此,作为管理员需要全面了解流媒体系统的维护和统计,并进行服务的运维,主要对流媒体系统的其他文件进行采样,以便进行数据统计。

2. 任务实施过程

(1) 客户端进行访问测试后,需要在服务器端了解访问以及服务运行的情况,才能更好地掌握后面服务的维护工作,流媒体服务除了前面介绍的几个主要配置文件和可执行文件以外,还有 2 个日志文件。其中,access.log 文件用来记录客户端访问流媒体服务的情况,它记录了客户端的访问 IP 地址、访问服务的歌曲等信息。

```
[root@gnump3d ~]#cp /var/ftp/pub/hello.wmv /home/mp3
[root@gnump3d ~]#tail /var/log/gnump3d/access.log
10.2.65.10--[31/Dec/2020:02:04:33+0000] "GET /hello.wmv" 200 288 "-" "Mozilla/5.0 (Windows NT 10.0; WOW64; Trident/7.0; rv:11.0) like Gecko"
10.2.65.10--[31/Dec/2020:02:05:21+0000] "GET /favicon.ico" 404 2939 "-" "Mozilla/5.0 (Windows NT 10.0; WOW64) AppleWebKit/537.36 (KHTML, like Gecko) Chrome/78.0.3904.108 Safari/537.36"
10.2.65.10--[31/Dec/2020:02:05:43+0000] "GET /favicon.ico" 404 2939 "-" "Mozilla/5.0 (Windows NT 10.0; WOW64) AppleWebKit/537.36 (KHTML, like Gecko) Chrome/78.0.3904.108 Safari/537.36"href="/1.mp3.m3u">/1.mp3</a></td></tr>
```

(2) 第二个是错误日志文件。

```
[root@gnump3d ~]#cat  /var/log/gnump3d/error.log
…
Last-Modified: Thu, 31 Dec 2020 02:03:15 GMT
Set-Cookie: theme=Tabular;path=/; expires=Mon, 10-Mar-08 14:36:42 GMT;
Cant open '/home/mp3/hello.wmv' : 权限不够 at /usr/bin/gnump3d line 2006.
binmode() on closed filehandle FILE at /usr/bin/gnump3d line 2007.
read() on closed filehandle FILE at /usr/bin/gnump3d line 2024.
Header: HTTP/1.0 404 OK
Connection: close
Server: GNUMP3d 3.0
Content-type: text/html
Set-Cookie: theme=Tabular;path=/; expires=Mon, 10-Mar-08 14:36:42 GMT;
…
```

(3) 指定用户播放流媒体文件的类型。/etc/gnump3d/file.types 文件中保存了用户可能用到的音频文件、播放列表文件和电影文件的后缀列表,这些后缀文件将包含在 HTML 页面中并提供给客户端使用。其中,默认的音频文件后缀有 669、aac、ape、mp3、m4a 等,播放列表后缀有 m3u、ram、pls 等,电影文件后缀有 mov、mpg、mpeg、avi、wmv 等。

(4) gnump3d 的 themes 被存放在/usr/share/gnump3d/目录中,所以要想更换 theme,可以在 gnump3d.conf 的 theme 参数中指定。我们可以汉化自己喜欢的 theme,把界面变成中文,汉化非常简单,因为 theme 是 HTML 网页。

```
[root@gnump3d gnump3d]#cd /usr/share/gnump3d/
[root@gnump3d gnump3d]#ll
```

```
总用量 52
…
drwxr-xr-x. 2 root root  284 12 月 30 10:35 redgrey
drwxr-xr-x. 2 root root 4096 12 月 30 10:35 SchwartzNGrau
drwxr-xr-x. 2 root root    6 12 月 30 10:35 simple
drwxr-xr-x. 2 root root 4096 12 月 30 10:35 Tabular
drwxr-xr-x. 2 root root 4096 12 月 30 10:35 Thexder
…
```

设置界面主题为 BlueBox 效果，如图 11-8 所示。

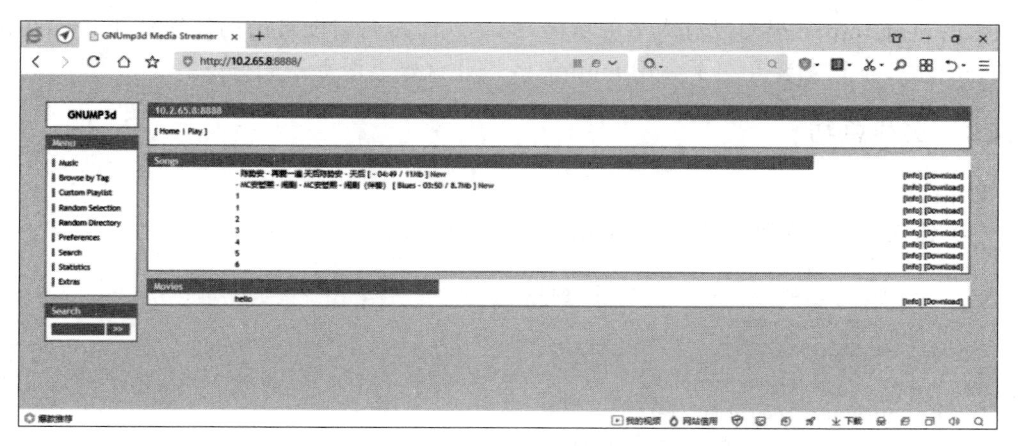

图 11-8　更改主题为 BlueBox

(5) 流媒体服务可以禁止客户端中的默写主机或者网段进行访问，比如办公室的公用计算机中存放了公共文件，一般不宜用来播放流媒体服务，为此需要禁止。配置文件中的 denied_clinets 参数能够完成此设置，allowd_clinets 参数的作用则刚好相反。禁止 10.2.65.10 的客户端访问如图 11-9 所示。

```
[root@gnump3d gnump3d]#vi /etc/gnump3d/gnump3d.conf
…
denied_clients=10.2.65.10
…
```

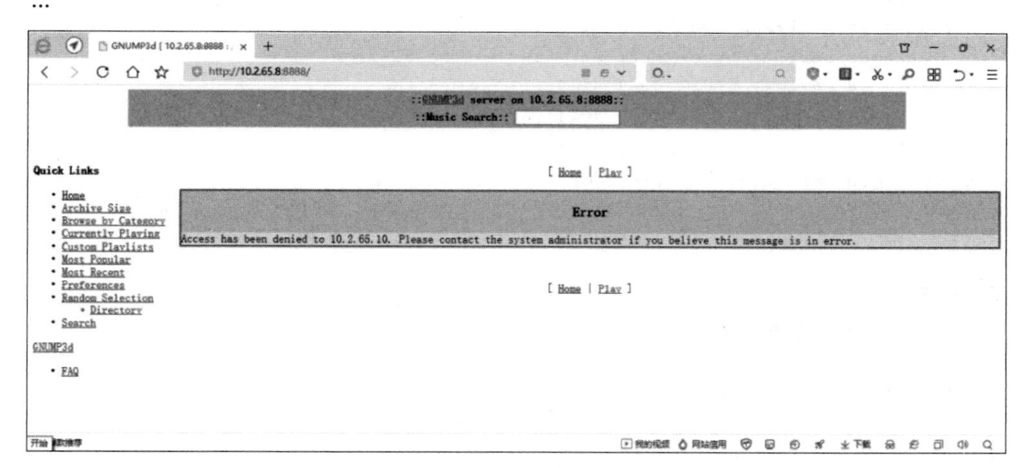

图 11-9　禁止客户端访问

11.4 项目总结

11.4.1 内容总结

流媒体技术也称流式传输技术，是指在网络上按时间的先后顺序传输和播放的连续的音频、视频数据流。随着网络速度的提高，以流媒体技术为核心的视频点播、在线电视、远程培训等业务开展得越来越广泛。对于流媒体服务器，Helix Server 是最有名的，其功能也是最强大的。gnump3d 虽然没有太多的功能，但足以让我们架设自己的流媒体服务器并在局域网中应用。本章主要介绍了利用 gnump3d 搭建流媒体服务器的过程。

11.4.2 实践总结

1. 错误一

(1) 错误描述：在服务器安装 gnump3d 时出现如下错误信息。

```
[root@gnump3d gnump3d-3.0]#make install
install -d //etc/gnump3d
install -d //usr/bin
install -d //usr/share/gnump3d
install -d //usr/local/man/man1
install -d /`perl bin/getlibdir`/gnump3d/plugins
/bin/sh: perl: 未找到命令
/bin/sh: perl: 未找到命令
…
```

(2) 出现原因：没有安装 perl，无法进行编译。

(3) 解决办法：安装 perl 软件包，因为存在太多的依赖关系，所以这里选择使用 yum 方式进行安装。

```
[root@gnump3d mnt]#find /mnt/Packages/perl*
/mnt/Packages/perl-5.16.3-292.el7.x86_64.rpm
/mnt/Packages/perl-Algorithm-Diff-1.1902-17.el7.noarch.rpm
/mnt/Packages/perl-App-cpanminus-1.6922-2.el7.noarch.rpm
/mnt/Packages/perl-Archive-Extract-0.68-3.el7.noarch.rpm
/mnt/Packages/perl-Archive-Tar-1.92-2.el7.noarch.rpm
/mnt/Packages/perl-Archive-Zip-1.30-11.el7.noarch.rpm
/mnt/Packages/perl-Authen-SASL-2.15-10.el7.noarch.rpm
/mnt/Packages/perl-autodie-2.16-2.el7.noarch.rpm
…
[root@gnump3d mnt]#yum install perl*      //安装所有的 perl 软件包
```

2. 错误二

(1) 错误描述：在服务器安装 gnump3d 时出现如下错误信息。

```
[root@gnump3d gnump3d-3.0]#gnump3d &
[1] 8121
The server root directory you specified, /home/mp3, is missing.
  Please update your configuration file to specify the actual
```

```
root directory you wish to serve media from.
  You can fix this error by changing the line that currently
reads:
    root=/home/mp3
```

(2) 出现原因：没有创建流媒体主目录。

(3) 解决办法：在根目录下面创建根目录。

```
[root@gnump3d gnump3d-3.0]#mkdir /home/mp3
```

3. 错误三

(1) 错误描述：安装服务并正常执行了程序的可执行文件后，在客户端通过 Web 界面无法打开流媒体服务器的界面。

(2) 出现原因：防火墙没有关闭。

(3) 解决办法：关闭防火墙。

```
[root@gnump3d gnump3d-3.0]#systemctl stop firewalld
```

4. 错误四

(1) 错误描述：当在客户端播放 file.types 支持的指定格式的流媒体文件时，出现如图 11-10 所示的错误。

图 11-10　客户端播放错误

(2) 出现原因：流媒体文件在客户端没有访问权限，通过查看错误日志可以了解。

(3) 解决办法：开启客户端对流媒体文件的播放权限。

```
[root@gnump3d gnump3d-3.0]#chmod  -R  777  /home/mp3
```

```
[root@gnump3d mp3]#ll
总用量 83616
-rwxrwxrwx. 1 root root  8776524 12月 31 10:37 1.m4a
-rwxrwxrwx. 1 root root  8968320 12月 30 12:02 1.mp3
-rwxrwxrwx. 1 root root  8249760 12月 30 12:02 2.mp3
-rwxrwxrwx. 1 root root  3520052 12月 30 12:03 3.mp3
-rwxrwxrwx. 1 root root 10768320 12月 30 12:03 4.mp3
-rwxrwxrwx. 1 root root  9981684 12月 30 12:03 5.mp3
-rwxrwxrwx. 1 root root 10009872 12月 30 12:03 6.mp3
-rwxrwxrwx. 1 root root 11579751 12月 30 12:03 7.mp3
-rwxrwxrwx. 1 root root  1842112 12月 30 12:03 9.mp4
-rwxrwxrwx. 1 root root  2692317 12月 31 10:03 hello.wmv
-rwxrwxrwx. 1 root root  9212936 12月 30 13:53 掌声响起.mp3
```

11.5 课后习题

一、选择题

1. 下列不属于gnump3d的特点的是(　　)。
   A. 小巧,容易安装和使用,安全稳定
   B. 跨平台,支持Linux和Windows
   C. 支持随机播放,支持按作者和日期索引,支持搜索
   D. 不能禁止单台计算机访问
2. gnump3d的主配置文件是(　　)。
   A. gnump3d.conf　　B. gnump3d-index
   C. gnump3d-top　　D. file.types
3. 完整的流媒体应用系统包括(　　)。
   A. 流媒体制作平台　　B. 流媒体发布平台
   C. 流媒体播放器　　D. 以上都是
4. 流式传输方式有(　　)种。
   A. 1　　B. 2　　C. 3　　D. 4
5. 流媒体服务支持的格式不包含(　　)。
   A. rm　　B. avi　　C. bin　　D. m4a
6. 在RTCP包中包含(　　)。
   A. 已经发送的数据包的数量　　B. 丢失的数据包的数量
   C. 接收的数据包等信息　　D. 以上都是

二、填空题

1. IETF定义了________、________、________、________这几种流媒体传输协议。
2. 流媒体传输一般要经过________、________、________步骤。
3. 主要的流媒体系统有________、________、________等。
4. RTCP是为RTP提供________和________服务的一种协议。
5. gnump3d日志文件的存放路径是________。

三、简答题

1. 简述流媒体服务的特点。

2. 流媒体服务点播和广播的区别是什么？

3. 流媒体系统由哪几部分组成？各自的作用是什么？

4. 流媒体处理的过程有哪些步骤？

四、项目实训题

题目：流媒体服务的安装与配置。

内容与要求：

1. 给服务器安装 gnump3d 服务。

2. 某影视公司需要配置自己的流媒体系统以供客户使用，需要有点播和广播服务，公司有自己单独的域名。

3. 流媒体系统也可以任意选择。

第五部分　安全服务篇

项目 12　VPN 服务器

【学习目标】

本章将系统介绍 VPN 服务器的理论知识，VPN 的常用协议与实现方法，Linux 下的主要 VPN 技术以及 PPTP VPN 服务的基本配置。

通过本章的学习，读者应该完成以下目标：

- 理解 VPN 服务器的理论知识；
- 能够根据客户需求合理设计 VPN 服务方案；
- 掌握在 Linux 平台下架设符合企业要求的 PPTP VPN 服务器；
- 掌握客户端通过 VPN 远程访问共享资源的方法；
- 能够进行 VPN 服务的基本管理并解决访问中出现的常见问题。

12.1　项 目 背 景

五桂山公司是一家电子商务公司，为了满足公司业务需求，出差在外的员工经常需要访问公司内部服务器的数据，公司外的办事机构和合作伙伴也经常需要与内部的服务器进行数据交换，为了保证以上数据能够安全传输，公司决定使用 VPN 构建以上远程访问系统。由于数据交换量不是很多，因此在不增加设备的前提下，计划在公司原企业内网的基础上配置一台双网卡的 Linux 服务器(IP：10.2.65.8/24)作为 VPN 服务器，其网络拓扑如图 12-1 所示，IP 地址分配如表 12-1 所示。

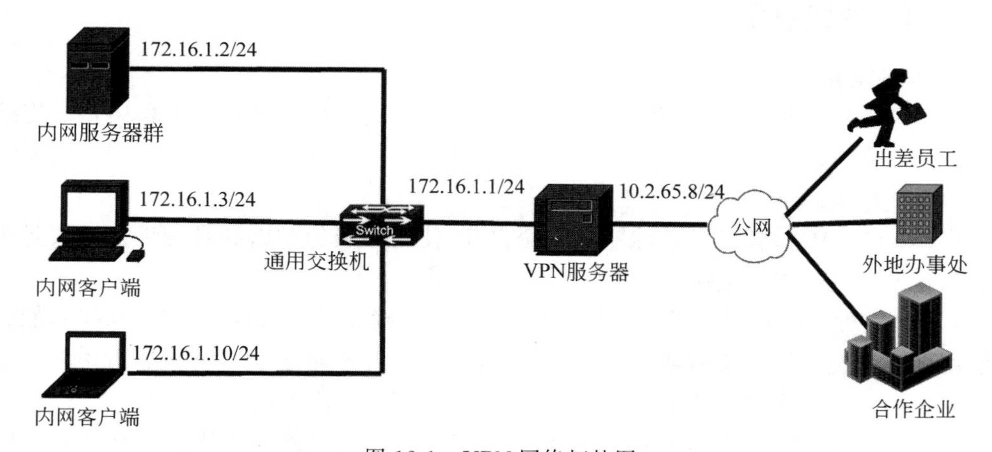

图 12-1　VPN 网络拓扑图

表 12-1 IP 地址分配

序号	服务名称	IP 地址	操作系统
1	VPN 服务器	网卡 1：10.2.65.8/24	Linux
		网卡 2：172.16.1.1/24	
2	内部 Web 服务器群	172.16.1.100/24	Linux
3	出差员工	10.2.65.10/24	Windows

12.2 知识引入

12.2.1 VPN 服务的概念

VPN 英文全称是 Virtual Private Network，也就是虚拟专用网络。虚拟专用网络是一种虚拟出来的企业内部专用线路，这条网络可以对数据进行几倍的加密以达到安全使用互联网的目的。此项技术已被广泛使用，虚拟专用网络可以帮助远程用户、公司分支机构、商业伙伴及供应商同公司的内部网建立可信的安全连接。

12.2.2 VPN 的分类

VPN 有以下几种分类。按照业务用途分为 Access VPN、Intranet VPN、Extranet VPN；按照运营的模式分为 CPE-Base VPN、Network-Based VPN；按照组网模型分为 VPDN、VPRN、VLL、VPLS；按照网络层次分为 Layer 1 VPN、Layer 2 VPN、Layer 3 VPN、传输层 VPN、应用层 VPN。其中，主要的二层 VPN 技术有 L2TP VPN、PPTP VPN、MPLS L2 VPN；三层 VPN 技术有 GRE VPN、IPSec VPN、BGP VPN；应用层 VPN 有 SSL VPN，如 Linux 中的 OpenVPN。

12.2.3 VPN 的优缺点

1. VPN 的优点

(1) 成本低。与传统的广域网相比，VPN 能够减少运营成本和降低远程用户的连接成本。此外，VPN 固定的通信成本有助于企业更好地了解自己的运营开支。VPN 还能够提供低成本的全球网络机会。

(2) 安全高。VPN 提供了高水平的安全保障，使用高级的加密和身份识别协议防止数据窃贼和其他非授权用户窥探数据。

(3) 可扩充性和灵活性。设计良好的宽带 VPN 是模块化和可伸缩。VPN 技术能够让用户使用更容易设置的互联网基础设施，允许迅速和方便地向这个网络增加新用户。这个能力意味着企业不必增加额外的基础设施就能够提供大量的网络容量和应用。

(4) 利用率高。VPN 能够让移动员工、远程办公人员、业务合作伙伴和其他人利用本地可用的高速宽带接入技术访问公司的网络，如 DSL、线缆和 Wi-Fi 等技术。此外，高速宽带连接为连接远程办公室提供了节省成本的方法。

2. VPN 的缺点

(1) 基于互联网的 VPN 的可靠性和性能不在企业的直接控制之下。机构必须依靠提供 VPN 的互联网服务提供商保持服务的启动和运行。这个因素对于与互联网服务提供商协商一个服务级协议,从而创建一个保证各种性能指标的协议是非常重要的。

(2) 企业创建和部署一个 VPN 并不是非常容易。这个技术需要对网络和安全问题有高水平的理解以及认真的规划和配置。因此,选择一个互联网服务提供商处理更多具体的运营问题是一个好主意。

(3) 不同厂商的 VPN 产品和解决方案并不总是相互兼容的,因为许多厂商不愿意或者没有能力遵守 VPN 技术标准。因此,设备的混合搭配可能带来技术难题。另一方面,使用一家供应商的设备会增加成本。

(4) VPN 在与无线设备一起使用时会产生安全风险。接入点之间的漫游特别容易出现问题,当用户在接入点之间漫游时,任何依靠高水平加密的解决方案都会被攻破。幸运的是,有一些第三方解决方案能够弥补这个缺陷。

12.2.4　VPN 服务器的工作原理

VPN 服务器有着独立的 CPU、内存、宽带等,使得 VPN 服务器在上网时不会出现网络一会强、一会弱的情况。借助 VPN,企业外出人员可随时连接企业的 VPN 服务器,进而连接到企业内部网络。VPN 通过一个公用网络(如 Internet)建立一个临时、安全、模拟的点对点连接,这是一条穿越公用网络的信息隧道,数据可以通过这条隧道在公用网络中安全传输,因此也可以形象地称之为“网络中的网络”。而保证数据安全传输的关键就在于 VPN 使用了隧道协议。

VPN 基于 Linux 和 Windows 平台,都通过 ADSL 接入 Internet 的服务器和客户端,连接方式为客户端通过 Internet 与服务器建立 VPN 连接。为此,VPN 服务器需要两块网卡,一块连入内网,另一块连入外网。Authentication(验证)用来设置哪些用户可以通过 VPN 访问服务器资源并在 DC 上进行身份验证。Authorization(授权),检查客户端是否可以接入服务器以及是否符合接入条件(时间和协议)。VPN 的工作原理如下:VPN 客户端请求接入 VPN 服务器→VPN 服务器请求 DC 进行身份验证→得到授权信息→VPN 服务器回应 VPN 客户端拨号请求→VPN 服务器与客户端建立连接,开始传输数据。

12.2.5　PPTP 隧道协议

VPN 采用隧道技术进行通信。数据包经过源局域网与公网的接口时,由特定的设备将这些数据包作为负载封装在一种可在公网传输的数据包文件中,当数据包到达目的局域网与公网的接口时,再由相应的设备将数据包解封装,取出原来在源局域网中传输的数据包并转发到目的局域网中。被封装的局域网数据包在公网上传输时经过的逻辑路径称为“隧道”。

目前,常用的隧道协议有 PPTP、L2TP、IPSec 等。其中,PPTP、L2TP 是网络参考模型第二层的隧道协议,IPSec 是第三层的隧道协议。PPTP(Point to Point Tunneling Protocol)是点对点隧道协议,它实现的前提是通信双方有连通且可用的 IP 网络,服务器监听的端口号为 1723。使用 RAS 公司的 RC4 作为加密算法(默认采用协议),以保证数据的安全性。L2TP(L2ayer 2 Tunneling Protocol)是第二层隧道协议,使用 UDP 封装,协议端口号为1701，默认无加密算法，若想使用加密算法，则需要结合IPSec(Internet Protocol Security，Internet协议安全)。针对Internet、X.25、ATM用户账号接入权限条件、权限、配置文件决定了客户端是否可以接入VPN网络。配置文件包括接入时间、IP地址范围、是否支持多链路、何种身份验证、是否加密。配置过程包括路由和远程访问、远程访问策略、相应时间、配置文件设置。IPSec的基本思想是把与密码学相关的安全机制引入IP协议，通过现代密码学所创立的方法支持保密和验证服务，使用户可以有选择地使用所提供的功能，并得到所要求的安全服务。IPSec是随着IPv6的制定而产生的，但由于IPv4的应用还非常广泛，所以在IPSec标准的制定过程中也增加了对IPv4的支持，引入了IKE等密钥交换协议，工作模式有多种，数据加密和验证算法多样，能嵌套在GRE、l2tp VPN中，满足大部分使用场景，为此其部署也相对复杂，对设备的要求也较高，一般在路由器和防火墙设备上实现。除了以上隧道协议外，还有多种VPN实现技术，如：OpenVPN就是一种基于OpenSSL库和SSL/TSL协议的应用层VPN，属于免费开源软件，其加密强度高，信息的机密性和完整性保护效果好，还可以配置在任意端口运行，具有NAT穿越等功能，但是它属于第三方软件，安装和配置过程复杂，连接速度和传输效率相对较低。

PPTP是在PPP的基础上而开发的一种新的增强型安全协议，支持多协议VPN，可以通过密码验证协议、可扩展认证协议等方法增强安全性。远程用户可以通过ISP、直接连接Internet或者其他网络，从而安全地访问企业内网；PPTP能够将PPP(点到点协议)帧封装成IP数据包，以便能够在基于IP的互联网上进行传输。PPTP使用TCP实现隧道的创建、维护与终止，并使用GRE(通用路由封装)将PPP帧封装成隧道数据。封装后的PPP帧的有效载荷可以被加密或压缩。PPTP通信过程中需要建立两种连接，一种是控制连接，另一种是数据连接。控制连接用来协议通信过程中的参数和维护数据连接。而真正的数据通信是由数据连接完成的。

PPTP控制连接的建立过程分为以下几步。

(1) 建立TCP连接。客户端向服务端的1723端口发起TCP连接请求；服务端收到请求回应客户端；客户端向服务端发送确认包。

(2) PPTP控制连接和GRE隧道建立。客户端向服务端发送建立控制连接请求；服务端应答客户端的请求；客户端向服务端发送建立PPTP隧道请求，该请求中包含了GRE报头中唯一的隧道标识；服务端应答客户端的PPTP隧道建立请求；客户端或者服务端发起PPP协商的挑战，准备PPP协商。

(3) PPTP的LCP协商。LCP是PPP的链路控制协议，负责建立、拆除和监控数据链路，包括认证方法、压缩方法等；客户端把自己的配置参数发送给服务端；服务端把自己的配置参数发送给客户端；服务端把自己不能识别的配置参数发送给客户端，要求客户端修正；客户端向服务端发送确认，表示所有的配置参数都能够识别，应答客户端；客户端修改修正的参数后发送给服务端；服务端发送参数识别确认，应答客户端。

(4) PPP的身份验证。LCP协商完成后，PPTP的服务端就会对客户端的身份进行验证，使用何种协议在上一个过程中已经协商好：服务端向客户端发送认证的挑战，其中包括一个任意的字符串和服务端自己的名字；客户端向服务端发送回应，其中明文发送自己的名字，密码和挑战信息通过混合的Hash算法生成摘要后以密文发送；服务端读取密码，对客户端的身份进行验证，回应客户端是否验证成功。

(5) PPP 的 NCP 协商。NCP 是 PPP 的网络控制协议，主要用来协商双方网络层接口的参数，分配 IP、DNS 等地址信息：服务端把自己的接口信息通过配置请求包发送给客户端；客户端接收到信息后回应服务端，并把自己接口的参数发送给服务端，但是由于目前客户端还没有获得地址信息，所以发送的是无效的数据；服务端收到信息后，发现客户端信息无效，再发送一条有效的配置消息，其中包括地址信息；客户端根据收到的地址修改自己的接口地址参数，并再次发送接口地址信息给服务端；服务端回应客户端以确认过程。

(6) PPP 的 CCP 协商。CCP 用来协商通信中的数据加密协议：服务端向客户端发送本方支持的加密协议；客户端向服务端发送本方支持的加密协议；客户端确认接收服务端的加密协议；服务端确认客户端的加密协议。

至此，PPTP 控制连接建立成功。

PPTP 数据采用多层封装的方式，具体的封装和解封装过程如图 12-2 所示。

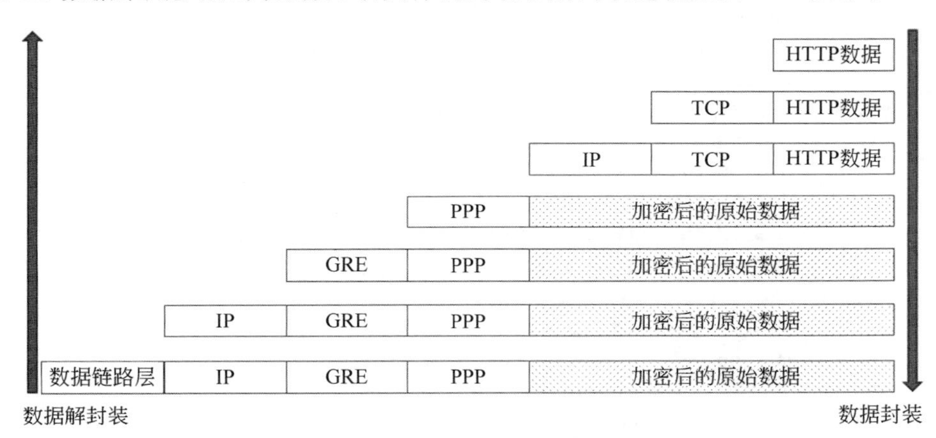

图 12-2　数据封装和解封装的流程

数据封装的过程：应用层数据封装层 IP 数据包；将 IP 数据包发送到 VPN 的虚拟接口；VPN 的虚拟接口将 IP 数据包压缩和加密，并添加 PPP 头；VPN 的虚接口将 PPP 帧发送给 PPTP；PPTP 在 PPP 帧头添加 GRE 报头；PPTP 将 GRE 报头提交给 TCP/IP；TCP/IP 为 GRE 报头添加公网 IP 头；为 IP 数据包进行数据链路层封装后，通过物理层与普通数据包一样选择合适的路由进行转发。

数据解封装的过程：物理层收到数据包；链路层剥掉外层帧后交给 TCP/IP；TCP/IP 剥掉 IP 头；IP 剥掉 GRE 头；将 PPP 帧发给 VPN 虚拟接口网卡；VPN 虚拟网卡剥掉 PPP 头并对 PPP 中的有效载荷进行解密或解压缩；将解密或解压缩后的数据提交给上层应用；上层应用对数据进行普通处理。

12.3　项目过程

12.3.1　任务 1　安装 VPN 服务

1. 任务分析

五桂山公司的网络管理部门将在原企业内网的基础上配置一台新的 Linux 服务器

(10.2.65.8/24)作为 VPN 服务器。接下来，将在此服务器上安装相关服务功能以满足该需求。在以上介绍的几种隧道协议中，基于操作系统的 PPTP 的使用时间最久，占用的资源少，运行速度快，部署也较为简单，而且几乎所有平台都内置了 PPTP 的 VPN 客户端，它至今仍然是企业和 VPN 供应商的热门选择，故五桂山公司也计划在系统中架设基于 PPTP 的 VPN 服务器。

2. 任务实施过程

(1) 首先按照图 12-1 所示设置服务器和内外网工作环境，在服务器上检查网络的连通性。查看服务器的网卡配置，并在服务器上 ping 两边的内网和外网。

```
[root@vpnserver ~]#ifconfig
ens33: flags=4163<UP,BROADCAST,RUNNING,MULTICAST>  mtu 1500
        inet 10.2.65.8  netmask 255.255.255.0  broadcast 10.2.65.8.255
        inet6 fe80::a6f1:c434:830b:ee21  prefixlen 64  scopeid 0x20<link>
        ether 00:0c:29:1a:23:0c  txqueuelen 1000  (Ethernet)
        RX packets 158661  bytes 148404671 (141.5 MiB)
        RX errors 0  dropped 0  overruns 0  frame 0
        TX packets 81766  bytes 14720395 (14.0 MiB)
        TX errors 0  dropped 0 overruns 0  carrier 0  collisions 0
ens38: flags=4163<UP,BROADCAST,RUNNING,MULTICAST>  mtu 1500
        inet 172.16.1.1  netmask 255.255.255.0  broadcast 172.16.1.255
        inet6 fe80::20c:29ff:fe1a:2316  prefixlen 64  scopeid 0x20<link>
        ether 00:0c:29:1a:23:16  txqueuelen 1000  (Ethernet)
        RX packets 18  bytes 1612 (1.5 KiB)
        RX errors 0  dropped 0  overruns 0  frame 0
        TX packets 872  bytes 53926 (52.6 KiB)
        TX errors 0  dropped 0 overruns 0  carrier 0  collisions 0
[root@vpnserver ~]#ping -c 1  172.16.1.100   //内网应用服务器地址
PING 172.16.1.100 (172.16.1.100) 56(84) bytes of data.
64 bytes from 172.16.1.100: icmp_seq=1 ttl=64 time=0.617 ms
---172.16.1.100 ping statistics ---
1 packets transmitted, 1 received, 0% packet loss, time 0ms
rtt min/avg/max/mdev=0.617/0.617/0.617/0.000 ms
[root@vpnserver ~]#ping -c 1 10.2.65.10    //出差员工地址
PING 10.2.65.10 (10.2.65.10) 56(84) bytes of data.
64 bytes from 192.168.0.10: icmp_seq=1 ttl=128 time=0.220 ms
---10.2.65.10 ping statistics ---
1 packets transmitted, 1 received, 0% packet loss, time 0ms
rtt min/avg/max/mdev=0.220/0.220/0.220/0.000 ms
```

(2) 在 Linux 系统中，基于 PPTP 的 VPN 服务名称是 pptpd，pptpd 是 PPTP 的守护进程，用来管理基于 PPTP(隧道协议)的 VPN 连接。当 pptpd 接收到用户的 VPN 接入请求后，会自动调用 PPP 的 pptpd 程序进行完整验证，然后建立 VPN 连接。通常需要安装 ppp 和 pptpd 这两个软件包。

```
[root@vpnserver ~]#rpm -qa|grep ppp       //查询是否安装 ppp,以下显示已经安装
ppp-2.4.5-33.el7.x86_64
[root@vpnserver ~]#cd /mnt/Packages/      //如果未安装就进入系统盘直接安装
[root@vpnserver Packages]#find ppp*
```

```
ppp-2.4.5-33.el7.x86_64.rpm
[root@vpnserver Packages]#rpm -ivh ppp-2.4.5-33.el7.x86_64.rpm
                                        //安装 ppp 或者使用 yum 方式安装
[root@vpnserver /]#yum install ppp
```

(3) pptpd 软件包需要通过网络从第三方下载，可以访问 http://poptop.sourceforge.net/下载。如图 12-3 所示，本书下载的是 tar 压缩后的源码包，把下载的 pptpd 软件包复制到 VPN 服务器的/vpn 目录下。

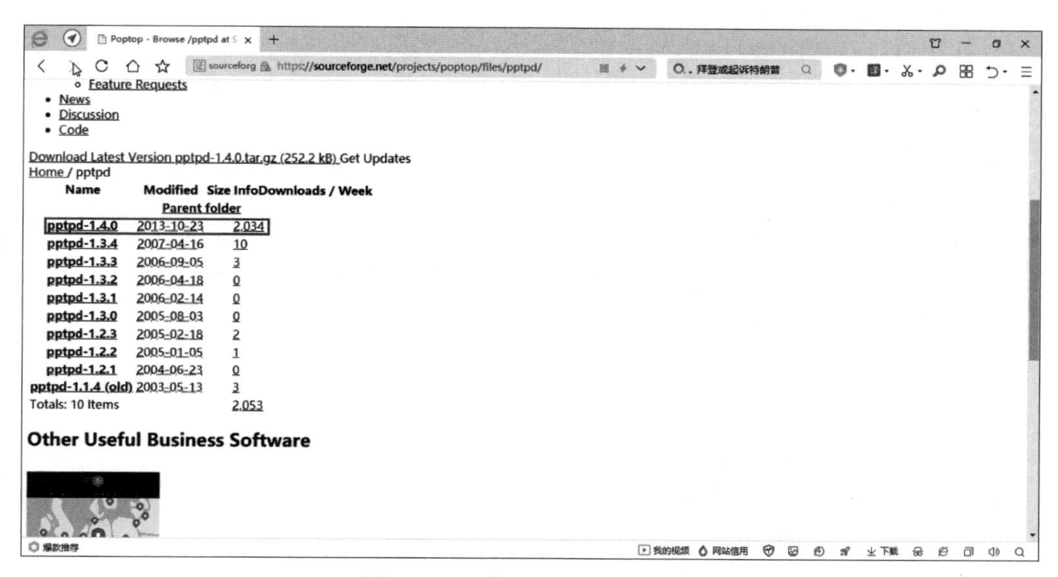

图 12-3　下载 pptpd 并选择版本

```
[root@vpnserver /]#cp /var/ftp/pub/pptpd-1.4.0.tar.gz  /vpn/
[root@vpnserver vpn]#ll
总用量 248
-rw-------. 1 root root 252167 11月 21 21:16 pptpd-1.4.0.tar.gz
```

(4) 由于下载的是源码，因此使用源码方式安装，需要解包、配置、编译和安装这四个步骤。解压/vpn 文件夹中的 pptpd-1.4.0.tar.gz 文件。

```
[root@vpnserver vpn]#tar zxfv pptpd-1.4.0.tar.gz
[root@vpnserver vpn]#ll
总用量 252
drwxrwxr-x. 7 1000 1000   4096 10月 23 2013 pptpd-1.4.0
-rw-------. 1 root root 252167 11月 21 21:16 pptpd-1.4.0.tar.gz
```

(5) 针对当前系统和软件环境配置软件的安装选项。使用源码目录中的 configure 脚本将程序安装到指定目录。在安装过程中会提示没有安装 gcc 编译器。

```
[root@vpnserver vpn]#cd pptpd-1.4.0
[root@vpnserver pptpd-1.4.0]#./configure --prefix=/usr/local/pptpd
checking for a BSD-compatible install... /usr/bin/install -c
checking whether build environment is sane... yes
checking for a thread-safe mkdir -p... /usr/bin/mkdir -p
```

```
checking for gawk... gawk
checking whether make sets $ (MAKE)... yes
checking command line for use of BSD PPP... default standard pppd
checking command line for use of SLIRP... default no
checking command line for syslog facility name... default LOG_DAEMON
checking command line for bcrelay build... default no
checking command line for VRF build... default no
checking for gcc... no      //没有安装编译器
checking for cc... no
checking for cl.exe... no
configure: error: in `/vpn/pptpd-1.4.0':
configure: error: no acceptable C compiler found in $ PATH
See 'config.log' for more details
```

(6) 将源码文件编译为二进制的可执行程序。源码需要经过 gcc(GNU C Complier)编译器的编译后才能连接成可执行文件,所以需要查看系统是否安装并配置了 gcc。如果没有安装 gcc,则需要自行安装。由于安装 gcc 会有比较多的依赖包,使用 rpm 方式安装烦琐,因此采用 yum 方式安装。

```
[root@vpnserver pptpd-1.4.0]# rpm -qa|grep gcc    //没有安装 gcc
libgcc-4.8.5-16.el7.x86_64
[root@vpnserver pptpd-1.4.0]# yum install gcc gcc-c++kernel-devel
//安装 gcc、C++编译器以及内核文件
已加载插件: fastestmirror, product-id, search-disabled-repos
Determining fastest mirrors
base                                | 3.6 kB  00:00:00
extras                              | 2.9 kB  00:00:00
updates                             | 2.9 kB  00:00:00
正在解决依赖关系
-->正在检查事务
--->软件包 gcc.x86_64.0.4.8.5-44.el7 将被安装
-->正在处理依赖关系 libgomp=4.8.5-44.el7,它被软件包 gcc-4.8.5-44.el7.x86_64 需要
…
[root@vpnserver pptpd-1.4.0]# rpm -qa|grep gcc    //安装后再次查看安装成功
libgcc-4.8.5-44.el7.x86_64
gcc-c++-4.8.5-44.el7.x86_64
gcc-4.8.5-44.el7.x86_64
```

(7) 使用 make 命令将源码文件变为二进制的可执行程序。

```
[root@vpnserver pptpd-1.4.0]# make
make  all-am
make[1]: 进入目录"/vpn/pptpd-1.4.0"
gcc -DHAVE_CONFIG_H -I. -I.    -O2 -fno-builtin -Wall
…
make[2]: 进入目录"/vpn/pptpd-1.4.0/plugins"
gcc -o pptpd-logwtmp.so -shared -O2 -g -I.. -I../../include -fPIC
pptpd-logwtmp.c -lutil
make[2]: 离开目录"/vpn/pptpd-1.4.0/plugins"
make[1]: 离开目录"/vpn/pptpd-1.4.0"
```

(8) 将上一步编译好的程序文件复制到系统中。

```
[root@vpnserver pptpd-1.4.0]#make install
for d in plugins; do make  -C $ d all; done
make[1]: 进入目录"/vpn/pptpd-1.4.0/plugins"
make[1]: 对"all"无须做任何事。
make[1]: 离开目录"/vpn/pptpd-1.4.0/plugins"
make[1]: 进入目录"/vpn/pptpd-1.4.0"
for d in plugins; do make -w -C $ d prefix=/usr/local/pptpd DESTDIR=install; done
make[2]: 进入目录"/vpn/pptpd-1.4.0/plugins"
install -o root -d /usr/local/pptpd/lib/pptpd
install -o root pptpd-logwtmp.so /usr/local/pptpd/lib/pptpd
make[2]: 离开目录"/vpn/pptpd-1.4.0/plugins"
...
make[1]: 离开目录"/vpn/pptpd-1.4.0"
```

(9) 至此,VPN 需要的两个服务都已经成功安装,接下来就是配置过程了。

12.3.2　任务 2　配置 VPN 服务

1. 任务分析

pptpd 安装后不会在/etc 目录下生成配置文件。pptpd 软件包中有配置文件的模板,在 pptpd-1.4.0 下面的 samples 中,复制提供的模板以创建配置文件。VPN 客户端连接到远程访问 VPN 服务器时,必须验证用户的身份(用户名和密码)。身份验证成功后,用户就可以通过 VPN 服务器访问有权限的资源了。本任务主要介绍如何配置 VPN 相关服务。

2. 任务实施过程

(1) 当 VPN 服务安装成功后,会生成一些文件,这些文件的位置和功能如表 12-2 所示。

表 12-2　VPN 服务的相关文件

目　　录	文　　件	文件类型	功　　能
/etc	pptpd.conf	配置文件	VPN 服务的主配置文件
/etc/ppp/	option.pptpd	配置文件	保存客户端连接的相关信息的配置文件
	chap-secrets	配置文件	使用 chap 身份认证
	pap-secrets	配置文件	使用 pap 身份认证
/usr/local/pptpd/sbin	pptpd	可执行文件	启动 VPN 服务
	bcrelay	可执行文件	指定从哪个端口收到广播包转发给客户端

(2) 基于 pptpd 协议的 VPN 服务器的主配置文件是/etc/pptpd.conf。使用模板生成主配置文件。

```
[root@vpnserver pptpd-1.4.0]#cp samples/
chap-secrets   options.pptpd   pptpd.conf
[root@vpnserver pptpd-1.4.0]#cp samples/pptpd.conf /etc/      //复制样本到/etc 目录
[root@vpnserver pptpd-1.4.0]#cd /etc
```

```
[root@vpnserver etc]#ll pptpd*
-rw-r--r--. 1 root root 3183 11月 22 21:13 pptpd.conf
```

(3) 详细了解 pptpd.conf 文件中的参数，如表 12-3 所示，并进行正确的配置，其中每个配置行均以配置名称开头，后面紧跟参数值或关键字，它们之间用空行分开，系统在读取配置时，将忽略空行和以“#”开头的注释内容。

表 12-3　pptpd.conf 文件中的参数

参　数	功　　能	默认参数值
ppp	设置 pppd 程序的位置	/usr/sbin/pppd
option	设置 options 文件的位置	/etc/ppp/options.pptpd
debug	设置是否启动调试模式，记录调试信息，把所有 debug 信息记录到系统日志文件中	没有启动
stimeout	设置启动 PPTP 控制连接的超时时间	10 秒
noipparam	设置是否禁止客户端的 IP 地址通过 ppp	没有启用
logwtmp	设置是否使用 wtmp 记录客户端连接信息	启用
bcrelay	设置是否从接口打开广播中继到客户端	bcrelay eth1
delegate	设置是否有 pptpd 给客户端分配地址，启用表示不分配，由 radius 其他方式分配	默认没有启用，由 pptpd 分配地址
connections	设置限制接收客户端的连接数量	默认为 100
localip	设置本地 IP 地址的范围，如果 delegate 启动，则该选项无效。	可指定单个地址，地址之间用逗号分开；也可以指定一个范围
remoteip	设置远程的 IP 地址范围	可指定单个地址，地址之间用逗号分开；也可以指定一个范围
listen	设置 pptpd 监听的 IP 地址	默认监听本地所有地址
pidfile	指定 pid 的文件位置	/var/run/pptpd.pid

```
[root@vpnserver etc]#cat pptpd.conf
ppp /usr/sbin/pppd
option /etc/ppp/options.pptpd
#debug
#stimeout 10
#noipparam
#logwtmp
#vrf test
#bcrelay eth1
#delegate
#connections 100
localip 192.168.1.1
remoteip 192.168.1.7-177
#or
#localip 192.168.0.234-238,192.168.0.245
#remoteip 192.168.1.234-238,192.168.1.245
```

(4) 由于 pptpd 在收到用户的 VPN 接入请求后会自动调用 PPP 服务完成验证过程，以建立 VPN 连接，因此要想使 pptpd 服务正常工作，还必须在 PPP 配置文件中对 VPN 连接的验证服务等方面进行相关配置。PPP 选项文件由 pptpd.conf 文件中的 option 参数指定，默认为/etc/ppp/options.pptpd，文件中可以设置身份验证的方式、加密长度以及为 VPN 客户端指定 DNS 服务器和 Windows 服务器的 IP 地址，表 12-4 为需要注意的几个配置参数。

表 12-4　optiond.pptpd 文件中的主要参数

参　数	功　　能	默认参数值
name	设置 VPN 的名字	pptpd
ms-dns	设置 DNS 服务器地址，如果 pppd 充当 Windows 客户端的服务器，则可以向客户端提供 1 或 2 个地址，第一个为主地址，第二个为备选地址	10.0.0.1 10.0.0.2
debug	设置是否启动调试工具，记录调试信息，把所有 debug 信息记录到系统日志文件中	没有启动
dump	显示所有选项设置的值	没有启动
auth	默认使用/etc/ppp/chap-secrets 文件进行 VPN 用户身份验证	默认没有启动

(5) options.pptpd 文件在 ppp 服务安装时并没有创建，需要把/vpn/pptpd-1.4.0/samples/文件夹下的模板 options.pptpd 文件复制到/etc/ppp 目录下，正确设置主辅 DNS 和开启调试信息，同时增加 auth 选项，其他设置默认即可。

```
[root@vpnserver ppp]#cp /vpn/pptpd-1.4.0/samples/options.pptpd /etc/ppp/
[root@vpnserver ppp]#cat options.pptpd
name pptpd
refuse-pap
refuse-chap
refuse-mschap
require-mschap-v2
require-mppe-128
ms-dns 8.8.8.8
ms-dns 10.2.65.8
proxyarp
debug
auth
dump
lock
nobsdcomp
novj
novjccomp
nologfd
```

(6) 在 PPP 选项文件中，已通过 auth 选项指定默认使用/etc/ppp/chap-secrets 安全验证文件进行身份验证，所以创建 VPN 用户和密码可以通过直接编辑该文件完成。在该验证文件中，每个用户占一行内容，每行包括 VPN 用户名、服务名称、密码和隧道 IP 地址这四个数据项，以空格分开，其中 IP 地址中的“*”表示有 VPN 服务器动态分配 IP 地址。

```
[root@vpnserver ppp]#vi /etc/ppp/chap-secrets
#Secrets for authentication using CHAP
#client        server   secret                  IP addresses
  wgsu1        pptpd     123456                      *
```

（7）启动 pptpd 服务，为了使客户端能够正常建立连接，在没有配置防火墙的情况下需要暂时关闭防火墙。

```
[root@vpnserver ~]#/usr/local/pptpd/sbin/pptpd
[root@vpnserver ~]#systemctl stop firewalld
```

12.3.3 任务 3 VPN 客户端建立 VPN 连接

1. 任务分析

建立 VPN 连接的要求是：VPN 客户端与 VPN 服务器都必须已经连接 Internet 网，然后在 VPN 客户端上新建与 VPN 服务器之间的 VPN 连接。以下以五桂山公司的一名员工为实例进行客户端有部署和连接。

2. 任务实施过程

（1）在客户端下，确保客户机与服务器的公网地址 10.2.65.0/24 网段的互通，证明客户机能够访问外网，然后在客户机中选择“控制面板”窗口中的“网络和 Internet”选项，在弹出的“网络和共享中心”面板中选择“设置新的连接或网络”选项，如图 12-4 所示。

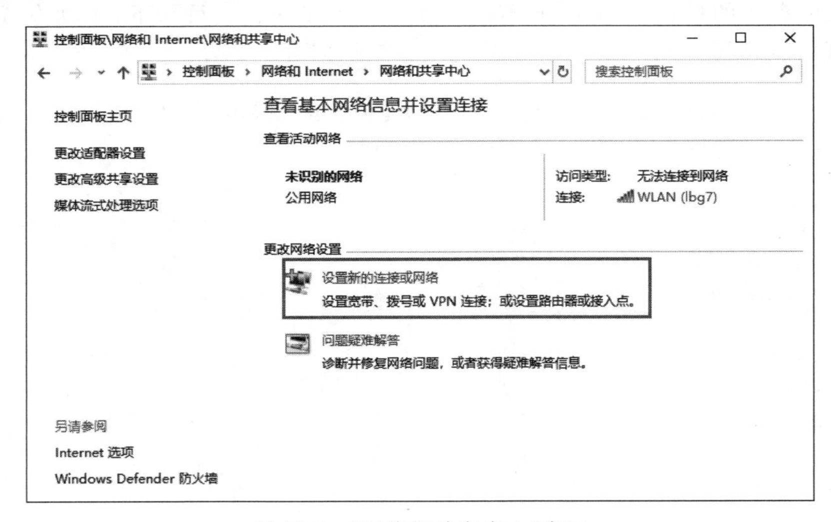

图 12-4 “网络和共享中心”窗口

（2）在弹出的“设置连接或网络”对话框中选择“连接到工作区”选项，如图 12-5 所示。

（3）在弹出的“连接到工作区”对话框中选择“否，创建新的连接”选项，单击“下一步”按钮，如图 12-6 所示。

（4）在弹出的“连接到工作区”对话框中选择“使用我的 Internet 连接（VPN）（1）” 选项，如图 12-7 所示。

（5）在弹出“连接到工作区”对话框中选择“我稍后决定”选项，单击“下一步”按钮，如图 12-8 所示。

图 12-5　“设置连接或网络”对话框

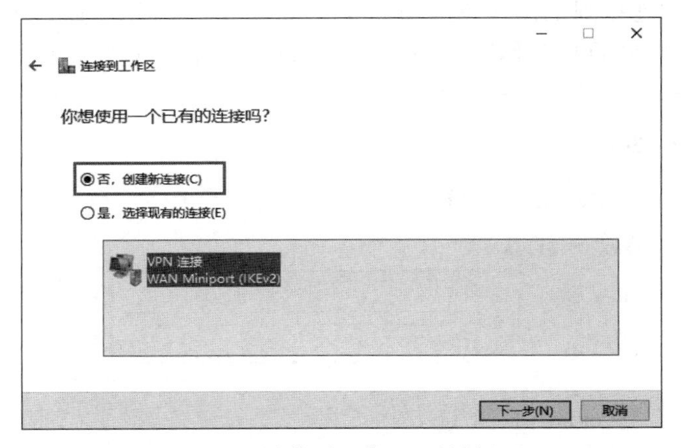

图 12-6　“连接到工作区”对话框(1)

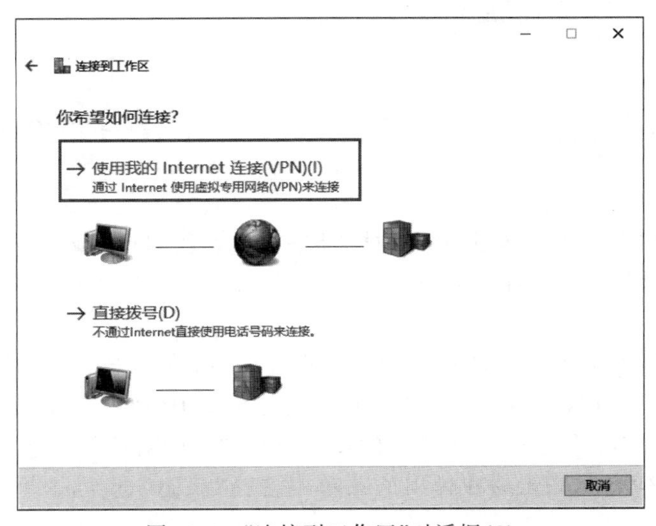

图 12-7　“连接到工作区”对话框(2)

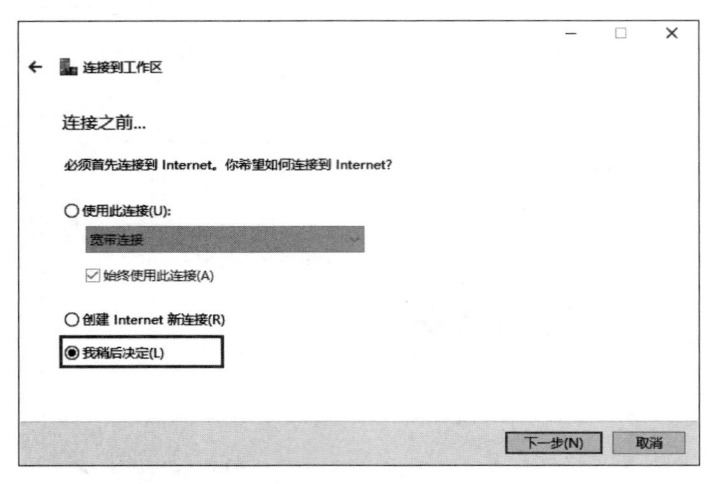

图 12-8 “连接到工作区”对话框(3)

(6) 在弹出的“连接到工作区”对话框中,在“Internet 地址”中输入 VPN 服务的公网地址“10.2.65.8”,同时在“目标名称”中输入“wgs.com”,单击“创建”按钮,如图 12-9 所示。

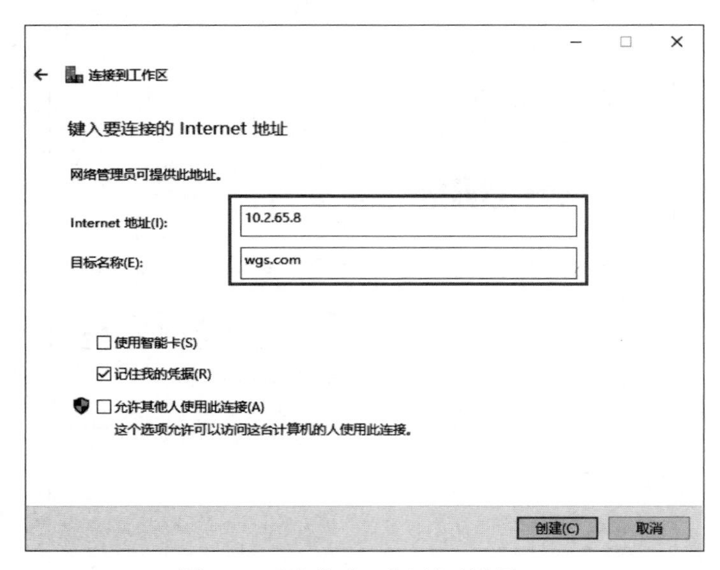

图 12-9 “连接到工作区”对话框(4)

(7) 在弹出的“Windows 安全中心”对话框中,输入我们在/etc/ppp/chap-secrets 文件中设置的账号和密码,这里的账号是“wgsu1”,密码是“123456”,单击“确定”按钮,如图 12-10 所示。

(8) 客户机开始与服务器进行连接,登录成功后,在客户机中使用 cmd 命令行的 ipconfig 命令查看从 VPN 服务器获得的内网地址池中的 IP 地址,如图 12-11 所示。同时单击“网络和共享中心”对话框中的“更改适配器”选项,弹出的对话框中选择 wgs.com 选项进行连接,如图 12-12 所示,右击后在弹出的菜单中选择“状态”选项,查看如图 12-13 所示的信息。

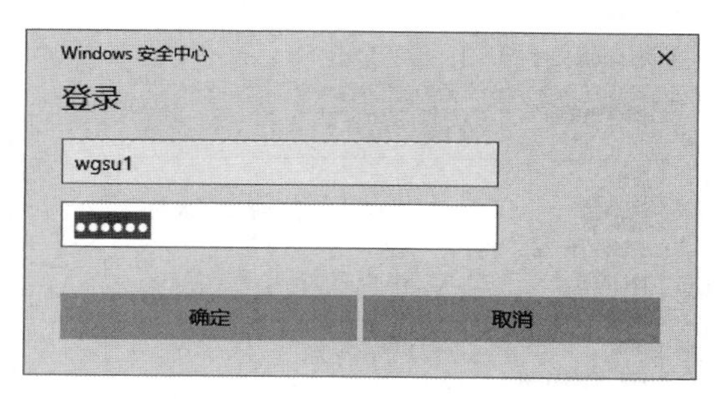

图 12-10　“Windows 安全中心”对话框

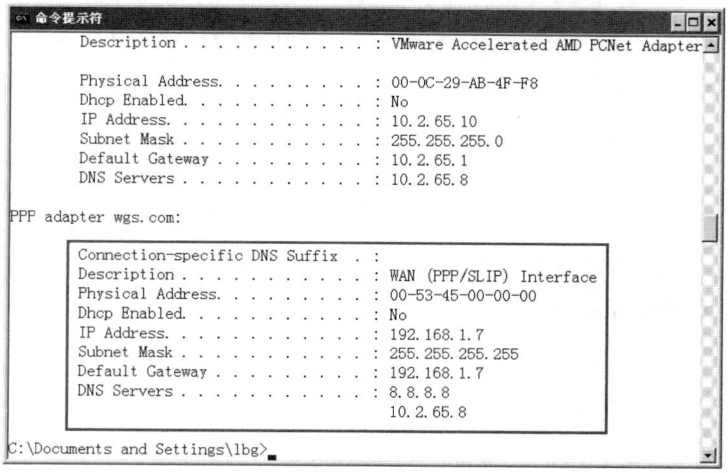

```
命令提示符
        Description . . . . . . . . . . . : VMware Accelerated AMD PCNet Adapter

        Physical Address. . . . . . . . . : 00-0C-29-AB-4F-F8
        Dhcp Enabled. . . . . . . . . . . : No
        IP Address. . . . . . . . . . . . : 10.2.65.10
        Subnet Mask . . . . . . . . . . . : 255.255.255.0
        Default Gateway . . . . . . . . . : 10.2.65.1
        DNS Servers . . . . . . . . . . . : 10.2.65.8

PPP adapter wgs.com:

        Connection-specific DNS Suffix  . :
        Description . . . . . . . . . . . : WAN (PPP/SLIP) Interface
        Physical Address. . . . . . . . . : 00-53-45-00-00-00
        Dhcp Enabled. . . . . . . . . . . : No
        IP Address. . . . . . . . . . . . : 192.168.1.7
        Subnet Mask . . . . . . . . . . . : 255.255.255.255
        Default Gateway . . . . . . . . . : 192.168.1.7
        DNS Servers . . . . . . . . . . . : 8.8.8.8
                                            10.2.65.8

C:\Documents and Settings\lbg>
```

图 12-11　ipconfig 命令

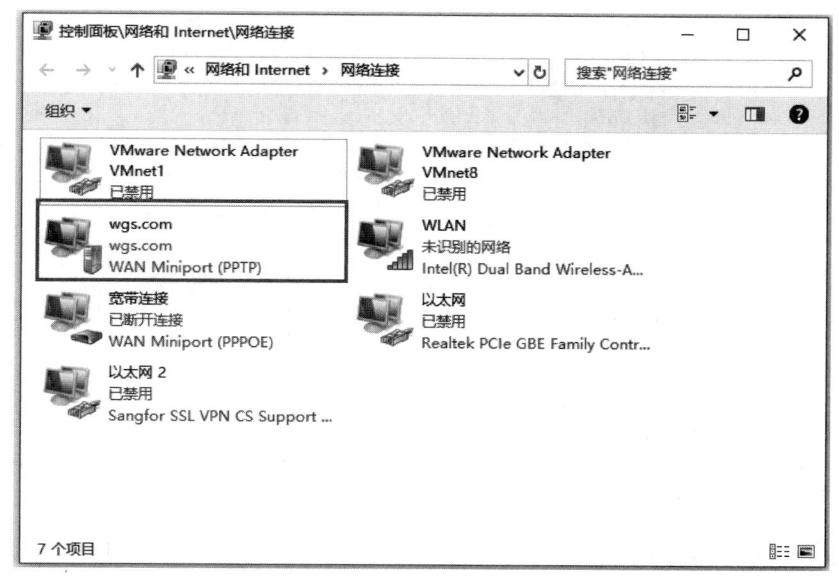

图 12-12　网络连接

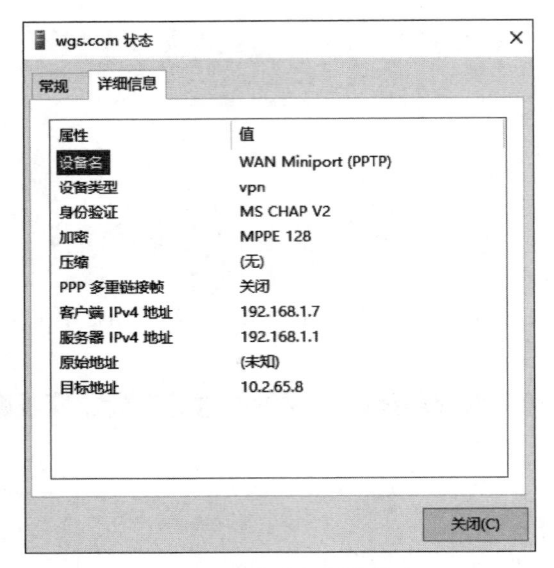

图 12-13　客户机网络状态

(9) 至此完成了客户机与服务器的连接，在 VPN 服务器端查看日志信息，可以看到客户机与服务器之间的交互信息。

```
Nov 25 23:48:42 vpnserver pptpd[1646]: CTRL: Client 10.2.65.10control connection started
Nov 25 23:48:42 vpnserver pptpd[1646]: CTRL: Starting call (launching pppd, opening GRE)
Nov 25 23:48:42 vpnserver pppd[1647]: pppd options in effect:
Nov 25 23:48:42 vpnserver pppd[1647]: debug#011#011#(from /etc/ppp/options.pptpd)
Nov 25 23:48:42 vpnserver pppd[1647]: nologfd#011#011#(from /etc/ppp/options.pptpd)
Nov 25 23:48:42 vpnserver pppd[1647]: dump#011#011#(from /etc/ppp/options.pptpd)
Nov 25 23:48:42 vpnserver pppd[1647]: auth#011#011#(from /etc/ppp/options.pptpd)
Nov 25 23:48:42 vpnserver pppd[1647]: refuse-pap#011#011#(from /etc/ppp/options.pptpd)
Nov 25 23:48:42 vpnserver pppd[1647]: refuse-chap#011#011#(from /etc/ppp/options.pptpd)
Nov 25 23:48:42 vpnserver pppd[1647]: refuse-mschap#011#011#(from /etc/ppp/options.pptpd)
Nov 25 23:48:42 vpnserver pppd[1647]: name pptpd#011#011#(from /etc/ppp/options.pptpd)
Nov 25 23:48:42 vpnserver pppd[1647]: remotenumber 10.2.65.10#011#011#(from command line)
Nov 25 23:48:42 vpnserver pppd[1647]: 115200#011#011#(from command line)
Nov 25 23:48:42 vpnserver pppd[1647]: lock#011#011#(from /etc/ppp/options.pptpd)
Nov 25 23:48:42 vpnserver pppd[1647]: local#011#011#(from command line)
Nov 25 23:48:42 vpnserver pppd[1647]: novj#011#011#(from /etc/ppp/options.pptpd)
Nov 25 23:48:42 vpnserver pppd[1647]: novjccomp#011#011#(from /etc/ppp/options.pptpd)
Nov 25 23:48:42 vpnserver pppd[1647]: ipparam 10.2.65.10#011#011#(from command line)
Nov 25 23:48:42 vpnserver pppd[1647]: ms-dns xxx #[don't know how to print value]#011#011#
(from /etc/ppp/options.pptpd)
Nov 25 23:48:42 vpnserver pppd[1647]: proxyarp#011#011#(from /etc/ppp/options.pptpd)
Nov 25 23:48:42 vpnserver pppd[1647]: 192.168.1.1:192.168.1.7#011#011#(from command line)
Nov 25 23:48:42 vpnserver pppd[1647]: nobsdcomp#011#011#(from /etc/ppp/options.pptpd)
Nov 25 23:48:42 vpnserver pppd[1647]: require-mppe-128#011#011#(from /etc/ppp/options.
pptpd)
Nov 25 23:48:42 vpnserver pppd[1647]: pppd 2.4.5 started by root, uid 0
Nov 25 23:48:42 vpnserver pppd[1647]: Using interface ppp0
```

```
Nov 25 23:48:42 vpnserver pppd[1647]: Connect: ppp0 <-->/dev/pts/1
Nov 25 23:48:42 vpnserver NetworkManager[776]: <info>  [1606319322.4926] manager: (ppp0):
new Generic device (/org/freedesktop/NetworkManager/Devices/5)
Nov 25 23:48:45 vpnserver pppd[1647]: peer from calling number 10.2.65.10 authorized
Nov 25 23:48:45 vpnserver pppd[1647]: Unsupported protocol 'IPv6 Control Protocol'
(0x8057) received
Nov 25 23:48:45 vpnserver pppd[1647]: MPPE 128-bit stateless compression enabled
Nov 25 23:48:46 vpnserver pppd[1647]: Cannot determine ethernet address for proxy ARP
Nov 25 23:48:46 vpnserver pppd[1647]: local  IP address 192.168.1.1
Nov 25 23:48:46 vpnserver pppd[1647]: remote IP address 192.168.1.7
```

12.3.4　任务 4　VPN 客户端访问内部服务群

1. 任务分析

任务 3 使得处在外网的客户机已经获取到了 VPN 服务器分配的内网 IP 地址，在逻辑网络的层面把外网客户机以直连的方式与内网服务器集群连接在了一起。但是由于 VPN 服务器毕竟是计算机，并不是网络中使用的路由器，因此还需要一定的配置才能使得外网可以访问内网。

2. 任务实施过程

（1）客户端虽然已经获得了由客户机分发的内网地址，但是客户机还是不能够与内网的服务器集群 ping 通，如图 12-14 所示，这也就意味着还不能成功地访问内网提供的各种服务，还需要在 VPN 服务器上开启路由转发功能。默认情况下，Linux 系统是不开通 IP 地址转发功能的。

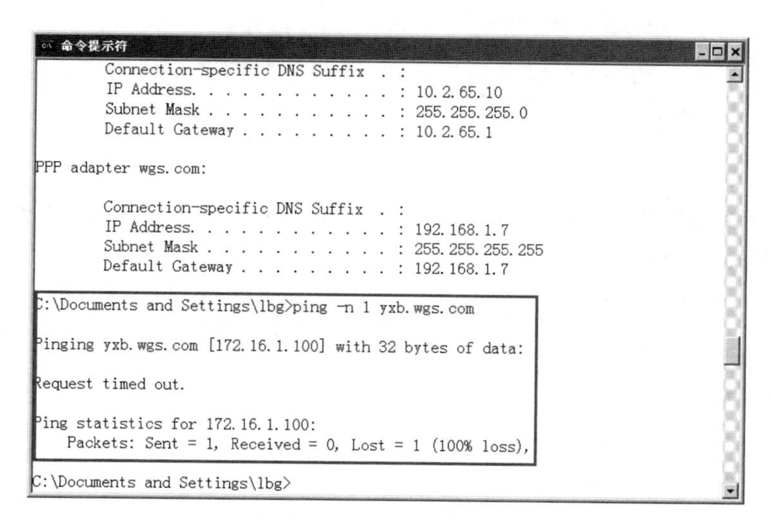

图 12-14　外网无法访问内网

（2）在客户端查看是否开启了路由转发功能。

```
[root@vpnserver named]#cat /proc/sys/net/ipv4/ip_forward
0                            //0 表示没有开启
```

（3）编辑 vim /usr/lib/sysctl.d/00-system.conf 配置文件，增加 net.ipv4.ip_forward=1

以开启 IP 地址转发功能，保存后重启网络服务，再次查看是否开启了路由转发功能。

```
[root@vpnserver named]#vi /usr/lib/sysctl.d/00-system.conf
…
net.bridge.bridge-nf-call-ip6tables=0
net.bridge.bridge-nf-call-iptables=0
net.bridge.bridge-nf-call-arptables=0
net.ipv4.ip_forward=1
"/usr/lib/sysctl.d/00-system.conf" 10L, 317C written
[root@vpnserver named]#systemctl restart network
[root@vpnserver named]#cat /proc/sys/net/ipv4/ip_forward
                    1//1 表示开启了路由转发功能
```

(4) 此时通过外网客户机查看与内网服务器集群的互通情况，如图 12-15 所示。

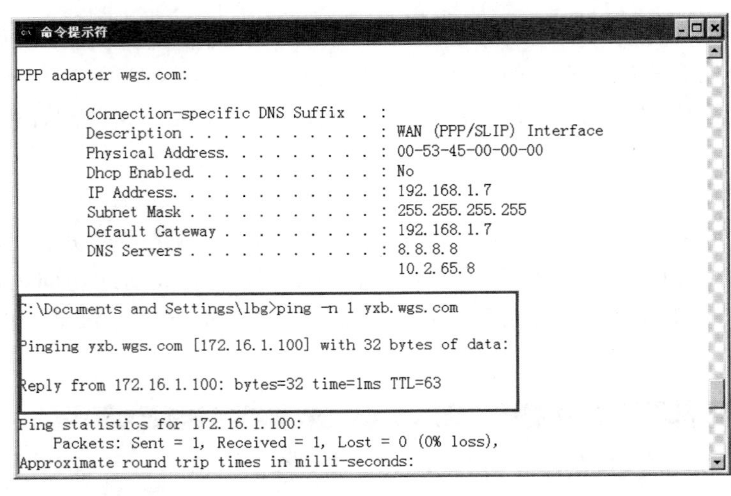

图 12-15　外网与服务器集群互通

(5) 在浏览器的地址栏中输入事先建立的 Web 服务域名访问 DNS 服务，同时使用了证书服务，均能正常访问，如图 12-16 所示。

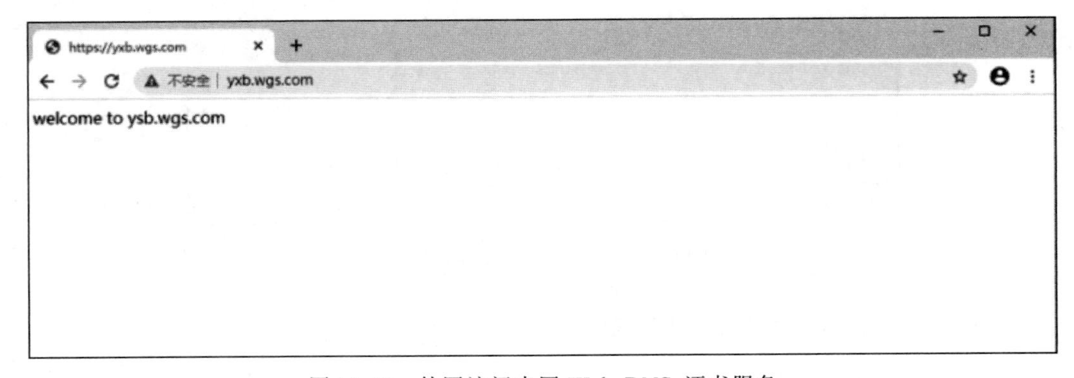

图 12-16　外网访问内网 Web、DNS、证书服务

12.4　项 目 总 结

12.4.1　内容总结

VPN 是虚拟专用网络的缩写，属于远程访问技术，简单地说就是利用公网连接架设私有网络。例如公司员工出差到外地，若他想访问企业内网的服务器资源，则这种访问就属于远程访问。而如何才能让外地员工访问内网资源呢？VPN 的解决方法是在内网中架设一台 VPN 服务器，VPN 服务器有两块网卡，一块连接着内网，另一块连接着公网。外地员工在当地连接上互联网后，通过互联网找到 VPN 服务器，然后利用 VPN 服务器作为跳板进入企业内网。为了保证数据的安全，VPN 服务器和客户机之间的通信数据都进行了加密处理。有了数据加密，可以认为数据是在一条专用的数据链路上进行安全传输的，就好像专门架设了一个专用网络。VPN 实质上就是利用加密技术在公网上封装出一条数据通信隧道。

12.4.2　实践总结

1. 错误一

(1) 错误描述：在客户端连接时出现错误 619，如图 12-17 所示。查看日志信息如下。

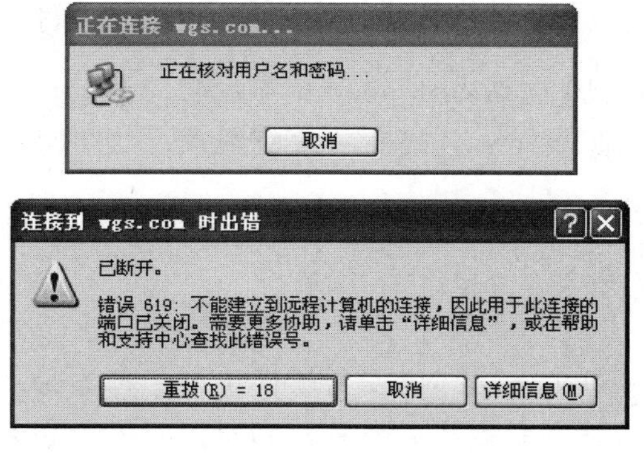

图 12-17　错误描述

```
Nov 25 22:49:38 vpnserver pptpd[2297]: CTRL: Client 10.2.65.10 control connection started
Nov 25 22:49:38 vpnserver pptpd[2297]: CTRL: Starting call (launching pppd, opening GRE)
Nov 25 22:49:38 vpnserver pppd[2298]: /usr/lib/pptpd/pptpd-logwtmp.so: cannot open shared
object file: No such file or directory
Nov 25 22:49:38 vpnserver pppd[2298]: Couldn't load plugin /usr/lib/pptpd/pptpd-logwtmp.so
Nov 25 22:49:38 vpnserver pptpd[2297]: GRE: read(fd=6,buffer=611640,len=8196) from PTY
failed: status=-1 error=Input/output error, usually caused by unexpected termination of
pppd, check option syntax and pppd logs
Nov 25 22:49:38 vpnserver pptpd[2297]: CTRL: PTY read or GRE write failed (pty,gre)=(6,7)
Nov 25 22:49:38 vpnserver pptpd[2297]: CTRL: Client 10.2.65.10 control connection finished
Nov 25 22:50:38 vpnserver systemd: Starting Cleanup of Temporary Directories...
Nov 25 22:50:38 vpnserver systemd: Started Cleanup of Temporary Directories.
Nov 25 22:50:39 vpnserver pptpd[2301]: CTRL: Client 10.2.65.10 control connection started
Nov 25 22:50:39 vpnserver pptpd[2301]: CTRL: Starting call (launching pppd, opening GRE)
Nov 25 22:50:39 vpnserver pppd[2302]: /usr/lib/pptpd/pptpd-logwtmp.so: cannot open shared
```

```
object file: No such file or directory
Nov 25 22:50:39 vpnserver pppd[2302]: Couldn't load plugin /usr/lib/pptpd/pptpd-logwtmp.so
Nov 25 22:50:39 vpnserver pptpd[2301]: GRE: read(fd=6,buffer=611640,len=8196) from PTY
failed: status=-1 error=Input/output error, usually caused by unexpected termination of
pppd, check option syntax and pppd logs
Nov 25 22:50:39 vpnserver pptpd[2301]: CTRL: PTY read or GRE write failed (pty,gre)=(6,7)
Nov 25 22:50:39 vpnserver pptpd[2301]: CTRL: Client 10.2.65.10 control connection finished
```

（2）出现原因：打开的 logwmpt 功能与 PPP 冲突而引起 VPN 拨号失败。

（3）解决方法：在/etc/pptpd.conf 文件中将 logwmpt 关闭。

```
[root@vpnserver ~]#vi /etc/pptpd.conf
...
#logwtmp
...
```

2. 错误二

（1）错误描述：在对 pptpd 下载的源码包进行源码安装时，需要对源码进行编译和执行，会出现以下错误。

```
pptpd-logwtmp.c:15:23: fatal error: pppd/pppd.h: No such file or directory
#include <pppd/pppd.h>
compilation terminated.
```

（2）出现原因：PPP 软件包版本和 pppd.h 不匹配。

（3）解决方法：因为使用 rpm 方式安装比较烦琐，因此使用 yum 方式自动安装 ppp-devel。

```
[root@vpnserver ~]#yum install ppp-devel
```

3. 错误三

（1）错误描述。yum 是 Linux 环境安装软件包的一种方式。yum 仓库用来存放所有现有的 rpm 包，当使用 yum 方式安装一个 rpm 包时需要依赖关系，会自动在仓库中查找依赖软件并安装。yum 仓库可以是本地的，也可以是 HTTP、FTP、nfs 形式的网络仓库。为了顺利安装 ppp-devel、gcc 等软件，会有特别多的依赖关系，本项目使用 yum 方式安装各种软件，在安装过程中会出现没有注册的错误提示，导致安装失败。

（2）出现原因：Red Hat 系统是一款收费系统，其仅安装免费，但使用 yum 方式安装软件时会提示需要注册。

（3）解决方法：通过切换 yum 源为 Centos 源实现免费使用。

第一步，卸载原有 yum 源。

```
[root@vpnserver ~]#rpm -qa|grep yum |xargs -e -nodeps
```

第二步，根据 Red Hat 版本访问 http://mirrors.163.com/centos/7/os/x86_64/Packages/（网易源）下载对应 Centos 版本的 yum 源安装包，所需安装包如下，这些包都需要下载，先安装前面两个包。

```
python-chardet-2.2.1-3.el7.noarch.rpm
```

```
python-kitchen-1.1.1-5.el7.noarch.rpm
yum-3.4.3-167.el7.centos.noarch.rpm
yum-metadata-parser-1.1.4-10.el7.x86_64.rpm
yum-plugin-fastestmirror-1.1.31-53.el7.noarch.rpm
yum-updateonboot-1.1.31-53.el7.noarch.rpm
yum-utils-1.1.31-53.el7.noarch.rpm
```

第三步，下载完成后开始安装，复制到下载目录，执行以下命令，没有报错即表示安装成功。

```
[root@vpnserver pub]#rpm -ivh python-chardet-2.2.1-3.el7.noarch.rpm
[root@vpnserver pub]#rpm -ivh python-kitchen-1.1.1-5.el7.noarch.rpm
[root@vpnserver pub]#rpm -ivh yum-*.rpm
```

第四步，创建 yumexam.repo 文件。

```
[root@vpnserver yum.repos.d]#cp redhat.repo redhat.repo.bak
[root@vpnserver yum.repos.d]#vi yumexam.repo
[base]
name=CentOS-$releasever-Base
baseurl=http://mirrors.163.com/centos/7/os/$basearch/
gpgcheck=1
gpgkey=http://mirrors.163.com/centos/7/os/x86_64/RPM-GPG-KEY-CentOS-7
#released updates
[updates]
name=CentOS-$releasever-Updates
baseurl=http://mirrors.163.com/centos/7/updates/$basearch/
gpgcheck=1
gpgkey=http://mirrors.163.com/centos/7/os/x86_64/RPM-GPG-KEY-CentOS-7
[extras]
name=CentOS-$releasever-Extras
baseurl=http://mirrors.163.com/centos/7/extras//$basearch/
gpgcheck=1
gpgkey=http://mirrors.163.com/centos/7/os/x86_64/RPM-GPG-KEY-CentOS-7
[centosplus]
name=CentOS-$releasever-Plus
baseurl=http://mirrors.163.com/centos/7/centosplus//$basearch/
gpgcheck=1
```

第五步，查看新的安装源。使用 yum install named 安装文件时仍然出现如下提示。

```
[root@vpnserver yum.repos.d]#yum install named
This system is not registered with an entitlement server.You can use subscription-manager to register.
```

在替换自带的 repo 源时，发现无论是将 redhat.repo 重命名还是删除，在执行 yum 命令后总是自动又生成了 redhat.repo，导致替换的 yumexam.repo 一直无法使用。经过查找，发现是 Red Hat 自带的插件 subscription-manager 导致的，而这个插件的作用是 Red Hat Subscription Manager 订阅管理器，让用户一直 register，需要找到 subscription-manage 的配置文件/etc/yum/pluginconf.d/subscription-manager.conf 并进行修改。

```
[root@vpnserver pluginconf.d]#vi subscription-manager.conf
```

```
[main]
enabled=0 #将其禁用
...
```

第六步,查看新的安装源,成功安装软件。

12.5 课后习题

一、选择题

1. 下列不属于 VPN 的优点的是(　　)。

A. 成本低,安全高　　B. 可扩充性和灵活性

C. 利用率高　　D. 稳定,效率高

2. 下列关于 L2TP 的说法正确的是(　　)。

A. L2TP 可以保证用户的合法性

B. L2TP 可以保证数据的安全性

C. L2TP 可以保证 QoS

D. L2TP 可以保证网络的可靠性

3. 搭建 VPN 服务器需要两块网卡的目的是(　　)。

A. 提高安全性和性能

B. 方便客户机访问内网资源

C. 通过连接的外网网卡找到企业内网

D. 保证数据的完整性

二、填空题

1. VPN 是________的缩写。

2. VPN 的优点包括________、________、________、________。

3. VPN 使用的隧道协议有________和________。

三、项目实训题

题目:PPTPD VPN 服务器的安装与配置。

内容与要求:

(1) 给服务器安装 VPN;

(2) 某公司在北京发展,现有员工差到广州,要求在外地的员工能访问公司内部资源且保证客户端访问的通信数据是安全传输的。

项目 13　证书服务器

【学习目标】

本项目将系统介绍证书服务器的理论知识，证书服务器的安装，网站证书的申请，如何搭建一个安全的 Web 站点以及在客户端如何使用证书安全地访问网站。

通过本章的学习，读者应该完成以下目标：

- 理解证书服务器的理论知识；
- 掌握证书服务器的安装和证书申请；
- 掌握搭建一个安全的 Web 站点的方法；
- 掌握通过客户端使用证书访问安全网站的方法。

13.1　项目背景

五桂山公司计划为公司重新搭建对外宣传以及对内服务的网站服务。公司计划设计公司官网、营销部和人事部三个网站。官网（www.wgs.com）用来对外宣传，可以公开，不需要提供任何证书；营销部（yxb.wgs.com）由于需要记录员工的销售业绩，安全要求较高，故该部门需要向 CA 下载安全证书才能访问。网络拓扑如图 13-1 所示，IP 地址分配如表 13-1 所示。

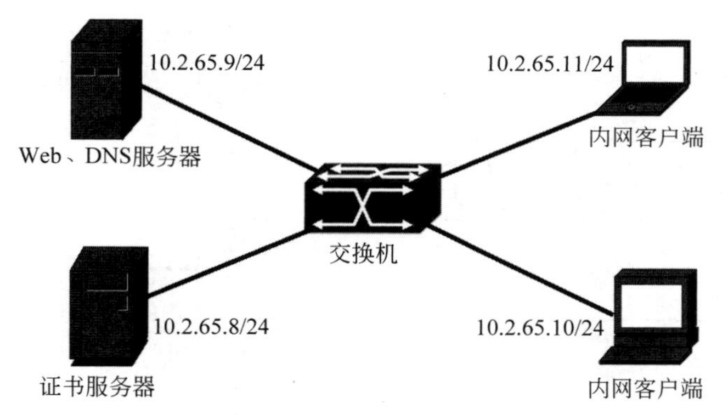

图 13-1　网络拓扑图

表 13-1　IP 地址分配

序号	服务名称	IP 地址	操作系统
1	证书服务器、DNS 服务器	10.2.65.8/24	Linux
2	Web 服务器	10.2.65.9/24	Linux
3	客户机	10.2.65.10/24	Windows

13.2 知识引入

随着网络的发展，越来越多的业务都逐渐向网络迁移，但是随之而来的安全问题也越来越多。除了在通信中采用更强的加密算法等措施以外，还需要建立一种信任及信任验证机制，即通信双方必须有一个可以被验证的标识，这就是数字证书。使用数字证书可以实现用户的身份认证、数据加密等功能，能有效防止中间人攻击。

所谓中间人攻击，就是指攻击者站在通信双方的中间，对于客户端，它充当着服务器的角色，对于服务器端，它又充当着客户端的角色，简单地说，它就是两边欺骗。当我们向服务器发起通信请求时，中间人会截获发向服务器端的报文，从而进行修改，然后把修改后的报文发送给服务端，服务端收到中间人篡改的数据报文后进行响应，把响应报文发送给中间人，然后中间人再发给客户端，这个过程就是中间人攻击。这样一来，客户端和服务端双方的通信就是不安全的。如图 13-2 所示，通信双方交换密钥，直接交换会存在中间人攻击，这是因为我们不能确定远端服务器的真伪和客户端的真伪。为了解决这一问题，由此衍生出数字证书。

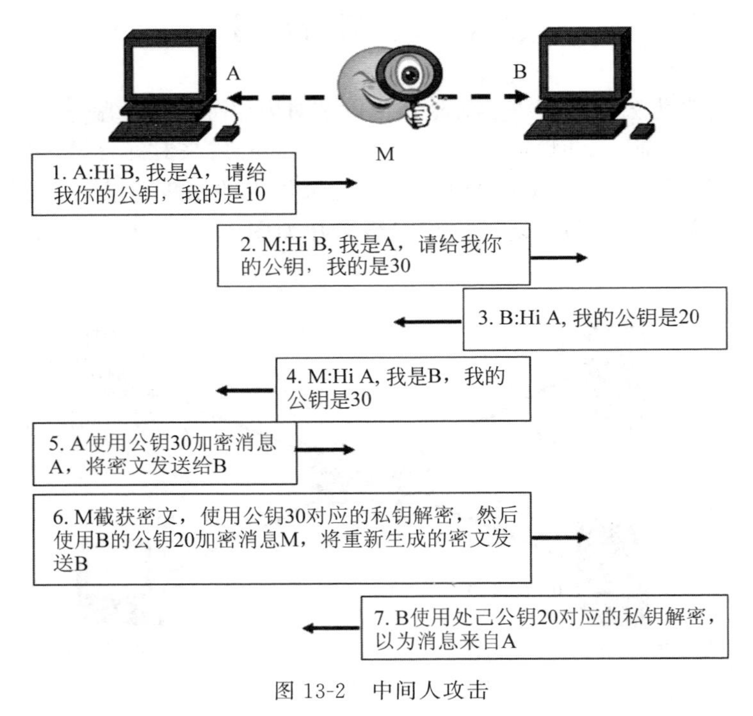

图 13-2 中间人攻击

数字证书是由一个权威的证书颁发机构(Certificate Authority，CA)所颁发的，而 CA 是公钥基础设施(Public Key Infrastructure，PKI)的核心和信任基础。因此，在学习如何部署证书服务之前，我们需要理解 PKI、CA、证书这三个重要的知识。

13.2.1 PKI

PKI 即公钥基础设施，是一种遵循既定标准的密钥管理平台，它为网络上的信息传输提供加密和验证功能，同时还可以确定信息的完整性，即传输内容未被他人非法篡改。

在计算机网络中，安全体系可分为 PKI 安全体系和非 PKI 安全体系两大类。以前，非 PKI 安全体系的应用最为广泛，例如用户经常使用的“用户＋密码”的形式就属于非 PKI 安全体系。但在近几年，由于非 PKI 安全体系的安全性较弱，PKI 安全体系得到了越来越广泛的关注和应用。

PKI 是利用公钥技术建立的提供安全服务的基础设施，是信息安全技术的核心。PKI 包括加密、数字签名、数据完整性机制、数字信封和双重数字签名等基础技术。

PKI 中最基本的元素是数字证书，所有的安全操作都是通过数字证书实现的。完整的 PKI 系统必须具有证书颁发机构(CA)、数字证书库、密钥备份及恢复系统、证书作废系统和应用接口(API)等基本构成部分。

PKI 提供信息的加密和身份验证功能，所以在此项目中需要公开密钥和私有密钥的支持，其中：

(1) 公开密钥(Public Key)简称公钥，也称公共密钥。在安全体系中，公开密钥不进行保密，对外公开。

(2) 私有密钥(Private Key)简称私钥，属于用户个人拥有，它存在于计算机或其他介质中，只能用户本人使用，私有密钥不能对外公开，需要妥善、安全地保存和管理。

(3) 公开密钥加密法。公开密钥加密法使用一对对应的公开密钥和私有密钥进行加密和解密。其中，公开密钥用来进行数据信息的加密，私有密钥用来进行加密数据信息的解密，这种方法也称“非对称加密法”。还有另一种加密法，称为“对称加密法”，该方法使用同一个密钥进行加密和解密。过程如图 13-3 所示。

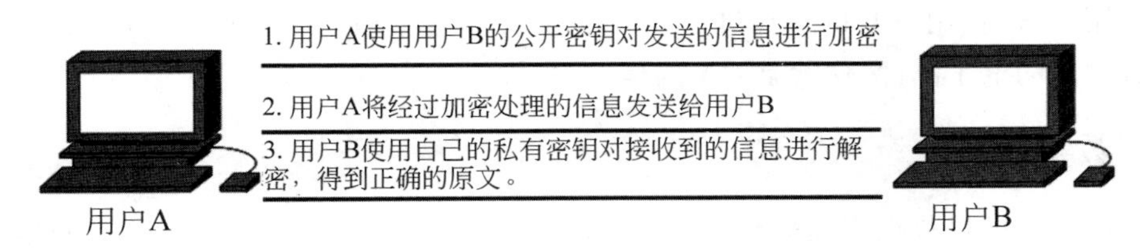

图 13-3　使用公开密钥加密法传输信息的过程

(4) 公开密钥验证法。用户可以利用密钥对要发送的数据信息进行数字签名，当另一个用户接收到此信息后，可以通过数字签名确认此信息是否为真正的发送方所发来的，同时还可以确认信息的完整性。从本质来看，数字签名就是加密的过程，查阅数字签名就是解密的过程，如图 13-4 所示。

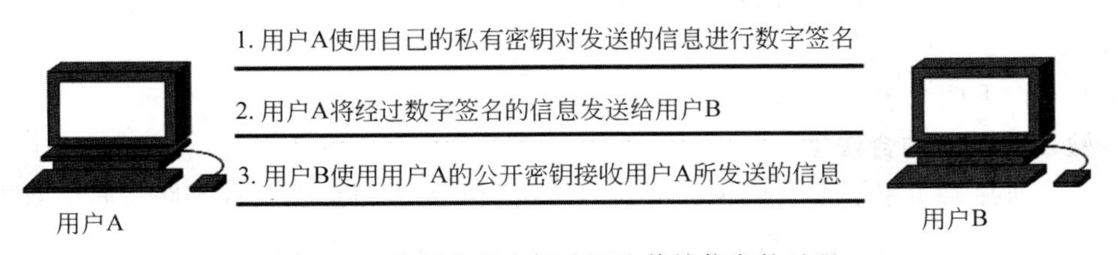

图 13-4　使用公开密钥验证法传输信息的过程

13.2.2 CA

在加密过程中，仅仅拥有密钥是不够的，还需要拥有数字证书，数字证书是某些数据标识，所以密钥和数字证书是构成加密和解密过程的两个不可或缺的元素。为了方便数字证书的管理，存在一些专门的数字证书颁发管理机构，负责颁发和管理数字证书，这些机构就是证书颁发机构，即 CA。

在安全系统的基础下，CA 分为根 CA(Root CA)和从属 CA(Subordinate CA)。根 CA 是安全系统的最上层，既可以提供发放电子邮件的安全证书或网站 SSL(加密套接字协议)安全传输等证书服务，也可以发放证书给其他 CA(从属 CA)。从属 CA 同样可以提供发放电子邮件的安全证书或网站 SSL 安全传输等证书服务，也可以向下一层的从属 CA 提供证书，但是在此基础上，从属 CA 必须从其父 CA(根 CA 或者从属 CA)取得证书后才可以发放证书。CA 层次结构如图 13-5 所示。

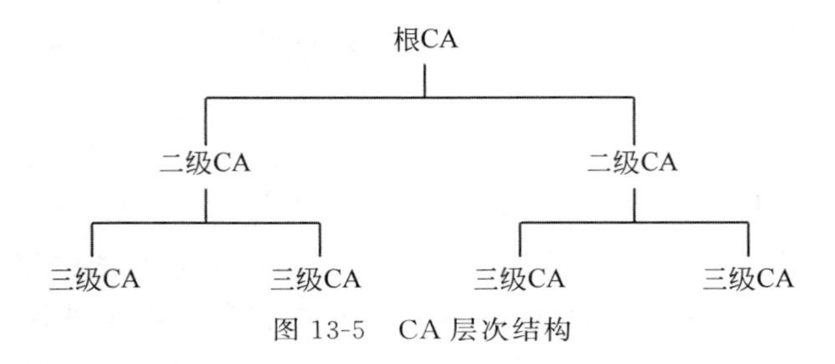

图 13-5　CA 层次结构

在 PKI 安全体系下，当用户 A 使用某 CA 颁发的数字证书发送一份带有数字签名的电子邮件给用户 B 时，用户 B 的计算机必须信任该 CA 颁发的证书，否则计算机会认为该电子邮件是有问题的电子邮件，这就是 CA 的信任关系。

13.2.3 数字证书

数字证书是由权威机构证书授权中心发行的，类似于现实生活中的个人身份证，是一种能在 Internet 上进行身份验证的权威性电子文档，人们可以在互联网中用它证明自己的身份和识别对方的身份。数字证书包括的内容有证书所有人的姓名、证书所有人的公钥、证书颁发机构的名称、证书颁发机构的数字签名、证书序列号、证书有效期等信息，简称网络中的“居民身份证”。数字证书的格式遵循 X.509 标准，X.509 是由国际电信联盟(ITU-T)制定的数字证书标准。X.509 共有 3 种版本，目前使用 X.509 Version3。要想查找一个受信任的证书，可以单击浏览器的“Internet 选项”对话框中“内容”选项卡下面的“证书”按钮进行查看，如图 13-6 所示。

证书有以下两个重要作用。

1. 验证服务器的合法性

证书里面存放了申请证书机构服务器的公钥和 CA 的信息以及有效期。通信双方在建立加密通信时，需要验证证书的合法性，从而实现验证身份的目的。通常情况下要想验证证书的合法性就需要证书颁发机构的公钥对证书进行解密，因为证书在颁发时，里面的公钥是通过颁发机构的私钥对其进行加密的。只要能够用颁发机构的公钥解密证书，就说明这个

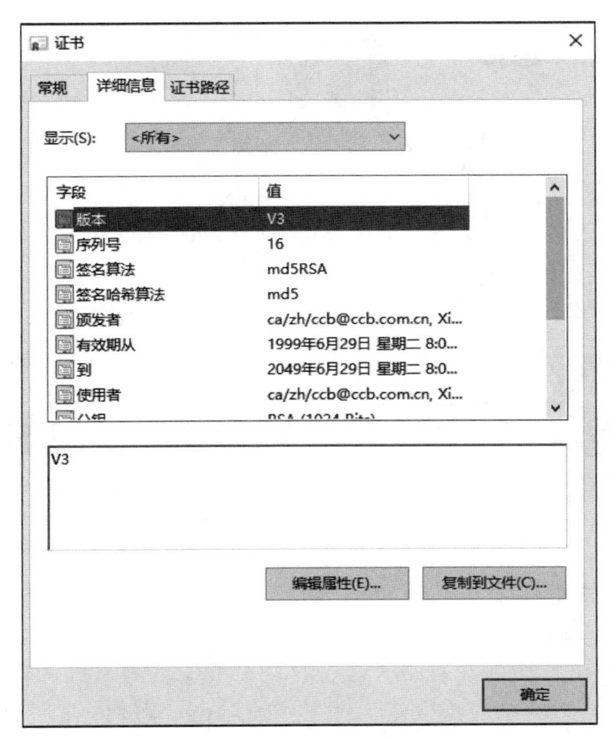

图 13-6　查看证书样式

证书是合法的。

2. 传输服务端的公钥，加密通信数据

通信双方要想进行加密通信也要通过证书获取密钥。客户端向服务端发起通信请求，服务端发送证书给客户端，客户端拿到证书进行解密，如果能够用信任 CA 机构的公钥解密，则说明服务器发送过来的证书没有问题，然后把服务端公钥保存起来。客户端有了服务端的公钥后，就可以向服务端发送用服务端的公钥加密的数据了，但是服务端没有客户端的公钥，它不能够用自己的私钥加密数据并发送给客户端，因为它的公钥是公开的，不仅客户端上有服务端的公钥，中间人也有。所以为了确保数据的安全，客户端需要随机生成一个密码，然后通过服务器的公钥把随机生成的密码加密后发送给服务端，服务端收到客户端发来的加密数据后，用自己的私钥解密，从而拿到客户端发来的随机密码；有了这个随机密码后，服务端就可以拿这个随机密码对称加密数据，然后发送给客户端。客户端收到服务端发送过来的加密报文后，用刚才发送给服务端的随机密码进行解密，从而得到真正的数据。后续双方就是通过这个随机密码加密和解密传输数据的。这里还需要说明的是，这个随机密码不是一直不变的，每隔一段时间，客户端和服务端就会协商，重复上述过程，生成新的随机密码进行加密和解密通信，如图 13-7 所示。

13.2.4　OpenSSL

自 1995 年开始，由 Eric A.Young 和 Tim J.Hudson 编写的后来产生巨大影响的 OpenSSL 是一个没有太多限制的开放源码的软件包。Eric A. Young 和 Tim J. Hudson 是加拿大人，

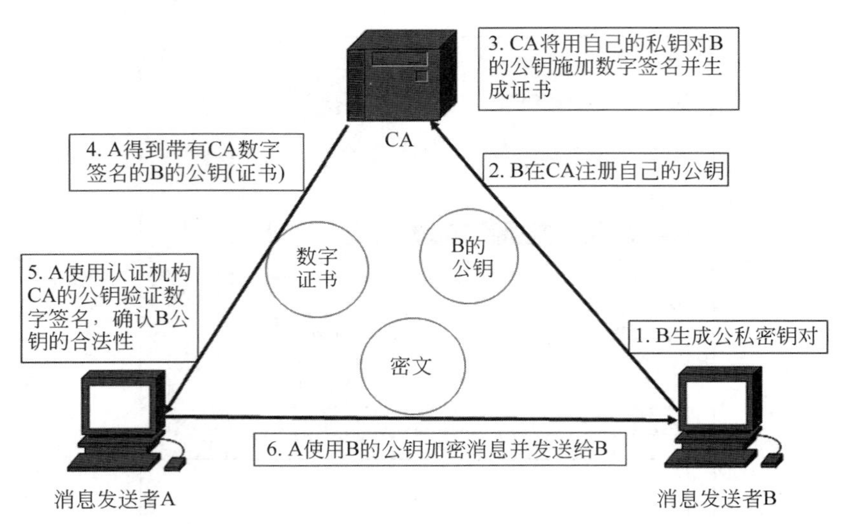

图 13-7　证书加密机制

1998 年，OpenSSL 项目组接管了 OpenSSL 的开发工作，并推出了 OpenSSL 的 0.9.1 版。到目前为止，OpenSSL 算法已经非常完善，对 SSL 2.0、SSL 3.0 以及 TLS 1.0 都支持。

OpenSSL 采用 C 语言作为开发语言，这使得 OpenSSL 具有优秀的跨平台性能，可以在不同的平台使用同样熟悉的东西。OpenSSL 支持 Linux、Windows、BSD、Mac OS、VMS 等平台，这使得 OpenSSL 具有广泛的适用性。OpenSSL 软件包大概可以分成 3 个主要的功能部分：密码算法库、SSL 协议库以及应用程序。OpenSSL 的目录结构自然也是围绕这三个功能部分进行规划的。作为一个基于密码学的安全开发包，OpenSSL 提供的功能相当强大和全面，包括主要的密码算法、常用的密钥、证书封装管理功能以及 SSL 协议，并提供了丰富的应用程序供测试或其他目的使用。

1. OpenSSL 的功能

(1) 对称加密算法。OpenSSL 提供了 8 种对称加密算法，其中 7 种是分组加密算法，仅有的一种流加密算法是 RC4。7 种分组加密算法分别是 AES、DES、Blowfish、CAST、IDEA、RC2、RC5，都支持电子密码本模式(ECB)、加密分组链接模式(CBC)、加密反馈模式(CFB)和输出反馈模式(OFB)这四种常用的分组密码加密模式。其中，AES 使用的加密反馈模式(CFB)和输出反馈模式(OFB)的分组长度是 128 位，其他算法使用的则是 64 位。事实上，DES 算法不仅支持常用的 DES 算法，还支持 3 个密钥和 2 个密钥的 3DES 算法。

(2) 非对称加密算法。OpenSSL 提供了 4 种非对称加密算法，包括 DH 算法、RSA 算法、DSA 算法和椭圆曲线算法(EC)。DH 算法用于一般用户密钥交换。RSA 算法既可以用于密钥交换，也可以将其用于数字签名，当然，如果你能够忍受其缓慢的速度，那么也可以用于数据加密。DSA 算法则一般只用于数字签名。

(3) 信息摘要算法。OpenSSL 提供了 5 种信息摘要算法，分别是 MD2、MD5、MDC2、SHA(SHA1) 和 RIPEMD。SHA 算法事实上包括 SHA 和 SHA 这两种信息摘要算法。此外，OpenSSL 还实现了 DSS 标准中规定的两种信息摘要算法 DSS 和 DSS1。

(4) 密钥和证书管理。密钥和证书管理是 PKI 的一个重要组成部分，OpenSSL 为之提供了丰富的功能，支持多种标准。首先，OpenSSL 实现了 ASN.1 的证书和密钥相关标准，提供了对证书、公钥、私钥、证书请求以及 CRL 等数据对象的 DER、PEM 和 BASE64 的编解码功能。OpenSSL 提供了产生各种公开密钥对和对称密钥的方法、函数和应用程序，同时提供了对公钥和私钥的 DER 编解码功能，并实现了私钥的 PKCS#12 和 PKCS#8 的编解码功能。OpenSSL 在标准中提供了对私钥的加密保护功能，使得密钥可以安全地进行存储和分发。在此基础上，OpenSSL 实现了对证书的 X.509 标准编解码、PKCS#12 格式的编解码以及 PKCS#7 的编解码功能，并提供了一种文本数据库以支持证书的管理功能，包括证书密钥产生，请求产生，证书签发、吊销和验证等功能。OpenSSL 提供的 CA 应用程序就是一个小型的证书管理中心，实现了证书签发的整个流程和证书管理的大部分机制。

(5) SSL 和 TLS 协议。OpenSSL 实现了 SSL 协议的 SSLv2 和 SSLv3，支持其中绝大部分的算法协议。OpenSSL 也实现了 TLSv1.0，TLS 是 SSLv3 的标准化版本，虽然区别不大，但有很多细节不尽相同。OpenSSL 中实现的 SSL 协议能够让我们对 SSL 协议有更加清楚的认识：一是 OpenSSL 实现的 SSL 协议是开放源码的，我们可以追究 SSL 协议实现的每一个细节；二是 OpenSSL 实现的 SSL 协议是纯粹的 SSL 协议，没有和其他协议（如 HTTP）结合在一起，澄清了 SSL 协议的本来面目。

(6) 应用程序。OpenSSL 的应用程序已经成为 OpenSSL 的一个重要组成部分，在 OpenSSL 的应用中，很多都是基于 OpenSSL 的应用程序，而不是基于 API 的，如 OpenCA 就是完全使用 OpenSSL 的应用程序实现的。OpenSSL 的应用程序是基于 OpenSSL 的密码算法库和 SSL 协议库写成的，所以也是一些非常好的 OpenSSL 的 API 使用范例。读懂所有这些范例后，你对 OpenSSL 的 API 使用的了解就会比较全面了，当然，这也是一项锻炼意志力的工作。OpenSSL 的应用程序提供了相对全面的功能，在相当多的人看来，OpenSSL 已经为自己做好了一切，不需要再做更多的开发工作了，所以他们也把这些应用程序称为 OpenSSL 的指令。OpenSSL 的应用程序主要包括密钥生成、证书管理、格式转换、数据加密和签名、SSL 测试以及其他辅助配置功能。

(7) Engine 机制。Engine 机制出现在 OpenSSL 0.9.6 版，开始的时候是将普通版本与支持 Engine 的版本分开，到了 OpenSSL 0.9.7 版，Engine 机制集成到 OpenSSL 的内核中，成为了 OpenSSL 不可缺少的一部分。Engine 机制的目的是使 OpenSSL 能够透明地使用第三方提供的软件加密库或者硬件加密设备进行加密。OpenSSL 的 Engine 机制成功地达到了这个目的，这使得 OpenSSL 已经不仅仅是一个加密库，而是提供了一个通用的加密接口，能够与绝大部分的加密库或者加密设备协调工作。当然，要想使特定的加密库或加密设备与 OpenSSL 协调工作，还需要编写少量的接口代码，但是这样的工作量并不大，只是需要一些密码学的知识。Engine 机制的功能与 Windows 提供的 CSP 功能基本相同。目前，OpenSSL 0.9.7 版支持的内嵌第三方加密设备有 8 种，包括 CryptoSwift、nCipher、Atalla、Nuron、UBSEC、Aep、SureWare 以及 IBM 4758 CCA 的硬件加密设备。现在还出现了支持 PKCS#11 接口的 Engine 接口，支持微软 CryptoAPI 的接口也有人正在进行开发。当然，所有上述 Engine 接口的支持不一定很全面，比如可能仅支持其中一两种公开密钥算法。

(8) 辅助功能。BIO 机制是 OpenSSL 提供的一种高层 I/O 接口，该接口封装了几乎所有类型的 I/O 接口，如内存访问、文件访问以及 Socket 等，这使得代码的重用性大幅提高，OpenSSL 提供 API 的复杂性也降低了很多。OpenSSL 对于随机数的生成和管理也提供了一整套解决方法和支持 API 的函数，随机数的好坏是决定一个密钥是否安全的重要前提。

OpenSSL 还提供了其他一些辅助功能，如从口令生成密钥的 API、证书签发和管理中的配置文件机制等。

2. 和本项目有关的命令使用方法

(1) 生成私钥

openssl genrsa 的使用方法如下。

```
openssl genrsa [-out filename][-passout arg][-des][-des3][-idea][-f4][-3][-rand file(s)]
[-engine id][numbits]
```

常用选项有：

-out filename：将生成的私钥保存至指定的文件中。

numbits：指定生成私钥的大小，默认是 204。

使用实例：

```
openssl genrsa -out /etc/httpd/certs/httpd.key 2048
```

(2) 生成自签名证书及证书申请文件

openssl genrsa 的使用方法如下。

```
openssl req [-inform PEM|DER][-outform PEM|DER][-in filename][-passin arg] [-out filename]
[-passout arg][-text][-pubkey][-noout][-verify][-modulus] [-new][-rand file(s)][-newkey
arg][-nodes][-key filename][-keyform PEM|DER][-keyout filename][-keygen_engine id]
[-[digest]][-config filename] [-multivalue-rdn][-x509][-days n][-set_serial n][-asn1
-kludge][-no-asn1-kludge][-newhdr][-extensions section][-reqexts section][-utf8]
[-nameopt] [-reqopt][-subject][-subj arg][-batch][-verbose][-engine id]
```

常用命令选项：

-new：说明生成证书请求文件。

-x509：说明生成自签名证书。

-key：指定已有的密钥文件生成密钥请求，只与生成证书请求选项-new 配合。

-out：指定生成的证书请求或者自签名证书名称。

-days：设置证书有效期。

使用实例：

```
openssl req -new -x509 -key /etc/pki/CA/private/cakey.pem -out
/etc/pki/CA/cacert.pem -days 3650                    //生成自签名证书
openssl req -new -key httpd.key -out httpd.csr       //生成证书申请文件
```

(3) 颁发证书

```
openssl ca [-verbose][-config filename][-name section][-gencrl][-revoke file][-crl_reason
reason][-crl_hold instruction][-crl_compromise time][-crl_CA_compromise time ][-subj
subj][-crldays days][-crlhours hours][-crlexts section][-startdate date][-enddate date]
[-days arg][-md arg][-policy arg][-keyfile arg][-keyform arg][-key arg][-passin arg] [-cert
file][-selfsign][-in file][-out file][-notext][-outdir dir][-infiles][-spkac file][-ss_
cert file] [-preserveDN][-batch][-msie_hack][-extensions section][-utf8][-create_serial]
[-multivalue-rdn][-sigopt][-noemailDN][ -crlsec][-extfile file][-updatedb][ -engine id]
```

常用的命令选项：

-in file：输入的文件，被用于 CA 中心签名的证书请求文件路径。
-out file：签名后的证书文件名，不设置则是默认输出；证书的细节也会写入。
-outdir dir：设置证书的输出路径。写出的证书名就是该证书的系列号，后缀是 pem。
-cert file：指定 CA 文件。
-revoke file：要撤销证书，file 文件中包含证书。
-gencrl：根据信息的索引文件生成 CRL 文件。
使用实例：

```
openssl ca -in certs/httpd.csr -out certs/httpd.crt   //给客户机颁发证书
openssl ca -gencrl -out /etc/pki/CA/crl.pem          //生成证书吊销列表
```

(4) 获取证书的信息

```
openssl x509 [-inform DER|PEM|NET][-outform DER|PEM|NET][-keyform DER|PEM][-CAform DER|
PEM] [-CAkeyform DER|PEM][-in filename][-out filename] [-serial] [-hash][-subject][-
issuer][-nameopt option][-email][-startdate][-enddate][-purpose][-dates][-modulus][-
fingerprint][-alias][-noout][-trustout][-clrtrust][-clrreject][-addtrust arg][-addreject
arg][-setalias arg][-days arg][-signkey filename][-x509toreq][-req][-CA filename][-CAkey
filename] [-CAcreateserial][-CAserial filename][-text][-C][-md2|-md5|-sha1|-mdc2][-
clrext][-extfile filename][-extensions section]
```

常用的命令选项：
-in filename：指定输入文件名。
-out filename：指定输出文件名。
-noout：不打印请求的编码版本信息。
-serial：打印证书的系列号。
-subject：打印证书拥有者的名字。
使用实例：

```
openssl x509 -in httpd.crt -noout -serial -subject
openssl ca -in certs/httpd.csr -out certs/httpd.crt     //给客户机颁发证书
```

(5) 查看证书吊销列表文件

```
openssl  crl [-inform PEM|DER][-outform PEM|DER][-text][-in filename]
[-out filename][-hash][-fingerprint][-issuer ][-lastupdate ][-nextupdate ] [-crlnumber]
[-noout ][-CAfile file ][-CApath dir ][-nameopt arg][-verify]
```

常用的命令选项：
-text：以文本格式打印 CRL 信息值。
-in filename：指定的输入文件名。默认为标准输入。
-out filename：指定的输出文件名。默认为标准输出。
-crlnumber：打印 CRL 中证书吊销的数量。
-noout：不打印 CRL 文件内容。
使用实例：

```
openssl ca -in certs/httpd.csr -out certs/httpd.crt     //给客户机颁发证书
```

13.3 项目过程

13.3.1 任务1 证书服务器的安装

1. 任务分析

SSL所使用的证书既可以自己生成,也可以通过一个商业性CA(如Verisign或Thawte)签署证书。五桂山公司计划在原企业内网的基础上配置一台新的Linux 7.4服务器(IP:10.2.65.8/24)作为证书服务器,并在此服务器上安装证书服务功能以满足该需求。

2. 任务实施过程

(1) 通常情况下,OpenSSL是系统默认安装的,安装前应先查询是否安装。

```
[root@cadnswgs /]#rpm -qa|grep openssl
openssl-libs-1.0.2k-8.el7.x86_64
xmlsec1-openssl-1.2.20-5.el7.x86_64
openssl-1.0.2k-8.el7.x86_64
```

(2) 如果没有默认安装,则先查询和OpenSSL相关的软件包。

```
[root@cadnswgs Packages]#find openssl*
openssl098e-0.9.8e-29.el7_2.3.i686.rpm
openssl098e-0.9.8e-29.el7_2.3.x86_64.rpm
openssl-1.0.2k-8.el7.x86_64.rpm
openssl-devel-1.0.2k-8.el7.i686.rpm
openssl-devel-1.0.2k-8.el7.x86_64.rpm
openssl-libs-1.0.2k-8.el7.i686.rpm
openssl-libs-1.0.2k-8.el7.x86_64.rpm
```

(3) 可以使用rpm或者yum方式进行安装,这里使用yum安装方法进行安装,新建配置源。

```
[root@cadnswgs yum.repos.d]#cat ca.repo
[caserver]
name=caserver
baseurl=file:///mnt
enable=1
gpgcheck=0
[root@cadnswgs yum.repos.d]#yum install -y openssl
```

13.3.2 任务2 证书服务器自身根证书申请

1. 任务分析

CA的作用是颁发证书,它是一个证书的授权中心,其本身的权威性也需要用电子证书证明。所以在此任务中,我们将进行CA服务器的配置,先申请制作自身的电子证书,用来将客户端添加到信任机构。

2. 任务实施过程

(1) 安装后,进入/etc/pki/tls/openssl.cnf了解证书的系统文件内容,在进行配置之前对配置文件进行备份,以防后续配置出错。

```
[root@cadnswgs tls]#cp openssl.cnf  openssl.cnf.bak
```

(2) 配置文件内容较多,重点找到 CA_default 节点的参数进行修改,文件中有原始配置的英文注释,节点中的配置参数几乎不需要修改,但是需要理解其中的含义和作用,因为后续的配置需要对照以上参数进行,如创建私钥和证书文件等,下面列出了一些重要的参数中文注释,以便读者记忆和理解。

```
[ CA_default ]
dir             =/etc/pki/CA                #指定 CA 的默认目录位置
certs           =$ dir/certs                #指定存放已经生成证书的默认目录
crl_dir         =$ dir/crl                  #指定存放证书撤销列表的默认目录
database        =$ dir/index.txt            #保存已经签发证书的文本数据库文件
new_certs_dir   =$ dir/newcerts             #存放新签发证书的默认目录
certificate     =$ dir/cacert.pem           #存放 CA 自身根证书的文件名
serial          =$ dir/serial               #签发证书时使用的序列号文本文件
private_key     =$ dir/private/cakey.pem    #存放 CA 自身私钥的文件名
```

(3) 在文件中找到 policy_match 节点的配置内容如下,将前 3 行内容中的参数由 match 改为 optional,方便后续客户机获取证书,否则只有和 CA 在同一个国家或地区、省份或组织的客户机才能获得证书。

将

```
[ policy_match ]
countryName             =match
stateOrProvinceName     =match
organizationName        =match
organizationalUnitName  =optional
commonName              =supplied
emailAddress            =optional
```

改为

```
[ policy_match ]
countryName             =optional
stateOrProvinceName     =optional
organizationName        =optional
organizationalUnitName  =optional
commonName              =supplied
emailAddress            =optional
```

(4) 在配置文件中找出 req_distinguished_name 节点的配置内容,原始配置如下。

```
[ req_distinguished_name ]
countryName                     =Country Name (2 letter code)
countryName_default             =XX
countryName_min                 =2
countryName_max                 =2
stateOrProvinceName             =State or Province Name (full name)
#stateOrProvinceName_default    =Default Province
localityName                    =Locality Name (eg, city)
localityName_default            =Default City
0.organizationName              =Organization Name (eg, company)
0.organizationName_default      =Default Company Ltd
```

```
#we can do this but it is not needed normally :-)
#1.organizationName              =Second Organization Name (eg, company)
#1.organizationName_default      =World Wide Web Pty Ltd
...
```

将国家和地区、省份、城市、公司名称设置为CN、GD、ZS、WGS,对应内容如下。

```
[ req_distinguished_name ]
countryName                      =Country Name (2 letter code)
countryName_default              =CN
countryName_min                  =2
countryName_max                  =2
stateOrProvinceName              =State or Province Name (full name)
stateOrProvinceName_default      =GD
localityName                     =Locality Name (eg, city)
localityName_default             =ZS
0.organizationName               =Organization Name (eg, company)
0.organizationName_default       =WGS
...
```

(5) 创建签发证书的文本数据库和序列号文件。/etc/pki/CA目录下包含以下文件,其中,certs用来指定已经生成的证书的默认目录;crl用来指定存放证书撤销列表的默认目录;newcerts用来存放新签发证书的默认目录,证书名就是该证书的序列号,文件后缀为pem;private用来存放CA证书服务器自身的私钥和证书文件的目录。

```
[root@cadnswgs CA]#ll
总用量 0
drwxr-xr-x. 2 root root   6   5月   17 2017 certs
drwxr-xr-x. 2 root root   6   5月   17 2017 crl
drwxr-xr-x. 2 root root   6   5月   17 2017 newcerts
drwx------. 2 root root   6   5月   17 2017 private
```

按照配置文件中的要求,还需要在/etc/pki/CA目录下创建两个文件,一个是index.txt文件,用来保存已经签发证书的文本数据库文件;另一个是serial文件,用来存放签发证书时使用的序列号文件。这两个文件默认是没有的,需要自己创建。

```
[root@cadnswgs CA]#touch index.txt
[root@cadnswgs CA]#echo "01">serial
[root@cadnswgs CA]#ll
总用量 4
drwxr-xr-x. 2 root root     6   5月    17 2017 certs
drwxr-xr-x. 2 root root     6   5月    17 2017 crl
-rw-r--r--. 1 root root     0   11月   2 11:26 index.txt
drwxr-xr-x. 2 root root     6   5月    17 2017 newcerts
drwx------. 2 root root     6   5月    17 2017 private
-rw-r--r--. 1 root root     3   11月   2 11:27 serial
```

(6) 生成CA服务器的私钥和证书文件。在配置文件CA_default节点中private_key参数指定的文件中存放着CA自身的私钥,先利用openssl命令产生私钥,命令如下。

```
[root@cadnswgs CA]#openssl genrsa -out /etc/pki/CA/private/cakey.pem 2048
Generating RSA private key, 2048 bit long modulus
...+++
```

```
....+++
e is 65537 (0x10001)
[root@cadnswgs CA]#ll private/
总用量 4
-rw-r--r--. 1 root root 1675 11月  2 11:44 cakey.pem
```

(7) 为了创建的私钥的安全，建议把其权限修改为 600。当然，创建私钥时也可以用对称加密算法对其私钥进行加密，这样会更加安全。需要注意的是，加密后的私钥在要用的时候需要对其输入对称加密的口令。如果需要把私钥用对称加密算法进行加密，则需要指定其加密算法。生成的私钥名称必须与配置文件中的名称相同。

```
[root@cadnswgs CA]#ll private/cakey.pem
-rw-r--r--. 1 root root 1675   11月  2 11:44 private/cakey.pem
[root@cadnswgs CA]#chmod 600 private/cakey.pem
[root@cadnswgs CA]#ll private/cakey.pem
-rw-------. 1 root root 1675   11月  2 11:44 private/cakey.pem
```

(8) 查看私钥文件，内容如下。

```
[root@cadnswgs CA]#cat private/cakey.pem
-----BEGIN RSA PRIVATE KEY-----
MIIEowIBAAKCAQEApmfjx5PV+/BukgPgzhTYChyzhm4peuaKcBW9bghk5wRdVLmd
xapM6eK5A/SWle3TSmpq9iNz8YqOmi5FGYxhrXX4HyeLROZ6DUd1WDsGZN7PSR6Z
ejXNylRqlRAwDaDKL+rehQ68ncoU+5y6vZEW8JQ+0mKPdfghbkstijTKghmFxWFJ
LWnWPoXi9HJnBYQ8HoptmGGYAZVW4aEJrFwpXjz5rInG2FzbXs7VB9ykZjQNg3Ae
……
-----END RSA PRIVATE KEY-----
```

(9) 在证书服务器上使用 openssl 命令根据自己的私钥文件 cakey.pem 生成自己的证书文件 cacert.pem，在命令过程中需要输入国家和地区、省份、城市、公司名称等信息，其中，国家和地区、省份、城市、公司名称在 openssl.cnf 文件中已经进行了默认设置，只需要按 Enter 键即可，其他如部门名称、证书公用名称、邮件地址等信息没有默认设置，需要交互输入。

```
[root@cadnswgs CA]#openssl req -new -x509 -key /etc/pki/CA/private/cakey.pem -out /etc/
pki/CA/cacert.pem -days 3650
You are about to be asked to enter information that will be incorporated
into your certificate request.
What you are about to enter is what is called a Distinguished Name or a DN.
There are quite a few fields but you can leave some blank
For some fields there will be a default value,
If you enter '.', the field will be left blank.
-----
Country Name (2 letter code) [CN]:
State or Province Name (full name) [GD]:
Locality Name (eg, city) [ZS]:
Organization Name (eg, company) [WGS]:
Organizational Unit Name (eg, section) []:xsb
Common Name (eg, your name or your server's hostname) []:cadnswgs
Email Address []:cadnswgs@wgs.com
[root@cadnswgs CA]#ll
总用量 8
-rw-r--r--. 1 root root 1484   11月  2 14:53 cacert.pem   //生成的根证书
drwxr-xr-x. 2 root root      6   5月   17 2017 certs
drwxr-xr-x. 2 root root      6   5月   17 2017 crl
```

```
-rw-r--r--. 1 root root    0   11月  2 11:26 index.txt
drwxr-xr-x. 2 root root    6   5月   17 2017 newcerts
drwx------. 2 root root   23   11月  2 11:44 private
-rw-r--r--. 1 root root    3   11月  2 11:27 serial
```

(10) 证书中的信息是不可以使用 cat 命令查看的，看到的是十六进制的字符串。

```
[root@cadnswgs CA]#cat cacert.pem
-----BEGIN CERTIFICATE-----
MIIDyzCCArOgAwIBAgIJAKyaaoQdX+LOMA0GCSqGSIb3DQEBCwUAMHwxCzAJBgNV
BAYTAkNOMQswCQYDVQQIDAJHRDELMAkGA1UEBwwCWlMxDDAKBgNVBAoMA1dHUzER
MA8GA1UECwwIY2FzZXJ2ZXIxETAPBgNVBAMMCGNhc2VydmVyMR8wHQYJKoZIhvcN
AQkBFhBjYXNlcnZlckB3Z3MuY29tMB4XDTIwMTEwMjA3MzczNVoXDTMwMTAzMTA3
MzczNVowfDELMAkGA1UEBhMCQ04xCzAJBgNVBAgMAkdEMQswCQYDVQQHDAJaUzEM
……
-----END CERTIFICATE-----
```

(11) 使用 vsftp 服务把证书导出到 Windows 平台进行查看，导出到客户机后需要将证书的后缀 pem 改为 crt 才可以查看，如图 13-8 所示。

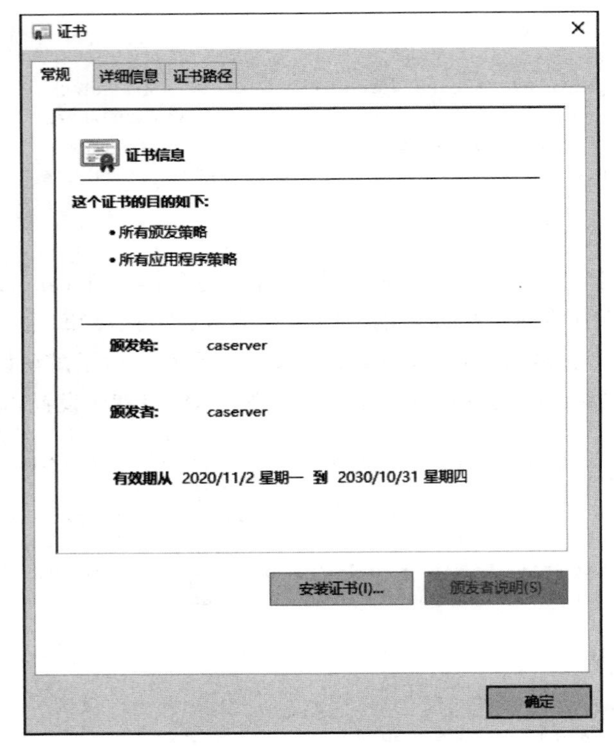

图 13-8　CA 自身的证书

13.3.3　任务 3　Web 服务器申请证书

1. 任务分析

实际上，当客户端访问网站时，客户端都能够鉴定该网站是否合法，即 Web 服务器需要向可信 CA 申请服务器证书并安装绑定到 Web 站点，客户端与该可信 CA 建立信任关系后，客户端与服务器之间才能建立信任的证书链关系，客户端将认为该 Web 站点是可信任的。由于 CA 证书服务器是根据 Web 服务器的证书请求文件颁发证书的，所以要先在 Web 服务器上产生自己的私钥文件，并根据私钥文件生成证书的请求文件。按照本项目的设计，证书服务器的地址为 10.2.65.8/24，Web 服务器的地址为 10.2.65.9/24。

2. 任务实施过程

(1) 在 Web 服务器上安装 OpenSSL，一般都默认已经安装。

```
[root@webwgs ~]#rpm -qa|grep openssl
xmlsec1-openssl-1.2.20-5.el7.x86_64
openssl-libs-1.0.2k-8.el7.x86_64
openssl098e-0.9.8e-29.el7_2.3.x86_64
openssl-1.0.2k-8.el7.x86_64
```

(2) 在 Web 服务已经配置的基础上，在/etc/httpd 目录下创建一个 certs 目录，用来存放服务器的私钥文件、证书请求文件以及证书文件；然后使用 openssl 命令生成 Web 服务器自己的私钥文件 httpd.key，该密钥为 2048 位，存放在 certs 目录下。

```
[root@webwgs ~]#cd /etc/httpd
[root@webwgs httpd]#mkdir certs
[root@webwgs httpd]#cd certs
[root@webwgs certs]#pwd
/etc/httpd/certs
[root@webwgs certs]#openssl genrsa -out /etc/httpd/certs/httpd.key 2048
Generating RSA private key, 2048 bit long modulus
.+++
..........................................+++
e is 65537 (0x10001)
[root@webwgs certs]#ll
总用量 4
-rw-r--r--. 1 root root 1679 11 月  3 11:48 httpd.key
```

(3) 查看私钥文件信息，是 2048 位的。

```
[root@webwgs certs]#cat httpd.key
-----BEGIN RSA PRIVATE KEY-----
MIIEpQIBAAKCAQEAwZk9Dk93KnHL4GAMR+5lDrVa6DNS8xUEwMzzlsL++ijgjrr0
zL8zOPHXjIXgV8w7J5l22NA5xenvSCtY7b9jbdFUdStfxNuzl/sMDLhxyYGK/LnC
ELnvBT6e2vN8NNJvx0xZ1COy7cZmZ9qYED+6ypWgLzmDobfIjzcYxWhlQblzvazl
WKVaTHltH+yZ0HVhT7w4cJMGE+39vIDG3QmuwELMOM79crxb9FNzW1v5eLjiPkg3
/G3cRe7n6PmuWHGkxP6hdoDQ09ABMhB4a5Ng+1t/Q+5E9ZvcLUG7+CvLuzS2mMDk
……
-----END RSA PRIVATE KEY-----
```

(4) 在 certs 目录下，使用 openssl 命令根据刚才生成的私钥 httpd.key 生成证书的请求文件。

```
[root@webwgs certs]#openssl req -new -key httpd.key -out httpd.csr
You are about to be asked to enter information that will be incorporated
into your certificate request.
What you are about to enter is what is called a Distinguished Name or a DN.
There are quite a few fields but you can leave some blank
For some fields there will be a default value,
```

```
If you enter '.', the field will be left blank.
-----
Country Name (2 letter code) [XX]:CN
State or Province Name (full name) []:GD
Locality Name (eg, city) [Default City]:ZS
Organization Name (eg, company) [Default Company Ltd]:WGS
Organizational Unit Name (eg, section) []:yxb
Common Name (eg, your name or your server's hostname) []:yxb.wgs.com
Email Address []:yxb@wgs.com
Please enter the following 'extra' attributes
to be sent with your certificate request
A challenge password []:          //直接按 Enter 键
An optional company name []:      //直接按 Enter 键
```

(5) 把生成的证书申请文件 httpd.csr 通过 scp 命令发给 CA 服务器。

```
[root@webwgs certs]#ll
总用量 8
-rw-r--r--. 1 root root 1021 11月  3 13:47 httpd.csr
-rw-r--r--. 1 root root 1679 11月  3 11:48 httpd.key
[root@webwgs certs]#scp httpd.csr root@10.2.65.8:/etc/pki/CA/certs/
The authenticity of host '10.2.65.8 (10.2.65.8)' can't be established.
ECDSA key fingerprint is SHA256:E0UM0ppJwJzg8VwFiCPX9PCIxU3jEUeSQbUjJOs8jz0.
ECDSA key fingerprint is MD5:0d:21:56:ce:19:17:93:95:29:e0:5d:c0:74:54:4f:a2.
Are you sure you want to continue connecting (yes/no)? yes
Warning: Permanently added '10.2.65.8' (ECDSA) to the list of known hosts.
root@10.2.65.8's password:
httpd.csr                                   100%  1021     1.2MB/s   00:00
```

(6) 在 CA 服务器上查看发送的 httpd.csr 文件。

```
[root@cadnswgs CA]#ls certs
httpd.csr
[root@cadnswgs CA]#cat certs/httpd.csr
-----BEGIN CERTIFICATE REQUEST-----
MIICuDCCAaACAQAwczELMAkGA1UEBhMCQ04xCzAJBgNVBAgMAkdEMQswCQYDVQQH
DAJaUzEMMAoGA1UECgwDV0dTMQwwCgYDVQQLDAN5eGIxEjAQBgNVBAMMCXdlYnNl
cnZlcjEaMBgGCSqGSIb3DQEJARYLeXhiQHdncy5jb20wggEiMA0GCSqGSIb3DQEB
AQUAA4IBDwAwggEKAoIBAQDBmT0OT3cqccvgYAxH7mUOtVroM1LzFQTAzPOWwv76
…
-----END CERTIFICATE REQUEST-----
```

(7) 使用 openssl 命令让 CA 证书服务器根据证书申请文件 httpd.csr 给 Web 服务器颁发证书。在显示证书内容后，提示用户是否需要签发，此时输入 yes；接着提示用户是否提交，再次输入 yes；这样，CA 服务器就完成了对 Web 服务器申请证书的颁发。

```
[root@cadnswgs CA]#openssl ca -in certs/httpd.csr -out certs/httpd.crt
Using configuration from /etc/pki/tls/openssl.cnf
Check that the request matches the signature
Signature ok
Certificate Details:
        Serial Number: 1 (0x1)
        Validity
```

```
            Not Before: Nov  3 06:07:48 2020 GMT
            Not After : Nov  3 06:07:48 2021 GMT
        Subject:
            countryName               = CN
            stateOrProvinceName       = GD
            organizationName          = WGS
            organizationalUnitName    = yxb
            commonName                = yxb.wgs.com
            emailAddress              = yxb@wgs.com
        X509v3 extensions:
            X509v3 Basic Constraints:
                CA:FALSE
            Netscape Comment:
                OpenSSL Generated Certificate
            X509v3 Subject Key Identifier:
9C:9A:1E:FE:7C:EB:C7:66:AE:83:75:35:62:E6:98:FD:1A:27:DB:F4
            X509v3 Authority Key Identifier:
keyid:C5:AC:5B:2A:DA:78:CC:3B:19:9E:9E:49:37:2B:50:D5:F2:BA:9F:E9
Certificate is to be certified until Nov  3 06:07:48 2021 GMT (365 days)
Sign the certificate? [y/n]:y
1 out of 1 certificate requests certified, commit? [y/n]y
Write out database with 1 new entries
Data Base Updated
```

(8) 在 CA 服务器上查看 index.txt 和 serial 文件，发现信息都有修改，内容如下。

```
[root@cadnswgs CA]# cat serial.old
02                          //当前证书的序列号
[root@cadnswgs CA]# cat index.txt.old
V       211103060748Z           01      unknown
/C=CN/ST=GD/O=WGS/OU=yxb/CN=webserver/emailAddress=yxb@wgs.com       //颁发新证书前
[root@cadnswgs CA]# cat index.txt
V       211103060748Z           01      unknown
/C=CN/ST=GD/O=WGS/OU=yxb/CN=webserver/emailAddress=yxb@wgs.com
V       211105072347Z           02      unknown
/C=CN/ST=GD/O=WGS/OU=yxb/CN=yxb.wgs.com/emailAddress=yxb@wgs.com     //这是新颁发的证书
[root@cadnswgs CA]# cat serial
03                                  //这是下一张证书的序列号
```

(9) 在 CA 证书服务器上，把签发的 httpd.crt 证书使用 scp 命令发回给 Web 服务器。

```
[root@cadnswgs CA]# scp certs/httpd.crt root@10.2.65.9:/etc/httpd/certs
root@10.2.65.9's password:
http.crt                    100%  4536     4.1MB/s   00:00
```

(10) 在 Web 服务器上的 certs 目录下查看申请的证书。

```
[root@webwgs certs]# ll
总用量 16
-rw-r--r--. 1 root root 4536   11 月  3 14:15 httpd.crt
-rw-r--r--. 1 root root 1021   11 月  3 13:47 httpd.csr
-rw-r--r--. 1 root root 1679   11 月  3 11:48 httpd.key
```

(11) 至此就完成了证书的申请和颁发，要想查看证书，可以将其导出到 Windows 平台进行查看,如图 13-9 所示。

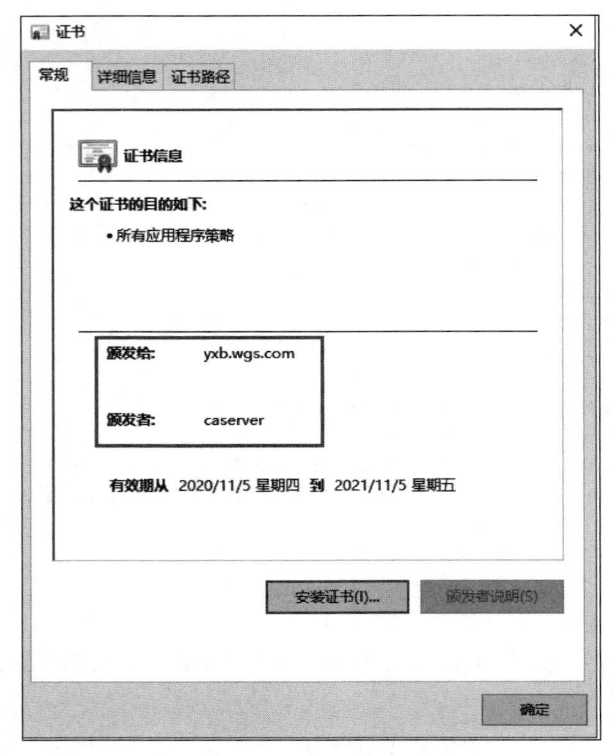

图 13-9 Web 服务器证书

13.3.4 任务 4 Web 服务器使用证书构建安全的 Web 站点

1. 任务分析

在任务 3 中,Web 服务器有了自己的私钥和证书,根据五桂山公司的需求,还需要为公司的营销部(yxb.wgs.com)搭建一个安全的 Web 站点。为此,需要将客户端访问 Web 站点的方式由 HTTP 升级为 HTTPS,方法就是启动 SSL 证书,把服务器证书和安全的 Web 站点关联起来。要想将公司的 Web 站点升级为 HTTPS 访问,需要用到 mod_ssl 软件模块。

2. 任务实施过程

(1) 检查 Web 服务器上是否安装了 mod_ssl 软件模块。

```
[root@webwgs certs]# rpm -qa|grep mod_ssl          //没有任何显示,说明未安装
[root@webwgs mnt]# cd Packages/
[root@webwgs Packages]# find mod_ssl*
mod_ssl-2.4.6-67.el7.x86_64.rpm
[root@webwgs Packages]# yum install -y mod_ssl     //使用 yum 方式进行安装
[root@webwgs Packages]# rpm -qa|grep mod_ssl
mod_ssl-2.4.6-67.el7.x86_64                        //说明已经安装
```

(2) 安装成功后,会在/etc/httpd/conf.d 目录下自动生成一个 SSL 配置文件 ssl.conf,将这个文件备份,以防后续修改出现错误。

```
[root@webwgs conf.d]#ll
总用量 28
-rw-r--r--. 1 root root 2926 5月  9 2017 autoindex.conf
-rw-r--r--. 1 root root  366 5月  9 2017 README
-rw-r--r--. 1 root root 9438 5月  9 2017 ssl.conf      //SSL 配置文件
-rw-r--r--. 1 root root 1252 5月  9 2017 userdir.conf
-rw-r--r--. 1 root root  516 5月  9 2017 welcome.conf
[root@webwgs conf.d]#cp ssl.conf ssl.conf.bak         //备份 SSL 配置文件
```

(3) 使用编辑器进入 ssl.conf 文件,修改其中指定的 Web 服务器证书文件和私钥文件及其存放位置的配置参数。

```
[root@webwgs conf.d]#vi ssl.conf
…
SSLCertificateFile   /etc/httpd/certs/httpd.crt      //设置使用的证书
…
SSLCertificateKeyFile /etc/httpd/certs/httpd.key     //设置证书的私钥
…
```

(4) 为了安全起见,将证书私钥、证书申请文件和证书文件设置为只有 root 用户有权读和写,其他用户无权限。

```
[root@webwgs conf.d]#chmod 600 /etc/httpd/certs/httpd*
[root@webwgs conf.d]#ll /etc/httpd/certs
总用量 16
-rw-------. 1 root root 4536  11月  3 14:15 httpd.crt
-rw-------. 1 root root 1021  11月  3 13:47 httpd.csr
-rw-------. 1 root root 1679  11月  3 11:48 httpd.key
```

(5) 完成上述修改后,重启 httpd 服务,即可完成安全网站的搭建。

```
[root@webwgs conf.d]#systemctl restart httpd
```

13.3.5 任务 5 客户端验证 Web 安全站点

1. 任务分析

五桂山公司基于 SSL 协议的安全站点已经架设完成。客户机需要通过浏览器进行访问验证,由于客户机访问时 Web 服务器的证书是自己搭建的证书服务器,不是受信任机构颁发的安全证书,因此要想正常访问,还需要在客户机上进行设置。

2. 任务实施过程

(1) 在客户机上访问 https://yxb.wgs.com 打开架设的营销部的安全网址,会显示“你的电脑不信任此网站的安全证书”的警告信息,如图 13-10 所示。

(2) 单击“转到此网页”按钮,就可以跳转到营销部的安全网站,但还是有“证书错误”的提示,如图 13-11 所示。

(3) 单击地址栏右侧的红色“证书错误”标记,弹出“证书无效”的信息提示,如图 13-12 所示。

(4) 单击“查看证书”按钮,就可以查看 Web 服务器的安全证书,“常规”选项卡显示了证书的基本信息,包括颁发给谁、谁负责颁发、使用有效期等信息。特别提示:无法将这个证书验证到一个受信任的证书颁发机构,如图 13-13 所示。

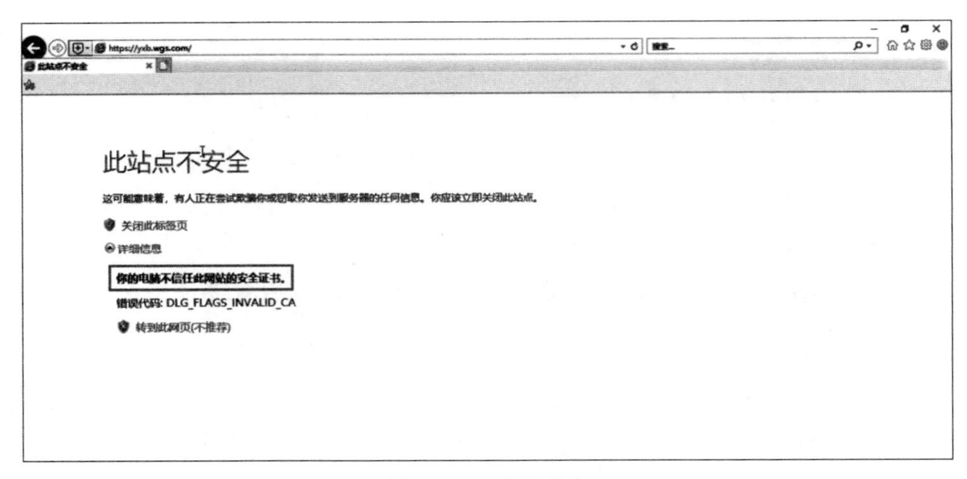

图 13-10　警告信息

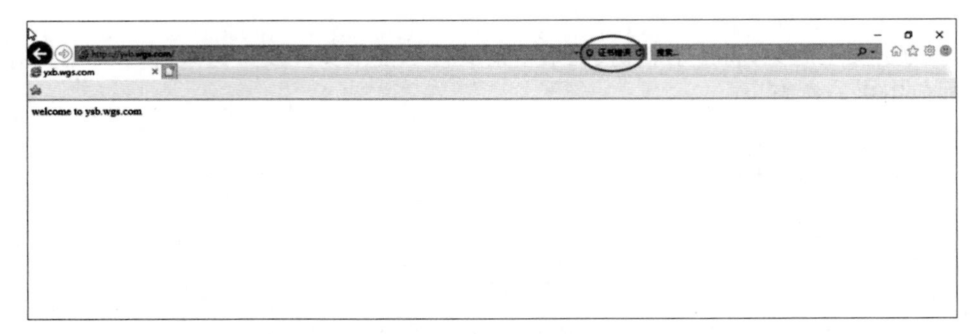

图 13-11　证书错误

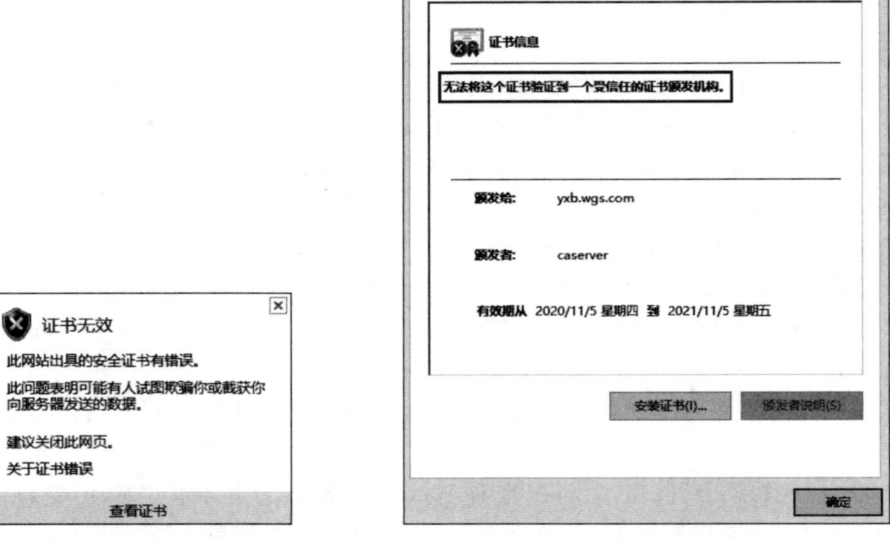

图 13-12　“证书无效”信息提示

图 13-13　“常规”选项卡

(5) 证书的“详细信息”选项卡中列出了证书的版本、序列号、签名算法等信息，如图 13-14 所示。

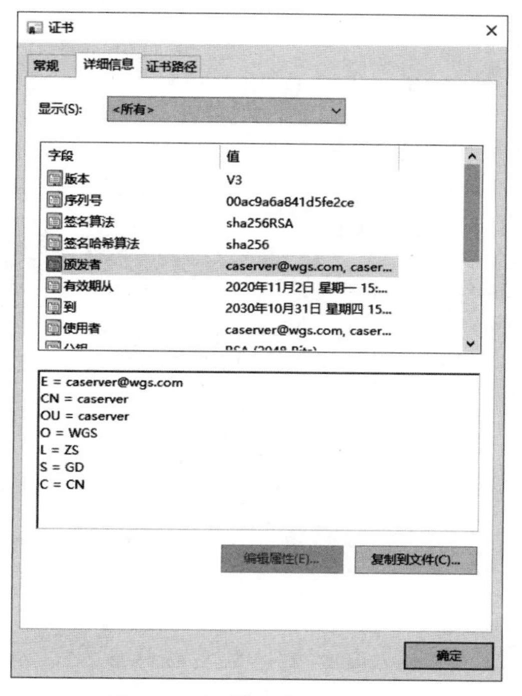

图 13-14　“详细信息”选项卡

(6) 证书错误的原因是因为我们使用的是自签名证书，而不是受信任的根证书颁发机构颁发的证书，因此需要在客户机上安装证书，将其颁发机构存储为受信任的根证书颁发机构。打开前面获取的根证书，如果没有，则可以使用网络文件传输方式获得根证书，打开根证书，如图 13-15 所示，单击“安装证书”按钮，弹出证书导入向导对话框，单击“下一步”按钮。

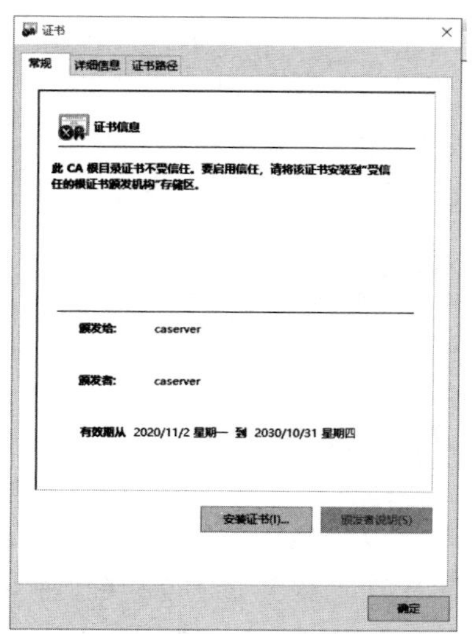

图 13-15　证书导入向导对话框

(7) 在“证书存储位置”对话框中选择“将所有的证书放入下列存储”选项，并单击“浏览”按钮，选择“受信任的根证书颁发机构”选项，单击“下一步”按钮，如图 13-16 所示。

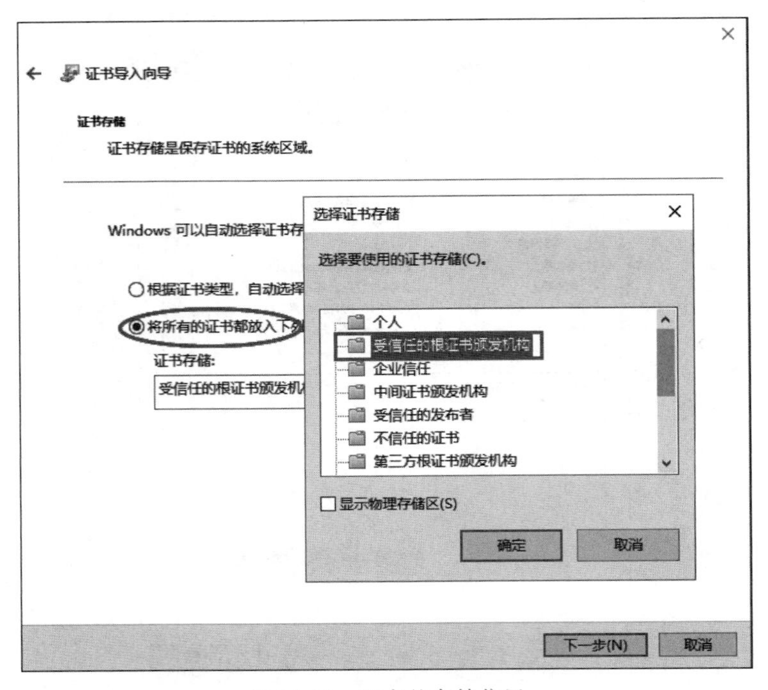

图 13-16　证书的存储位置

(8) 在弹出的对话框中单击“完成”按钮，会弹出“安全警告”对话框，提醒用户即将从一个声称代表 caserver 的证书颁发机构安装证书，如图 13-17 所示，单击“是”按钮，弹出“证书导入成功”对话框，单击“确定”按钮，完成证书的导入。

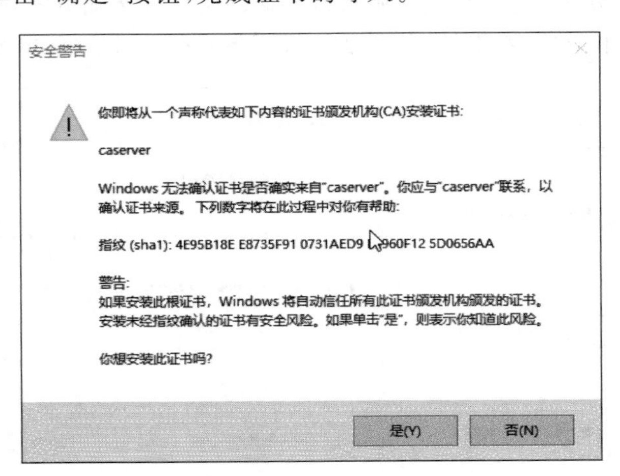

图 13-17　“安全警告”对话框

(9) 导入根证书后，说明颁发机构已经受信任，再次通过浏览器地址栏的“证书”按钮单击查看 Web 服务器证书，在“证书”对话框的“常规”选项卡中没有出现图 13-13 中的“无法将这个证书验证到一个受信任的证书颁发机构”的信息，如图 13-18 所示。

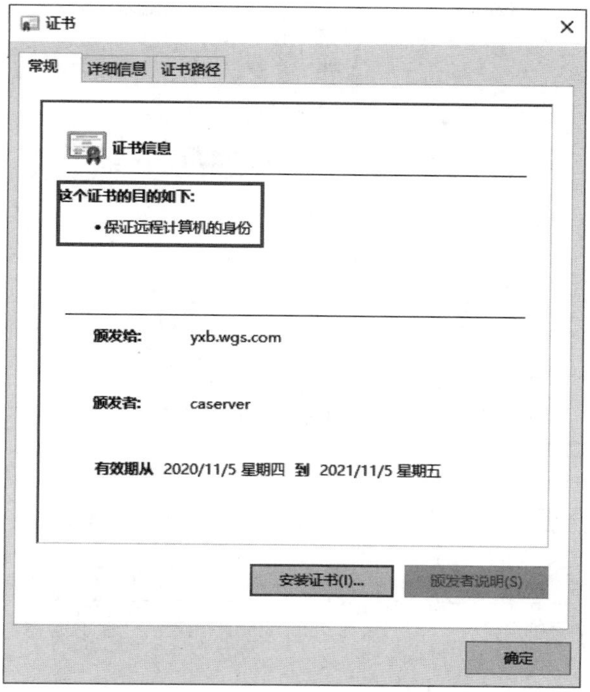

证书
常规　详细信息　证书路径
证书信息
这个证书的目的如下:
• 保证远程计算机的身份
颁发给:　yxb.wgs.com
颁发者:　caserver
有效期从 2020/11/5 星期四 到 2021/11/5 星期五
安装证书(I)...　颁发者说明(S)
确定

图 13-18　“常规”选项卡

（10）安装导入根证书的操作完成后，把 Web 服务器的证书按照图 13-15 所示，单击“安装证书”按钮导入，导入方式与根证书类似。完成 Web 服务器证书的导入后，再次通过浏览器访问 https://yxb.wgs.com，不会出现证书错误的信息，如图 13-19 所示。

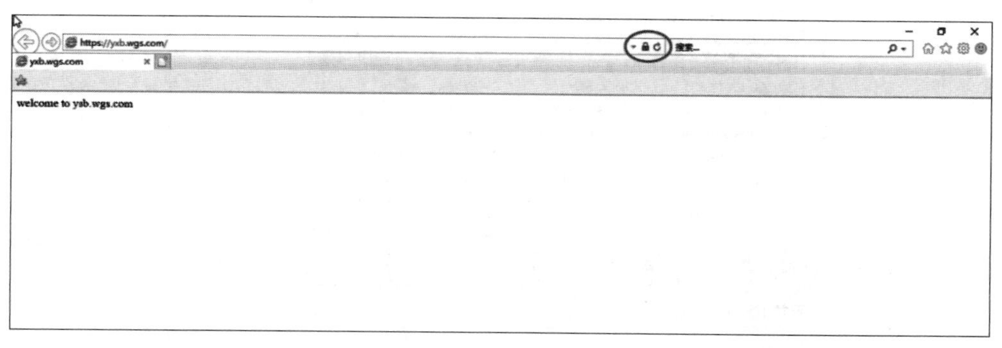

图 13-19　无证书错误

（11）单击浏览器的🔒图标，可以看到网页的连接已经加密，如图 13-20 所示。单击“查看证书”对话框中的“证书路径”选项卡，就可以看到证书的树状结构，如图 13-21 所示。

（12）打开 IE 浏览器，依次选择“工具”→“Internet 选项”命令，在弹出的对话框中单击“内容”选项卡，单击“证书”按钮，在弹出的对话框中找到“受信任的根证书颁发机构”选项卡，就能看到安装的根证书，如图 13-22 所示。至此，客户端验证 Web 服务器的任务完成。

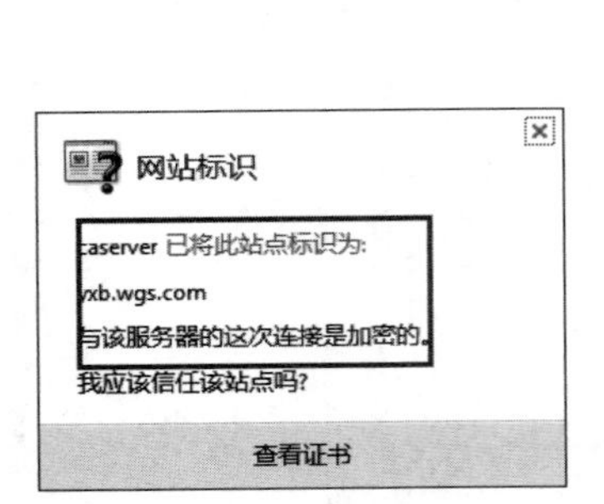

图 13-20　查看证书

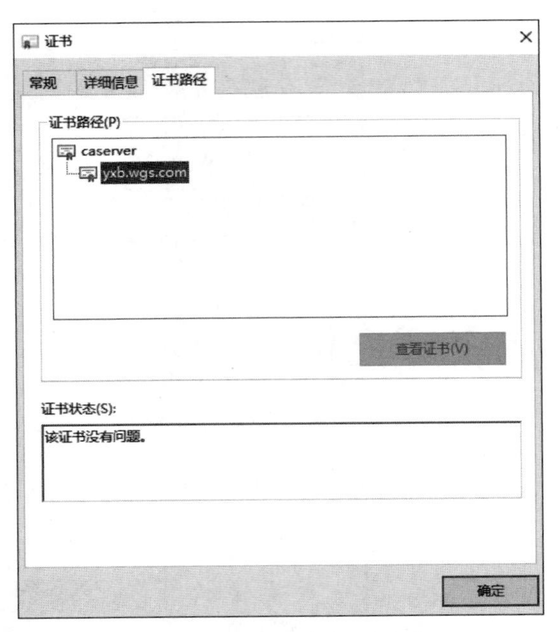

图 13-21　“证书路径”选项卡

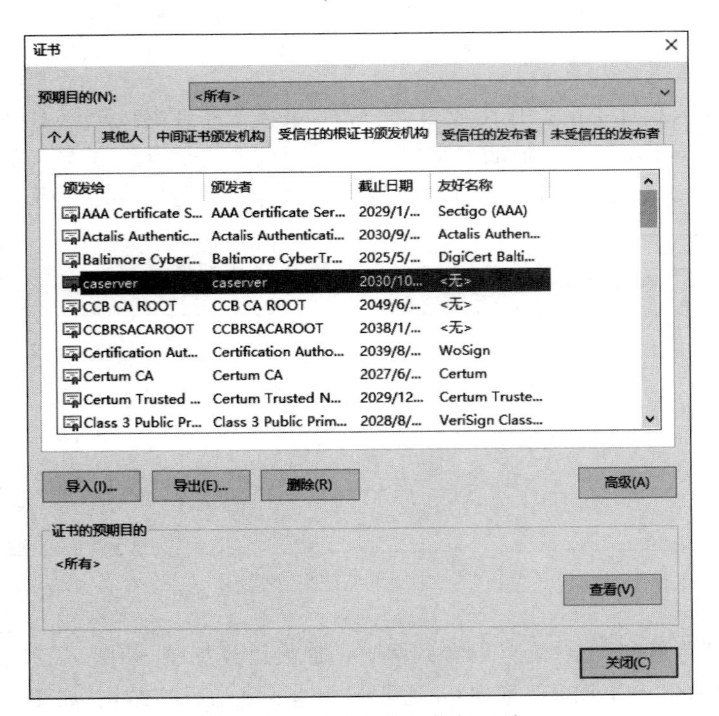

图 13-22　根证书在受信任区域

13.3.6 任务 6 证书的吊销与 CRL

1. 任务分析

在实际的证书服务器工作过程中，有时可能会出现证书泄露或者其他情况，所以在必要时需要对已颁发的证书进行吊销。此任务将模拟吊销已经颁发给客户端的证书，序列号为 02。

2. 任务实施过程

(1) 在 Web 服务器上查看待吊销证书的信息，获取其序列号和 subject 信息，一般是在客户端上查看，然后把信息发送给 CA。

```
[root@webwgs certs]#openssl x509 -in httpd.crt -noout -serial -subject
serial=02     //在 Web 服务器上查询待吊销证书的信息
subject=/C=CN/ST=GD/O=WGS/OU=yxb/CN=yxb.wgs.com/emailAddress=yxb@wgs.com
```

(2) 在 CA 上，根据客户端提交的 serial 与 subject 信息对比检验是否与 index.txt 文件的信息一致，然后使用证书吊销操作将序列号为 02 的证书吊销。

```
[root@cadnswgs CA]#cat index.txt
V       211103060748Z           01      unknown
/C=CN/ST=GD/O=WGS/OU=yxb/CN=webserver/emailAddress=yxb@wgs.com
V       211105072347Z           02      unknown
/C=CN/ST=GD/O=WGS/OU=yxb/CN=yxb.wgs.com/emailAddress=yxb@wgs.com
[root@cadnswgs newcerts]#ll
总用量 16
-rw-r--r--. 1 root root 4536 11月  3 14:08 01.pem
-rw-r--r--. 1 root root 4538 11月  5 15:23 02.pem
[root@cadnswgs newcerts]#openssl ca -revoke /etc/pki/CA/newcerts/02.pem
Using configuration from /etc/pki/tls/openssl.cnf     //吊销序列号为 02 的证书
Revoking Certificate 02.
Data Base Updated
```

(3) 更新证书吊销列表 crl 文件，第一次更新证书吊销列表时会提示缺少 crlnumber 文件，这个文件同 serial 的作用类似，都是存放版本号，需要创建该文件，并写入一个十六进制的编号，通常是从 00 或者 01 开始。

```
[root@cadnswgs newcerts]#openssl ca -gencrl -out /etc/pki/CA/crl.pem
Using configuration from /etc/pki/tls/openssl.cnf
/etc/pki/CA/crlnumber: No such file or directory
error while loading CRL number
139884456884128:error:02001002:system library:fopen:No such file or directory:bss_file.c:
402:fopen('/etc/pki/CA/crlnumber','r')
139884456884128:error:20074002:BIO routines:FILE_CTRL:system lib:bss_file.c:404:
[root@cadnswgs newcerts]#vi /etc/pki/CA/crlnumber                    //输入 01,保存
[root@cadnswgs newcerts]#openssl ca -gencrl -out /etc/pki/CA/crl.pem //更新吊销列表文件
[root@cadnswgs newcerts]#cat /etc/pki/CA/crlnumber
02
```

(4) 查看吊销列表文件，可以看到序列号为 02 的证书已经吊销。证书吊销后，其 index.txt 中的信息会发生变化，R 表示该证书已经吊销，V 表示该证书尚未吊销。

```
[root@cadnswgs newcerts]#openssl crl -in /etc/pki/CA/crl.pem -noout -text
Certificate Revocation List (CRL):
        Version 2 (0x1)
    Signature Algorithm: sha256WithRSAEncryption
        Issuer: /C=CN/ST=GD/L=ZS/O=WGS/OU=caserver/CN=caserver/emailAddress=caserver@
wgs.com
        Last Update: Nov  6 02:54:02 2020 GMT
        Next Update: Dec  6 02:54:02 2020 GMT
        CRL extensions:
            X509v3 CRL Number:
                1
Revoked Certificates:
    Serial Number: 02
        Revocation Date: Nov  6 02:45:08 2020 GMT
    Signature Algorithm: sha256WithRSAEncryption
         28:ae:84:53:6a:ee:14:a6:8a:6c:d8:ba:fd:81:0e:d1:8a:65:
         ce:c4:46:53:eb:3f:d9:8a:6d:14:f6:4e:ab:a4:08:3f:be:06:
         ca:94:4a:ca:f0:f6:7f:88:47:bf:c2:63:30:e1:6b:7f:61:fd:
         d5:0d:d5:19:6d:60:e2:b5:09:e7:6f:d5:10:88:96:21:26:8c:
         e7:f2:79:33:46:c4:2c:28:f2:72:64:0a:e5:90:35:1a:9d:57:
         1e:99:a3:d2:f2:f1:f1:59:0b:92:f5:95:b9:35:be:d8:e5:cf:
         c9:2c:df:1b:ab:44:58:59:ac:75:ae:2e:54:15:20:ce:d2:64:
         f9:97:c1:1b:cc:3d:71:65:22:b5:de:1e:a3:b8:86:38:d2:4f:
         a7:1a:7e:dd:90:79:44:df:83:97:3a:ef:8f:50:06:d1:7b:9a:
         eb:d6:95:01:e5:cb:64:2b:33:0d:bb:0f:ed:d6:33:24:15:de:
         4d:ec:20:69:5b:22:27:1c:94:ca:0f:1d:32:0d:e4:f9:30:97:
         fe:d9:5e:26:73:e9:0c:42:4b:63:b3:58:e7:10:e8:8e:11:5f:
         71:fb:3b:da:b4:aa:dd:d2:e0:45:61:2d:cd:21:8a:dd:b3:ad:
         e8:64:a7:05:5f:68:8f:a2:25:86:4a:41:04:3c:16:f1:84:5c:
         96:36:ff:fc
[root@cadnswgs newcerts]#cat /etc/pki/CA/index.txt
V       211103060748Z           01      unknown
/C=CN/ST=GD/O=WGS/OU=yxb/CN=webserver/emailAddress=yxb@wgs.com
R       211105072347Z   201106024508Z   02      unknown
/C=CN/ST=GD/O=WGS/OU=yxb/CN=yxb.wgs.com/emailAddress=yxb@wgs.com
```

13.4 项目总结

13.4.1 内容总结

本项目介绍了 PKI、CA 以及证书的基本知识，重点介绍了 OpenSSL 及其实现方法，实践了证书的申请、使用、吊销的全部过程。PKI 技术是信息安全技术的核心，也是目前电子商务、电子政务以及企业网络安全的关键技术。基于纯文本协议的 HTTP 存在明文传输容易被窃听、没有验证容易被黑客攻击进而篡改数据等安全威胁，无法保证网络安全的机密性、完整性等。利用 SSL 协议提供公钥和身份绑定的数字证书验证机制可以实现具有加密通信、身份验证以及完整性保护功能的 HTTPS，使得传统的 Web 服务得到了更安全的保障。数字证书经过 CA 确认、签名并颁发，对于全球性的商业网站来说增强了网站服务的信誉度。数字证书通常是从一些知名的证书颁发机构(如 VeriSign)购买的。

13.4.2　实践总结

1. 错误一

(1) 错误描述：制作证书签证时出现以下问题。

```
[root@cadnswgs CA]#openssl ca -in certs/httpd.csr -out certs/httpd.crt
Using configuration from /etc/pki/tls/openssl.cnf
Check that the request matches the signature
Signature ok
The mandatory stateOrProvinceName field was missing
```

(2) 出现原因：openssl.cnf 中的 CA policy 有 3 个 match，必须填写一致或者改成 optional.

(3) 解决方法：在文件中找出 policy_match 节点的内容，修改为：

```
[root@cadnswgs CA]##For the CA policy
[ policy_match ]
countryName=optional
stateOrProvinceName=optional
organizationName=optional
organizationalUnitName=optional
commonName=supplied
emailAddress=optional
```

2. 错误二

(1) 错误描述：客户端通过 HTTPS 访问 SSL 安全站点时，虽然已经添加根证书到“受信任的根证书颁发机构”中，但还是会出现以下错误，错误描述为“该网站的安全证书中的主机名与你正在尝试访问的网站不同”，如图 13-23 所示；单击浏览器地址栏中的🔒图标，出现如图 13-24 所示的错误。

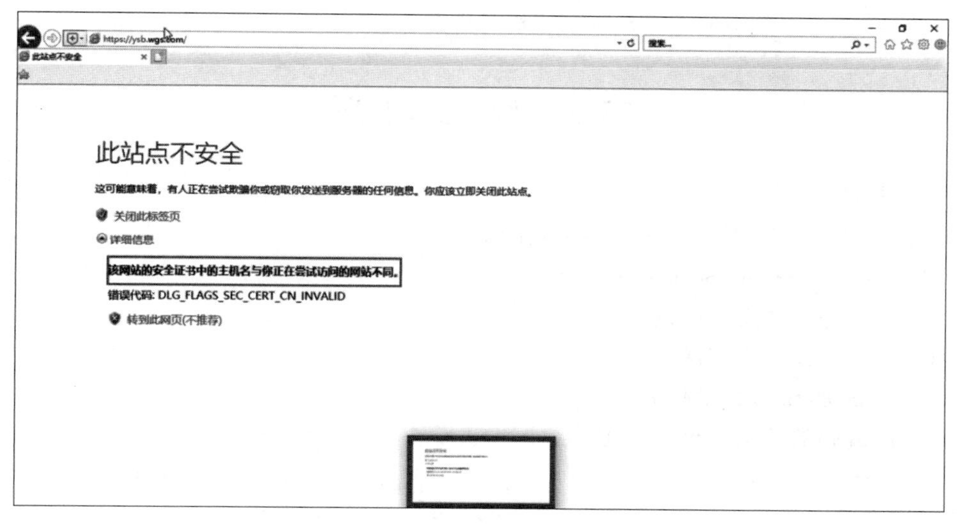

图 13-23　证书主机名与网站不同

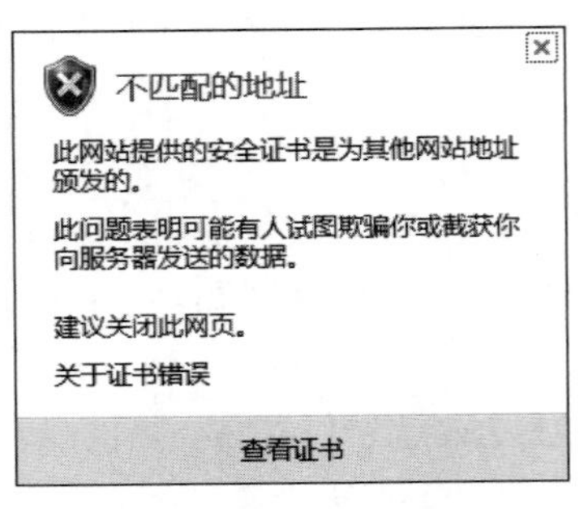

图 13-24　不匹配的地址错误

（2）出现原因：客户端在制作证书申请文件以向证书服务器申请证书时，输入的主机名称和注册的 DNS 名称不同。

（3）解决办法：修改证书申请文件中的 Common Name 参数使之和 DNS 中注册的域名相同。

```
[root@webwgs certs]#openssl req -new -key httpd.key -out httpd.csr
...
Common Name (eg, your name or your server's hostname) []:yxb.wgs.com
...
[root@cadnswgs newcerts]#cat /var/named/wgs.com
$ TTL 1D
@       IN SOA  wgs.com. root.wgs.com. (
                                        0       ; serial
                                        1D      ; refresh
                                        1H      ; retry
                                        1W      ; expire
                                        3H )    ; minimum

        IN NS   dns.wgs.com.
dns     IN A    10.2.65.8
ca      IN A    10.2.65.8
yxb     IN A    10.2.65.9       //与这个名称相同
```

13.5　课后习题

一、选择题

1. 关于 SSL 协议，下列描述中不正确的是(　　)。
   A. SSL 的全称是 Secure Sockets Layer
   B. SSL 是一种安全协议
   C. SSL 协议工作于网络层
   D. TLS 是 SSL 的继任者

2. DER 编码的证书扩展名一般为(　　)。
   A. cerb　　B. crd　　C. txt　　D. srv

二、填空题

1. PKI 是指________。PKI 的基本元素是________。CA 是指________机构。

2. 完整的 PKI 系统必须具有________、________、________、________等基本构成部分。

3. PKI 是利用________建立的提供安全服务的基础设施。

4. 常用的加密算法主要有________、________、________三种。

5. 密码体制分为________和________两种类型。

6. 在安全系统的基础下,CA 可以分为________和________。

7. 在 Web 站点中,默认的 SSL 端口号是________。

8. 如果服务器或者客户端需要向证书颁发机构申请证书,则需要在浏览器的地址栏中输入________。

三、实训题

出于安全性考虑,五桂山公司近期计划对公司财务部的 Web 访问服务进行完善。财务部单独申请了一台 CA 服务器作为财务部子 CA。请为财务部 Web 访问服务进行完善。

要求:

(1) 为财务部搭建一个安全的 Web 站点;

(2) 财务部子 CA 与企业根 CA 建立信任关系;

(3) 财务部员工需要向财务部子 CA 申请客户端浏览证书,以 HTTPS 的形式访问 Web 安全站点。

项目 14　防火墙服务

【学习目标】

本项目将系统介绍防火墙的相关理论知识，包括 iptables 的安装与配置。在项目实施的过程中，将会按照公司的实际情况建立一个网络拓扑，并通过在网络拓扑图中对搭建的 iptables 进行配置，设定相关的防火墙策略以进行不同的实验测试。通过 NAT 方式将内网主机的 IP 地址转换为公网 IP 地址进行上网。

通过本章的学习，读者应该完成以下目标：

- 了解防火墙的分类及工作原理；
- 了解 NAT 网络地址转换的原理；
- 熟练掌握 iptables 防火墙的配置；
- 熟练掌握 firewalld 防火墙的基本命令；
- 熟练掌握服务的访问控制列表；
- 熟练掌握利用 iptables 实现 NAT 的方法。

14.1　项目背景

五桂山公司组建了企业网，在企业内网中搭建了具有 Web、FTP、DNS、DHCP、E-Mail 等功能的服务器，为保证安全稳定地使用企业内网资源，需要解决以下问题：

(1) 搭建防火墙以保障企业内网的安全；

(2) 企业内网使用的是私有地址，需要通过转换网络地址使企业内网中的员工能够访问互联网。

14.2　知识引入

14.2.1　防火墙的概要

防火墙的本义是指一种起到物理隔离防护作用的建筑物，这里指防火墙技术，即通过硬件、软件设备在本地网络与外界网络之间形成一道安全屏障，从而保护企业内部资料与信息的安全。防火墙在数据通过网络传输的过程中能及时发现可能存在的安全风险，能够及时对风险和来历不明的网络攻击进行阻挡和隔离，并对有关的风险信息进行统计、记录，供运维人员查看，还可以对通信端口进行拦截，通过关闭特定的端口防止来历不明的入侵数据。通过防火墙上的一些规则按顺序定义防护准则，防火墙能够分析和过滤经过管理网络主要出入口的数据包。

14.2.2 防火墙的主要类别

防火墙是当今网络安全防护技术中必不可少的一项安全防护技术，它可以有效检测流经主干线路网络流量的合法性，只有适配防火墙上的安全策略才予以通过，再进行数据包的转发、封装与解封装，从而保障网络信息的安全。防火墙随着计算机技术的进步也不断更新换代，但大致上可以总结为 3 类，分别是包过滤、应用代理和状态监测。包过滤防火墙工作在网络层与传输层，主要对通过防火墙的每个数据包的基本信息进行分析处理，主要的分析内容有源地址、目的地址、端口号、协议状态信息等。通过结合数据包的基本信息与防火墙策略进行匹配，最终判定拒绝或通过数据包，如图 14-1 所示。

应用代理防火墙主要工作在应用层，在用户需要访问外部网络的情况下建立与外部网络服务器的单独连接，从而使用户与外界网络不能直接通信，完全阻隔外界网络的通信流，再通过代理程序对这些应用流量进行控制和管理。

状态监测防火墙可以定义为新一代的防火墙产品，原因在于状态监测防火墙实际上已超越了防火墙最初的定义。状态监测防火墙能够对各层数据进行主动、实时的监测，对被监测的数据进行分析，能够有效识别、判定各层的非法入侵数据，从而有效保护网络环境的安全。许多情况下，防火墙会忽略对内网的安全管理，但状态监测防火墙会通过分布式的探测器对来自内部网络的恶意破坏进行极强的预防，如图 14-2 所示。

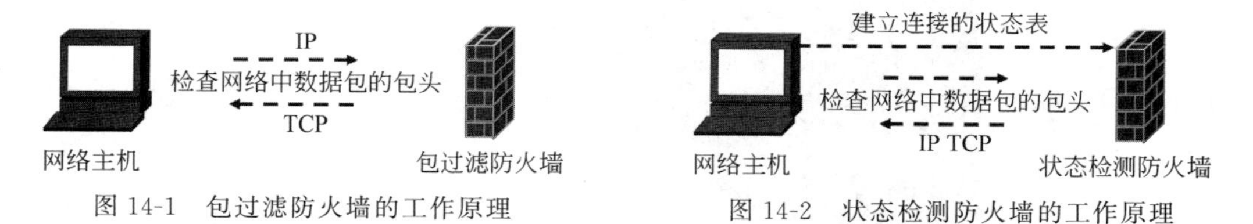

图 14-1 包过滤防火墙的工作原理

图 14-2 状态检测防火墙的工作原理

14.2.3 防火墙在网络拓扑中的位置

防火墙一般位于内网与外网的交界处，防火墙的保护机制不仅会对自身主机起保护作用，还会保护防火墙后的内网主机。架设在内外网的交界能更好地控制流经防火墙的数据包，从而更好地对内网的主机起到一定程度上的保护作用。

1. 基本的防火墙布设

一般小型企业对于外网安全防护等级的要求不高，可以直接在外网与内网设备之间架设一台防火墙，通过一台配备双有线网卡的防火墙主机实现基本的安全等级策略设置和代理上网等功能，如图 14-3 所示。

2. 高安全性内网的防火墙布设

一般情况下，防火墙只针对外网的攻击，其对于内网各子网的主机之间的安全是无法监控的，而最有效的网络攻击必定来自内网中的主机。对于企业内网中有部分主机对安全等级要求较高的情况下，必须对内网攻击的安全威胁进行控制，所以一般会在已在内外网交界处架设一台防火墙的前提下，再通过一台配备双有线网卡的防火墙主机实现基本的安全等级策略设置和代理上网等功能，以防止内网员工主机的主动攻击或是内网主机变为“肉机”而被动入侵内网的重要主机，如图 14-4 所示。

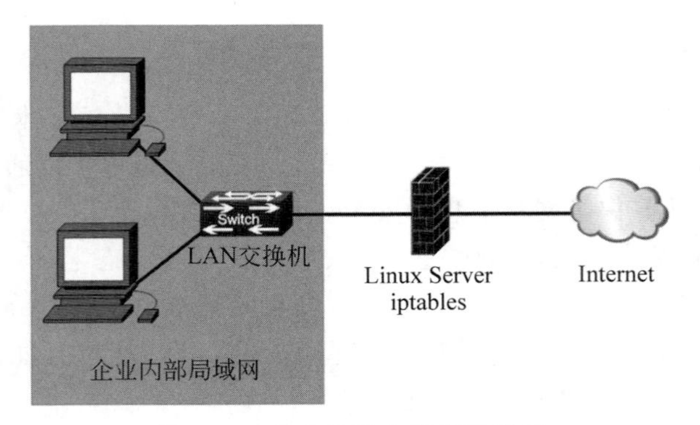

图 14-3　基本的防火墙布设示意

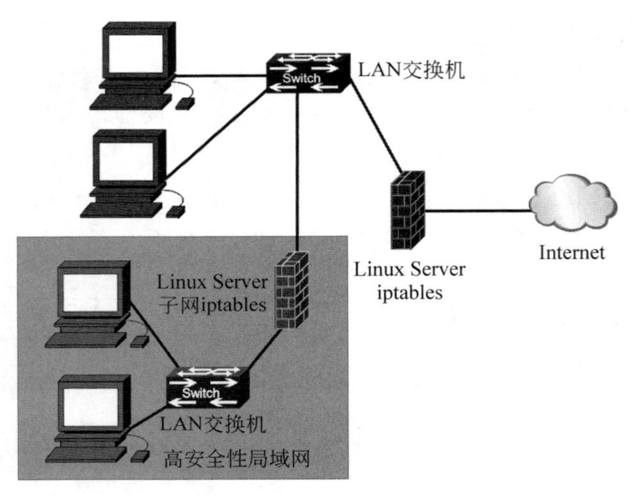

图 14-4　高安全性内网的防火墙布设示意

3. 内网中有 DMZ 区的防火墙布设

当今很多公司的网站或资源都会存放在云端的服务器，如阿里云、腾讯云、百度云等，但也有部分公司需要保证本地信息的安全，会在公司内网架设 Web、FTP、E-Mail 等信息平台资源，供公司内部员工使用。这种环境下，需要保障公司内网中员工的主机安全和 DMZ 区服务器主机的安全。DMZ 服务器主机受到的攻击可以来自外网或内网，所以需要在 DMZ 区的两侧都添加防火墙，从而保证服务器的安全和实现将内网业务映射到外网等功能，如图 14-5 所示。

14.2.4　数据包过滤软件 iptables

经过前面对防火墙的介绍，我们基本上已经对防火墙的功能有所认识，该节将对红帽企业级 Linux 7.4 系统中的数据包过滤软件 iptables 进行功能分析，以掌握 iptables 规则的定义及其使用规范。

1. Linux 内核防火墙的版本发展

Linux 防火墙的优点在于软件本身是由 Linux 内核所提供的，直接由系统内核进行处

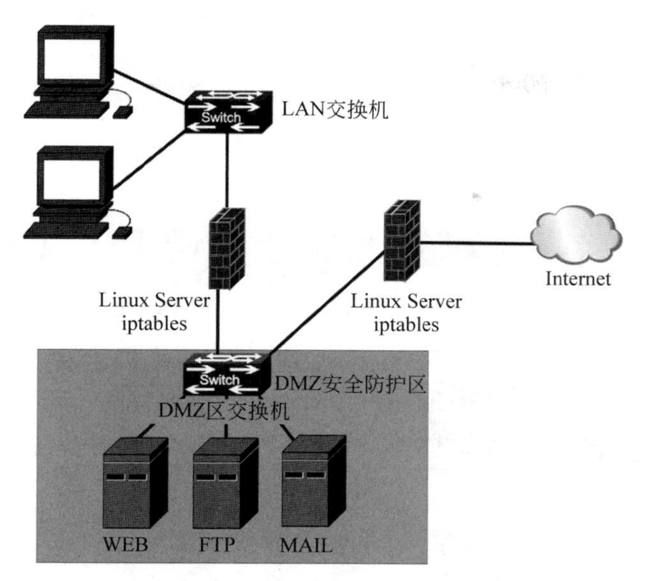

图 14-5　内网中有 DMZ 区的防火墙布设示意

理，其稳定性、可靠性、性能方面比一般的防火墙软件更具优势。随着不同系统版本内核的改变，所用到的防火墙也不一样。在早期的 Linux 版本中，Version 2.0 采用 ipfwadm 防火墙，Version 2.2 采用 ipchains 防火墙，Version 2.5 与 2.6 采用 iptables 防火墙。

2. iptables 中的 table 与 chain

iptables 从字面上的意思不难看出，防火墙是由多个 table 组成的，每个 table 中又有多个 chain(链)定义了不同的策略与规则，其中，table 指表格，Linux 默认下至少有 3 个表格：Filter、Nat、Mangle，每个表格都有不同的功能和用途。

- Filter：Linux 防火墙中的默认表格，主要存放自身 Linux 主机数据包编写的规则和策略。
- INPUT：定义需要进入 Linux 主机的数据包。
- OUTPUT：定义需要发送出 Linux 主机的数据包。
- FORWARD：定义经 Linux 主机转发的数据包。
- NAT：主要对源 IP 地址与目的 IP 地址、源端口和目的端口进行转换翻译，主要针对的对象是防火墙后的内网主机。
- PREROUTING：定义数据包在路由选择之前需要进行的规则判定。
- POSTROUTING：定义数据包在路由选择之后需要进行的规则判定。
- OUTPUT：定义发送出 Linux 主机的数据包。
- Mangle：主要针对特殊的数据包进行标记，从方便其他规则或程序利用标志对数据包进行过滤或选择策略路由。
- PREROUTING：定义数据包在路由选择之前的服务类型、生存时间、标记修改。
- POSTROUTING：定义数据包在路由选择之后需要进行的服务类型、生存时间、标记修改。
- INPUT：定义需要进入 Linux 主机的数据包的服务类型、生存时间、标记修改。

- OUTPUT：定义需要发送出 Linux 主机的数据包的服务类型、生存时间、标记修改。
- FORWARD：定义经 Linux 主机转发的数据包的服务类型、生存时间、标记修改。

3. iptables 的工作流程

iptables 的工作流程主要通过结合 3 个 table 和 5 个 chain 而对数据包进行控制，如图 14-6 所示。

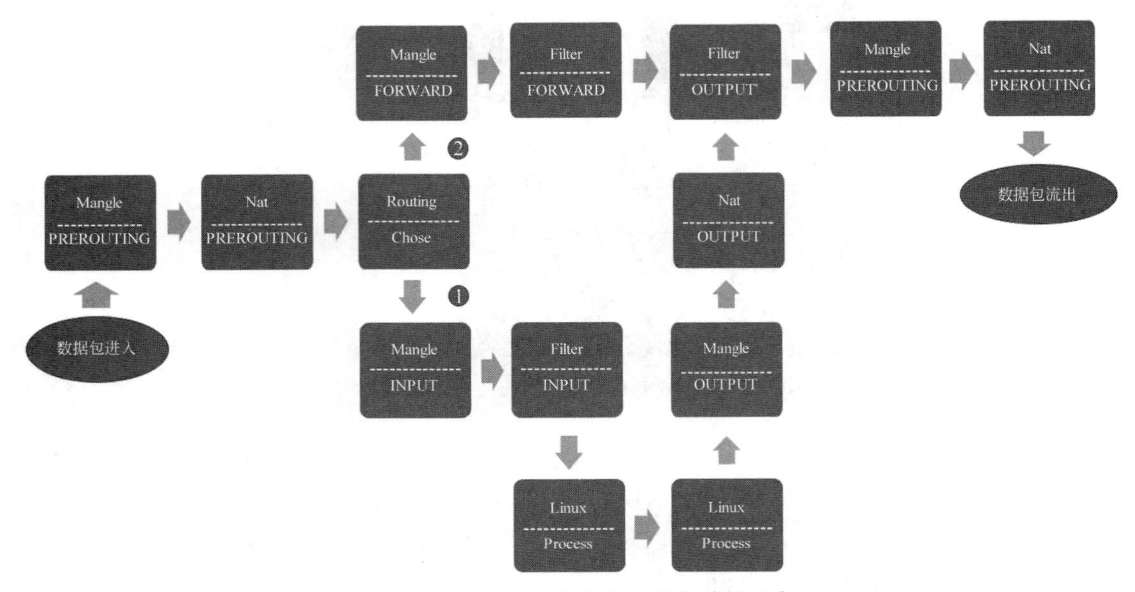

图 14-6　iptables 内各表与链的相关性示意

(1) 数据包进入 Linux 主机防火墙体后，先通过 Mangle 表中的 PREROUTING 链，从表中查看是否需要进行特殊的服务类型、生存时间、标记等参数的修改，如果需要，则会对数据包进行修改。

(2) 当数据包进入 Nat 表中的 PREROUTING 链时，会判定链中的规则是否有对地址转换、端口转换等参数的设置，如果没有，则数据包流向下一个节点；如果有，则对数据包进行地址或端口转换。

(3) 由路由判定数据包的选择路径，路径①的数据包交由本机处理，路径②代表数据经本机进行转发。

(4) 在路由判定选择路径①后，确定向 Linux 本主机发送数据包，主机会交由 Mangle 表的 INPUT 链及 Filter 表的 INPUT 链进行控制。经过 Linux 相关资源处理后，最后产生的数据包会经过路由选择，分别经过 Mangle 表的 OUTPUT 链、Nat 表的 OUTPUT 链、Filter 表的 OUTPUT 链进行相关操作，再通过 Mangle 表的 POSTROUTING 链和 Nat 表的 POSTROUTING 链将数据包转发出去。

(5) 在路由判定选择路径②之后，表示数据包并不需要使用 Linux 本机的资源，只需要通过 Linux 本机进行数据转发，目标地址为防火墙后的内网主机。所以该数据会通过 Mangle 表的 FORWARD 链和 Filter 表的 FORWARD 链中的相关转发策略进行转发，最后通过 Mangle 表的 POSTROUTING 链和 Nat 表的 POSTROUTING 链将数据包转发出去。

4. NAT 基本概念

NAT 的全称为 Network Address Translation，即网络地址转换，一般作用于专用地址（私有地址）与因特网（公网地址）之间。

专用地址（私有地址）又称内网地址，私有地址主要分为 A、B、C 三类，A 类地址范围为 10.0.0.0～10.255.255.255，B 类地址范围为 172.16.0.0～172.31.255.255，C 类地址范围为 192.168.0.0～192.168.255.255。私网地址不会被分配到因特网上使用，主要在局域网内使用，不需要向电信运营商（ISP）进行申请注册。

NAT 技术可以将专用地址（私有地址）解析成一个或多个向电信运营商（ISP）申请注册的因特网地址，从而使内部网络的主机能够通过私有地址与外部的因特网进行通信，而通信地址是通过 NAT 技术转换后的公网地址，不仅能有效缓解 IPv4 地址空间的枯竭，而且还能将内网网络隐藏起来，从而保护内网网络。

家庭的宽带网络会通过家用路由器上的 NAT 功能转换成动态的公网 IP 地址，企业网络通过企业级路由器的 NAT 功能转换为动态或固定的已向电信运营商注册的公网 IP 地址，大型网络环境一般会用专用的下一代防火墙进行 NAT 转换，同样会转换成一个或多个已向运营商注册的公网 IP 地址。还有一些企业会通过使用 Linux 主机搭建 NAT 服务，内网用户主机会将发送到外网的数据包先发送到已搭建 NAT 服务的主机，通过 NAT 技术使内网的专用 IP 地址和端口号转换为指定的端口及已注册的公网 IP 地址。在转换的同时，NAT 主机将会记录专用 IP 地址与公网 IP 地址的映射信息表，以便外网数据包回传到内网的相应主机，具体的工作过程如图 14-7 所示。

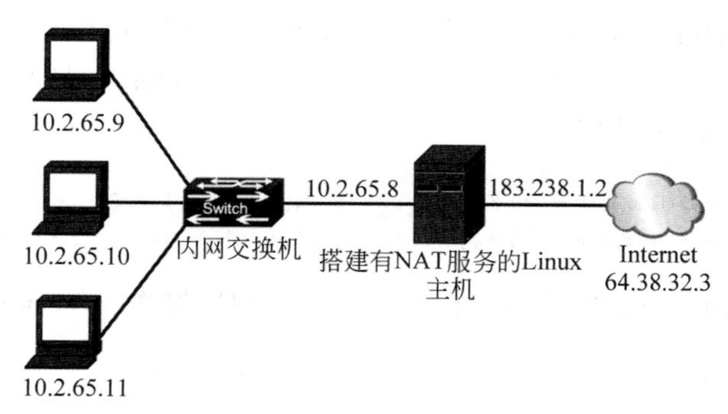

图 14-7　NAT 的工作过程

（1）假设内网主机 10.2.65.9 需要访问外网主机 64.38.32.3，内网主机 10.2.65.9 会先将需要访问 64.38.32.3 的数据包发送给搭建有 NAT 服务的 Linux 主机 10.2.65.8。

（2）由 10.2.65.8 主机通过 NAT 技术将内网主机 IP 地址 10.2.65.9 转换为已注册的 IP 地址 183.238.1.2，并在 NAT 主机上记录 10.2.65.9 与 183.238.1.2 的对应关系。

（3）内网的数据包进行 NAT 转换后，再以 183.238.1.2 作为源 IP 地址进行封装，经因特网上的路由发送到 IP 地址为 64.38.32.3 的主机上。

（4）IP 地址为 64.38.32.3 的主机此时并不知道 10.2.65.9 是最初的发送主机，它只会向 IP 地址为 183.238.1.2 的主机进行回复。

（5）当 NAT 主机接收到 IP 地址为 183.238.1.2 主机的回复后，会通过内网主机向外网发送数据包建立的映射列表对数据包进行解封装，最终会将来自 64.38.32.3 主机的回复送到内网主机 10.2.65.9 上。

14.3 项目过程

14.3.1 任务1 iptables的安装与配置

1. 任务分析

随着五桂山公司的对外网络平台越来越多，公司计划搭建防火墙以保障企业网络通信安全，并在红帽企业级 Linux 7.4 网络操作系统上利用防火墙对企业网络环境实现访问控制等功能。从红帽企业级 Linux 7.4 开始，系统的默认防火墙从 iptables 变为 firewalld。公司现计划在 IP 地址为 10.2.65.8/24 的红帽企业级 Linux 7.4 网络操作系统上安装 iptables，并进行防火墙的策略配置。

2. 任务实施过程

(1) 挂载系统镜像。

```
[root@localhost wgsu1]#mkdir /wgs
[root@localhost wgsu1]#mount /dev/cdrom /wgs
mount: /dev/sr0 写保护,将以只读方式挂载
```

(2) 分别使用 rpm 和 yum 方式安装 iptables 软件包(读者可选其一进行安装)。

需要安装的软件包版本及其作用如下。

- iptables-1.4.21-18.el7.x86_64.rpm：为 iptables 防火墙的工具包。
- iptables-services-1.4.21-18.el7.x86_64.rpm：为 iptables 防火墙的主服务的安装包。

方法一：使用 rpm 方式安装。

```
[root@localhost wgsu1]#rpm -ivh /wgs/Packages/iptables-1.4.21-18.el7.x86_64.rpm
[root@localhost wgsu1]#rpm -ivh /wgs/Packages/iptables-services-1.4.21-18.el7.x86_64.rpm
```

方法二：使用 yum 方式安装，先创建 wgs.repo 文件，制作安装 yum 源的文件。

```
[root@localhost wgsu1]#vim /etc/yum.repos.d/wgs.repo
[dvd]
name=dvd
baseurl=file:///wgs                //指向加载镜像的文件夹
gpgcheck=0
enable=1
[root@localhost wgsu1]#yum clean all
[root@localhost wgsu1]#yum install iptables iptables-services -y
```

(3) 启动、停止、重启 iptables 服务，开机自启动 iptables 服务。如果需要启动 iptables 服务，则需要先关闭 firewalld 服务，命令为 systemctl stop firewalld。

```
[root@localhost wgsu1]#systemctl start iptables
[root@localhost wgsu1]#systemctl stop iptables
[root@localhost wgsu1]#systemctl restart iptables
[root@localhost wgsu1]#systemctl enable iptables
```

14.3.2 任务 2 iptables 的基本命令集

1. 任务分析

五桂山公司的管理员在对服务器进行相关策略配置时，需要先熟悉 iptables 的命令，因为 iptables 会直接对数据包进行过滤，需要直接操作，不能远程对服务器进行操作，初学时，可能会因为规则设置错误而导致系统无法远程访问。

2. 任务实施过程

(1) 查看 iptables 的版本号及相关命令集。

```
[root@localhost wgsu1]#iptables -help
iptables v1.4.21
Usage: iptables -[ACD] chain rule-specification [options]
       iptables -I chain [rulenum] rule-specification [options]
       iptables -R chain rulenum rule-specification [options]
       iptables -D chain rulenum [options]
       iptables -[LS] [chain [rulenum]] [options]
       iptables -[FZ] [chain] [options]
       iptables -[NX] chain
       iptables -E old-chain-name new-chain-name
       iptables -P chain target [options]
       iptables -h (print this help information)
Commands:
Either long or short options are allowed.
  --append        -A chainAppend to chain
  --check         -C chainCheck for the existence of a rule
  --delete        -D chainDelete matching rule from chain
  --delete        -D chain rulenum
                    Delete rule rulenum (1=first) from chain
  --insert        -I chain [rulenum]
                    Insert in chain as rulenum (default 1=first)
  --replace       -R chain rulenum
                    Replace rule rulenum (1=first) in chain
  --list          -L [chain [rulenum]]
                    List the rules in a chain or all chains
  --list-rules    -S [chain [rulenum]]
                    Print the rules in a chain or all chains
  --flush         -F [chain]Delete all rules in  chain or all chains
  --zero          -Z [chain [rulenum]]
                    Zero counters in chain or all chains
  --new           -N chain Create a new user-defined chain
  --delete-chain
                  -X [chain]Delete a user-defined chain
  --policy        -P chain target
                    Change policy on chain to target
  --rename-chain
                  -E old-chain new-chain
                    Change chain name, (moving any references)
                    network interface name ([+] for wildcard)
...
```

(2) iptables 有 3 个默认的表(Filter、Nat、Mangle),可通过 -t 参数添加对应的表。

```
iptables -t nat    -命令 -匹配 -j 动作/目标
iptables -t filter -命令 -匹配 -j 动作/目标
iptables -t mangle -命令 -匹配 -j 动作/目标
```

(3) 常用的命令集有以下几种。

① -P 或--policy。

```
iptables -t [filter nat mangle] -P [INPUT OUTPUT FORWARD] [ACCEPT DROP]
```

- -P 或--policy：定义策略,如果写-P,则 P 需要是大写。
- INPUT：定义进入的数据包。
- OUTPUT：定义发出的数据包。
- FORWARD：定义需要转发的数据包。
- ACCEPT：定义数据包为接收。
- DROP：定义数据包为丢弃。

例如：

```
[root@localhost wgsu1]#iptables -t filter -P INPUT DROP
//定义本机 filter 表中进入的数据包为丢弃
```

② -A 或—append。

```
iptables -A [INPUT OUTPUT FORWARD] [-i -o] 接口 [-p -s -d] 协议/IP
-j [ACCEPT DROP]
```

- -A 或--append：添加一条规则,新增在原规则的后面。
- INPUT：定义进入的数据包。
- OUTPUT：定义发出的数据包。
- FORWARD：定义需要转发的数据包。
- -i：指定数据包进入所定义的网络接口。
- -o：指定数据包离开所定义的网络接口。
- -p：定义规则对某一协议进行控制,如 TCP、UDP、ICMP 等。
- -s：定义规则对源地址进行控制,如填写某一 IP 地址 10.2.65.8 或某一 IP 网络 10.2.65.0/24。
- -d：定义规则对目标地址进行控制,如填写某一 IP 地址 10.2.65.8 或某一 IP 网络：10.2.65.0/24。
- -j：在-j 后添加相关参数[ACCEPT DROP]进行数据包的通过或丢弃。

例如：

```
[root@localhost wgsu1]#iptables -A INPUT -p tcp -s 10.2.65.8 -j DROP
//添加一条规则,定义对进入的数据包中源地址为 10.2.65.8 的 TCP 数据包进行丢弃
```

③ -D 或--delete。

```
iptables -D [INPUT OUTPUT FORWARD] [-i -o] 接口 [-p -s -d] 协议/IP
-j [ACCEPT DROP]
```

- -D 或--delete ：删除一条规则。
- INPUT：定义进入的数据包。
- OUTPUT：定义发出的数据包。
- FORWARD：定义需要转发的数据包。
- -i：指定数据包进入所定义的网络接口。
- -o：指定数据包出去所定义的网络接口。
- -p：定义规则对某一协议进行控制，如 TCP、UDP 等。
- -s：定义规则对源地址进行控制，如填写某一 IP 地址 10.2.65.8 或某一 IP 网络 10.2.65.0/24。
- -d：定义规则对目标地址进行控制，如填写某一 IP 地址 10.2.65.8 或某一 IP 网络 10.2.65.0/24。
- -j：在-j 后添加相关参数[ACCEPT DROP]进行数据包的通过或丢弃。

例如：

```
[root@localhost wgsu1]#iptables -D INPUT -p tcp -s 10.2.65.8 -j DROP
//删除一条规则，定义对进入的数据包中源地址为 10.2.65.8 的 TCP 数据包进行丢弃
```

④ -L 或--list。

```
iptables -t [filter nat mangle] -L -n
```

- -L 或--list：查看已定义的防火墙规则。
- -t：-t 后面可跟 filter nat mangle 表，若省略此选项，则使用默认的 filter。
- -L：列出当前已配置的规则。
- -n：添加-n 参数，不对 IP 与 hostname 进行反查，可加快信息的显示速度。

例如：

```
[root@localhost wgsu1]#iptables -t filter -L -n
//查看 Filter 表中已配置的规则，并不对其 IP 与 hostname 进行反查
```

⑤ -F 或--flush。

```
iptables -t [filter nat mangle] -[F X Z]
```

- -F 或--flush：可以通过指定删除所选的表中的防火墙策略，在不指定表的情况下则删除所有策略。
- -F：删除所有已配置的防火墙规则。
- -X：删除用户自定义的防火墙规则。
- -Z：将 chain 中的日志清零。

例如：

```
[root@localhost wgsu1]#iptables -t filter -F
//删除 Filter 表中已配置的规则
```

⑥ -I 或—insert。

```
iptables -I [INPUT OUTPUT FORWARD] 1 -p tcp --sport 80 -j [ACCEPT DROP]
```

- -I 或--insert：在原有的防火墙规则策略中插入一条新规则。
- INPUT：定义进入的数据包。
- OUTPUT：定义发出的数据包。
- FORWARD：定义需要转发的数据包。
- 数字 1：可根据具体的情况将其修改为 1、2、3 等，修改为 1 代表插入的规则放在原有规则列表的第一条；修改为 2 代表插入的规则放在原有规则的第二条，以此类推。
- -p：定义规则对某一协议进行控制，如 TCP、UDP 等。
- --sport 或--source -port：定义数据包来源的源端口，从而判定端口数据包的丢弃或放通。
- -j：在-j 后添加相关参数[ACCEPT DROP]进行数据包的通过或丢弃。

例如：

```
[root@localhost wgsu1]#iptables -I INPUT 2 -p tcp --sport 80 -j ACCEPT
//在原有表中规则 2 的位置插入一条新规则，新规则定义源端口为 80 的数据包允许通过
```

14.3.3 任务 3 防火墙的配置

1. 任务分析

五桂山公司的网络管理员已经了解了 iptables 中的输入规则，还需要进一步通过实例进行命令集作用的具体化。本任务将通过简单的规则设置展示 iptables 的作用。

2. 任务实施过程

(1) 设置默认策略，当数据包通过 iptables 时，如果不匹配 iptables 链中的任何一条策略，则由默认策略进行处理。

```
[root@localhost wgsu1]#iptables -P INPUT DROP
//定义 filter 表中 INPUT 链的默认策略为数据包丢弃
[root@localhost wgsu1]#iptables -t nat -P OUTPUT ACCEPT
//定义 nat 表中的 OUTPUT 链的默认策略为数据包允许
```

(2) 查看表中所有链的规则。

```
[root@localhost wgsu1]#iptables -t filter -L     //查看 Filter 表中链的规则
Chain INPUT (policy DROP)
target     prot  opt  source        destination
ACCEPT     all   --   anywhere      anywhere   state RELATED,ESTABLISHED
ACCEPT     icmp  --   anywhere      anywhere
ACCEPT     all   --   anywhere      anywhere
ACCEPT     tcp   --   anywhere      anywhere   state NEW tcp dpt:ssh
REJECT     all   --   anywhere      anywhere   reject-with icmp-host-prohibited
Chain FORWARD (policy ACCEPT)
target     prot opt source          destination
REJECT     all   --   anywhere      anywhere    reject-with icmp-host-prohibited
Chain OUTPUT (policy ACCEPT)
target     prot opt source              destination
[root@localhost wgsu1]#iptables -t nat -L        //查看 NAT 表中链的规则
Chain PREROUTING (policy ACCEPT)
target     prot opt source              destination
Chain INPUT (policy ACCEPT)
```

```
target      prot opt source               destination
Chain OUTPUT (policy ACCEPT)
target      prot opt source               destination
Chain POSTROUTING (policy ACCEPT)
target      prot opt source               destination
[root@localhost wgsu1]#iptables -t mangle -L   //查看 Mangle 中链的规则
Chain PREROUTING (policy ACCEPT)
target      prot opt source               destination
Chain INPUT (policy ACCEPT)
target      prot opt source               destination
Chain FORWARD (policy ACCEPT)
target      prot opt source               destination
Chain OUTPUT (policy ACCEPT)
target      prot opt source               destination
Chain POSTROUTING (policy ACCEPT)
target      prot opt source               destination
```

(3) 单独查看 Filter 表中某链的规则，如果需要查看 NAT 表或 Mangle 表中链的规则，则可以通过修改-t 后面的表名进行查看。

```
[root@localhost wgsu1]#iptables -t filter -L INPUT   //查看 Filter 表中 INPUT 链的规则
Chain INPUT (policy DROP)
target    prot   opt  source     destination
ACCEPT    all    --   anywhere   anywhere   state RELATED,ESTABLISHED
ACCEPT    icmp   --   anywhere   anywhere
ACCEPT    all    --   anywhere   anywhere
ACCEPT    tcp    --   anywhere   anywhere   state NEW tcp dpt:ssh
REJECT    all    --   anywhere   anywhere   reject-with icmp-host-prohibited
[root@localhost wgsu1]#iptables -t filter -L OUTPUT
//查看 Filter 表中 OUTPUT 链的规则
Chain OUTPUT (policy ACCEPT)
target     prot opt source               destination
[root@localhost wgsu1]#iptables -t filter -L FORWARD
//查看 Filter 表中 FORWARD 链的规则
Chain FORWARD (policy ACCEPT)
target     prot opt source       destination
REJECT     all   --anywhere       anywhere     reject-with icmp-host-prohibited
```

(4) 为 Filter 表中的 INPUT 链添加一条新规则，新规则定义为拒绝源地址为 10.2.65.10(如果针对网段来进行控制，则可以写为 10.2.65.0/24)使用 ICMP 的数据包。

```
[root@localhost wgsu1]#iptables -A INPUT -s 10.2.65.10 -p icmp -j DROP
[root@localhost wgsu1]#iptables -L INPUT
Chain INPUT (policy DROP)
target      prot    opt    source            destination
ACCEPT      all     --     anywhere          anywhere
ACCEPT      icmp    --     anywhere          anywhere
ACCEPT      all     --     anywhere          anywhere
ACCEPT      tcp     --     anywhere          anywhere
REJECT      all     --     anywhere          anywhere
DROP        icmp    --     10.2.65.10        anywhere
```

(5) 为 Filter 表中的 INPUT 链添加一条新规则，新规则定义为允许源地址为 10.2.65.9 访问 TCP 的 80 端口的数据包通过。

```
[root@localhost wgsu1]#iptables -A INPUT -s 10.2.65.9 -p tcp --dport 80 -j ACCEPT
[root@localhost wgsu1]#iptables -L INPUT
Chain INPUT (policy DROP)
target      prot   opt   source         destination
ACCEPT      all    --    anywhere       anywhere
ACCEPT      icmp   --    anywhere       anywhere
ACCEPT      all    --    anywhere       anywhere
ACCEPT      tcp    --    anywhere       anywhere
REJECT      all    --    anywhere       anywhere
DROP        icmp   --    10.2.65.10     anywhere
ACCEPT      tcp    --    10.2.65.9      anywhere          tcp dpt:http
```

(6) 在 Filter 表中的 INPUT 链的第 7 条规则前插入一条新规则，新规则定义为允许源地址为 10.2.65.9 访问 ICMP 的数据包通过。

```
[root@localhost wgsu1]#iptables -I INPUT 7 -s 10.2.65.9 -p icmp -j ACCEPT
[root@localhost wgsu1]#iptables -L INPUT
Chain INPUT (policy DROP)
target      prot   opt   source         destination
ACCEPT      all    --    anywhere       anywhere
ACCEPT      icmp   --    anywhere       anywhere
ACCEPT      all    --    anywhere       anywhere
ACCEPT      tcp    --    anywhere       anywhere
REJECT      all    --    anywhere       anywhere
DROP        icmp   --    10.2.65.10     anywhere
ACCEPT      icmp   --    10.2.65.9      anywhere
ACCEPT      tcp    --    10.2.65.9      anywhere          tcp dpt:http
```

(7) 删除 Filter 表中的 INPUT 链的最后一条规则。

```
[root@localhost wgsu1]#iptables -L INPUT
Chain INPUT (policy DROP)
target      prot   opt   source         destination
ACCEPT      all    --    anywhere       anywhere
ACCEPT      icmp   --    anywhere       anywhere
ACCEPT      all    --    anywhere       anywhere
ACCEPT      tcp    --    anywhere       anywhere
REJECT      all    --    anywhere       anywhere
DROP        icmp   --    10.2.65.10     anywhere
ACCEPT      icmp   --    10.2.65.9      anywhere
ACCEPT      tcp    --    10.2.65.9      anywhere          tcp dpt:http
[root@localhost wgsu1]#iptables -D INPUT -s 10.2.65.9 -p tcp --dport 80 -j ACCEPT
[root@localhost wgsu1]#iptables -L INPUT
Chain INPUT (policy DROP)
target      prot   opt   source         destination
ACCEPT      all    --    anywhere       anywhere
ACCEPT      icmp   --    anywhere       anywhere
ACCEPT      all    --    anywhere       anywhere
```

```
ACCEPT        tcp     --    anywhere        anywhere
REJECT        all     --    anywhere        anywhere
DROP          icmp    --    10.2.65.10      anywhere
ACCEPT        icmp    --    10.2.65.9       anywhere
```

(8) 通过查询 Filter 表中的 INPUT 链的规则中对应的行数，对 Filter 表中的 INPUT 链的规则进行删除。

```
[root@localhost wgsu1]#iptables -L INPUT --line -n
Chain INPUT (policy DROP)
num  target     prot   opt   source          destination
1    ACCEPT     all    --    0.0.0.0/0       0.0.0.0/0
2    ACCEPT     icmp   --    0.0.0.0/0       0.0.0.0/0
3    ACCEPT     all    --    0.0.0.0/0       0.0.0.0/0
4    ACCEPT     tcp    --    0.0.0.0/0       0.0.0.0/0
5    REJECT     all    --    0.0.0.0/0       0.0.0.0/0
6    DROP       icmp   --    10.2.65.10      0.0.0.0/0
7    ACCEPT     icmp   --    10.2.65.9       0.0.0.0/0
[root@localhost wgsu1]#iptables -D INPUT 6
[root@localhost wgsu1]#iptables -L INPUT --line -n
Chain INPUT (policy DROP)
num  target     prot   opt   source          destination
1    ACCEPT     all    --    0.0.0.0/0       0.0.0.0/0
2    ACCEPT     icmp   --    0.0.0.0/0       0.0.0.0/0
3    ACCEPT     all    --    0.0.0.0/0       0.0.0.0/0
4    ACCEPT     tcp    --    0.0.0.0/0       0.0.0.0/0
5    REJECT     all    --    0.0.0.0/0       0.0.0.0/0
6    ACCEPT     icmp   --    10.2.65.9       0.0.0.0/0
```

(9) 清空 Filter 表中的 INPUT 链的所有规则。

```
[root@localhost wgsu1]#iptables -L INPUT
Chain INPUT (policy DROP)
target        prot   opt   source          destination
ACCEPT        all    --    anywhere        anywhere
ACCEPT        icmp   --    anywhere        anywhere
ACCEPT        all    --    anywhere        anywhere
ACCEPT        tcp    --    anywhere        anywhere
REJECT        all    --    anywhere        anywhere
ACCEPT        icmp   --    10.2.65.9       anywhere
[root@localhost wgsu1]#iptables -F INPUT
[root@localhost wgsu1]#iptables -L INPUT
Chain INPUT (policy DROP)
target     prot opt source               destination
```

(10) iptables 中规则的保存命令为 iptables-save。

```
[root@localhost wgsu1]#iptables-save
#Generated by iptables-save v1.4.21 on Mon Nov 30 23:56:27 2020
*mangle
:PREROUTING ACCEPT [2633:366923]
:INPUT ACCEPT [2633:366923]
```

```
:FORWARD ACCEPT [0:0]
:OUTPUT ACCEPT [5735:434732]
:POSTROUTING ACCEPT [6095:487970]
COMMIT
#Completed on Mon Nov 30 23:56:27 2020
#Generated by iptables-save v1.4.21 on Mon Nov 30 23:56:27 2020
*nat         //代表保存的表名
:PREROUTING ACCEPT [2276:314086]
:INPUT ACCEPT [0:0]
:OUTPUT ACCEPT [1694:145679]
:POSTROUTING ACCEPT [1694:145679]
COMMIT
#Completed on Mon Nov 30 23:56:27 2020
#Generated by iptables-save v1.4.21 on Mon Nov 30 23:56:27 2020
*filter        //代表保存的表名
:INPUT DROP [0:0]
:FORWARD ACCEPT [0:0]
:OUTPUT ACCEPT [32:2272]
-A FORWARD -j REJECT --reject-with icmp-host-prohibited
COMMIT
#Completed on Mon Nov 30 23:56:27 2020
```

如果需要针对某个表进行单独保存,则可在 iptables-save 后添加 -t 参数以保存指定表的规则。如果需要保存包和字节计数器的值,则需要在 iptables-save 后添加-c 参数。如果需要将表保存到某个指定文件中,则可使用重定向命令进行保存。

```
[root@localhost wgsu1]#iptables-save>/etc/iptables-save
```

(11) iptables 中规则的恢复可以使用命令 iptables-restore 完成。

```
iptables-save[-c][-n]
```

如果需要保存包和字节计数器的值,则需要在 iptables-restore 后添加-c 参数。如果需要不覆盖已存在的表和表内的规则,则需要在 iptables-restore 后添加-n 参数。如果需要从某个文件中进行恢复,则可以使用重定向命令进行规则恢复。

```
[root@localhost wgsu1]#iptables-restore</etc/iptables-save
```

14.3.4 任务 4 网络地址转换

1. 任务分析

五桂山公司在广州有一个办事处,有员工 3~4 人,但只有一个公网地址,为保证五桂山公司内全部员工能正常使用互联网资源,现计划对公司的网络拓扑进行设计,具体结构如图 14-8 所示。内网主机使用 10.2.65.0/24 网段的 IP 地址,内网与外面的交界处通过一台 Linux 服务器主机进行连接。五桂山公司现在的外网已向运营商申请到固定地址 100.1.1.2,外网主机的 IP 地址为 100.1.1.3。通过配置,需要满足以下效果,使主机 wgsu1 能访问外网 Web 服务器 wgsu3;服务器主机相关信息如表 14-1 所示。

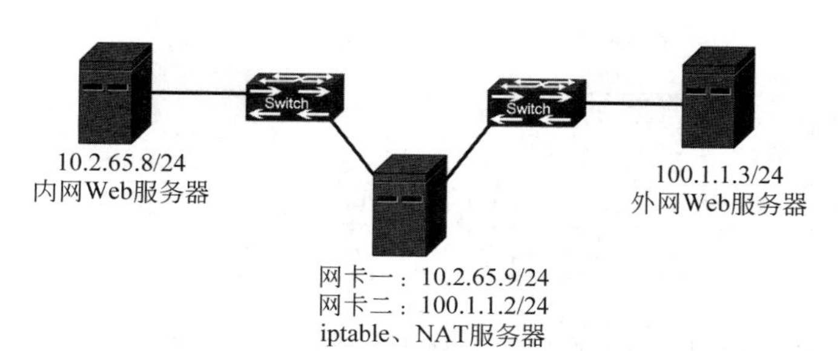

图 14-8　网络拓扑图

表 14-1　服务器主机相关信息

主机名称	服务器名称	IPv4 地址配置	操作系统	虚拟机网卡
wgsu1	内网 Web 服务器	10.2.65.8/24 网关：10.2.65.9	Linux	VMnet1
wgsu2	NAT 服务器	网卡一：10.2.65.9/24 网卡二：100.1.1.2/24	Linux	网卡一：VMnet1 网卡二：VMnet0
wgsu3	外网 Web 服务器	100.1.1.3/24	Linux	VMnet0

2. 任务实施过程

（1）通过 ping 命令测试各主机之间的网络连通性，在主机 wgsu1 上进行测试，如图 14-9 所示。

```
wgsu1@localhost:~
文件(F)  编辑(E)  查看(V)  搜索(S)  终端(T)  帮助(H)
[wgsu1@localhost ~]$ ping 10.2.65.9
PING 10.2.65.9 (10.2.65.9) 56(84) bytes of data.
64 bytes from 10.2.65.9: icmp_seq=1 ttl=64 time=0.306 ms
64 bytes from 10.2.65.9: icmp_seq=2 ttl=64 time=0.847 ms
64 bytes from 10.2.65.9: icmp_seq=3 ttl=64 time=20.3 ms
64 bytes from 10.2.65.9: icmp_seq=4 ttl=64 time=18.9 ms
^C
--- 10.2.65.9 ping statistics ---
4 packets transmitted, 4 received, 0% packet loss, time 3004ms
rtt min/avg/max/mdev = 0.306/10.124/20.351/9.561 ms
[wgsu1@localhost ~]$ ping 100.1.1.2
PING 100.1.1.2 (100.1.1.2) 56(84) bytes of data.
64 bytes from 100.1.1.2: icmp_seq=1 ttl=64 time=0.375 ms
64 bytes from 100.1.1.2: icmp_seq=2 ttl=64 time=0.867 ms
64 bytes from 100.1.1.2: icmp_seq=3 ttl=64 time=0.723 ms
64 bytes from 100.1.1.2: icmp_seq=4 ttl=64 time=0.715 ms
64 bytes from 100.1.1.2: icmp_seq=5 ttl=64 time=0.699 ms
^C
--- 100.1.1.2 ping statistics ---
5 packets transmitted, 5 received, 0% packet loss, time 4005ms
rtt min/avg/max/mdev = 0.375/0.675/0.867/0.165 ms
[wgsu1@localhost ~]$ ping 100.1.1.3
PING 100.1.1.3 (100.1.1.3) 56(84) bytes of data.



^C
--- 100.1.1.3 ping statistics ---
30 packets transmitted, 0 received, 100% packet loss, time 29015ms

[wgsu1@localhost ~]$
```

图 14-9　主机 wgsu1 与 wgsu2、wgsu3 的网络连通性测试

（2）在主机 wgsu2 上进行测试，如图 14-10 所示。

```
wgsu2@localhost:~
文件(F)  编辑(E)  查看(V)  搜索(S)  终端(T)  帮助(H)
[wgsu2@localhost ~]$ ping 10.2.65.8
PING 10.2.65.8 (10.2.65.8) 56(84) bytes of data.
64 bytes from 10.2.65.8: icmp_seq=1 ttl=64 time=0.392 ms
64 bytes from 10.2.65.8: icmp_seq=2 ttl=64 time=0.779 ms
64 bytes from 10.2.65.8: icmp_seq=3 ttl=64 time=0.866 ms
^C
--- 10.2.65.8 ping statistics ---
3 packets transmitted, 3 received, 0% packet loss, time 2001ms
rtt min/avg/max/mdev = 0.392/0.679/0.866/0.206 ms
[wgsu2@localhost ~]$ ping 100.1.1.3
PING 100.1.1.3 (100.1.1.3) 56(84) bytes of data.
64 bytes from 100.1.1.3: icmp_seq=1 ttl=64 time=0.503 ms
64 bytes from 100.1.1.3: icmp_seq=2 ttl=64 time=0.919 ms
64 bytes from 100.1.1.3: icmp_seq=3 ttl=64 time=0.791 ms
64 bytes from 100.1.1.3: icmp_seq=4 ttl=64 time=0.826 ms
^C
--- 100.1.1.3 ping statistics ---
4 packets transmitted, 4 received, 0% packet loss, time 3005ms
rtt min/avg/max/mdev = 0.503/0.759/0.919/0.159 ms
[wgsu2@localhost ~]$
```

图 14-10　主机 wgsu2 与 wgsu1、wgsu3 的网络连通性测试

（3）在主机 wgsu3 上进行测试，如图 14-11 所示。

```
wgsu3@localhost:~
文件(F)  编辑(E)  查看(V)  搜索(S)  终端(T)  帮助(H)
[wgsu3@localhost ~]$ ping 100.1.1.2
PING 100.1.1.2 (100.1.1.2) 56(84) bytes of data.
64 bytes from 100.1.1.2: icmp_seq=1 ttl=64 time=0.480 ms
64 bytes from 100.1.1.2: icmp_seq=2 ttl=64 time=0.718 ms
64 bytes from 100.1.1.2: icmp_seq=3 ttl=64 time=0.867 ms
64 bytes from 100.1.1.2: icmp_seq=4 ttl=64 time=0.706 ms
^C
--- 100.1.1.2 ping statistics ---
4 packets transmitted, 4 received, 0% packet loss, time 3002ms
rtt min/avg/max/mdev = 0.480/0.692/0.867/0.141 ms
[wgsu3@localhost ~]$ ping 10.2.65.9
PING 10.2.65.9 (10.2.65.9) 56(84) bytes of data.
64 bytes from 10.2.65.9: icmp_seq=1 ttl=64 time=0.667 ms
64 bytes from 10.2.65.9: icmp_seq=2 ttl=64 time=0.840 ms
64 bytes from 10.2.65.9: icmp_seq=3 ttl=64 time=0.840 ms
64 bytes from 10.2.65.9: icmp_seq=4 ttl=64 time=0.864 ms
^C
--- 10.2.65.9 ping statistics ---
4 packets transmitted, 4 received, 0% packet loss, time 3002ms
rtt min/avg/max/mdev = 0.667/0.802/0.864/0.086 ms
[wgsu3@localhost ~]$ ping 10.2.65.8
PING 10.2.65.8 (10.2.65.8) 56(84) bytes of data.
From 100.1.1.3 icmp_seq=1 Destination Host Unreachable
From 100.1.1.3 icmp_seq=2 Destination Host Unreachable
From 100.1.1.3 icmp_seq=3 Destination Host Unreachable
From 100.1.1.3 icmp_seq=4 Destination Host Unreachable
^C
--- 10.2.65.8 ping statistics ---
4 packets transmitted, 0 received, +4 errors, 100% packet loss, time 2999ms
pipe 4
```

图 14-11　主机 wgsu3 与 wgsu1、wgsu2 的网络连通性测试

（4）在 wgsu2 上配置 SNAT。虚拟机加载 ios 镜像并挂载到 Linux 服务器。

```
[root@localhost wgsu2]#mkdir /wgs
[root@localhost wgsu2]#mount /dev/cdrom /wgs
mount: /dev/sr0 写保护,将以只读方式挂载
[root@localhost wgsu2]#vim /etc/yum.repos.d/wgs.repo
```

```
[dvd]
name=dvd
baseurl=file:///wgs                    //3个"/"代表路径使用本地源文件
gpgcheck=0
enable=1
```

（5）安装 iptables 服务。

```
[root@localhost wgsu2]#yum clean all          //清除缓存
[root@localhost wgsu2]#yum install iptables iptables-services -y
```

（6）开启路由转发。

```
[root@localhost wgsu2]#cat /proc/sys/net/ipv4/ip_forward
1
```

（7）关闭 firewalld,开启 iptables。

```
[root@localhost wgsu2]#systemctl stop firewalld
[root@localhost wgsu2]#systemctl start iptables
[root@localhost wgsu2]#systemctl enable iptables
```

（8）清理 iptables 的原有规则,并查看 NAT 表中的规则。

```
[root@localhost wgsu2]#iptables -F
[root@localhost wgsu2]#iptables -t nat -L
Chain PREROUTING (policy ACCEPT)
target     prot opt source               destination
Chain INPUT (policy ACCEPT)
target     prot opt source               destination
Chain OUTPUT (policy ACCEPT)
target     prot opt source               destination
Chain POSTROUTING (policy ACCEPT)
target     prot opt source               destination
```

（9）在 NAT 表中增加一条新规则,新规则定义源地址为 10.2.65.0/24 的 IP 段所发到外网的数据包转换 IP 地址为 100.1.1.2,配置后再查看配置情况。

```
[root@localhost wgsu2]#iptables -t nat -A POSTROUTING -s 10.2.65.0/24 -j SNAT --to-source
100.1.1.2
[root@localhost wgsu2]#iptables -t nat -L
Chain PREROUTING (policy ACCEPT)
target     prot opt source               destination
Chain INPUT (policy ACCEPT)
target     prot opt source               destination
Chain OUTPUT (policy ACCEPT)
target     prot opt source               destination
Chain POSTROUTING (policy ACCEPT)
target prot   opt   source             destination
SNAT    all    --    10.2.65.0/24        anywhere            to:100.1.1.2
```

（10）在模拟外网的 Web 服务器的主机(wgsu3)上安装 httpd 服务。虚拟机加载 iso 镜像挂载到 Linux 服务器。

```
[root@localhost wgsu3]#mkdir /wgs
[root@localhost wgsu3]#mount /dev/cdrom /wgs
mount: /dev/sr0 写保护,将以只读方式挂载
```

```
[root@localhost wgsu3]#vim /etc/yum.repos.d/wgs.repo
[dvd]
name=dvd
baseurl=file:///wgs                    //3个"/"代表路径使用本地源文件
gpgcheck=0
enable=1
```

(11) 安装 httpd 服务。

```
[root@localhost wgsu3]#yum clean all          //清除缓存
[root@localhost wgsu3]#yum install httpd -y
```

(12) 配置 firewalld 放通 httpd 服务,并重启 httpd 服务。

```
[root@localhost wgsu3]#firewall-cmd --permanent --add-service=http
success
[root@localhost wgsu3]#firewall-cmd --reload
success
[root@localhost wgsu3]#firewall-cmd --list-all
//查看现有的 firewalld 已配置的规则
public (active)
  target: default
  icmp-block-inversion: no
  interfaces: ens33
  sources:
  services: ssh dhcpv6-client http
  ports:
  protocols:
  masquerade: no
  forward-ports:
  source-ports:
  icmp-blocks:
  rich rules:
[root@localhost wgsu3]#systemctl restart httpd      //重启 httpd 服务
```

(13) 在浏览器的地址栏中输入 127.0.0.1 测试网站页面,如图 14-12 所示。

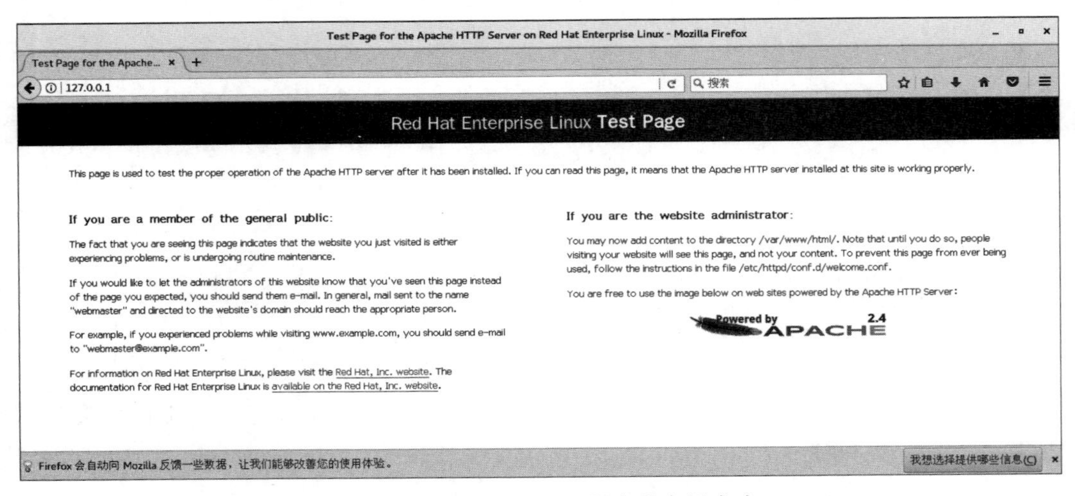

图 14-12　本机测试 Web 服务器启用成功

（14）在 NAT 主机（wgsu2）上输入主机 wgsu3 的 IP 地址 100.1.1.3 进行网页测试，如图 14-13 所示。

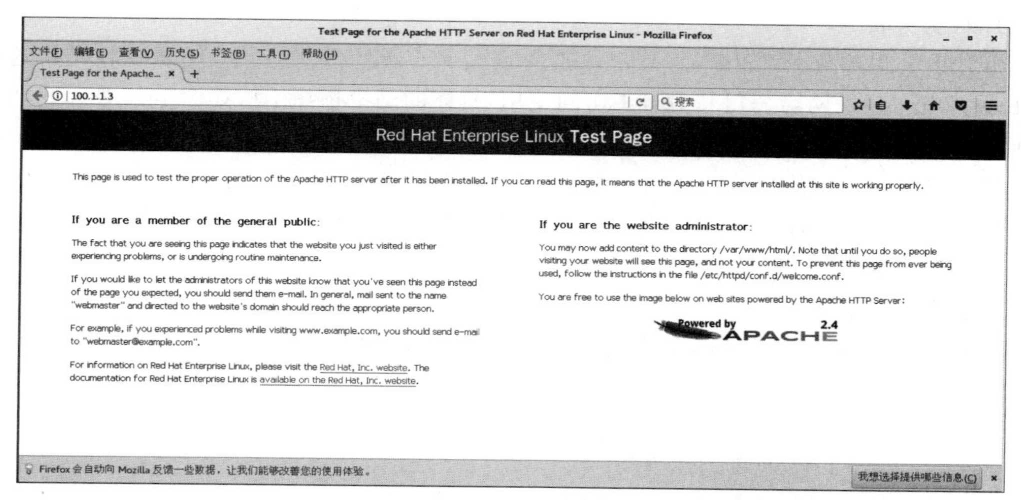

图 14-13　wgsu2 主机测试 wgsu3 外网主机上的网站启用

（15）在 wgsu1 主机上测试对 wgsu3 的网络连通性，并在浏览器上测试外网主机 wgsu3 的 httpd 服务的启用情况，如图 14-14 和图 14-15 所示。

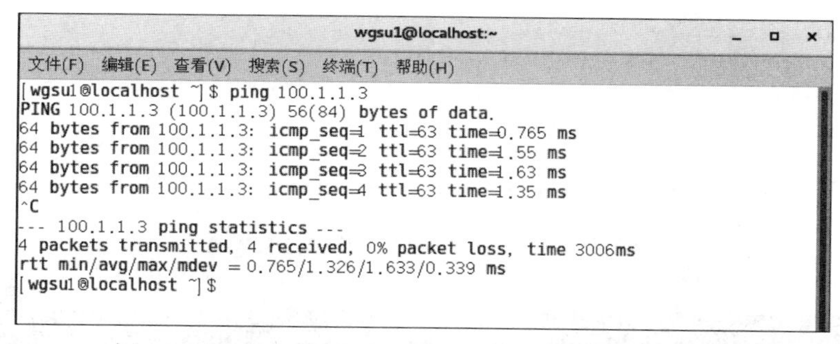

图 14-14　测试 wgsu1 主机与 wgsu3 主机的网络连通性

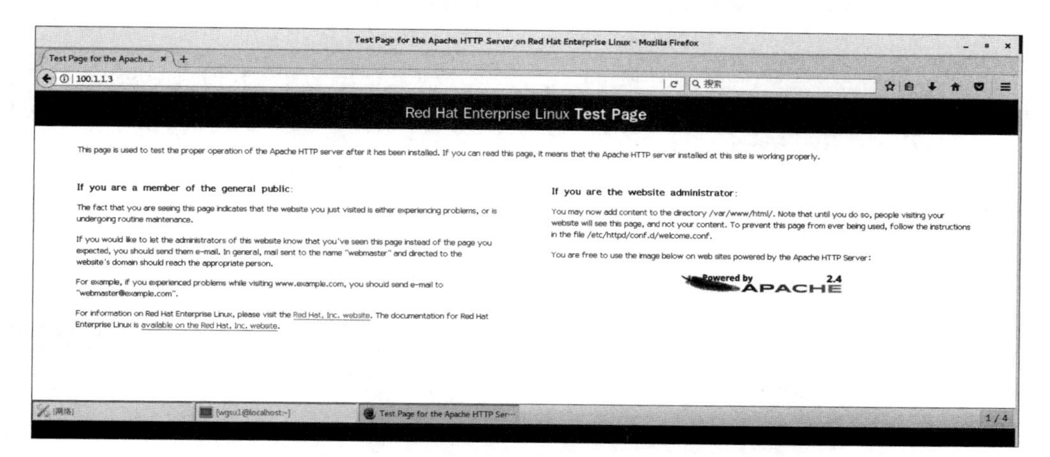

图 14-15　在 wgsu1 主机上访问 wgsu3 主机的 httpd 业务

14.3.5 任务5 内网服务的发布

1. 任务分析

五桂山公司负责公车租用的员工被临时调配到广州办事处工作，现需要临时将这个Web服务发布到外网给公司其他员工访问使用，具体的网络拓扑结构如图14-6所示。内网主机使用10.2.65.0/24网段的IP地址，内网与外面的交界处通过一台Linux服务器主机进行连接。五桂山公司的外网已向运营商申请到固定地址100.1.1.2，外网主机的IP地址为100.1.1.3。通过配置，需要满足以下功能：外网主机wgsu3能访问模拟内网公司Web服务器wgsu1。

2. 任务实施过程

(1) 在内网Web服务器的主机(wgsu1)上安装httpd服务。

```
[root@localhost wgsu1]#mkdir /wgs
[root@localhost wgsu1]#mount /dev/cdrom /wgs
mount: /dev/sr0 写保护,将以只读方式挂载
[root@localhost wgsu1]#vim /etc/yum.repos.d/wgs.repo
[dvd]
name=dvd
baseurl=file:///wgs                          //3个"/"代表路径使用本地源文件
gpgcheck=0
enable=1
[root@localhost wgsu1]#yum clean all
[root@localhost wgsu1]#yum install httpd -y
[root@localhost wgsu1]#systemctl restart httpd
[root@localhost wgsu1]#systemctl enable httpd
```

(2) 通过浏览器测试wgsu1的httpd业务的安装情况，如图14-16所示。

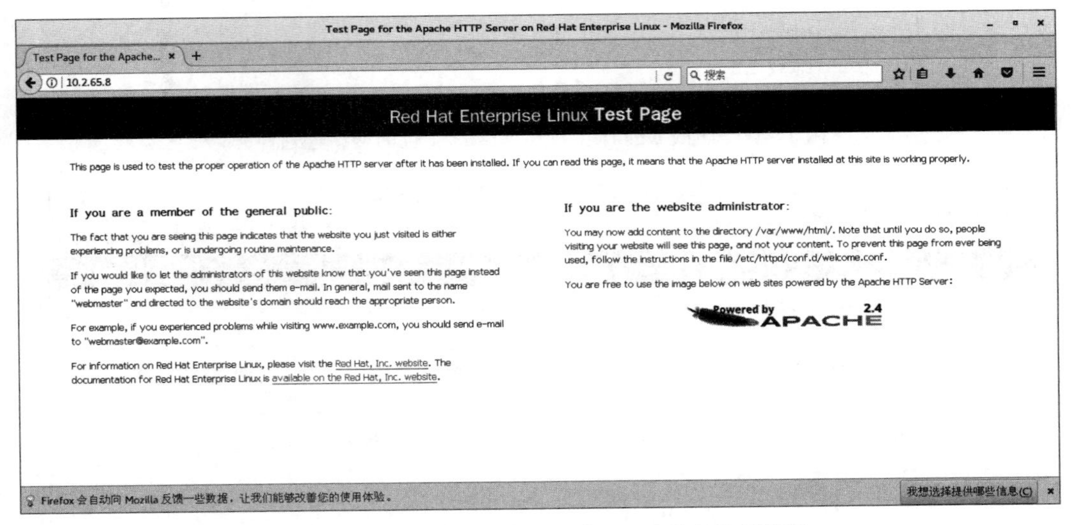

图14-16 测试wgsu1主机上的httpd业务启用情况

(3) 在 wgsu1 主机上安装 iptables,关闭 firewalld,启用 iptables。

```
[root@localhost wgsu1]#yum install iptables iptables-services -y
[root@localhost wgsu1]#systemctl stop firewalld
[root@localhost wgsu1]#systemctl start iptables
[root@localhost wgsu1]#systemctl enable iptables
```

(4) 删除 iptables 中已存在的规则,并配置相关规则。

```
[root@localhost wgsu1]#iptables -F
[root@localhost wgsu1]#iptables -L
Chain INPUT (policy ACCEPT)
target     prot opt source               destination
Chain FORWARD (policy ACCEPT)
target     prot opt source               destination
Chain OUTPUT (policy ACCEPT)
target     prot opt source               destination
[root@localhost wgsu1]#iptables -A INPUT -p tcp --dport 80 -j ACCEPT
//在 filter 表的 INPUT 链添加一条规则,定义允许所有 tcp80 端口的数据包通过
[root@localhost wgsu1]#iptables -A INPUT -i lo -j ACCEPT
//在 filter 表的 INPUT 链添加一条规则,定义允许访问环回地址的数据包通过
[root@localhost wgsu1]#iptables -A INPUT -p icmp -j ACCEPT
//在 filter 表的 INPUT 链添加一条规则,定义允许 ICMP 的数据包通过
[root@localhost wgsu1]#iptables -A INPUT -j REJECT
//在 filter 表的 INPUT 链添加一条规则,定义除以上允许的规则外,其他数据包都拒绝
```

(5) 在 NAT(wgsu2) 主机上配置映射规则。

```
[root@localhost wgsu2]#iptables -t nat -A PREROUTING -d 100.1.1.2 -p tcp --dport 80 -j DNAT
--to-destination 10.2.65.8:80
//新建 NAT 的映射规则,定义内网 IP 地址为 10.2.65.8、端口为 80 的业务通过 IP 地址为 100.1.1.2、端口为 80
的业务映射到外网中
[root@localhost wgsu2]#iptables -t nat -L
Chain PREROUTING (policy ACCEPT)
target     prot opt source               destination
DNAT       tcp  --  anywhere             localhost.localdomain   tcp dpt:http to:10.2.65.8:80
Chain INPUT (policy ACCEPT)
target     prot opt source               destination
Chain OUTPUT (policy ACCEPT)
target     prot opt source               destination
Chain POSTROUTING (policy ACCEPT)
target     prot opt source               destination
SNAT       all  --  10.2.65.0/24         anywhere              to:100.1.1.2
```

(6) 通过 wgsu3 测试 wgsu1 的网络连通性,可以发现并不能 ping 通 10.2.65.8(wgsu1 主机),但能够 ping 通 100.1.1.2(wgsu2 主机),如图 14-17 所示,并且可以通过 100.1.1.2 访问 10.2.65.8 的 httpd 业务,如图 14-18 所示。

14.3.6 任务 6 实践与应用

1. 任务分析

五桂山公司在任务 5 的网络拓扑中增加了一台主机,如图 14-19 所示。同时,该公司在

```
wgsu3@localhost:~
文件(F)  编辑(E)  查看(V)  搜索(S)  终端(T)  帮助(H)
[wgsu3@localhost ~]$ ping 10.2.65.8
PING 10.2.65.8 (10.2.65.8) 56(84) bytes of data.
From 100.1.1.3 icmp_seq=1 Destination Host Unreachable
From 100.1.1.3 icmp_seq=2 Destination Host Unreachable
From 100.1.1.3 icmp_seq=3 Destination Host Unreachable
From 100.1.1.3 icmp_seq=4 Destination Host Unreachable
^C
--- 10.2.65.8 ping statistics ---
7 packets transmitted, 0 received, +4 errors, 100% packet loss, time 6001ms
pipe 4
[wgsu3@localhost ~]$ ping 100.1.1.2
PING 100.1.1.2 (100.1.1.2) 56(84) bytes of data.
64 bytes from 100.1.1.2: icmp_seq=1 ttl=64 time=0.281 ms
64 bytes from 100.1.1.2: icmp_seq=2 ttl=64 time=0.712 ms
64 bytes from 100.1.1.2: icmp_seq=3 ttl=64 time=0.697 ms
64 bytes from 100.1.1.2: icmp_seq=4 ttl=64 time=0.716 ms
^C
--- 100.1.1.2 ping statistics ---
4 packets transmitted, 4 received, 0% packet loss, time 3002ms
rtt min/avg/max/mdev = 0.281/0.601/0.716/0.186 ms
[wgsu3@localhost ~]$
```

图 14-17　测试 wgsu3 主机与 wgsu1、wgsu2 主机的网络连通性

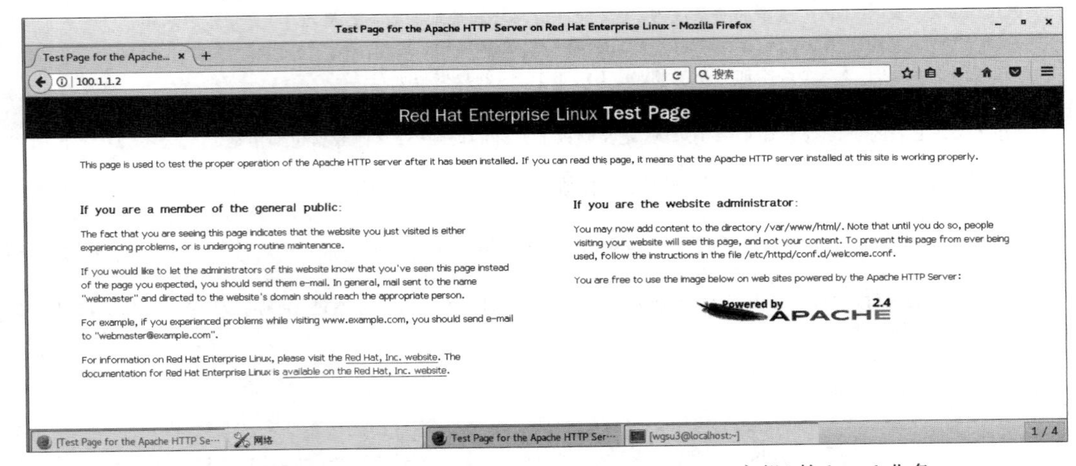

图 14-18　通过 IP 地址 100.1.1.2 访问 10.2.65.8(wgsu1 主机)的 httpd 业务

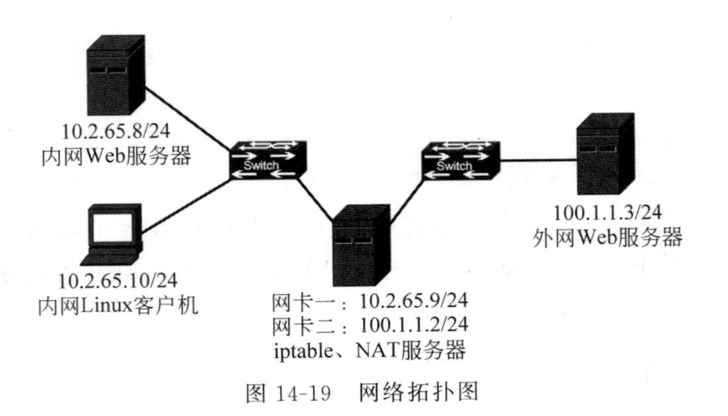

图 14-19　网络拓扑图

原本的服务业务基础上，在外网主机 wgsu3 上安装了一个 DNS 服务器，并配置了相关资源记录，使主机 wgsu1 能通过域名访问 100.1.1.3 上的 Web 业务，而 wgsu4 主机则只能通过访问 IP 地址访问 100.1.1.3 的 Web 业务，而不能通过 DNS 访问 wgsu3 上的 Web 业务。服务器主机和客户端主机的相关信息如表 14-2 所示。

表 14-2　服务器主机和客户端主机的相关信息

主机名称	服务器名称	IPv4 地址配置	操作系统	虚拟机网卡
wgsu1	内网员工主机	IP 地址：10.2.65.8/24 网关：10.2.65.9 DNS：100.1.1.3	Linux	VMnet1
wgsu2	NAT 服务器	网卡一：10.2.65.9/24 网卡二：100.1.1.2/24	Linux	网卡一：VMnet1 网卡二：VMnet0
wgsu3	外网 Web 服务器 DNS 服务器	IP 地址：100.1.1.3/24	Linux	VMnet0
wgsu4	内网员工主机	IP 地址：10.2.65.10/24 网关：10.2.65.9 DNS：100.1.1.3	Linux	VMnet1

2. 任务实施过程

(1) 在 wgsu3 主机上安装 DNS 服务，并启用 DNS 服务。

```
[root@localhost wgsu3]#mkdir /wgs
[root@localhost wgsu3]#mount /dev/cdrom /wgs
mount: /dev/sr0 写保护,将以只读方式挂载
[root@localhost wgsu3]#vim /etc/yum.repos.d/wgs.repo
[dvd]
name=dvd
baseurl=file:///wgs                    //3个"/"代表路径使用本地源文件
gpgcheck=0
enable=1
[root@localhost wgsu3]#yum clean all
[root@localhost wgsu3]#yum install bind bind-chroot -y
[root@localhost wgsu3]#systemctl start named
[root@localhost wgsu3]#systemctl enable named
```

(2) 修改 DNS 服务的主配置文件。

```
[root@localhost wgsu3]#vim /etc/named.conf
…
options {
        listen-on port 53 { any; };        //侦听地址 127.0.0.1,修改配置为 any
        listen-on-v6 port 53 { ::1; };
        directory       "/var/named";
        dump-file       "/var/named/data/cache_dump.db";
        statistics-file "/var/named/data/named_stats.txt";
        memstatistics-file "/var/named/data/named_mem_stats.txt";
        allow-query     { any; };          //允许网段将 localhost 修改为 any
…
        recursion yes;
```

```
dnssec-enable no;                    //将 yes 修改为 no
        dnssec-validation no;        //将 yes 修改为 no
        dnssec-lookaside auto;
        /* Path to ISC DLV key */
        bindkeys-file "/etc/named.iscdlv.key";
        managed-keys-directory "/var/named/dynamic";
        pid-file "/run/named/named.pid";
        session-keyfile "/run/named/session.key";
};
logging {
        channel default_debug {
                file "data/named.run";
                severity dynamic;
        };
};
zone "." IN {
        type hint;
        file "named.ca";
};
include "/etc/named.wgs.zones";        //修改主配置文件为 named.wgs.zones
include "/etc/named.root.key";
```

(3) 修改 named.wgs.zones 配置。

```
[root@localhost wgsu3]#cp -p/etc/named.rfc1912.zones /etc/named.wgs.zones
[root@localhost wgsu3]#vim /etc/named.wgs.zones
zone "wgs.com" IN{
        type master;
        file"wgs.com.zone";
        allow-update{none;};
};
zone "1.1.100.in-addr.arpa" IN{
        type master;
        file "3.1.1.100.zone";
        allow-update{none;};
};
```

(4) 修改 DNS 域的正反向配置文件。

```
[root@localhost wgsu3]#cp -p /var/named/named.localhost /var/named/wgs.com.zone
[root@localhost wgsu3]#vim /var/named/wgs.com.zone
$TTL 1D
@       IN SOA  @rname.invalid. (
                                        0       ; serial
                                        1D      ; refresh
                                        1H      ; retry
                                        1W      ; expire
                                        3H)     ; minimum
@       IN      NS      dns.wgs.com.
dns     IN      A       100.1.1.3
www     IN      A       100.1.1.3
```

(5) 修改 DNS 域的反向配置文件。

```
[root@localhost wgsu3]cp -p /var/named/named.loopback /var/named/3.1.1.100.zone
[root@localhost wgsu3]vim /var/named/3.1.1.100.zone
```

```
$TTL 1D
@       IN SOA  @  rname.invalid. (
                                    0       ; serial
                                    1D      ; refresh
                                    1H      ; retry
                                    1W      ; expire
                                    3H)     ; minimum
@      IN      NS      dns.wgs.com.
3      IN      PTR     dns.wgs.com.
3      IN      PTR     www.wgs.com.
```

(6) 配置防火墙,并设置主配置文件和区域文件的属性为 named,然后重启 DNS 服务。

```
[root@localhost wgsu3]#firewall-cmd --permanent --add-service=dns
success
[root@localhost wgsu3]#firewall-cmd --reload
success
[root@localhost wgsu3]#chgrp named /etc/named.conf
[root@localhost wgsu3]#systemctl restart named
[root@localhost wgsu3]#systemctl enable named
```

(7) 修改 wgsu3 主机的 DNS 为 100.1.1.3,如图 14-20 所示,在本地使用域名访问 wgsu3 主机上的 httpd 业务,如图 14-21 所示。

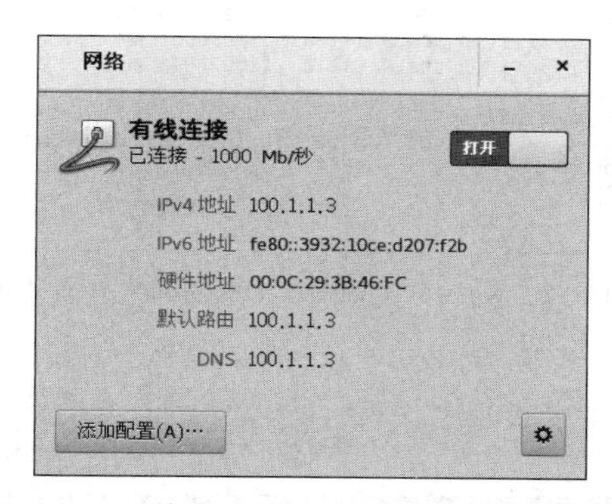

图 14-20　wgsu3 主机的 IP 地址与 DNS 配置的相关信息

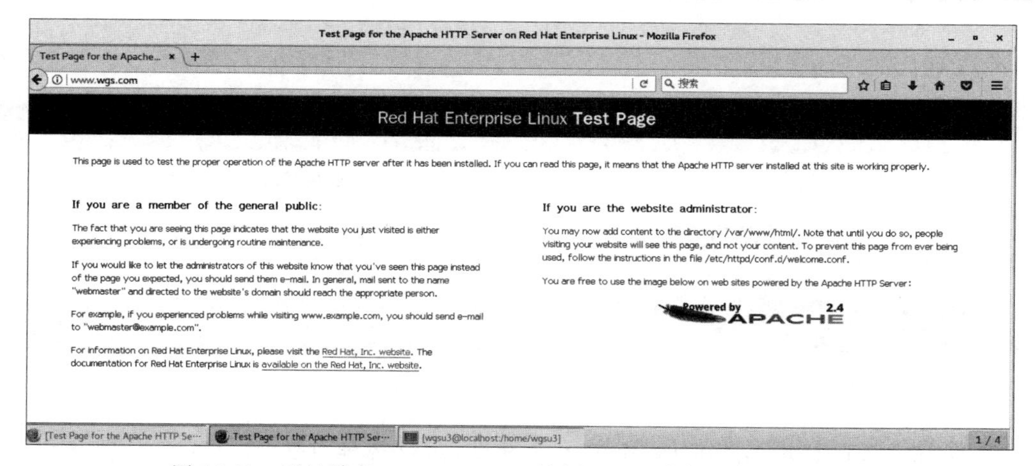

图 14-21　通过域名 www.wgs.com 访问 wgsu3 主机上的 httpd 业务

(8) 在 NAT 防火墙主机(wgsu2)上配置 DNS 转发规则。

```
[root@localhost wgsu2]#iptables -I FORWARD -p udp --dport 53 -j ACCEPT
[root@localhost wgsu2]#iptables -I FORWARD -p tcp --dport 53 -j ACCEPT
[root@localhost wgsu2]#iptables -L
Chain INPUT (policy ACCEPT)
target     prot opt source          destination
Chain FORWARD (policy ACCEPT)
target     prot  opt  source          destination
ACCEPT     tcp   --   anywhere        anywhere           tcp dpt:domain
ACCEPT     udp   --   anywhere        anywhere           udp dpt:domain
Chain OUTPUT (policy ACCEPT)
target     prot opt source          destination
```

(9) 测试 wgsu1 主机、wgsu4 主机与 wgsu3 主机的网络连通性以及访问网站的业务情况,如图 14-22 至图 14-25 所示。

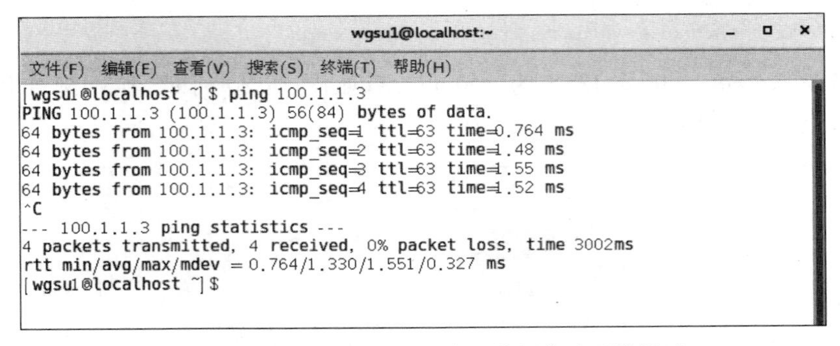

图 14-22 wgsu1 与 wgsu3 主机的网络连通性测试

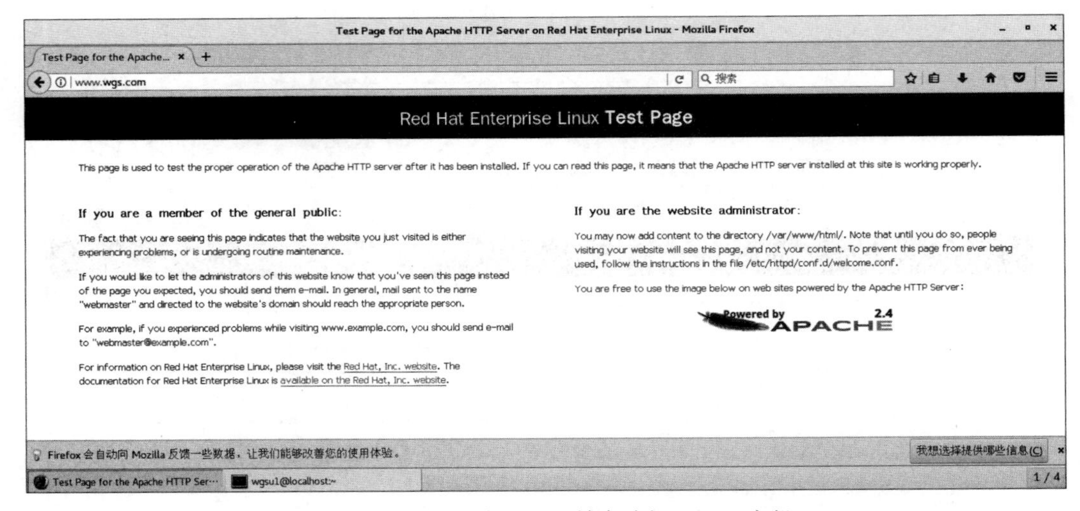

图 14-23 wgsu1 主机通过域名访问 wgsu3 主机

(10) 在 NAT 主机(wgsu2)上添加阻挡规则,定义源地址为 10.2.65.10(即 wgsu4 主机),使用 100.1.1.3 的 DNS 业务。

```
wgsu4@localhost:~
文件(F) 编辑(E) 查看(V) 搜索(S) 终端(T) 帮助(H)
[wgsu4@localhost ~]$ ping 100.1.1.3
PING 100.1.1.3 (100.1.1.3) 56(84) bytes of data.
64 bytes from 100.1.1.3: icmp_seq=1 ttl=63 time=0.666 ms
64 bytes from 100.1.1.3: icmp_seq=2 ttl=63 time=0.881 ms
64 bytes from 100.1.1.3: icmp_seq=3 ttl=63 time=0.839 ms
64 bytes from 100.1.1.3: icmp_seq=4 ttl=63 time=0.684 ms
^C
--- 100.1.1.3 ping statistics ---
4 packets transmitted, 4 received, 0% packet loss, time 3010ms
rtt min/avg/max/mdev = 0.666/0.767/0.881/0.097 ms
[wgsu4@localhost ~]$
```

图 14-24　wgsu4 与 wgsu3 的网络连通性测试

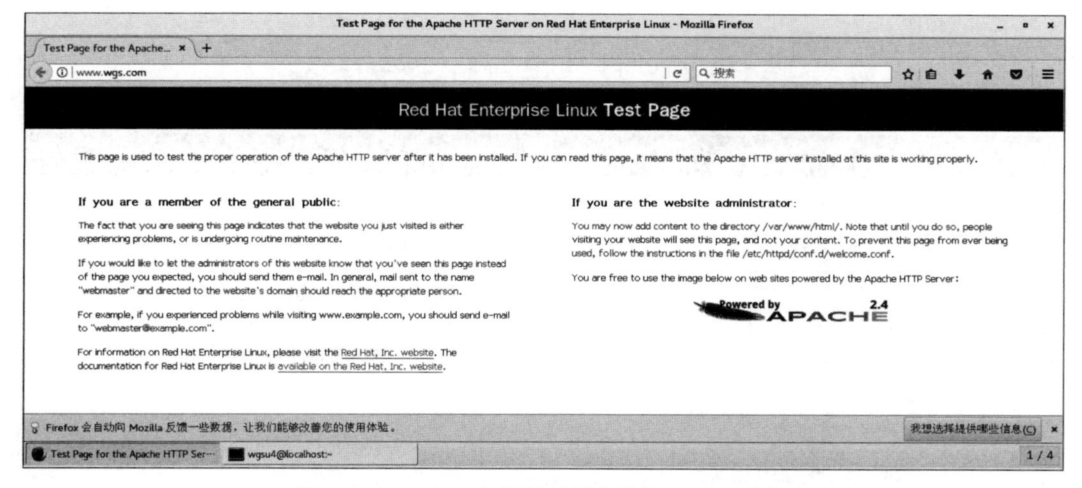

图 14-25　wgsu4 主机通过域名访问 wgsu3 主机

```
[root@localhost wgsu2]#iptables -I FORWARD -s 10.2.65.10/32 -d 100.1.1.3-p udp --dport 53 -
j DROP
[root@localhost wgsu2]#iptables -I FORWARD -s 10.2.65.10/32 -d 100.1.1.3 -p tcp --dport 53 -
j DROP
[root@localhost wgsu2]#iptables -L
Chain INPUT (policy ACCEPT)
target     prot opt source               destination
Chain FORWARD (policy ACCEPT)
target   prot  opt  source          destination
DROP     tcp   --   10.2.65.10      100.1.1.3          tcp dpt:domain
DROP     udp   --   10.2.65.10      100.1.1.3          udp dpt:domain
ACCEPT   tcp   --   anywhere        anywhere           tcp dpt:domain
ACCEPT   udp   --   anywhere        anywhere           udp dpt:domain
Chain OUTPUT (policy ACCEPT)
target     prot opt source               destination
```

（11）测试 wgsu4 与 wgsu3 的网络连通性和域名解析使用情况，如图 14-26 所示。

（12）wgsu4 依然能通过 IP 地址访问 wgsu3 服务器上的 httpd 业务，如图 14-27 所示。wgsu1 主机访问 wgsu3 主机上的业务都不受影响，如图 14-28 所示。

```
wgsu4@localhost:~
文件(F)  编辑(E)  查看(V)  搜索(S)  终端(T)  帮助(H)
[wgsu4@localhost ~]$ ping 100.1.1.3
PING 100.1.1.3 (100.1.1.3) 56(84) bytes of data.
64 bytes from 100.1.1.3: icmp_seq=1 ttl=63 time=0.744 ms
64 bytes from 100.1.1.3: icmp_seq=2 ttl=63 time=1.47 ms
64 bytes from 100.1.1.3: icmp_seq=3 ttl=63 time=1.50 ms
^C
--- 100.1.1.3 ping statistics ---
3 packets transmitted, 3 received, 0% packet loss, time 2002ms
rtt min/avg/max/mdev = 0.744/1.243/1.506/0.353 ms
[wgsu4@localhost ~]$ nslookup
> www.wgs.com
;; connection timed out; trying next origin
;; connection timed out; no servers could be reached
>
```

图 14-26　wgsu4 与 wgsu3 服务器网络连通但域名解析服务失效

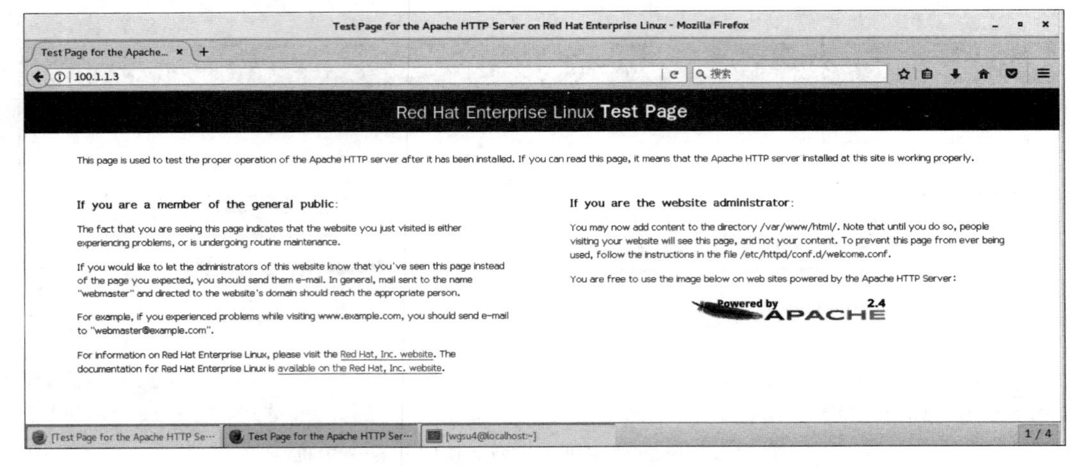

图 14-27　wgsu4 通过 IP 地址访问 wgsu3 的 httpd 业务

```
wgsu1@localhost:~
文件(F)  编辑(E)  查看(V)  搜索(S)  终端(T)  帮助(H)
[wgsu1@localhost ~]$ ping 100.1.1.3
PING 100.1.1.3 (100.1.1.3) 56(84) bytes of data.
64 bytes from 100.1.1.3: icmp_seq=1 ttl=63 time=0.620 ms
64 bytes from 100.1.1.3: icmp_seq=2 ttl=63 time=1.45 ms
64 bytes from 100.1.1.3: icmp_seq=3 ttl=63 time=1.26 ms
64 bytes from 100.1.1.3: icmp_seq=4 ttl=63 time=1.92 ms
^C
--- 100.1.1.3 ping statistics ---
4 packets transmitted, 4 received, 0% packet loss, time 3005ms
rtt min/avg/max/mdev = 0.620/1.315/1.920/0.467 ms
[wgsu1@localhost ~]$ nslookup
> www.wgs.com
Server:         100.1.1.3
Address:        100.1.1.3#53

Name:   www.wgs.com
Address: 100.1.1.3
>
```

图 14-28　ping 测试及 DNS 解析

14.4 项目总结

通过对本章知识的学习，读者可以了解 Linux 在系统防护上的严谨性。通过对 iptables 的学习，了解到 iptables 和真正的主机防火墙还有一些区别，可以将 iptables 理解为安全代理服务器，所有经过已安装 iptables 的主机的数据包都需要与 Filter、NAT 和 Mangle 这三个表的 chain 中的规则匹配，再根据规则定义数据包的允许或者拒绝，从而保证本主机或 iptables 主机后面的主机群的安全。

要想熟练掌握 iptables 的使用，首先需要熟练认识命令集的用途和意义，更重要的是，要对计算机网络技术的理论知识有比较深入的了解，包括 TCP/IP 的参考模型，尤其要对 IP 协议、传输层协议、所关联的端口等有较深入的认知，这样才能更好地设置 iptables 上的规则。建议初学者在使用 iptables 时不要进行远程操作，或在没有重要业务的服务器上进行操作，否则哪怕只有一条规则写错，都可能导致业务不能访问或远程连接断开。

14.5 课后习题

一、选择题

1. Linux 2.6 以后提供的防火墙软件称为(　　)。

A. Filter　　B. NAT　　C. iptables　　D. Mangle

2. 下列属于私有 IP 地址的是(　　)。

A. 11.1.2.1　　B. 172.26.1.2

C. 193.168.1.2　　D. 172.166.1.2

3. 假设需要一条规则，规则定义为阻止 IP 地址 10.2.65.8 访问 http 业务的数据包，可用的 iptables 命令为(　　)。

A. iptables -i INPUT -s 10.2.65.8 -p tcp --dport 80 -j ACCEPT

B. iptables -A INPUT -s 10.2.65.8 -p tcp --dport 80 -j ACCEPT

C. iptables -A INPUT -s 10.2.65.8 -p tcp --dport 80 -j DROP

D. iptables -I INPUT -s 10.2.65.8 -p tcp --dport 443 -j DROP

二、填空题

1. 防火墙 iptables 中有 3 个表，分别是________、________、________。

2. 防火墙 iptables 中删除策略的命令可以写为________。

3. http 网站业务使用的默认端口是________。

4. DNS 域名解析业务使用的默认端口是________。

三、实训题

在虚拟机上安装如图 14-29 所示的操作系统，并按照该拓扑结构配置合适的网络适配器，需要完全满足以下要求：

(1) 公司 Web 服务器与公司员工计算机采用私有地址接入局域网；

(2) 内网员工能访问公司的 Web 服务器；

(3) 公司员工计算机通过 NAT 转换能访问外网的 Web 业务；

(4) 公司 Web 服务器不能访问外网；

(5) 外网能通过公有 IP 地址访问公司 Web 服务器。

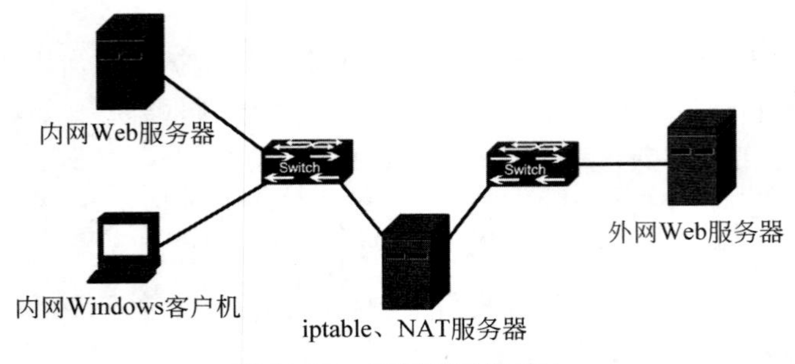

图 14-29 实训题网络拓扑

参 考 文 献

[1] 黑马程序员.Linux 系统管理与自动化运维[M].北京：清华大学出版社，2018.

[2] 杨海燕.Linux 服务器运维管理[M]. 北京：清华大学出版社，2018.

[3] 鸟哥.鸟哥的 Linux 私房菜基础学习篇[M].北京：人民邮电出版社，2010.

[4] 唐乾林，黎现云.Linux 基础与服务管理：基于 CentOS 7.6[M].北京：人民邮电出版社，2019.

[5] 张敬东.Linux 服务器配置与管理[M].北京：清华大学出版社，2014.

[6] 刘邦桂.服务器配置与管理：Windows Server 2012[M].北京：清华大学出版社，2017.

[7] 周奇.Linux 网络服务器配置、管理与实践教程[M].北京：清华大学出版社，2014.

[8] 姜大庆.Linux 系统与网络管理[M].北京：中国铁道出版社，2009.

[9] 黄君羡，王碧武.Windows Server 2012 网络服务器配置与管理[M].北京：电子工业出版社，2018.

[10] 贾兴东，邱跃鹏，李金祥.云计算综合运维管理[M].北京：高等教育出版社，2018.

图书资源支持

感谢您一直以来对清华版图书的支持和爱护。为了配合本书的使用，本书提供配套的资源，有需求的读者请扫描下方的“书圈”微信公众号二维码，在图书专区下载，也可以拨打电话或发送电子邮件咨询。

如果您在使用本书的过程中遇到了什么问题，或者有相关图书出版计划，也请您发邮件告诉我们，以便我们更好地为您服务。

我们的联系方式：

地　　址：北京市海淀区双清路学研大厦 A 座 714

邮　　编：100084

电　　话：010-83470236　010-83470237

客服邮箱：2301891038@qq.com

QQ：2301891038（请写明您的单位和姓名）

资源下载：关注公众号“书圈”下载配套资源。

资源下载、样书申请

书圈

获取最新书目

观看课程直播